Géologie de la matière organique

2e édition

François Baudin
Nicolas Tribovillard
Jean Trichet

edp sciences

Dans la même collection :

Bassins sédimentaires - Les marqueurs de leur histoire thermique
J. Barbarand, D. Beaufort, C. Gautheron et J. Pironon, coordonné par M. Pagel
ISBN : 978-2-7598-1111-3

Paléobiogéographie
F. Cecca et R. Zaragüeta i Bagils
ISBN : 978-2-7598-1235-6

Illustrations de couverture (haut) : Feuilles d'*Annularia*. Plante fossile du Carbonifère appartenant au même groupe que les prêles actuelles (équisétales) mais dont certaines espèces pouvaient atteindre 10 m de hauteur. © A. Lethiers et F. Baudin.

Imprimé en France

ISBN (papier) : 978-2-7598-1987-4 - ISBN (ebook) : 978-2-7598-2192-1

Table des matières

Avant-propos de la présente édition

Ce livre est une seconde vie pour un ouvrage qui a vu le jour, à l'origine, grâce à l'initiative de Patrick De Wever, professeur au Muséum national d'histoire naturelle, soutenue par la synergie entre la Société géologique de France et la maison d'édition Vuibert. La première version de ce livre est sortie en 2007, et, dix ans plus tard, grâce à la maison d'édition EDP Sciences, une version « revue et augmentée », selon les termes consacrés, voit le jour. Ce livre était venu pallier un manque dans la palette des ouvrages universitaires consacrés aux Sciences de la Terre, palette déjà vaste et très belle.

En langue française, les étudiants, enseignants, chercheurs et autres personnes intéressées par la géologie, ont la chance de disposer d'ouvrages variés, évoluant ou se renouvelant au cours du temps. Cela permet la diffusion des connaissances ou leur mise à jour à un rythme tel que l'on ne diffuse pas (ou alors très peu !) d'idées vieillissantes, sinon caduques. C'est pour cette raison que nous sommes reconnaissants envers la maison EDP Sciences de nous avoir donné l'opportunité de « toiletter » notre livre *Géologie de la matière organique*. D'une part, un époussetage s'imposait : il convenait de mettre à jour des chiffres, des données, des dates, puisqu'une décennie a passé depuis la sortie de la première édition. D'autre part, nous avions, nous-mêmes, progressé entre-temps dans notre compréhension ou notre connaissance des processus géologiques concernant la matière organique ; nous voulions donc transmettre nos propres progrès.

Nous avons ainsi complété les chapitres traitant du rôle des bactéries ou de la géochimie des éléments-traces ; nous avons musclé la modélisation numérique de la sédimentation organique ; nous avons mis à jour la partie consacrée à la géologie pétrolière en insistant plus avant sur les ressources non conventionnelles. Nous en avons profité pour toiletter certaines figures ou en ajouter d'autres.

Nous avons été aidés dans cette entreprise. Toutes les personnes ayant apporté leur concours à la première édition savent que nous leur en sommes toujours reconnaissants. Alexandre Lethiers a de nouveau mis son talent d'infographiste au service du toilettage des figures. Madame Citrini et avec elle l'équipe de EDP Sciences ont rendu possible ce second épisode, grâce à l'énergie de Patrick De Wever, « entremetteur » talentueux et opiniâtre. Nous remercions enfin les lecteurs de la première édition, qui ont fait connaître cet ouvrage, et qui, de ce fait, ont indirectement contribué à ce qu'une seconde édition soit entreprise.

Bonne lecture !

François Baudin, Nicolas Tribovillard et Jean Trichet
Juin 2017

Avant-propos de la première édition

Nous tenons tout d'abord à remercier Patrick De Wever, directeur de la collection Interactions au sein de la co-édition Vuibert-Société géologique de France, pour sa confiance. Il a donné l'impulsion initiale à l'aventure plaisante que fut pour nous la co-rédaction d'un ouvrage sur la géologie de la matière organique.

Constituant ubiquiste des sols, des eaux, des sédiments récents ou anciens, la matière organique est, par sa nature et sa réactivité, un composant tout à fait singulier. Elle participe au recyclage géochimique de nombreux éléments (C, N, O, S, P, cations), elle a un rôle fondamental dans les phénomènes de diagenèse, elle est à l'origine de la formation des combustibles fossiles, de nombreux minerais métalliques sédimentaires (Zn, Pb, Fe, Cu, U, V) et de phosphorites. Elle contient de précieuses informations sur les environnements passés de la Terre. La matière organique est également au cœur de nombreuses questions de société en tant qu'acteur majeur du cycle du carbone.

Ce livre est destiné avant tout à des étudiants (Licence, Master, préparation aux concours du CAPES et de l'Agrégation) ou à des géologues prenant contact avec le monde de la matière organique. Couvrir en quelque 300 pages l'intégralité des champs disciplinaires dans lesquels la matière organique est impliquée (océanographie, pédologie, géologie, chimie, etc.) est bien évidemment une gageure. D'excellents ouvrages, devenus des références incontournables, traitent, chacun pour leur part, de telle ou telle de ces spécialités. Nous avons abondamment puisé des concepts et des exemples dans ces ouvrages, dont les auteurs sont cités dans les références bibliographiques.

Un livre comme celui-ci reflète bien évidemment les connaissances de ses auteurs mais aussi l'expérience des équipes auxquelles ils sont – ou ont été – associés à Paris, Lille ou Orléans. Il est impossible de citer ici tous celles et ceux qui ont contribué de près ou de loin au développement de nos connaissances et à la maturation de nos idées. Il nous est très agréable de remercier les collègues auprès de qui nous avons appris tant de choses et qui reconnaîtront peut-être au fil des pages des tournures qui leur sont familières ! Nous ne saurions oublier l'apport significatif des stagiaires et des doctorants que nous avons eu le plaisir d'encadrer.

Nous avons sollicité plus particulièrement certains de nos collègues pour préciser telle donnée ou pour illustrer telle partie. Nous remercions notamment Mohammed Boussafir, Yoan Copard, Jean-Robert Disnar, Sylvie Derenne, Fatima Laggoun-Défarge, Edwige Masure, Michel Meybeck, Katell Quénéa, Armelle Riboulleau et Johann Schnyder.

Il nous est également très agréable de remercier ici les spécialistes qui ont bien voulu relire et critiquer les pages relevant de leur domaine de compétence. Parmi ceux-ci, nous voudrions remercier tout spécialement Jean Broutin, Albert Jambon, Anne Murat, Armelle Riboulleau, Alain Saliot et Johann Schnyder. Un grand merci également à Michel Steinberg qui a eu la lourde tâche de relire l'ensemble de cet ouvrage.

Les échanges engagés à l'occasion de ces remarques ont souligné les lacunes que l'on peut avoir sur de nombreux points et ont toujours été des sources d'enrichissement pour le texte final.

Sur le plan matériel, nous sommes redevables à Monique Troy pour sa relecture de l'ensemble du texte et pour la mise au point de l'index.

Un ouvrage destiné prioritairement aux étudiants et aux enseignants n'a de vraie valeur que si l'iconographie est claire et abondante. Claude Abrial a mis son talent de photographe à notre service. Alexandre Lethiers a assuré, avec une rare efficacité, la mise en forme de l'ensemble des figures. Loin d'être un simple exécutant, il a apporté sa touche personnelle en améliorant bien souvent nos informes brouillons. Sans lui, ce livre ne serait pas ce qu'il est aujourd'hui devenu.

Enfin, nous remercions nos familles qui ont patiemment supporté que de longs moments leur soient volés pour que ce livre voit le jour.

François Baudin, Nicolas Tribovillard et Jean Trichet
Juin 2006

Unités, symboles, abréviations, sigles et acronymes

Les unités de mesure et les symboles utilisés dans cet ouvrage sont ceux du système international. La présentation en est donnée généralement en puissance de 10 et par des exposants.

Les préfixes courants des puissances de 10 ont été utilisés :

P (péta) :	10^{15}	=	1 000 000 000 000 000
T (téra) :	10^{12}	=	1 000 000 000 000
G (giga) :	10^{9}	=	1 000 000 000
M (méga) :	10^{6}	=	1 000 000
k (kilo) :	10^{3}	=	1 000
h (hecto) :	10^{2}	=	100
c (centi) :	10^{-2}	=	0,01
m (milli) :	10^{-3}	=	0,001
µ (micro) :	10^{-6}	=	0,000001
n (nano) :	10^{-9}	=	0,000000001
p (pico) :	10^{-12}	=	0,000000000001

Néanmoins, pour ne pas rompre avec des habitudes bien ancrées, un certain nombre de données sont présentées dans des unités plus usuelles. On trouvera ci-dessous une table de conversion :

Unité SI			**Multiples et sous-multiple Valeur en SI**			**Unités hors SI Valeur en SI**		
Longueur	mètre	m	anström	A	10^{-10}			
Surface	mètre carré	m^2						
Volume	mètre cube	m^3	litre	l	10^{-3}	baril	bbl	0,159
Masse	kilogramme	kg	tonne	t	86 400			
Temps	seconde	s	jour	j	31 557 600			
			année	an	10^5			
Pression	pascal	Pa	bar	bar				
Travail-Énergie-Chaleur	joule	J				calorie	cal	4,185

Les abréviations, sigles et acronymes suivants ont été utilisés dans cet ouvrage :

API : *American Petroleum Institute*

CAM : *Crassulacean Acid Metabolism*

CID : Carbone Inorganique Dissous

CIP : Carbone Inorganique Particulaire

COD : Carbone Organique Dissous

COP : Carbone Organique Particulaire

COT : Carbone Organique Total

CPI : *Carbon Preference Index*

DOP : *Degree Of Pyritisation*

DSDP : *Deep Sea Drilling Project*

EOR : *Enhanced Oil Recovery*

HAP : Hydrocarbures Aromatiques Polycycliques

IPOD : *International Programme for Ocean Drilling*

IR : Infra-Rouge

MEB : Microscope Électronique à Balayage

MES : Matières En Suspension

MET : Microscope Électronique à Transmission

MOA : Matière Organique Amorphe

MV (ou mat. vol.) : Matières Volatiles

OAE : *Oceanic Anoxic Event*

ODP : *Ocean Drilling Programme*
PR : Pouvoir Réflecteur
RMN : Résonance Magnétique Nucléaire
TAM : Taux d'Accumulation Massique
TAR : *Terrigeneous/Aquatic Ratio*
Tmax : Température maximale de pyrolyse
TTI : *Time Temperature Index*
UV : Ultra-Violet
V-PDB : Vienna-Pee Dee Belemnite

1

Variété des matières organiques naturelles à la surface du globe : origine, composition et répartition

1.1 Le carbone organique et minéral

1.1.1 *L'élément carbone (Tab. 1.1)*

Le carbone (symbole C), de numéro atomique 6 et de masse atomique 12,011, existe sur Terre sous forme élémentaire ou moléculaire. Bien que relativement peu abondant dans l'écorce terrestre – il est le quatorzième élément par ordre d'abondance décroissante, représentant 0,2 % en poids –, il est, avec l'hydrogène, l'oxygène, l'azote et le phosphore, un des éléments fondamentaux de la chimie du vivant. Le carbone participe à la formation d'une quantité considérable de molécules puisque 94 % des 7 millions de composés chimiques inventoriés ont du carbone dans leur composition. C'est un élément si important qu'une branche essentielle de la chimie lui est consacrée : la chimie organique.

Tableau 1.1 *Caractéristiques et propriétés du carbone.*

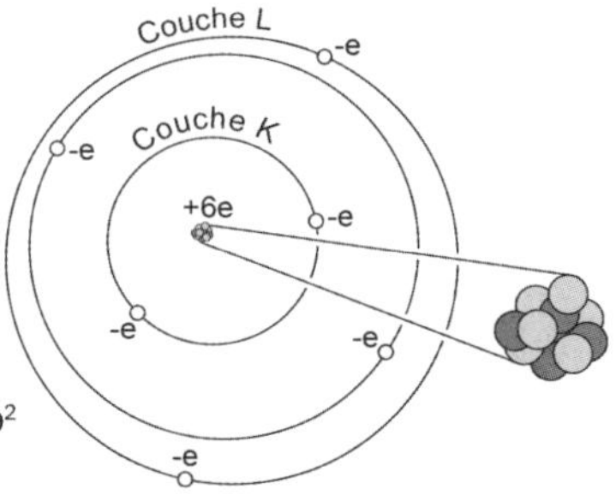

Numéro atomique	: 6
Masse atomique	: 12,01115
Densité	: 3,52
Configuration électronique	: $1s^2\ 2s^2\ 2p^2$
Valences	: 2, 4
Isotopes stables	: ^{12}C (98,9%) ; ^{13}C (1,1%)
Isotopes radioactifs	: ^{9}C ; ^{10}C ; ^{11}C ; ^{14}C ; ^{15}C ; seul ^{14}C étant naturel
Point de fusion	: 3 500 °C
Point d'ébullition	: 4 800 °C

Le carbone appartient au groupe IVA de la classification de Mendeleïev, tout comme le silicium, le germanium, l'étain et le plomb ; il est le plus léger des éléments de ce groupe. Le carbone possède deux isotopes stables, ^{12}C (98,9 %) et ^{13}C (1,1 %), et un isotope radioactif naturel, le célèbre ^{14}C. Sa configuration électronique particulière est à l'origine de l'abondance des composés organiques. En effet, si deux électrons se trouvent sur l'orbitale 1s de la couche K, c'est surtout la présence de quatre électrons non appariés situés sur la couche externe L, où ils occupent les orbitales 2s et 2p, qui détermine son fort pouvoir de liaison. Ainsi, son électronégativité moyenne lui confère-t-elle essentiellement une aptitude à former des liaisons covalentes (fortes) et non ioniques (faibles). En revanche, chaque atome de carbone partage, au sein des liaisons covalentes, un, deux ou trois électrons de sa couche externe, formant ainsi respectivement des liaisons simples, doubles ou triples.

Le carbone est généralement tétravalent. Ainsi, l'atome de carbone se présente-t-il sous un nombre d'oxydation variant de + IV à – IV. Le plus commun est + IV dans le dioxyde de carbone (CO_2) et les formes usuelles des carbonates dans les eaux (H_2CO_3, HCO_3^-, CO_3^{2-}) et dans la lithosphère ($CaCO_3$, $FeCO_3$). Il a plus rarement le nombre d'oxydation de + II, comme dans le monoxyde de carbone (CO). Sa forme la plus réduite correspond au nombre d'oxydation de – IV comme dans le méthane (CH_4). Le carbone organique est donc une forme réduite du carbone, par opposition à ses formes oxydées que l'on qualifie généralement de « carbone minéral », même lorsqu'il s'agit d'un gaz comme CO_2.

Les composés carbonés qui comptent quatre liaisons simples, comme le méthane, ont une structure tétraédrique, où les angles de liaison sont égaux à 109,5°. Si un atome de carbone porte une double liaison et deux liaisons simples, il donne naissance à un ensemble trigonal (les angles de liaison carbone-carbone étant de 120°). Enfin, un atome de carbone portant une simple liaison et une triple liaison, ou encore deux doubles liaisons, donne naissance à une structure linéaire, chaque groupe étant placé de chaque côté de l'atome de carbone. D'autres combinaisons sont possibles, mais elles sont plus rares.

1.1.2 *Les différentes formes de carbone pur*

Le carbone existe naturellement à l'état pur, principalement sous deux formes minérales polymorphes (aux structures et propriétés différentes) : le diamant, qui cristallise dans le système cubique, et le graphite, qui cristallise dans le système hexagonal (Fig. 1.1).

Figure 1.1 *Diamant (photo Collection des Minéraux UPMC) et graphite (Collection des Minéraux UPMC, photo C. Abrial).*

Le **diamant** est composé d'atomes de carbone associés en un arrangement tétraédrique (Fig. 1.2a). La résistance remarquable des liaisons carbone-carbone et la structure rigide de l'arrangement tétraédrique expliquent la dureté exceptionnelle de ce minéral et son utilisation industrielle, par exemple dans les trépans de forage ou les scies à roches.

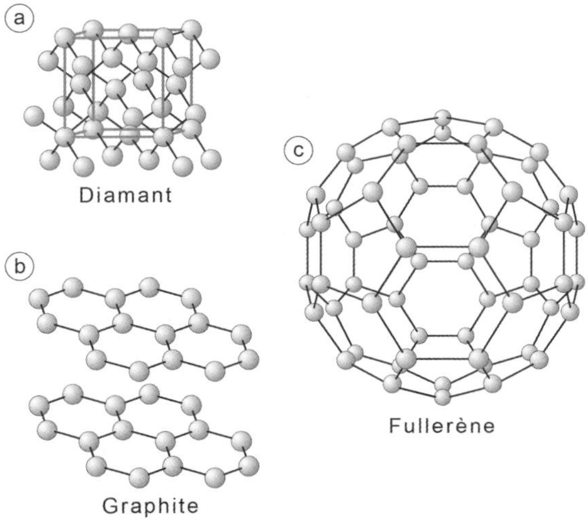

Figure 1.2 *Structure (a) du diamant, (b) du graphite et (c) d'un fullerène à 60 atomes de carbone.*

La structure cristalline du diamant lui confère également d'autres propriétés spécifiques. Ce solide est pratiquement inerte (c'est un mauvais conducteur de la chaleur et un excellent isolant électrique), mais il est possible de le brûler à l'air libre lorsqu'il est porté à très haute température (1 900 °C).

La genèse des diamants n'est pas encore totalement élucidée. Ils se seraient formés il y a plus de 3 milliards d'années dans le manteau terrestre à des profondeurs très élevées (> 200 km voire jusqu'à 2 900 km selon certains auteurs). Ils seraient ensuite remontés et auraient été « stockés » sous la lithosphère très épaisse des vieux socles, puis seraient transportés rapidement en surface dans les cheminées volcaniques d'un magma ultrabasique très particulier : la kimberlite. Il s'en forme également, mais de taille microscopique, lors de certains impacts de météorites.

Le **graphite** est un minéral noir, brillant et très friable, dont la surface est glissante, car elle a tendance à libérer de fines lamelles. Le graphite est présent, sous une forme plus ou moins pure, dans des roches comme les micaschistes et les gneiss. Il provient de la transformation, lors du métamorphisme, de matières organiques (voir chapitre 6). Son réseau cristallin se compose d'atomes de carbone rangés au sommet d'hexagones selon des plans parallèles (Fig. 1.2b), chacun d'eux formant trois liaisons covalentes stables, dont l'angle est égal à 120°, et une double liaison partielle, où l'électron est libre de circuler à l'intérieur de chaque couche du cristal, ce qui confère au graphite une bonne conductibilité électrique et thermique. La superposition, avec une équidistance de 3,347 Å, de ces couches planes et faiblement liées entre elles explique la facilité avec laquelle on peut le cliver, et pourquoi il peut être utilisé comme lubrifiant. On l'emploie également pour ses propriétés réfractaires et comme électrode (dans les piles sèches par exemple), du fait de sa bonne conductibilité électrique. Il sert aussi bien de ralentisseur de neutrons dans les réacteurs nucléaires que de « mine » dans les crayons à papier.

Pourquoi le charbon est-il noir et le diamant transparent ?

La réponse est électronique. L'atome de carbone est constitué d'un noyau entouré de six électrons, dont deux se trouvent sur une orbite proche du noyau (K) et quatre sur une orbite plus éloignée (L). Or cette orbite peut accueillir jusqu'à huit électrons. Concrètement, cela veut dire que les quatre électrons périphériques de l'atome de carbone peuvent attirer ou être attirés par d'autres électrons et former ainsi de nombreuses molécules.

Lorsque l'on passe des atomes aux molécules, les électrons fusionnent au point de former des orbitales moléculaires et non plus atomiques. Il y a deux types d'orbitales moléculaires, dites liaisons pi (de la lettre grecque π) ou liaisons sigma (σ). Dans le diamant, il n'y a que les liaisons sigma où les électrons ont peu de marge de manœuvre alors que dans le charbon ou le graphite, on compte un quart de liaisons pi dans lesquelles les électrons sont plus libres d'aller et venir.

Lorsque la lumière vient frapper un diamant dans lequel les électrons sont stables, elle n'est pas absorbée et les photons en ressortent quasi inchangés. Au contraire, les liaisons sigma capturent les photons et toute la lumière visible est absorbée dans le graphite ou le charbon ce qui les fait apparaître noirs à nos yeux.

Les **fullerènes** constituent une troisième forme de carbone pur, intermédiaire entre le graphite et le diamant. Leur découverte en 1985 provoqua une véritable révolution chez les chimistes et les physiciens. En effet, ces molécules ont des propriétés très particulières du fait de leur architecture. Ainsi la molécule la plus courante, qui comporte 60 atomes de carbone, se présente sous la forme d'une sphère creuse, en l'occurrence un polyèdre fermé, composé d'un assemblage de facettes hexagonales et pentagonales, ressemblant à un ballon de football (Fig. 1.2c). D'autres fullerènes comptent 70, 84, 90 atomes ou plus (jusqu'à 400). Ces molécules sont synthétisées par une vaporisation de graphite dans un arc électrique entre deux électrodes de carbone, sous une atmosphère d'hélium ; ce gaz permettant de condenser en agrégats les atomes de carbone ainsi vaporisés. Les applications industrielles de cette molécule très stable sont nombreuses dans le domaine des superlubrifiants et des supraconducteurs.

Peu de temps après leur découverte, des fullerènes naturels furent décrits dans des roches peu communes : la shungite (ou choungite qui est une roche métamorphique très riche en matière organique datant de 2 milliards d'années), dans des fulgurites (roches vitreuses formées lorsque la foudre atteint le sol), des impactites (formées lors de la chute de météorites) et dans des dépôts de la limite Permien-Trias (251 Ma) et Crétacé-Tertiaire (66 Ma). Des fullerènes ont également été découverts dans des météorites carbonées. Les fullerènes dans les impactites et dans les niveaux de cendres associés sont interprétés comme ayant résulté de la volatilisation du carbone contenu dans le bolide ou dans les roches cibles, à moins qu'une partie des fullerènes initialement présents dans le bolide ait survécu à l'impact. Certains ont supposé qu'ils auraient également pu se former lors d'incendies globaux associés à ces impacts (voir encadré dans le chapitre 4).

La structure poreuse des fullerènes permet l'encapsulation et la rétention de gaz rares (He, Ne, Ar, Kr et Xe) dont l'analyse isotopique a montré l'origine extraterrestre pour ceux trouvés dans les météorites carbonées et dans les fullerènes de la limite Crétacé-Tertiaire.

On obtient de nombreuses autres formes de carbone presque pur (avec toutefois des traces d'hydrogène et d'oxygène), mais amorphe, par décomposition thermique de substances carbonées. La pyrolyse en phase vapeur produit des corps très divisés formant le groupe des **noirs de carbone** (*black carbon*). Ils peuvent être produits artificiellement par combustion, à haute température et à l'abri de l'air, à partir de n'importe quelle substance organique[1]. Ils servent alors de pigment ou de charge, en particulier pour le caoutchouc des pneumatiques. Ils peuvent également être produits naturellement lors d'incendies si la combustion des matières organiques est incomplète. On retrouve ces noirs de carbone naturels dans les charbons, dans les sols et les sédiments marins où ils constituent une forme amorphe dont on estime la production annuelle entre 20 et 165 Mt (1 Mt = 1 million de tonnes).

1. Les particules produites par les moteurs à explosion rentrent pour une grande part dans cette catégorie.

1.2 Le cycle du carbone

Le carbone présent à la surface de la Terre n'est pas uniquement figé dans des assemblages minéraux comme le graphite ou le diamant, où il est sous forme élémentaire. Il se trouve engagé sous différentes formes, minérales et organiques, inertes et vivantes. Ces différentes formes de carbone participent toutes à des transferts dont le point de départ et d'aboutissement essentiel est le dioxyde de carbone ou gaz carbonique (CO_2). On appelle cycle du carbone l'ensemble des étapes où des processus biologiques et géologiques permettent des stockages plus ou moins longs du carbone dans différents réservoirs et des transferts entre ces réservoirs.

1.2.1 *La taille des réservoirs (Fig. 1.3)*

Le réservoir atmosphérique est le plus petit des réservoirs du carbone avec un total de 750 Gt (1 Gt = 1 milliard de tonnes). Cela correspond à une concentration moyenne de CO_2 dans l'atmosphère de 410 ppmv en juin 2017. Cette concentration, régulièrement mesurée depuis la fin des années cinquante dans plusieurs observatoires répartis à la surface le globe, s'accroît d'environ 2,25 ppmv par an en moyenne. Le réservoir océanique renferme 38 000 Gt de carbone dissous, dont 37 000 Gt sous forme inorganique et 1 000 Gt sous forme organique, essentiellement dissoute mais aussi sous formes colloïdale et particulaire. La masse de carbone particulaire, inorganique et organique confondus, dans les océans est faible. Elle est essentiellement constituée de la biomasse océanique vivante (3 à 4 Gt) et morte (entre 20 et 30 Gt). Le réservoir continental comprend la biomasse végétale vivante et le carbone des sols. Ces deux sous-réservoirs sont difficiles à estimer compte tenu de leur variabilité. Selon les auteurs, la végétation renfermerait entre 420 et 830 Gt de carbone, la valeur moyenne de 550 Gt étant la plus couramment admise. Les sols, qui comprennent les litières mais aussi les tourbières, concentreraient entre 1 200 et 2 200 Gt de carbone organique. Une valeur moyenne de 1 500 Gt est souvent avancée. La proportion de carbone minéral contenue dans les sols est assez mal connue. Les rares travaux traitant de cet aspect l'estiment à 1 100 ± 700 Gt.

Le réservoir lithosphérique est de loin le plus important. On y distingue les sous-réservoirs des roches sédimentaires, des roches endogènes et du manteau supérieur. Ainsi, on estime que 80.10^6 Gt de carbone inorganique et 14.10^6 Gt de carbone organique sont stockées dans les roches sédimentaires. Les roches carbonatées, bien que ne représentant que 2 % de la masse totale des roches crustales, renferment 45 % de la masse totale du carbone inorganique. Les combustibles fossiles constituent un très petit réservoir au sein de la lithosphère (entre 3 700 et 4 200 Gt de carbone), mais leur utilisation est la source principale de l'augmentation de CO_2 dans l'atmosphère depuis deux siècles.

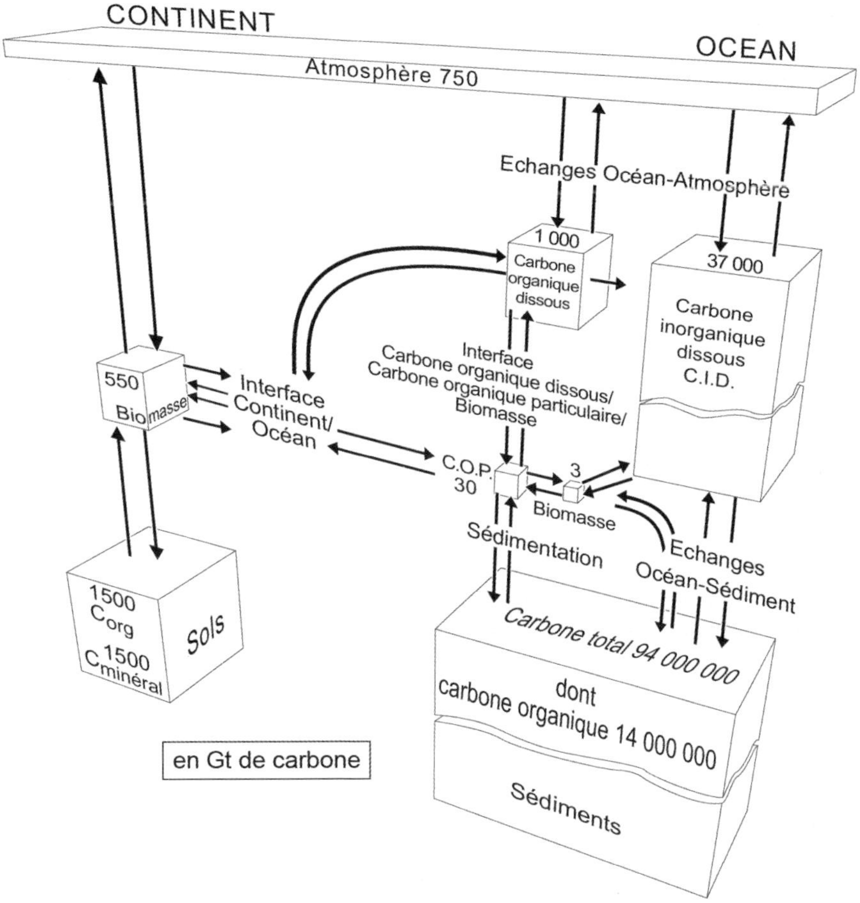

Figure 1.3 *Estimation de la taille des différents réservoirs superficiels du carbone en gigatonnes (Gt) de carbone et échanges entre ces réservoirs (d'après Saliot, 1994). Ni le réservoir procaryotique ni le cycle géologique, lent et profond (subduction, volcanisme, altération...), ne sont représentés ici. COP : Carbone Organique Particulaire (c'est-à-dire d'une taille > 0,5 µm).*

Les roches endogènes contiendraient 40.10^6 Gt de carbone inorganique et 9.10^6 Gt de carbone organique, mais ce carbone est très « dilué » dans ces roches puisqu'il n'en représente en moyenne que 0,15 % et 0,03 % de la masse, respectivement. La croûte contiendrait donc 120.10^6 Gt de carbone inorganique et 23.10^6 Gt de carbone organique. Le manteau supérieur constitue la partie inférieure de la lithosphère et l'estimation de sa teneur en carbone reste très imprécise. D'après les modélisations des échanges du carbone entre réservoirs, on estime la masse du carbone dans le manteau à environ 400.10^6 Gt.

Les procaryotes... ou l'autre moitié de la biomasse terrestre

Si la profusion de végétaux apparaît de prime abord comme l'une des caractéristiques de la surface de la Terre, une autre forme de vie, plus discrète, en est le pendant, en variété comme en quantité. Il s'agit des procaryotes – archées, bactéries et cyanobactéries –, présents dans pratiquement tous les environnements terrestres, même dans ceux paraissant les plus inhospitaliers pour la vie : glaces, marais salants, fumeurs hydrothermaux sous-marins, etc. Certaines espèces sont particulièrement adaptées à des conditions d'acidité, de salinité, de pression, de température ou de rayonnements radioactifs extrêmes.

Le nombre total de cellules procaryotiques est estimé à 5.10^{30}, dont l'immense majorité se trouve dans les sédiments des fonds marins et dans les sols des terres émergées. Même microscopiques, ces cellules représentent finalement une biomasse énorme dont on estime le contenu en carbone entre 350 et 550 Gt de carbone, soit à peu près autant que celui de la végétation terrestre. Tandis que la photosynthèse est le fait de procaryotes et de végétaux, les autres processus de fabrication de la matière organique vivante sont le fait de procaryotes chimiotrophes.

En outre, on s'intéresse de plus en plus aux virus, notamment en milieu marin. On parle alors du picoplancton, jusqu'alors largement sous-estimé.

1.2.2 *Les flux entre réservoirs*

Les échanges **océan-atmosphère** sont contrôlés par la différence de pression partielle de CO_2 (pCO_2) entre l'atmosphère et les eaux de surface des océans. La pCO_2 dans les eaux océaniques est grossièrement à l'équilibre avec l'atmosphère dans les premiers mètres (loi de Henry), puis augmente progressivement jusque vers 1 000 m de profondeur où elle se stabilise. Le cycle du carbone est fortement influencé par l'activité biologique concentrée dans la zone euphotique (soit la première centaine de mètres à partir de la surface), ainsi que par les circulations océaniques. Ainsi, l'activité photosynthétique abaisse-t-elle la pCO_2 dans les eaux de surface, provoquant un pompage du CO_2 atmosphérique. Inversement, une remontée d'eau profonde (*upwelling*), dont la pCO_2 est plus forte que celle des eaux de surface, provoque un dégazage de CO_2 vers l'atmosphère. En conséquence, et très schématiquement, les zones d'upwellings côtiers ou équatoriaux sont des sources de CO_2 pour l'atmosphère, alors que les zones de plongement (*downwelling*) sont des puits de CO_2. Dans le détail, il existe une variation annuelle selon les océans en fonction des modifications courantologiques, mais au final l'océan absorbe chaque année environ 2 Gt de carbone.

Les échanges **atmosphère-biosphère continentale** impliquent à la fois la végétation et les sols. En effet, les végétaux utilisent l'énergie du rayonnement solaire pour réduire le CO_2 atmosphérique en carbone organique par photosynthèse.

Entre 90 et 120 Gt de carbone seraient ainsi consommées chaque année. Toutefois la respiration des plantes, qui est le phénomène inverse de la photosynthèse, et la décomposition des végétaux après leur mort rejettent du CO_2. Le bilan n'est donc que de 50 à 60 Gt de carbone réellement consommés annuellement. Une fois morte, la matière organique végétale est incorporée aux sols, dont l'horizon superficiel – la litière – accumule la matière organique. Les estimations de production de litière varient entre 45 et 50 Gt de carbone par an, ce qui est inférieur à la production primaire des végétaux terrestres. Comme on suppose qu'en moyenne et à l'échelle de l'année le système est à l'équilibre – c'est-à-dire que la production de litière est équivalente à la production primaire –, il existe nécessairement des flux de sorties complémentaires. Les feux de forêt et la consommation des herbivores, par exemple, sont rarement pris en compte dans les bilans et pourraient constituer deux causes de fuite. La matière organique des sols abrite une microfaune et des bactéries qui dégradent la matière organique et rejettent du CO_2 ; c'est ce que l'on appelle la respiration hétérotrophe. La matière organique peut également être exportée par l'érosion mécanique et chimique et, dans une très faible proportion, être fossilisée donnant alors des combustibles fossiles comme la tourbe. L'érosion des sols représente un flux sortant de 0,55 Gt de carbone par an. Si on néglige la formation actuelle de tourbières et que l'on suppose un système à l'équilibre, la respiration hétérotrophe restituerait à l'atmosphère entre 49,45 et 59,45 Gt de carbone. Toutefois l'équilibre n'est certainement pas atteint puisque le réservoir des sols est deux à quatre fois plus important en masse que celui de la végétation terrestre.

Les sols sont aussi le lieu de réactions avec la lithosphère. La pression partielle de CO_2, produit par la dégradation de la matière organique (voir chapitre 2), y est beaucoup plus importante que celle de l'atmosphère (jusqu'à 100 fois). En se dissolvant dans les eaux d'infiltration, le CO_2 et les acides organiques abaissent le pH, ce qui favorise l'**altération chimique des roches**, aussi bien carbonatées que silicatées. Ce lessivage libère annuellement 0,29 Gt de carbone issu de la dissolution des roches carbonatées et 0,14 Gt provenant de l'altération des silicates. Les réactions d'altération des roches et leur cinétique sont donc fondamentales pour appréhender l'ensemble du cycle du carbone. Les développer ici nous entraînerait loin de notre objet d'étude. On retiendra juste qu'en consommant les protons libérés par la solubilisation du gaz carbonique, l'altération des roches participe donc au pompage du CO_2 atmosphérique.

Les échanges **continent-océan** sont assurés par le cycle hydrologique et l'érosion, chimique et mécanique, des continents (sols et roches). On distingue quatre sources différentes dans les apports de carbone aux océans par les fleuves : le carbone organique dissous[2] (COD), le carbone organique particulaire (COP), le carbone inorganique dissous (CID, essentiellement sous forme de HCO_3^-) et le carbone inorganique particulaire (CIP). On distingue deux sources de CID : celui provenant de la dissolution des roches carbonatées et celui provenant de la dissolution du CO_2

2. On appelle dissoutes les formes de C dont la taille est < 0,5 µm, ce qui correspond au diamètre des plus petits pores des filtres utilisés pour les séparer des matières organiques particulaires.

du système atmosphère-biosphère. On distingue également deux sources pour le COP : celui provenant des sols et celui provenant des roches contenant du carbone organique. Les flux de ces quatre types de carbone sont généralement estimés en extrapolant les flux moyens calculés à l'exutoire des principaux fleuves à l'ensemble des surfaces exoréiques. Le CID est estimé d'après la concentration en ions bicarbonates dans les eaux et le débit correspondant. Différentes estimations ont été faites pour chacun des flux de carbone exportés par les fleuves. Les auteurs s'accordent sur un flux total annuel de 0,9 Gt de carbone, dont 0,4 Gt sous forme de CID, 0,2 Gt de COD et 0,3 Gt sous forme particulaire (COP et CIP confondus). Ces flux correspondent à un transfert d'environ 0,55 Gt en provenance des sols et de 0,37 Gt en provenance des roches continentales. Il est difficile de différencier dans les fleuves la part de COD et de COP provenant des roches et peu d'estimations existent à ce jour. Toutefois, certains auteurs évaluent le flux global de COP provenant de l'érosion mécanique des roches à 0,078 Gt, soit 45 % du COP total, ce qui est loin d'être négligeable.

Les échanges au niveau de la **lithosphère** comportent, en entrée, le dépôt des sédiments carbonatés et de la matière organique et, en sortie, l'érosion chimique des roches, évoquée précédemment, ainsi que le rejet de CO_2 par le volcanisme aérien ou sous-marin. L'estimation de la quantité de carbone inorganique ou organique sédimenté est généralement fondée sur des extrapolations de la quantité de carbonate et de carbone organique mesuré dans les sédiments océaniques par unités de temps et de surfaces. Les estimations varient entre 0,09 et 0,1 Gt de carbone par an sous forme de carbonate et 0,03 Gt sous forme de carbone organique. Toutefois certains auteurs font remarquer que si la lithosphère est en équilibre, la totalité des apports fluviaux en calcium à l'océan doit être compensée par la précipitation et la sédimentation de carbonate de calcium, soit 0,17 Gt de carbone par an. Le consensus est loin d'être acquis sur les quantités de carbone organique transféré et les estimations varient d'un ordre de grandeur (entre 0,03 et 0,4 Gt de C par an). Certains soulignent que le carbone organique sédimenté au niveau des grands deltas et des cônes sous-marins profonds est sous-estimé et proposent un taux de sédimentation de 0,126 Gt de carbone organique par an pour ces zones.

Le volcanisme entraîne une perte de carbone pour la lithosphère et constitue une source pour l'atmosphère ou l'océan. Ces flux sont très mal connus car difficiles à mesurer à grande échelle. Le problème majeur est d'évaluer l'importance du volcanisme sous-marin et des échanges de carbone entre la croûte océanique et l'eau de mer. En effet, si l'intense activité volcanique des dorsales océaniques libère d'importantes quantités de CO_2, les circulations hydrothermales pompent du CO_2 dans l'océan par précipitation de carbonate dans les roches basaltiques. D'après certaines études, le bilan pourrait même être négatif, avec un flux net de CO_2 de l'océan vers les basaltes compris entre 0,027 et 0,035 Gt de carbone par an. À long terme, le volcanisme aérien serait donc le seul à rejeter du CO_2 dans l'atmosphère, avec un flux de 0,07 Gt de carbone par an. Ces pertes sont bien évidemment compensées par une quantité équivalente de CO_2 qui est assimilé par le manteau supérieur grâce au processus de subduction.

1.2.3 *Les temps de résidence*

Pour chaque réservoir, on peut estimer un temps de résidence du carbone si l'on connaît la taille du réservoir et le flux d'entrée ou de sortie de l'élément (Tab. 1.2), en supposant les réservoirs à l'équilibre (flux de sortie = flux d'entrée). Les réservoirs de surface, tels que l'atmosphère, la biosphère et les océans, sont de petite taille et le carbone y est recyclé en quelques centaines d'années au maximum. Les réservoirs profonds, ou géologiques, ont une taille gigantesque et comportent des flux de sortie très limités, ce qui confère au carbone des temps de résidence de l'ordre de 300 millions d'années. C'est pourquoi les transferts de carbone entre les différents réservoirs doivent être considérés à différentes échelles de temps : de l'ordre de la dizaine à la centaine de milliers d'années pour les réservoirs superficiels, à la centaine de millions d'années pour les réservoirs géologiques.

Tableau 1.2 *Temps de résidence du carbone dans ses principaux réservoirs. *Les 600 ans donnés pour les combustibles fossiles correspondent à leur épuisement total en supposant une consommation se poursuivant au rythme actuel.*

Réservoirs	Taille (Gt C)	Temps de résidence (ans)
Atmosphère	750	4
Océan	38 000	430
Végétation	550	5
Sols (Corg)	1 500	27
Sols (Cmin)	1 500	?
Croûte terrestre (Cmin)	$120\ 10^6$	$325\ 10^6$
Croûte terrestre (Corg)	$23\ 10^6$	$290\ 10^6$
dont combustibles fossiles	4 000	600 *

Une autre vision du cycle du carbone...

[...] Notre personnage gît donc depuis des centaines de millions d'années, combiné avec trois atomes d'oxygène et un de calcium, sous la forme de roches calcaires. Il a déjà derrière lui une très longue histoire cosmique mais nous l'ignorerons. À un moment quelconque, que moi, le narrateur, je décide être un moment de 1840, un coup de pic le détacha et lui fit prendre le chemin du four à chaux, le précipitant dans le monde des choses qui changent. On le chauffa afin de le séparer du calcium [...]. Toujours solidement accroché à deux des trois atomes d'oxygène, ses anciens compagnons, il sortit par la cheminée et prit la voie des airs. Il fut saisi par le vent, rabattu au sol [...], fut respiré par un faucon, descendit dans ses poumons haletants, mais il ne pénétra pas dans son

...

...

sang riche et fut expulsé [...], eut la chance de frôler une feuille, d'y pénétrer et d'y être fixé par un rayon de soleil. [...] Il fait maintenant partie d'une molécule de glucose. Il voyagea donc, au pas lent des sucs végétaux [...] et descendit jusque dans une grappe presque mûre. La suite est de la compétence des marchands de vin : ce qu'il importe de préciser c'est qu'il échappa à la fermentation alcoolique et arriva au vin sans changer de nature. [...] Celui qui le but le garda dans son foie pendant plus d'une semaine, bien pelotonné et tranquille [...], il franchit le seuil intestinal et entra dans le torrent sanguin ; il voyage, frappe à la porte d'une cellule nerveuse, entre et supplante un autre carbone qui en faisait partie. Cette cellule appartient à un cerveau, et ce cerveau est le mien, à moi qui suis en train d'écrire, et la cellule en question, est à l'œuvre dans mon acte d'écrire [...] fait que ma main court sur le papier suivant un certain chemin, y trace des traits et des boucles qui sont des signes [...], guide cette main, la mienne, pour imprimer sur le papier : quoi ? Ce point.

Primo Lévi, *Le système périodique*. Ed. Albin Michel 1987

1.3 La production de matière organique

1.3.1 *La photosynthèse, base de la réduction du carbone*

La matière vivante est constituée de molécules possédant en commun d'être formées d'un squelette d'atomes de carbone réduit – au sens chimique du terme – sur lequel sont fixés des groupements contenant des hétéroatomes (c'est-à-dire des atomes autres que du carbone) constitués essentiellement d'oxygène, d'azote, de phosphore et de soufre.

Ces molécules sont produites par les plantes à travers le processus de la photosynthèse dans lequel la chlorophylle, jouant le rôle de catalyseur, utilise l'énergie des rayons solaires pour réduire le CO_2 atmosphérique[3]. Au cours de la photosynthèse, six molécules de dioxyde de carbone se combinent avec six molécules d'eau, pour former une molécule de glucose, selon la réaction :

$$6\ CO_2 + 6\ H_2O \rightarrow C_6H_{12}O_6 + 6\ O_2$$

Six molécules d'oxygène sont également produites au cours de cette réaction. Ce gaz peut être libéré dans l'atmosphère, à moins que la plante n'ait besoin d'énergie pour ses fonctions vitales. Dans ce cas, l'oxygène se combine immédiatement au glucose pour donner la réaction inverse de la photosynthèse – que l'on appelle respiration – libérant ainsi de l'énergie. Par des voies multiples de synthèses biologiques,

3. Environ 5 % de l'énergie solaire incidente est convertie en biomasse végétale.

les végétaux supérieurs produisent des macromolécules, telles que la cellulose ou la lignine mais aussi des graisses, qu'ils gardent en réserve. Que cette réserve énergétique soit utilisée ultérieurement par la plante elle-même ou par un autre organisme qui l'a consommée, elle finit de toute façon par être décomposée et oxydée en molécules plus petites, essentiellement de dioxyde de carbone et d'eau (voir chapitre 2).

Les géologues résument souvent cette équation avec la formule simplifiée $CO_2 + H_2O \rightarrow CH_2O + O_2$ avec CH_2O représentant la fraction très réactive de la matière organique, les sucres. 2 CH_2O peuvent aussi représenter les acétates CH_3COOH, molécules intervenant dans les réactions biogéochimiques de nombreuses bactéries.

Combien pèse le vivant ?

La biomasse est la quantité de matière vivante par unité de surface d'un environnement donné, c'est-à-dire la masse de tous les organismes vivants d'une communauté biologique à un moment donné. On distingue généralement la phytomasse, la zoomasse et la biomasse microbienne qui sont mesurées à l'échelle de parcelles de dimensions limitées. Combien pèse toute la biomasse ?

On doit au chercheur russe Vladimir Vernadsky (1863-1945) les premières estimations de la quantité totale de la biomasse vivante, soit 10 200 milliards de tonnes de matière organique. Homogénéisée et uniformément étalée à la surface du globe, la biomasse ne représenterait qu'une couche de 2 cm d'épaisseur. La biosphère est donc en volume la plus petite des enveloppes de notre planète, ce qui est un paradoxe quand on considère le caractère extraordinaire de son existence même, mais surtout son interaction avec les autres enveloppes terrestres externes.

1.3.2 *Diversité des biomolécules*

Il ne rentre pas dans l'objectif de cet ouvrage de décrire en détail les voies de la synthèse des différents composés organiques de la matière vivante. Nous retiendrons seulement que les biomolécules organiques peuvent être classées en quelques grandes catégories (Fig. 1.4) :

– Les **protéines**, polymères d'acides aminés, associés les uns aux autres par des liaisons peptidiques. Ces liaisons chimiques s'établissent entre le groupement amine d'un amino-acide et le groupement carboxyle d'un autre, et libèrent une molécule d'eau. Lorsqu'un composé est formé d'un nombre restreint d'acides aminés, c'est un peptide. Si le nombre de composants est plus important, il devient un polypeptide. Ne sont considérés comme des protéines, au sens strict, que les polypeptides d'un poids moléculaire supérieur à 10 000 daltons[4] ; la limite

4. Unité de masse atomique équivalent à 1/12e de la masse d'un atome de ^{12}C.

supérieure massique des protéines étant d'environ plusieurs dizaines de millions de daltons.

- Les **glucides** – ou hydrates de carbone – regroupent les sucres et leurs polymères. Les plantes chlorophylliennes et certaines bactéries produisent elles-mêmes les glucides dont elles ont besoin grâce à la photosynthèse. Les autres formes de vie se révèlent incapables d'une telle activité synthétique, bien que les glucides tiennent une place considérable dans leur métabolisme. Leur dépendance vis-à-vis des plantes est donc inévitable ; c'est pourquoi les végétaux constituent la base de la chaîne alimentaire. Chez les végétaux, les parois cellulaires sont composées de cellulose – polymère du glucose et principal constituant du bois –, d'hémicellulose – polymère de pentose (sucre à 5 atomes de carbone) – et d'autres composés organiques. Chez les crustacés et les insectes, l'exosquelette est constitué de chitine, polymère d'un sucre aminé, l'acétyle-glucosamine. Chez les animaux, on trouve également des polymères de sucre, dans les cellules des cartilages, des os et de divers autres tissus.
- Les **lipides** – ou graisses – désignent un groupe hétérogène de composés insolubles dans l''eau mais solubles dans des solvants organiques. Leur importance biologique est double : leur dégradation libère une grande quantité d'énergie et ils comptent parmi les constituants fondamentaux des membranes cellulaires. Les lipides sont en général répartis en deux groupes, selon leur composition chimique : les lipides simples qui comprennent les acides gras, les glycérides, les cérides et les stérides et ne sont composés que de carbone, d'hydrogène et d'oxygène et les lipides complexes, contenant des éléments supplémentaires tels le phosphore (phospholipides), l'azote ou le soufre.
- La **lignine**, polymère phénolique qui imprègne la paroi des vaisseaux du bois et de diverses cellules végétales, les rendant résistantes, imperméables et inextensibles.
- Les **tanins** qui sont des substances polyphénoliques non azotées qui imprègnent certains tissus végétaux et les **pigments**, notamment les différents types de chlorophylles, les caroténoïdes et les xanthophylles, qui sont les principaux substrats assimilateurs de la lumière chez les végétaux.

Les proportions de ces constituants diffèrent bien évidemment suivant les groupes ou les familles au sein des différents règnes (bactéries, archées, protistes, champignons, végétaux ou animaux ; Fig. 1.5). Les plantes supérieures sont formées en majeure partie de cellulose (30 à 50 %) et de lignine (10 à 25 %). Certains composants de ces végétaux, comme les graines, les cires et les résines contiennent des fractions importantes de lipides. Les mousses, les lichens et les plantes aquatiques sont constitués principalement de glucides et ne contiennent pas de lignine. Le plancton marin et lacustre, notamment les algues microscopiques, est composé essentiellement de protéines (10 à 50 %) et de glucides (40 à 80 %). On peut également rencontrer un fort pourcentage de lipides (40 %) dans le zooplancton marin vivant dans les eaux froides. Les bactéries et archées sont formées majoritairement de protéines, de polysaccharides et d'environ 10 % de lipides mais peuvent en renfermer jusqu'à 40 %.

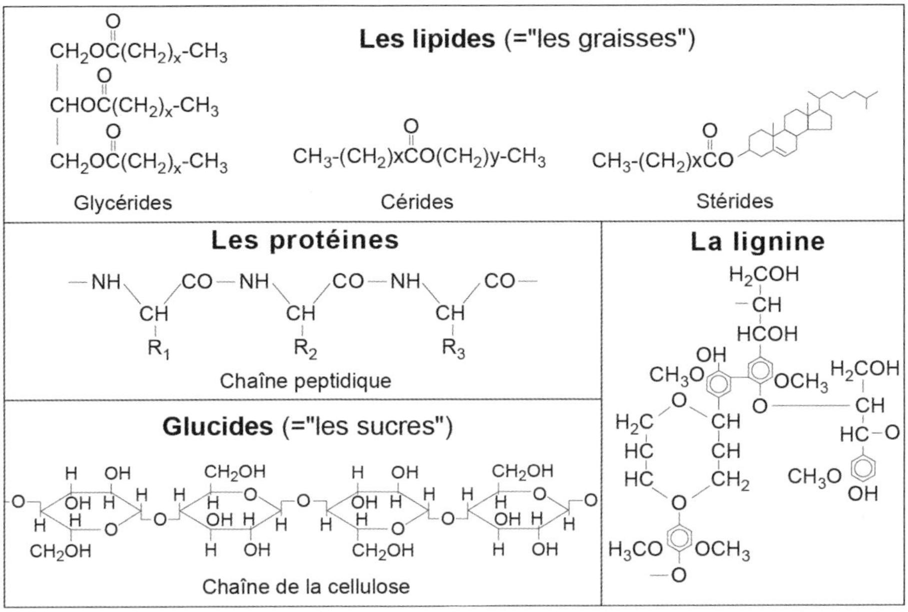

Figure 1.4 *Exemples de quelques structures de biomolécules constitutives des êtres vivants.*

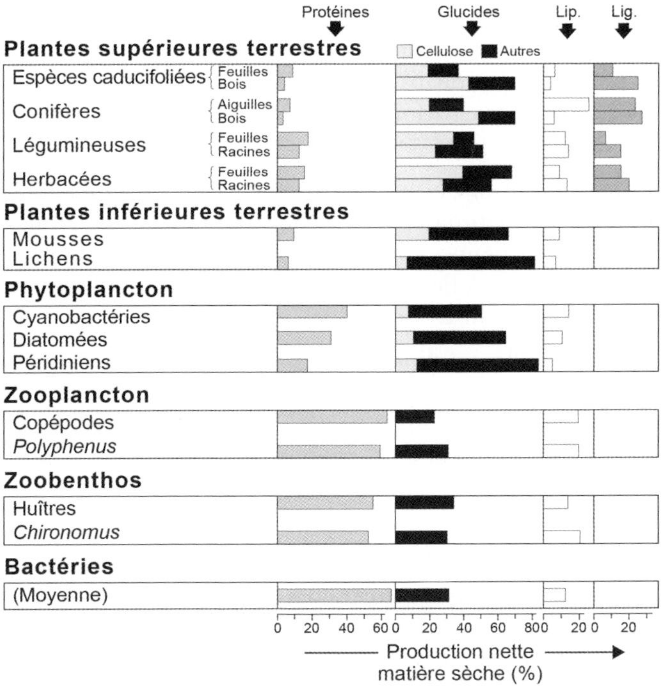

Figure 1.5 *Répartition (en %) de la matière organique entre protéines, glucides, lipides et lignine pour différents groupes d'organismes vivants (d'après Huc, 1980* in *Durand, 1980).*

Microfossiles en matière organique

La palynologie est la discipline micropaléontologique qui s'intéresse aux microfossiles non minéralisés, appelés palynomorphes ou sporomorphes. Les palynologues utilisent également le terme de microfossiles organiques pour insister sur la nature chimique des fossiles plus que sur leur origine, puisque tous les microfossiles ont une origine biologique.

Bien que non minéralisés, les palynomorphes sont très résistants et se fossilisent bien parce que les composés organiques hautement polymérisés qui les constituent sont difficilement dégradables. On distingue :

- les sporopollénines, de nature terpénique ;
- les chitines, polysaccharides aminés, à longue chaîne linéaire de plusieurs centaines d'unité glucosamine ;
- les lignines, dérivées d'unités phénoliques ;
- les cutines, de nature lipidique.

Parmi les palynomorphes, on reconnaît :

Les **spores** et les **grains de pollen** qui sont des organites rentrant dans le cycle de reproduction des végétaux peuplant principalement les biotopes continentaux.

Les spores sont les organes de reproduction et de dispersion des végétaux inférieurs : Bryophytes (mousses), Ptéridophytes (fougères), etc. De symétrie bilatérale, elles se reconnaissent à leur ouverture germinative unique (fente rectiligne, dite monolète, ou à trois branches, dite alors trilète). La taille des spores varie de quelques µm à 4 mm (on parle de mégaspores lorsque leur taille dépasse 200 µm). Elles peuvent être parfois différenciées en microspore mâle et macrospore femelle.

Le grain de pollen équivaut à une microspore (2 à 200 µm), dont la germination produit des anthérozoïdes chargés de la reproduction. La dissémination est alors assurée par la graine, comme chez les Gymnospermes (conifères) ou les Angiospermes (plantes à fleur). Les spores apparaissent à l'Ordovicien et les grains de pollen au cours du Dévonien.

Les kystes de dinoflagellés ou **dinokystes** sont des formes de résistance d'algues unicellulaires flagellées planctoniques (Fig. 1.6a). Tous les dinoflagellés secrètent une paroi cellulosique – ne se fossilisant pas – qui protège la cellule. Seules 15 % des espèces actuelles produisent à un moment de leur cycle vital des kystes faits de dinosporine lipidique (substance proche des sporopollénines), dont la taille varie de 5 à 100 µm.

Les **acritarches** rassemblent des formes que l'on ne peut rattacher avec certitude aux dinoflagellés. Ils se présentent comme des vésicules de petite taille (15 à 85 µm) dont la forme est très variable (sphère, cube) et présentent parfois quelques épines. Ce sont les plus anciens microfossiles organiques connus puisque les plus vieux spécimens sont datés de plus de 3 milliards d'années. Ce groupe encore important au Paléozoïque est en déclin depuis le début du Carbonifère.

...

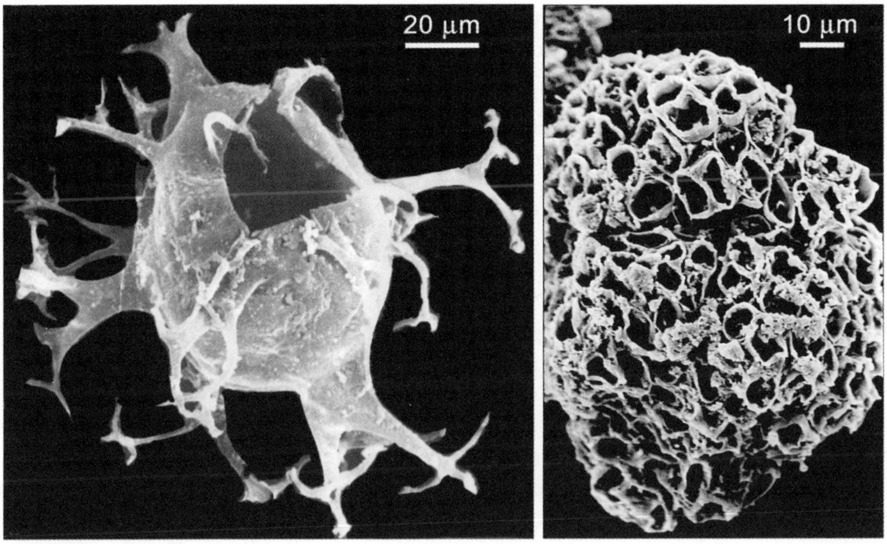

Figure 1.6 *a) Kyste du dinoflagellé* Achomosphaera ramulifera *du Campanien (80 Ma). Vue de la face dorsale avec l'ouverture germinative, l'archéopyle (Photo E. Masure). b) Colonie de* Botryococcus *datant du Permien montrant la paroi lipidique entourant ces micro-algues (Photo S. Derenne).*

Les **tasmanacées** sont des kystes d'algues vertes marines ou lacustres de la famille des Prasynophycées. Il s'agit de petites sphères à la surface ponctuée dont la taille varie de 30 à 600 µm. L'accumulation exclusive de ces sphères peut constituer d'excellents combustibles fossiles, et éventuellement des charbons d'algues, les tasmanites.

Les **botryococcus** sont des algues vertes lacustres coloniales connues dès le Précambrien et dont le genre est *Pila*. Pouvant produire jusqu'à 80 % de leur poids en hydrocarbures lors de l'évolution thermique, l'accumulation exclusive de parois de botryococcus (Fig. 1.6b) est à l'origine des meilleurs charbons d'algues, appelés *boghead*.

Les **membranes basales** de certains **foraminifères**, appelées également palynoforaminifères, sont retrouvées dans les préparations palynologiques après dissolution du test calcaire. Certains spécimens de petite taille sont considérés comme des formes adaptées aux environnements anoxiques. Connues depuis le Permien, ces membranes basales montrent la même diversité d'organisation que les foraminifères dont elles proviennent : uni-, bi- ou trisériées, plani- ou trochospiralées.

Les **chitinozoaires** sont des petits sacs, long de 50 µm à 2 mm, isolés ou en colonie linéaire rectiligne ou hélicoïdale. Apparaissant à la base de l'Ordovicien et disparaissant à la fin du Silurien, on ne sait pas à quel groupe les rattacher. On a supposé qu'ils pouvaient avoir été émis par des Graptolites, des Annélides, des Gastéropodes ou encore des Nautiles.

...

Les thèques embryonnaires (prosicules) de **graptolites** qui sont des organismes marins coloniaux proches des Ptérobranches ayant vécu du Cambrien au Silurien.

Les **scolécodontes** sont de petites pièces chitinoïdes, de 2 à 6 mm de longueur, correspondant à des pièces de l'appareil masticatoire d'Annélides polychètes.

Enfin de manière plus épisodique, on peut également rencontrer dans les préparations palynologiques des téguments chitineux (ailes d'insectes par exemple).

1.3.3 *Notions de production et productivité*

Selon les écosystèmes, la part de constituants de tel ou tel groupe d'organismes sera plus ou moins importante, ce qui a une incidence directe sur la composition chimique moyenne de la matière organique qui y est produite. Ainsi les environnements dominés par les végétaux supérieurs auront, entre autres, une signature phénolique due à la présence de lignine, alors que les environnements lacustres, où dominent les bactéries, auront une signature plus lipidique. De plus, la masse de matière organique produite est évidemment très variable d'un environnement à l'autre (Fig. 1.7), comme le confirme la mesure de la production organique.

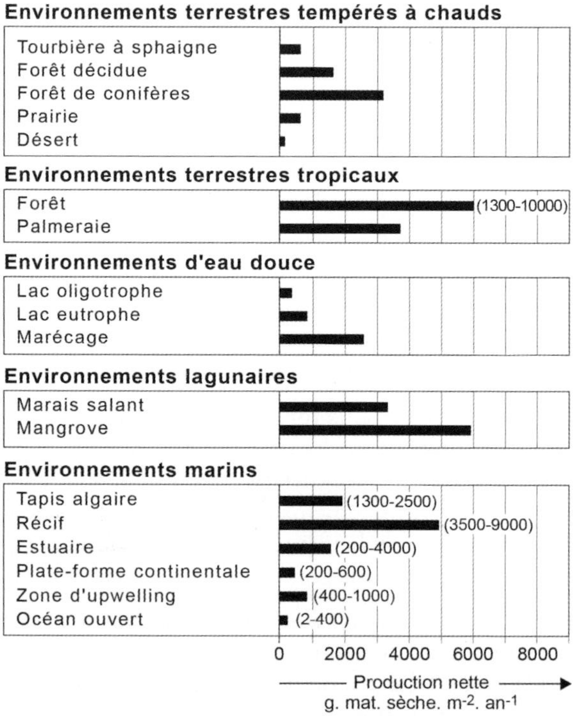

Figure 1.7 *Production primaire (en g de matière sèche m^{-2} an^{-1}) de différents écosystèmes naturels, terrestres et aquatiques (d'après Huc, 1980* in *Durand 1980).*

Entendons-nous d'abord sur les termes. La production biologique est la quantité de matière produite par une biomasse vivante définie pendant une certaine durée de temps, diminuée de la quantité de matière perdue (mort, prédation) pendant le même laps de temps. La production est donc envisagée par rapport à une surface ou un volume et une durée. Selon que les espèces considérées sont autotrophes ou hétérotrophes, la production est dite primaire ou secondaire. La productivité, en revanche, représente la capacité de produire. C'est donc un rendement correspondant au rapport entre la production et un élément du système producteur (par exemple énergie reçue ou absorbée). En géologie et en paléocéanographie, on ne fait pas la distinction entre production et productivité (du fait de l'impossibilité de mesurer un « paléorendement ») et, par abus de langage, on emploie indifféremment les deux termes pour désigner généralement des estimations de la variation de production entre deux situations contrastées.

Matière organique extraterrestre

La matière organique n'est pas l'apanage de notre planète. Les objets extraterrestres les plus facilement accessibles – météorites, poussières cosmiques et cométaires – contiennent des quantités notables de carbone, dont une fraction correspond à des molécules organiques intéressant la chimie prébiotique.

Parmi les météorites, celles que l'on appelle les chondrites carbonées sont rares (2 % de la totalité des chutes météoritiques) et n'ont aucun équivalent parmi les roches terrestres. Elles sont composées, dans des proportions variables selon la météorite, de silicates, de magnétite et de troïlite (sulfure de fer), et d'une fraction notable de composés organiques, d'où leur regroupement dans la classe C de la classification des météorites. Au sein des chondrites carbonées, 7 variétés (identifiées par une seconde lettre faisant référence à leur origine) sont distinguées selon leur concentration en carbone qui peut représenter jusqu'à 5 % de leur poids. Ainsi les chondrites de type CI (pour Ivuna, tombée en 1938 en Tanzanie) contiennent de 3 à 5 % de carbone, celles de type CM (pour Migheï, Ukraine 1889) contiennent entre 0,6 et 2,9 % de carbone, celles de type CO (pour Ornans, France 1868) en contiennent 0,2 à 1 % et celles de type CV (pour Vingarano, Italie 1910), moins de 0,2 %. Ce carbone se trouve sous forme d'hydrocarbures, d'acides aminés et de polymères à haut poids moléculaire, y compris des hydrocarbures aromatiques polycycliques (HAP) et des fullerènes. Très tôt des doutes ont été émis sur l'origine extraterrestre de cette matière organique, certains suggérant qu'elle pouvait provenir de contaminations terrestres. Cependant la présence d'acides aminés lévogyres et dextrogyres en mélange racémique ou optiquement inactifs, l'absence de composés isoprénoïdes et même la découverte d'acides aminés inconnus sur Terre ont confirmé l'origine extraterrestre de la matière organique des chondrites carbonées. Enfin les analyses isotopiques du carbone ($\delta^{13}C$) et de l'azote ($\delta^{15}N$) ont montré des rapports très différents de ceux rencontrés dans des matières organiques terrestres.

...

...

Il est intéressant de remarquer que les matériaux de nature polymérique que l'on trouve dans les chondrites carbonées donnent essentiellement des hydrocarbures par pyrolyse, ce qui permet de les assimiler à du kérogène. L'analyse élémentaire du « kérogène » de la météorite d'Orgueil (tombée le 14 mai 1864 dans le Tarn-et-Garonne et qui appartient au type CI) permet de calculer une formule brute de type $C_{100}H_{72}N_2O_{10}S_2$, donc des rapports atomiques H/C de 0,72 et O/C de 0,1, très compatibles avec ceux de matières organiques d'origine terrestre (voir chapitre 5).

Les composés organiques des chondrites carbonées, bien qu'indubitablement d'origine abiotique, constituent néanmoins les ingrédients spécifiques de la chimie prébiotique. S'ils ne subissent pas un réchauffement trop important lors de leur entrée dans l'atmosphère terrestre, ces composés organiques sont préservés d'une destruction irrémédiable et lorsqu'ils atteignent la surface de la Terre, ils peuvent s'associer à de l'eau et permettre ainsi le développement d'une chimie prébiotique originale.

Les chondrites ne sont pas les seuls corps extraterrestres pourvoyeurs de matière organique pour la Terre. Les comètes sont également riches en composés organiques. L'intérieur de la comète de Halley, par exemple, serait un mélange d'eau gelée et de composés riches en carbone, hydrogène, oxygène et azote, incluant de l'acide cyanhydrique (HCN), du formaldéhyde (HCHO) et de leurs polymères. Tous les ingrédients – eau (bien que glacée) et matière organique complexe – sont donc présents pour qu'une chimie prébiotique se développe. Si les chocs cométaires ont été très fréquents sur la Terre primitive, une partie de ces matériaux a dû jouer, avec celui des chondrites carbonées, un rôle majeur dans l'évolution chimique qui a conduit à la vie terrestre.

Il faut noter également que dans les planètes extérieures (de Jupiter à Neptune), tout comme sur Pluton, la matière organique semble partout présente. De l'acide cyanhydrique est présent dans l'atmosphère de Jupiter et de Neptune. Toutefois l'objet du système solaire le plus intéressant de ce point de vue est Titan. L'atmosphère du plus grand satellite de Saturne est composée principalement d'azote et de méthane et regorge de matériaux organiques. Enfin, près d'une centaine de molécules différentes, en grande majorité carbonées, ont été découvertes dans l'espace interstellaire. Cela n'est guère étonnant puisque le carbone est un élément qui se forme assez précocement par nucléosynthèse à partir de l'hélium lorsque le cœur des étoiles atteint 10^8 K. Ainsi la matière organique est un constituant ubiquiste de l'Univers, bien que présent en très faible concentration.

1.4 La matière organique terrestre

1.4.1 *Répartition de la production organique primaire sur les terres émergées*

Sur les terres émergées, la production primaire est assurée principalement par des végétaux supérieurs, mais aussi par des algues, notamment celles qui vivent en symbiose avec des champignons pour former des lichens, et par des bactéries. On distingue généralement dix grands types de végétation sur Terre : la toundra, la forêt tempérée de conifères, la forêt tempérée de feuillus, la végétation de montagne, la végétation méditerranéenne, la steppe, le désert, la savane, la forêt intertropicale et la forêt équatoriale. Des estimations de la biomasse végétale et de la matière organique des sols de ces différents écosystèmes permettent d'avoir une idée de la masse de carbone par m^2 à la surface de la Terre (Fig. 1.8). Ainsi, il apparaît que les forêts intertropicales et équatoriales sont les écosystèmes les plus riches en carbone, avec plus de 20 kg C m^{-2}, suivies par les forêts tempérées, puis la taïga et la savane, dont la masse de carbone est comprise entre 10 et 20 kg C m^{-2}. Les terres cultivées et la brousse avoisinent 5 kg C m^{-2}, alors que les prairies et la toundra ne renferment qu'1 à 2 kg C m^{-2}. Les déserts et les zones englacées sont évidemment quasiment dénués de végétaux.

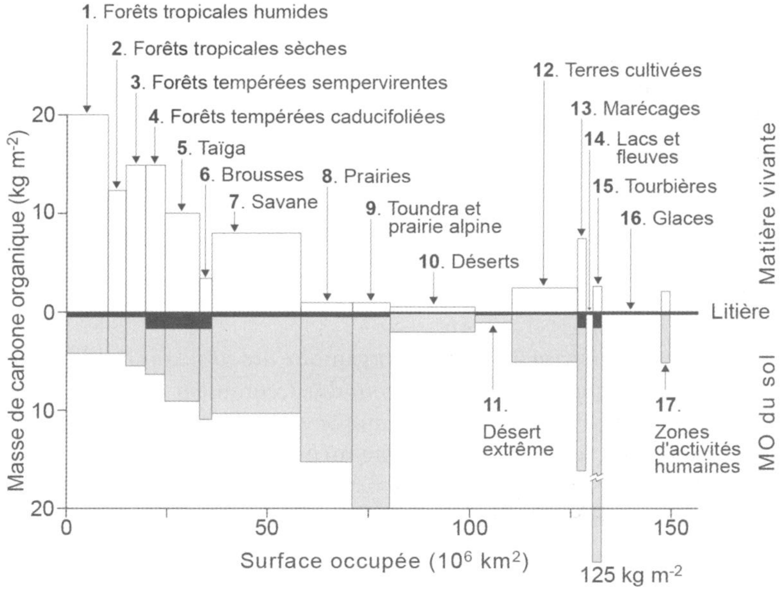

Figure 1.8 *Répartition de la quantité de carbone organique dans les végétaux vivants (en blanc au-dessus du sol), dans la litière (en noir à la surface du sol) et dans les sols sous-jacents (en gris) des principaux écosystèmes terrestres en fonction de la proportion de la surface couverte par les différents types de végétation (d'après Jupin, 1996* in *Campy & Macaire, 2003).*

La répartition géographique de la production primaire sur les terres émergées suit donc une logique climatique évidente (Fig. 1.9). Maximale à l'équateur et dans les zones tropicales humides, avec des valeurs dépassant 2 kg C m^{-2} an^{-1}, quasiment nulle aux pôles et dans les zones tropicales désertiques, la productivité est intermédiaire dans les régions tempérées (250 à 1 500 mg C m^{-2} an^{-1}).

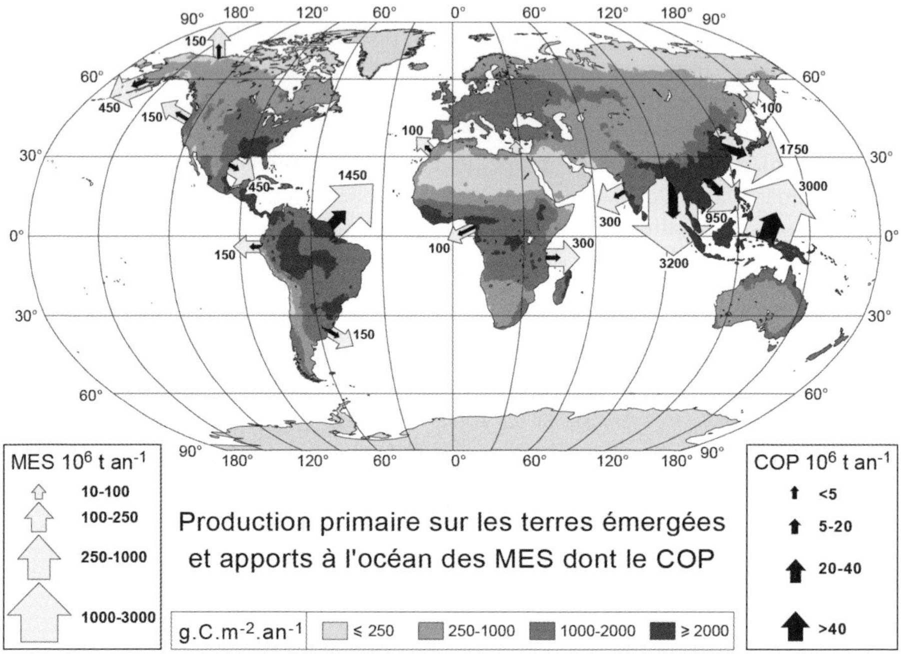

Figure 1.9 *Carte globale de la productivité primaire sur les terres émergées (en g C m^{-2} an^{-1}) et apports de matières en suspension (MES), dont le carbone organique particulaire (COP en 10^6 t.an^{-1}), par les grands fleuves mondiaux (d'après diverses sources).*

Si l'on s'intéresse maintenant à la matière organique des sols dans ces différents écosystèmes, on constate que les prairies et la toundra accumulent plus de C par m^2 que les forêts où le recyclage de la matière organique est plus actif (voir chapitre 2). Un écosystème particulier, les tourbières, mérite qu'on s'y arrête. Bien que la masse de carbone vivant dans ces milieux soit faible (2 kg m^{-2} environ) jusque 125 kg C m^{-2} s'y accumulent sur une profondeur de quelques mètres.

1.4.2 *Les tourbières*

Les tourbières sont des écosystèmes de zones humides dans lesquels les conditions écologiques et bioclimatiques permettent l'accumulation en conditions anaérobies de matières organiques à divers stades de décomposition (Fig. 1.10 et cahier hors texte en couleur). Le facteur primordial de formation de la tourbe est une production végétale *in situ* supérieure à la décomposition de la matière organique. Un second facteur est un bilan hydrique positif (précipitations pluvieuses et neigeuses supérieures aux pertes par évaporation, transpiration et drainage). Cependant tout marécage ne donne pas naissance à une tourbière. Pour mériter le nom de tourbe, le sédiment devra présenter au maximum 50 % de cendres au moment de l'analyse chimique. Au-delà, on considère que l'on a affaire à des vases organiques plus ou moins silteuses, appelées gyttja. Un autre élément important est l'épaisseur du dépôt qui doit être au minimum de 30 cm (40 cm, voire 45 cm, pour certains auteurs). En dessous de cette épaisseur, on parle de sol semi-tourbeux.

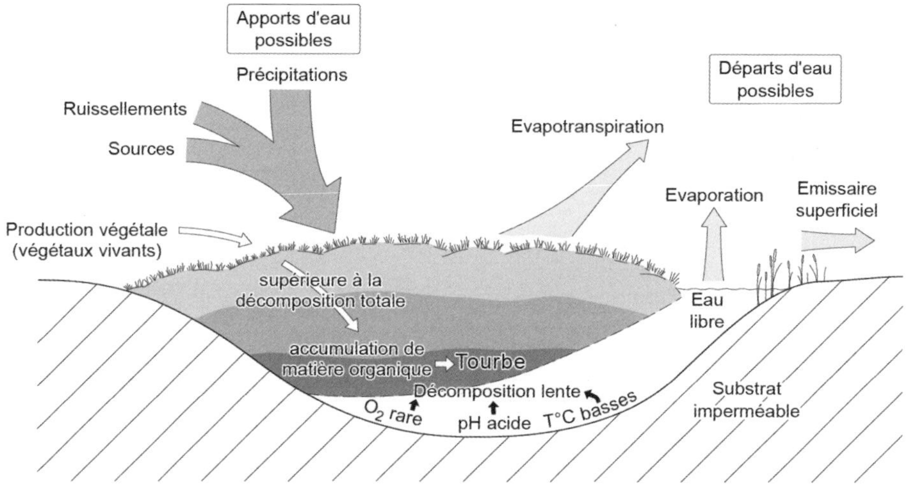

Figure 1.10 *Principaux paramètres déterminant le développement d'une tourbière (d'après Campy & Macaire, 2003).*

La formation de la tourbe requiert donc des situations très diverses suivant :

- des conditions climatiques qui doivent allier précipitations importantes et températures relativement basses. Ces conditions sont notamment celles de l'hémisphère nord entre 50 et 70 ° de latitude ;
- des apports en éléments nutritifs qui sont assurés selon les cas par le ruissellement, par la nappe phréatique ou par les seuls apports atmosphériques ;
- une altitude et une topographie ;
- une nature du substratum, notamment de son imperméabilité mais aussi de ses caractéristiques chimiques ;
- une histoire géologique qui autorise ou non la permanence des conditions d'existence de la tourbière (voir chapitre 4).

On distingue généralement deux grands types de tourbières selon leur système d'irrigation (Fig. 1.11). Les tourbières ombrogènes (du grec *ombros*, pluie) sont alimentées par les précipitations par opposition aux tourbières topogènes, alimentées par la nappe phréatique ou les eaux de ruissellement. Selon le substrat, ces dernières peuvent être acides ou alcalines, riches en éléments nutritifs (eutrophes) ou plus pauvres (oligotrophes). Généralement la riche alimentation nutritionnelle des eaux phréatiques, lacustres ou de ruissellement et le pH neutre à légèrement acide de ces milieux conduisent au développement d'une végétation luxuriante à roseaux, laiches, prêles, mousses, characées, plantes insectivores (*Drosera*), voire arbustes et arbres sur les bordures. Ainsi se développent les tourbières topogènes, dites de bas marais. Suivant leur situation topographique, les tourbières topogènes sont qualifiées de soligènes si elles se développent en relation avec un suintement, limnogènes en relation avec une surface d'eau captive (lac ou étang), fluviogènes en liaison avec une nappe alluviale et thalassogènes dans le cas des tourbières tropicales se développant en relation avec des mangroves littorales, où eaux douces et salées interfèrent.

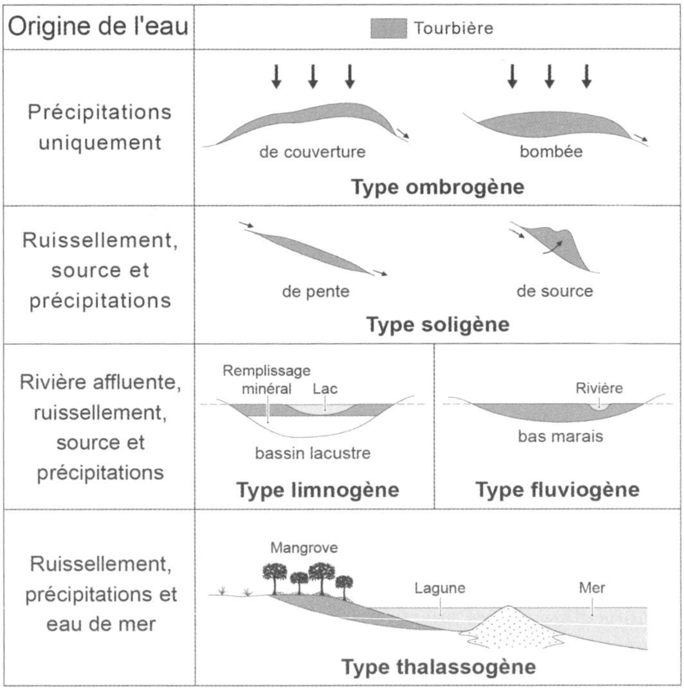

Figure 1.11 *Typologie des tourbières en fonction de leur apport en eau et de leur morphologie.*

Les tourbières ombrogènes, dites aussi hautes ou bombées, sont les plus pauvres en éléments nutritifs puisque ces derniers ne proviennent que des précipitations. En conséquence, ces tourbières au pH très acide (jusqu'à 3,5) présentent une végétation dépourvue d'arbres et dominée par les sphaignes – bryophyte le plus caractéristique de ces milieux – et les bruyères. Les sphaignes sont capables par leur membrane riche en lignine d'abaisser le pH (ce qui élimine des espèces concurrentes) et de retenir l'eau de pluie dans les pores de leurs tissus, voire, en période sèche, de puiser par capillarité l'eau de la profondeur de la tourbière. Le mode d'alimentation particulier des tourbières ombrogènes explique leur développement dans des situations topographiques à priori peu favorables à la présence d'écosystèmes humides, comme les sommets et les cols. Elles édifient ainsi des coupoles qui justifient leur nom de tourbière bombée.

La transition d'un type de tourbière à un autre procède sous l'influence des variations du climat et de l'évolution de la végétation. Sous climat tempéré humide, l'évolution d'une tourbière passe souvent par trois stades (Fig. 1.12) :

- un stade minérotrophique qui correspond à la colonisation d'un plan d'eau à partir des rives (Fig. 1.12a) et qui tend à aboutir à son comblement (Fig. 1.12b) ;
- un stade ombrotrophique, où la végétation de haut marais domine (Fig. 1.12c) ;
- un stade minéralisé terminal de tourbière sénescente où l'assèchement des couches superficielles autorise la colonisation par des sous-arbrisseaux avant que des arbres ne s'installent (Fig. 1.12d).

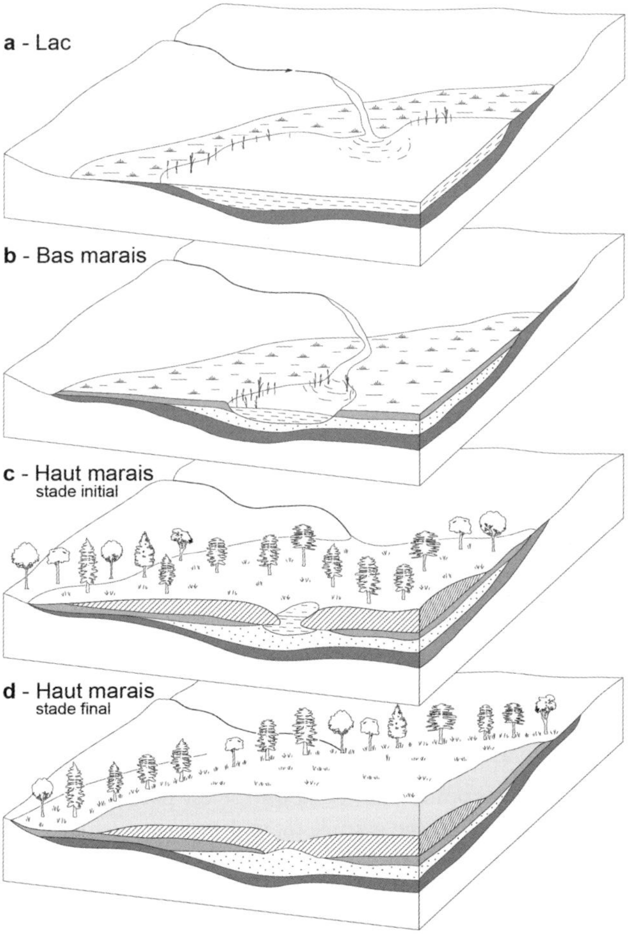

Figure 1.12 *Principaux stades d'évolution d'une tourbière (d'après Campy & Macaire, 2003).*

Les tourbières représentent 3 % de la surface des terres émergées (presque 4.10^6 km^2) mais près de 40 % de la masse totale du carbone des sols. Elles se trouvent à 80 % dans les régions tempérées et froides de l'hémisphère nord, principalement en Russie (dont l'essentiel en Sibérie), au Canada et en Scandinavie (Fig. 1.13). Les tourbières tropicales ne représentent que 10 % de la superficie totale (essentiellement en Indonésie, avec près de 250 000 km^2), mais pourraient représenter 20 % du stock du carbone des tourbières.

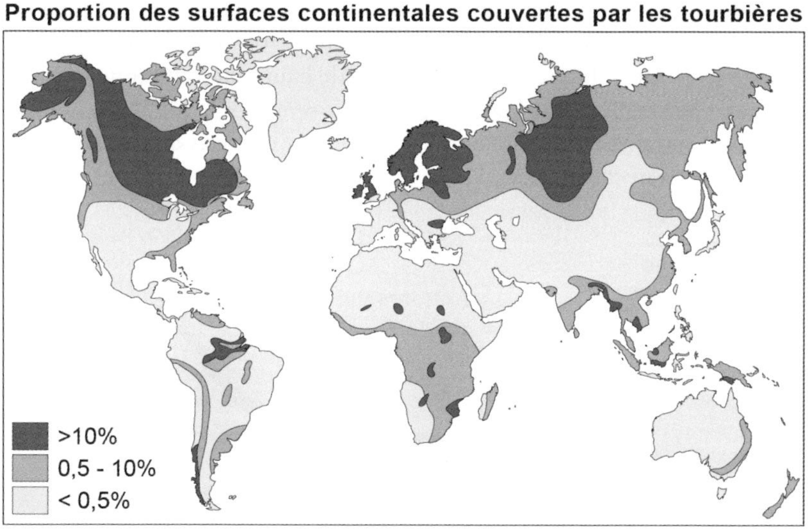

Figure 1.13 *Carte mondiale de la proportion des surfaces continentales couvertes par les tourbières.*

Le taux d'accumulation est très variable et l'épaisseur de la tourbe n'a pas de rapport direct avec son âge. L'accroissement du dépôt peut varier de 0,6 mm par an dans certaines tourbières françaises à 5 mm dans celles d'Irian Jaya en Indonésie.

Tourbe et whisky...

Le whisky fait partie de ces très anciennes boissons traditionnelles dont les Irlandais et les Écossais se disputent la paternité.

En s'installant près des tourbières, les distillateurs trouvèrent un combustible abondant et facile à extraire, mais aussi un matériau qui allait transmettre ses parfums à l'alcool. La lente combustion de la tourbe est particulièrement appropriée à la dessiccation des grains d'orge germée (le malt) qui rentrent dans la fabrication du whisky. La température ne doit en effet jamais dépasser 70 °C pour préserver les enzymes et levures nécessaires à la fermentation. La fumée odorante de la tourbe transmet aux céréales des arômes spécifiques et parfois insolites, lorsque par exemple les tourbes littorales contenant quelques algues libèrent des notes iodées. ...

...

Au moment du brassage, l'orge maltée est moulue et versée dans de l'eau, mais pas n'importe laquelle. Chaque distillerie possède sa source et la composition de l'eau détermine aussi le bouquet du produit final. Une eau légèrement tourbeuse rentrerait dans la fabrication des whiskies les plus forts.

Après fermentation et deux distillations, le jeune alcool est mis à vieillir dans des fûts de chêne qui, eux aussi, libèrent lentement des molécules organiques qui contribuent à donner au whisky sa couleur et son parfum.

1.5 Transfert de matière organique des continents vers l'océan

Hormis l'exception notable des tourbières, la matière organique des sols n'a pratiquement aucune chance de se fossiliser sur place. Soit elle est oxydée et reminéralisée à plus ou moins longue échéance (voir chapitre 2), soit le ruissellement, et l'érosion des sols qui s'ensuit, la déplace via les rivières jusqu'à des bassins de sédimentation temporaires (plaine alluviale ou deltaïque) ou plus pérennes (lacs, océans).

L'analyse systématique, depuis les années soixante-dix, des différentes espèces du carbone (COP, COD, CIP et CID) dans les eaux des fleuves de par le monde a permis de constituer des bases de données et d'acquérir une idée des quantités et des flux moyens de ces différentes espèces (Tab. 1.3). En se limitant aux seules formes organiques, on estime que la masse totale de COD transportée annuellement par les rivières atteint 200 Mt, cette fraction provenant essentiellement des sols. Le flux annuel de COP est à peu près équivalent mais ses sources sont plus variées : environ 100 Mt proviendraient des sols, 80 Mt du recyclage direct de matières organiques « géologiques » – c'est-à-dire de particules de kérogène provenant de roches sédimentaires et métamorphiques soumises à l'érosion, 10 Mt de la production algaire fluviale et 15 Mt de la pollution anthropique.

Tableau 1.3 *Concentration des différentes formes de carbone dans les eaux des rivières mondiales en g C l^{-1} (d'après Meybeck, 2005).*

Concentration des différentes formes de C dans les eaux des rivières mondiales (gC l^{-1})			
Provenant des sols	**Minimum**	**Maximum**	**Moyenne**
CID	<1 substrats silicatés	35 substrats carbonatés	6,4
COD	<1 sources karstiques	40 lixiviats de tourbières	5
COP	< 0,1 sorties de lac	10 sols fortement érodables	2,35
Provenant des roches			
CID	0 roches silicatées	35 roches carbonatées	3,15
CIP	0 roches silicatées	600 Huang He (Fleuve Jaune)	2
COP	0 roches non sédimentaires	100 roches argileuses et loess	1,3

Le comportement des différentes formes de carbone dans les rivières peut être étudié sous plusieurs aspects : concentrations, variations saisonnières, variations le long du profil, influence des entrées-sorties temporaires (zones humides, lacs, tributaires, etc.). Lors d'une crue, les concentrations en COP et COD augmentent proportionnellement à la décharge, ce qui traduit l'érosion préférentielle des sols pendant ces événements. On constate alors une relation positive entre la concentration en COP et COD et celles des matières en suspension (MES), organiques et minérales confondues. La fraction minérale est bien évidemment largement dominante et les quantités de MES transportées sont de 100 à 1 000 fois supérieures à celles du COP ou du COD. Toutefois à l'échelle globale, une telle relation n'est pas vérifiée car plus le ruissellement est important et plus la fraction organique augmente en proportion (Fig. 1.14). L'exportation annuelle de carbone organique total (COT = COP + COD) est de 5 mg m^{-2} pour des ruissellements de moins de 100 mm an^{-1} et atteint 15 mg m^{-2} pour des ruissellements de 1 000 mm an^{-1}. La tendance est donc à une augmentation de la concentration en COT avec le ruissellement qui s'explique principalement par la forte productivité organique primaire des zones humides. Si on examine plus en détail la part du COP et du COD dans cette exportation (Fig. 1.14), il ressort que l'exportation se fait préférentiellement sous forme de COD dans les zones humides à faible relief (fleuves africains par exemple) et sous forme de COP dans les zones humides à fort relief (Amazone et rivières asiatiques soumises à l'influence des moussons).

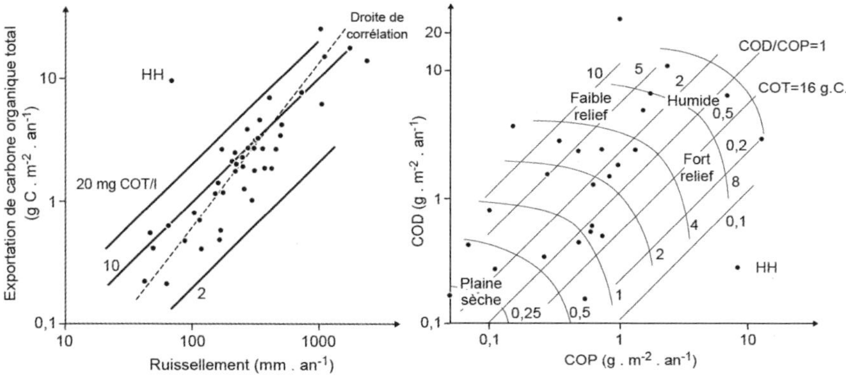

Figure 1.14 *Exportation par les rivières de carbone organique total (en g m^{-2} an^{-1}) en fonction du ruissellement (en mm an^{-1}) et proportion respective de carbone organique dissous (COD) et de carbone organique particulaire (COP) en fonction des principaux régimes fluviaux (d'après Meybeck, 2005). HH : Huang He (Fleuve Jaune).*

Le COT délivré annuellement par les différentes rivières du monde varie entre 0,25 à 16 g par m^2 de bassin-versant. Si on ne retient que le COP, qui est *in fine* la seule fraction organique d'origine continentale susceptible d'enrichir directement les sédiments marins, la fourchette va de 0,1 à 10 g par m^2 de bassin-versant, soit des quantités annuelles variant de moins de 5 Mt à près de 40 Mt pour les plus grands bassins-versants du monde (Fig. 1.9). On constate sur cette carte que le Congo, pourvoyeur annuel de 100 Mt MES, présente un rapport COP/MES de 1/20e, alors que l'Amazone, dont l'apport en MES est près de 15 fois supérieur à celui du Congo, présente un rapport COP/MES de 1/50e. Ainsi les sédiments profonds au large du Congo sont nettement plus enrichis en carbone organique (3 % en moyenne vers 4 000 m de fond) que ceux de l'Amazone (< 2 % pour la même profondeur).

1.6 La matière organique marine

1.6.1 *Répartition de la production organique primaire dans les océans*

La matière organique vivante représente moins de 2 % du carbone organique dans l'océan (Fig. 1.15). Mesurer cette biomasse est délicat car on utilise des critères de quantification différents suivant l'objet biologique considéré (pico-, nano-, micro-plancton...). Une seconde difficulté tient au fait que dans la fraction inférieure à 0,5 µm – seuil limite entre COD et COP – on trouve certaines bactéries alors que dans les fractions supérieures il peut y avoir un mélange d'organismes vivants et de particules organiques détritiques.

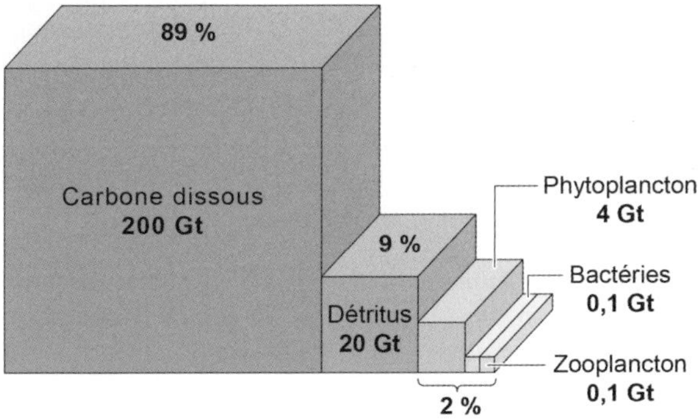

Figure 1.15 *Proportion et masse des différentes formes de carbone organique dans l'océan global (Cauwet, 1981* in *Saliot, 1994).*

Pour les organismes de grande taille, on utilise la détermination du poids humide, ou mieux, du poids sec converti ensuite en poids de carbone organique. Pour les organismes plus petits (à partir du zooplancton), la détermination de la biomasse est d'autant plus précise que l'on fait appel à des méthodes fondées sur la présence dans les organismes vivants de molécules spécifiques de la vie. L'une des meilleures de ces molécules est l'adénosine-triphosphate (ATP), constituant universel des êtres vivants, qui se dégrade en quelques minutes en dehors des cellules ou après leur mort. La biomasse végétale peut aussi être estimée à partir des pigments photosynthétiques, comme les chlorophylles. Ces dernières sont mesurables *in situ* mais sont également détectables par les satellites, ce qui permet de dresser des cartes de la concentration chlorophyllienne dans les eaux de surface à l'échelle globale (Fig. 1.16). La relation entre biomasse en carbone et chlorophylle *a* varie entre 25 et 100 selon les espèces et selon la structure (unicellulaire ou pluricellulaire) du végétal considéré. En moyenne, on considère la relation suivante : biomasse végétale (en C) = Chl *a* × 40. Quant aux bactéries, on peut également convertir leur nombre, mesuré par épifluorescence, en quantité de carbone en utilisant la relation suivante : biomasse bactérienne (mg de C) = nombre de bactéries × 2.10^{-11}.

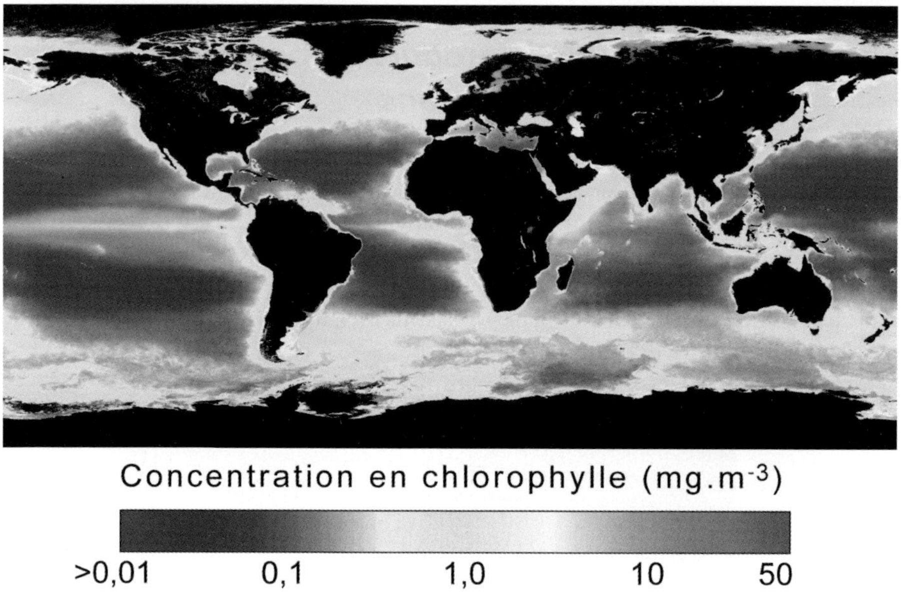

Figure 1.16 *Carte satellitaire (données NASA-SeaWiFS) de la concentration moyenne annuelle en chlorophylle (exprimée en* $mg.m^{-3}$*) des eaux de surface de l'océan global. (Voir aussi cahier hors texte en couleur.)*

Dans l'océan, la production primaire est limitée par la pénétration de la lumière et la disponibilité des nutriments (nitrates, phosphates, silicates et micronutriments, comme certains éléments métalliques, tels Fe, Zn, Co...). On y définit deux types de production :

- la **production régénérée** qui correspond à la biomasse produite à partir des nutriments provenant du recyclage de la matière organique dans la couche euphotique (voir chapitre 2) ;
- la **nouvelle production** qui est réalisée à partir d'un stock « neuf » de nutriments, notamment d'azote. Cet azote allochtone (essentiellement du NO_3^-) provient des apports par les rivières, ou bien est transféré des profondeurs vers la surface par mélange turbulent ou par diffusion dans la colonne d'eau ou encore à la faveur de remontées d'eaux profondes, appelées upwellings.

Mucilages

Certains jours du printemps, lorsque le vent souffle, les eaux des rivages de la Manche ou de la mer du Nord sont couvertes d'une écume blanchâtre qui s'accumule sur les plages et vole au vent (Fig. 1.16). Il s'agit d'agrégats mucilagineux constitués par la prolifération d'un organisme phytoplanctonique colonial à la physiologie complexe : le genre *Phaeocystis*. Cette micro-algue se développe tout d'abord sous forme de cellules individuelles de petite taille (3-9 µm) puis passe à un stade colonial (atteignant alors plusieurs mm) où plusieurs milliers de cellules sont emballées dans un mucilage riche en polysaccharides. Ces colonies servent de base à toute une chaîne alimentaire microscopique et les eaux qui les contiennent peuvent renfermer de 1 à 5 g C par m^3. Au stade de sénescence, les polymères extracellulaires et la matière organique dissoute dérivant de ces colonies sont propices à la formation d'une émulsion blanchâtre pour peu que la mer soit un peu agitée.

La production de mucilage n'est pas limitée à cette seule espèce et à la surface. De nombreux organismes phytoplanctoniques, notamment les diatomées, sont susceptibles de produire d'énormes quantités de matériel gélatineux dont l'aspect peut aller du flocon millimétrique (que les océanographes appellent la « neige marine » lorsqu'ils chutent en nombre dans la colonne d'eau) jusqu'à des tapis ou des nuages pouvant atteindre 4 à 5 m de long.

Figure 1.17 *Mucilage d'aspect mousseux accumulé sur une plage de la mer du Nord au printemps (Photo F. Baudin).*

La somme de ces deux productions constitue la production primaire totale (Fig. 1.17). Le concept de nouvelle production est absolument fondamental pour la compréhension des écosystèmes pélagiques, car seule une très petite fraction de la production primaire, appelée **production exportée**, peut échapper à l'océan superficiel et atteindre le fond (~ 0,1 % du carbone initial, voir chapitre 2).

Si l'on examine la carte de la répartition des concentrations en chlorophylle *a* dans les eaux de surface ou celle de la production primaire exprimée en g C m^{-2} an^{-1} (Fig. 1.18), on constate une répartition assez hétérogène. Il ressort toutefois une frange péricontinentale de très forte productivité et une organisation plus ou moins zonale dans les zones hauturières, avec des minimas au centre des océans Pacifique, Atlantique et Indien. Ainsi, on constate une réduction marquée de la production en allant des côtes vers l'océan ouvert, même si cette transition est moins nette aux hautes latitudes et en zone intertropicale. La production des eaux côtières est généralement supérieure d'un facteur 5 à 10 à celles des eaux hauturières du fait des apports de nutriments par les fleuves et de l'existence d'upwellings côtiers (Tab. 1.4). Les régions les plus pauvres sont les zones arides au niveau des tropiques. La zone équatoriale est caractérisée par une forte production du fait de l'action des alizés qui soufflent vers l'Ouest et repoussent les eaux de surface, déterminant ainsi une remontée d'eaux profondes enrichies en nutriments. Des fronts similaires, forcés par le vent, existent également dans l'océan Antarctique et déterminent des zones où la production est plus importante.

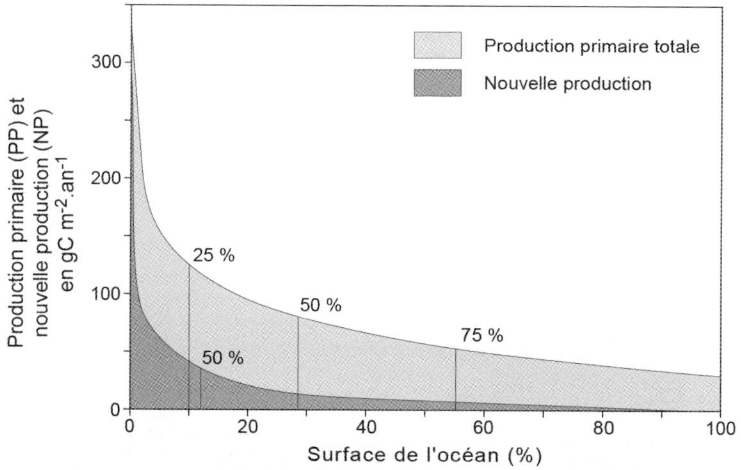

Figure 1.18 *Répartition de la quantité de carbone organique produit dans la zone photique (production primaire totale en gris clair) – dont la production liée à un apport externe de nutriments (nouvelle production en gris foncé) – en fonction du pourcentage des surfaces océaniques (d'après Berger, 1989* in *Tyson, 1995). Ces courbes montrent que la moitié de la production primaire se fait sur moins de 30 % de la surface océanique et que la moitié de la nouvelle production se fait sur un peu plus de 10 % de la surface de l'océan. Les zones de très haute productivité sont caractérisées par une nouvelle production extrêmement élevée.*

Tableau 1.4 *Comparaison des principales caractéristiques des plateaux continentaux et de l'océan ouvert vis-à-vis de la productivité et de la sédimentation organique (d'après Tyson, 1995).*

Caractéristiques	Plateau continental	Océan ouvert
Surface globale (%)	4,5	66,3
Surface océanique (%)	7,6 (< 200 m)	92,4
Profondeur moyenne (en m)	< 133	3730
Volume relatif d'eau marine (%)	0,2	99,8
Productivité primaire moyenne (g C m^{-2} an^{-1})	230	57
Productivité globale nette (%)	18-33	67-82
Production nouvelle globale (%)	64	36
Recyclage moyen (%)	50	90
Taux de préservation final moyen	1-17	0,4-1
Taux de sédimentation (m Ma^{-1})	10-200	1-4
COT moyen (%)	1,02	0,34

Si l'on tente un bilan de l'ensemble de la production primaire océanique, la fourchette reste très large : entre 30 et 150 Gt C an^{-1}, la valeur de 50 Gt an^{-1} paraissant l'estimation la plus raisonnable. Les plus grandes incertitudes pèsent sur le bilan des zones oligotrophes, où le rôle du picoplancton a certainement été sous-estimé. Le tableau 1.5 rassemble les estimations de la production primaire et de la nouvelle production pour différents écosystèmes marins. La production globale de l'océan est dominée par les zones hauturières avec 42 Gt C an^{-1}, mais ramenée à la surface qu'elles représentent leur productivité est faible (autour de 130 mg C m^{-2} an^{-1}). Les zones côtières et les upwellings présentent une production 2 à 3 fois supérieure. Les différences sont encore plus nettes lorsque l'on compare la nouvelle production. Rapportés à leurs surfaces, les upwellings ont une productivité nouvelle presque 5 fois supérieure à celle l'océan ouvert, avec 85 contre 18 mg C m^{-2} an^{-1}. Par conséquent les upwellings sont des écosystèmes très importants vis-à-vis du transfert de matière organique vers les sédiments de l'océan profond.

Tableau 1.5 *Comparaison de la production totale (en g C m^{-2} an^{-1} et en Gt an^{-1}) et de la nouvelle production (en g C m^{-2} an^{-1} et en Gt an^{-1}) de différents écosystèmes marins actuels (données* in *Saliot, 1994).*

	Superficie (10^6 km^2)	% de l'océan	Production moyenne (gC m^{-2} an^{-1})	Production totale (Gt C an^{-1})	Production nouvelle (gC m^{-2} an^{-1})	Production nouvelle (Gt C an^{-1})
Océan ouvert	326	90	130	42	18	5,9
Zones côtières	36	9,9	250	9	42	1,5
Zones d'upwelling	0,36	0,01	420	0,15	85	0,03
Total	**362**			**51**		**7,4**

1.6.2 *Les zones d'upwelling*

Le mécanisme par lequel les eaux de surface sont chassées vers le large sous l'action du vent et remplacées par des eaux sous-jacentes plus riches en nutriments est appelé résurgence océanique profonde ou upwelling. C'est, par exemple, le cas autour de l'équateur où la migration des eaux poussées vers l'ouest par les alizés doit être compensée par une remontée d'eau plus profonde qui définit l'upwelling équatorial. Les upwellings peuvent également se développer en contexte côtier lorsque les vents dominants soufflent parallèlement à la côte. On distingue généralement cinq zones majeures d'upwellings côtiers : upwellings de Californie-Orégon et du Pérou sur la bordure ouest des continents américains, upwellings de Mauritanie-Maroc et de Namibie-Afrique du Sud sur la bordure du continent africain, et enfin, upwelling de Socotra-Oman-Somalie dans l'océan Indien. La répartition des quatre premiers sur les façades occidentales des continents est associée aux grandes gyres cycloniques de la circulation atmosphérique et océanique. Une exception concerne l'upwelling de l'océan Indien qui se développe de manière saisonnière en réponse aux vents de moussons soufflant pendant l'été depuis le sud-ouest. Ces upwellings sont tous associés à des courants océaniques superficiels froids (respectivement les courants de Californie, de Humboldt, des Canaries, du Benguela et de Somalie), et correspondent à des remontées d'eaux intermédiaires (300 m de profondeur environ) vers la surface. Parvenues en surface, ces eaux riches en nutriments permettent les blooms phytoplanctoniques et l'installation de toute une chaîne alimentaire. De fait les zones d'upwelling sont parmi les meilleures zones de pêche au monde.

Les fronts océaniques subhorizontaux observés au niveau des zones d'upwelling marquent la limite entre les eaux froides eutrophes et les eaux plus chaudes oligotrophes. La limite entre les eaux eutrophes et les eaux du large est souvent déformée par la formation de filaments, ou plumes, qui peuvent s'étendre à des centaines de kilomètres de la côte et subsister quelques jours.

Lorsqu'une augmentation de la friction du vent sur l'eau de surface initie un phénomène d'upwelling, un premier front, côtier, se développe peu après. À mesure que l'upwelling se développe, il se déplace vers le large à une vitesse moyenne de 5 km j^{-1}. Finalement ces eaux froides et plus denses plongent à plusieurs centaines de kilomètres de la côte. Les eaux froides et riches en nutriments qui se retrouvent en surface lors d'un épisode d'upwelling correspondent à des eaux situées à des profondeurs inférieures ou égales à 300 m. Leur concentration en nutriments détermine la capacité de l'écosystème à produire une biomasse nouvelle et donc à exporter de la matière organique vers l'océan profond. Généralement, la production primaire des zones d'upwelling est dominée par les diatomées de grande taille (5 à 30 µm), contrairement à l'océan ouvert où les diatomées sont plus petites et le picoplancton dominant. À partir de ces producteurs primaires, une chaîne trophique Diatomées-Copépodes-Poissons se met en place. Dès l'arrivée de l'eau profonde en surface, le phytoplancton se développe très rapidement durant 5 à 8 jours alors que les prédateurs restent rares. Puis la population de prédateurs se développe rapidement alors que déjà la population algale décroît par suite de l'épuisement des nutriments à l'intérieur de la masse d'eau qui s'éloigne de sa source d'émergence. Cette diminution des nutriments vers le large conduit à une zonation des différentes espèces et de leur production depuis la côte vers le large. Si le processus d'upwelling est pérenne, on aboutit à une situation où la productivité est bien différenciée aux niveaux des fronts. Bien souvent, le vent, moteur de l'upwelling, est changeant, ce qui a pour conséquence de faire varier la productivité dans le temps et l'espace.

Le niveau de fertilité des eaux conditionne la présence des organismes phytoplanctoniques. Les êtres unicellulaires ont des tailles contrastées, entre les « petits » coccolithophoridés et les « grosses » diatomées (tout est relatif), pour prendre l'exemple d'algues unicellulaires. Plus la cellule est petite, plus sa surface spécifique sera grande, la surface spécifique étant le rapport entre la surface d'un objet et sa quantité de matière, c'est-à-dire sa masse. Plus une cellule phytoplanctonique sera de grande taille, plus sa surface spécifique sera petite. Or c'est à travers leur surface (*i.e.*, à travers leur paroi cellulaire) que les cellules échangent avec le fluide environnant (ici, l'eau de mer). Ces échanges concernent la nourriture (flux entrant) et l'excrétion cellulaire (flux sortant). Une grosse cellule échange donc moins bien qu'une petite les éléments nutritifs contenus dans l'eau de mer, puisque sa surface d'échange est relativement faible par rapport à sa quantité de matière. Pour satisfaire ses besoins nutritifs, si la cellule elle-même échange mal, le milieu environnant dans lequel elle vit doit être riche (milieu eutrophe). En revanche, les cellules de petites dimensions (et de petite masse) ont une grande surface spécifique, donc une grande surface d'échange avec l'eau de mer, relativement à leur masse ; ces petites cellules peuvent se satisfaire d'un milieu modérément ou faiblement nutritif (méso- ou oligotrophe) pour se développer, puisqu'elles échangent beaucoup avec leur milieu environnant. On trouvera donc les « grosses » diatomées dans les milieux eutrophes alors qu'elles laisseront la place au coccolithophoridés dans les milieux oligotrophes. Les sédiments marins accumulant les squelettes minéralisés du phytoplancton se font l'écho de cette productivité, qui renseigne ainsi sur le (paléo) niveau trophique de l'eau de mer selon les régions de l'océan.

La matière organique marine : source naturelle d'engrais pour les continents

Les agriculteurs du littoral breton, et d'ailleurs, ont l'habitude d'apporter à leurs terres des engrais prélevés sur les côtes : le goémon, dont la collecte est ancienne, ou plus récemment de « laitue de mer » (*Ulva lactuca*), algue qui, paradoxalement, pullule à cause des surplus d'engrais phosphatés et azotés utilisés dans les champs avoisinants et rejetés par l'élevage.

On sait moins, en revanche, que la mer et le vent s'associent pour fournir un engrais naturel aux continents. Lorsque la mer est agitée, les bulles d'air qui se mêlent à l'eau éclatent en remontant à la surface. Cette micro-explosion se fait en deux temps : d'abord la paroi de la bulle éclate en projetant des gouttelettes (des embruns, qui retombent rapidement), puis l'onde de choc déforme la surface de l'eau en une cupule d'où jaillissent de très fines gouttelettes immédiatement évaporées. Il se constitue ainsi des aérosols qui, poussés par le vent, peuvent atteindre le continent. Par mer peu agitée, ces aérosols ont une composition très différente en sels de celle de l'eau de mer. Ils sont notamment enrichis en matière organique

...

...

et en éléments comme K, P, Mg, Cu, Zn, Pb, Co... enrichis relativement au Na. Ces éléments sont en effet présents dans les matières organiques du phytoplancton qui sont concentrées dans la couche infra-millimétrique à la surface des océans et qui se trouvent ainsi dispersés par l'onde de choc. À l'échelle du cycle du carbone, ce flux mer-terre est négligeable, mais ces aérosols constituent un engrais certain pour les sols qui les reçoivent.

1.7 Comparaison entre production continentale et marine

La production organique primaire annuelle sur les continents varie de 50 à 1 100 g C m^{-2} an^{-1}, alors que dans le domaine marin elle est généralement comprise entre 1 et 500 g C m^{-2} an^{-1}, même si des valeurs de 1 000 g C m^{-2} an^{-1} ont été rapportées dans certaines zones d'upwellings (Fig. 1.19). Si les deux gammes de variation sont assez comparables, la proportion des écosystèmes terrestres de haute productivité (> 800 g C m^{-2} an^{-1}), à savoir les forêts tropicales humides, est 100 fois supérieure à la surface des zones d'upwellings. En effet, les forêts tropicales couvrent 17 % des surfaces continentales (Fig. 1.20) contre moins de 0,2 % des surfaces marines pour les zones d'upwellings. La biosphère terrestre apparaît donc en moyenne six fois plus productive que la biosphère marine, avec des valeurs moyennes respectives de 418 et 69 g C m^{-2} an^{-1}. Cette grande différence est partiellement compensée par le fait que les surfaces continentales sont 2,8 fois moins étendues que les surfaces océaniques (Fig. 1.21).

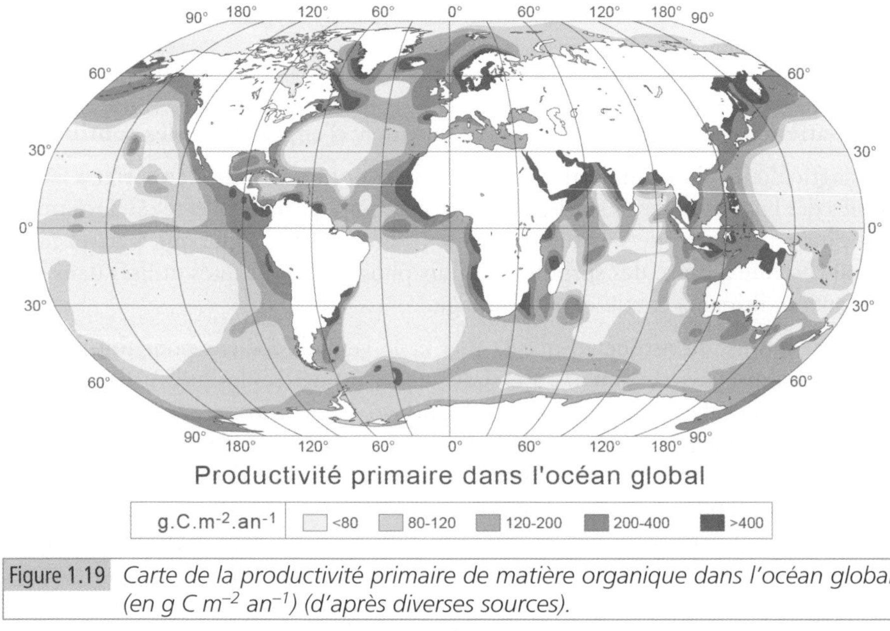

Figure 1.19 *Carte de la productivité primaire de matière organique dans l'océan global (en g C m^{-2} an^{-1}) (d'après diverses sources).*

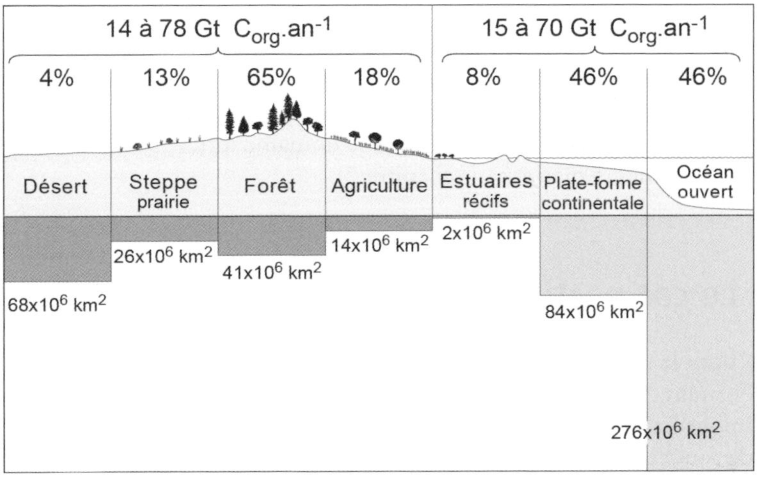

Figure 1.20 *Répartition de la productivité primaire (en Gt an^{-1}) des grands écosystèmes terrestres et marins en fonction de leur superficie (d'après Huc, 1980 in Durand 1980).*

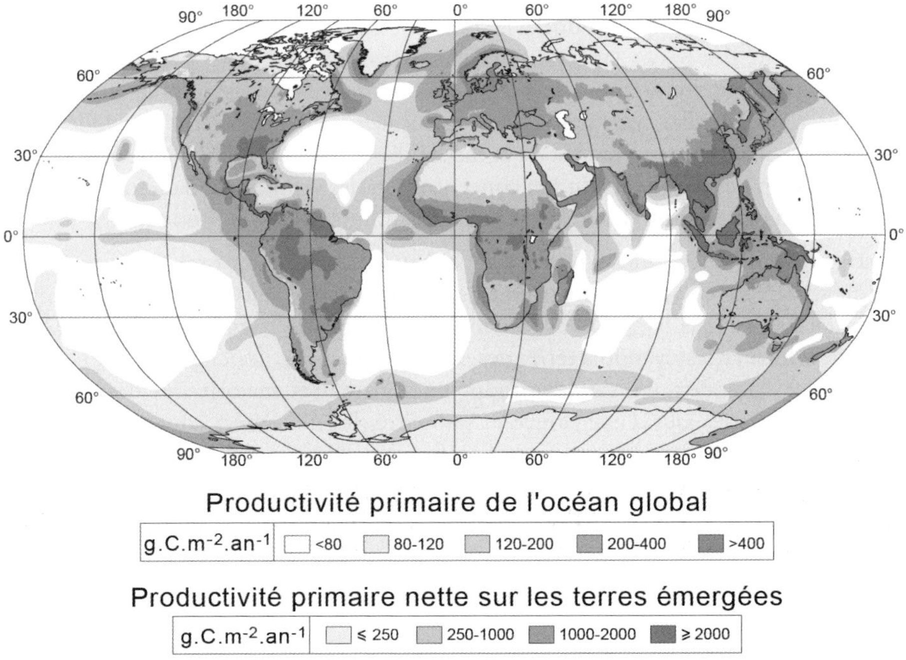

Figure 1.21 *Carte globale de la productivité primaire sur les terres émergées et dans les océans (en g C m^{-2} an^{-1}) d'après diverses sources. On constate qu'une même surface de domaine émergé est nettement plus productive que son équivalent dans le domaine aquatique.*

Cependant la plus grande différence tient dans le rendement. Par rapport à la même unité de carbone (1 g, 1 kg), la productivité de la biomasse marine est bien meilleure que celle de la biomasse continentale. Une autre différence entre écosystèmes continentaux et marins réside dans la proportion de matière organique qui a des chances d'être fossilisée. Excessivement faible dans le domaine terrestre, elle est un peu plus forte dans le domaine marin (voir chapitre 2).

1.8 Le cas particulier des lacs

Les lacs, dont la superficie totale équivaut à 1 % de celle des océans (soit 2.10^6 km^2), ne représentent que 0,02 % de l'hydrosphère. Pourtant, les environnements lacustres sont en moyenne plus productifs que l'océan et, ainsi, nettement plus favorables aux dépôts de couches riches en matière organique que les fonds marins. Cependant cette valeur moyenne cache une très grande disparité qu'il convient d'examiner en détail.

Comme pour le domaine marin, le premier facteur limitant la productivité primaire lacustre est l'apport de nutriments, notamment de phosphore. On distingue ainsi des lacs ultra-oligotrophes (moins de 1 µg P l^{-1}), oligotrophes (5-10 µg P l^{-1}), mésotrophes (10-30 µg P l^{-1}), eutrophes (> 30 µg P l^{-1}) et hypereutrophes (jusqu'à 5 000 µg P l^{-1}). Vient ensuite l'intensité du rayonnement solaire. Comme pour l'océan global, on note une diminution de la productivité primaire dans les lacs des hautes latitudes par rapport à ceux des basses latitudes. Les lacs arctiques présentent généralement une courte période de production, ceux des zones tempérées une période de production printanière et estivale, ceux des régions tropicales étant productifs tout le long de l'année. Un autre facteur limitant est la turbidité des eaux – qu'elle soit liée à la remise en suspension des sédiments ou à la concentration des cellules du plancton lacustre – qui limite la pénétration des rayons solaires et diminue donc la productivité.

L'estimation de la productivité des lacs se heurte aux mêmes problèmes que ceux évoqués pour les environnements marins, mais auxquels s'ajoute le fait que le phytoplancton n'est pas toujours la fraction dominante de la biomasse lacustre. Les bactéries, les mattes cyanobactériennes, les macro-algues, les charophytes peuvent représenter dans certains cas les producteurs primaires majoritaires des systèmes lacustres. Dans les lacs d'eau douce et saumâtre, les diatomées sont généralement les principaux producteurs primaires. Les dinoflagellés peuvent aussi être abondants mais sont généralement plus rares qu'en domaine marin. Les algues vertes coloniales du genre *Botryococcus*, très riches en lipides, prolifèrent dans certaines eaux douces à saumâtres. Flottant après leur mort, elles sont généralement poussées par le vent et les courants sur les rives où elles s'accumulent en tapis caoutchouteux (voir chapitre 4). Dans les lacs alcalins et légèrement salins, qui sont nombreux en Afrique de l'Est, des cyanobactéries du genre *Spirulina* sont les producteurs majoritaires. Contenant 60 à 65 % de protéines, cette biomasse constitue un met apprécié des flamants roses. Dans les lacs hypersalins (plus de 20 % de sels dissous contre 3,5 % pour les eaux marines), l'algue verte *Dunaliella*, dont la richesse en glycérol lui permet de résister à des pressions osmotiques élevées, peut représenter une masse de

150 g m^{-3} et les bactéries jusque 300 g m^{-3}. Ces dernières, tant photosynthétiques que chimiosynthétiques, sont parfois les producteurs majoritaires des écosystèmes lacustres, loin devant les algues.

Les lacs stratifiés présentent une interface entre la couche de surface, appelée épilimnion, et celle dc profondeur, appelée hypolimnion, qui est souvent colonisée par des bactéries. Dans certains lacs canadiens, on a décrit un « tapis » de 30 cm d'épaisseur de bactéries vivant à cette interface, notamment des Chlorobiacées, bactéries photosynthétiques adaptées aux conditions euxiniques. Leur production annuelle dans le lac Waldsea est de 32 g de carbone par m^2, soit à peu près autant que la productivité phytoplanctonique qui se développe au-dessus dans une tranche d'eau 25 fois plus épaisse. Dans le lac Solar, à proximité du golfe d'Aqaba, la production phytoplanctonique de surface est de 59 g C m^{-2} an^{-1} alors que celle qui dérive des bactéries chimiotrophes des tapis microbiens de l'hypolimnion atteint 923 g C m^{-2} an^{-1}.

Au final, la production lacustre est donc très variable. Comprise entre 5 et 10 660 g C m^{-2} an^{-1} (Tab. 1.6), la valeur moyenne est de 200 g C m^{-2} an^{-1}, ce qui représente environ 0,4 Gt de C à l'échelle mondiale.

Tableau 1.6 *Production primaire moyenne annuelle (en g C m^{-2} an^{-1}) de différents lacs en fonction de leur richesse en phosphate (d'après Kelts, 1988* in *Fleet* et al.*, 1988).*

	Production (g C m^{-2} an^{-1})
Lacs ultra-oligotrophes (1-5 µg P l^{-1})	
Vanda, Antarctique	5
Lacs oligotrophes (5-10 µg P l^{-1})	
Huron, USA	100
Baïkal, Russie	115
Lacs mésotrophes (10-30 µg P l^{-1})	
Erié, USA	240
Esrom, Danemark	260
Lacs eutrophes (> 30 µg P l^{-1})	
Lugano, Suisse	400
Tanganyika, Afrique de l'Est	430
Lanaos, Philippines	620
Victoria, Afrique de l'Est	680
Lacs hypereutrophes	
Pedeborg, Danemark	945
Turkana, Turkménistan	1 800
Aranquadi, Ethiopie	5 900
Tarn, Australie	10 660

2

Mécanismes et milieux de dégradation et de préservation des matières organiques naturelles : l'étape oxydative et microbienne de leur évolution

2.1 Le milieu continental

Sur les terres émergées, on peut schématiser le cycle de la matière organique ainsi : les végétaux développent grâce à la photosynthèse de la matière organique et, une fois les végétaux morts, ou les feuilles mortes pour les végétaux à feuilles caduques, cette matière organique est dégradée et transformée par les micro-organismes du sol et quelques décomposeurs, notamment les vers, les arthropodes et les larves d'insectes (Fig. 2.1). Une partie de cette biomasse, souvent appelée litière en domaine forestier, est incorporée dans les sols sous forme d'humus. Cet humus à son tour va servir à la croissance des autres végétaux, en fournissant les éléments minéraux que la seule photosynthèse ne permet pas de synthétiser. Le maître-mot en milieu continental est donc recyclage, comme cela va être illustré ci-après.

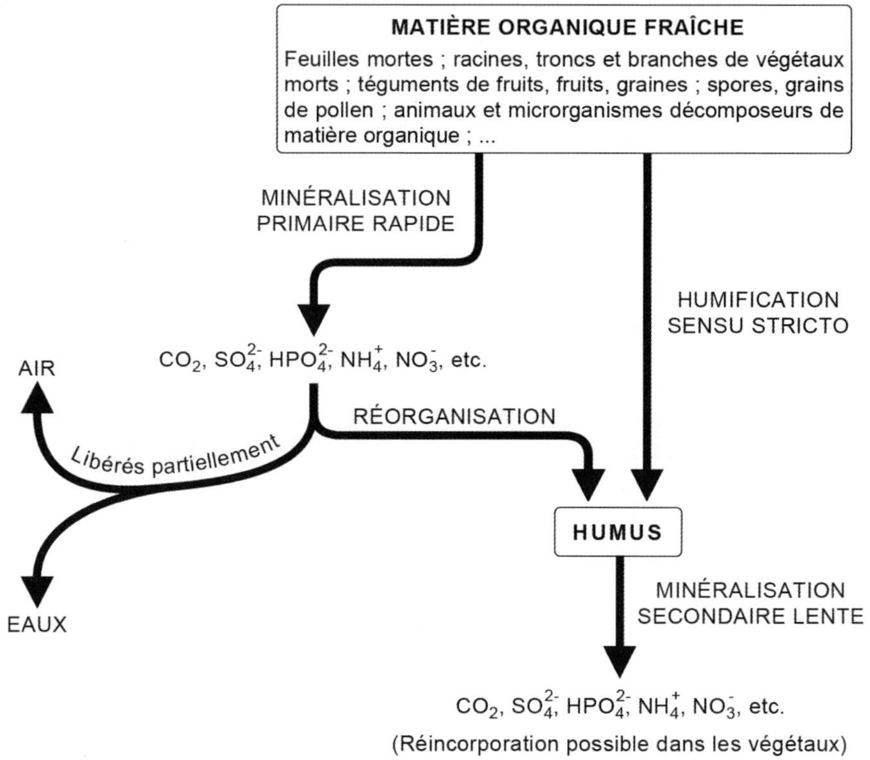

Figure 2.1 *Dégradation de la matière organique et de ses composants au cours de l'humification.*

2.1.1 *L'humus*

Les molécules de la matière organique fraîche subissent d'abord une décomposition microbienne qui libère des composés simples, le plus souvent solubles. Une partie de ces composés est reminéralisée, c'est-à-dire transformée en composés minéraux solubles ou gazeux (à l'image du glucose transformé en CO_2 par la respiration, réaction inverse de celle de la photosynthèse). Ces processus formant la minéralisation dite primaire sont assez rapides (quelques mois) dans les sols où les (micro-) organismes sont nombreux. Une autre partie des composés organiques est réorganisée chimiquement au cours de la formation de l'humus (humification). Une autre partie encore n'est pas reminéralisée et sert de charpente à la formation de molécules nouvelles, souvent très complexes. Ces molécules organiques sont prépondérantes dans l'humus. Elles sont souvent associées à des minéraux (en général des argiles), des oxydes et hydroxydes de fer, formant ce qu'on appelle des complexes organo-métalliques ou organo-minéraux. Ces complexes ont eux-mêmes un très fort pouvoir complexant et adsorbant vis-à-vis des métaux. Ils forment ainsi de véritables éponges à éléments chimiques. Enfin, ces composés organiques se minéralisent à leur tour, mais beaucoup plus lentement que la matière organique fraîche ; on parle alors de minéralisation secondaire, qui s'étend sur des années ou des centaines d'années, en fonction du contexte climatique et de la nature des sols.

L'humus est en renouvellement permanent, il s'en forme du nouveau pendant qu'une partie est réincorporée par les végétaux vivants et qu'une autre partie est perdue, par solubilisation dans les eaux de percolation, notamment. Si le renouvellement (ou *turnover*) est rapide pour un apport déterminé de litière (sols biologiquement actifs et présence d'eau), le stock d'humus incorporé au sol est faible (et inversement).

Le carbone organique dans les sols

Le stock de carbone organique présent dans les sols naturels résulte d'un équilibre dynamique entre apports de débris végétaux et pertes dues à leur décomposition. Dans les conditions normales, la majorité du carbone apporté est labile et seulement une petite fraction (de l'ordre de 1 %) de ce qui entre dans le sol (55 $Gt.an^{-1}$) s'accumule dans la fraction stable qu'est la fraction humique (0,4 $Gt.an^{-1}$). La matière organique et l'activité biologique qui en découle ont une influence majeure sur les propriétés physiques et chimiques des sols. L'agrégation et la stabilité de la structure du sol augmentent avec le contenu en carbone, ce qui a des conséquences directes sur la dynamique de l'eau et la résistance à l'érosion mécanique par l'eau et le vent. Le carbone des sols affecte aussi la dynamique et la biodisponibilité des principaux éléments nutritifs.

Pour déterminer la teneur en carbone des sols, la méthode la plus communément appliquée consiste à déterminer le carbone organique total à différentes profondeurs ou globalement pour un ou plusieurs horizons, et de transformer les données, en tenant compte de la densité apparente du sol. Le résultat peut être exprimé en $kg.m^{-2}$, $t.ha^{-1}$ ou Gt dans des zones et à des profondeurs spécifiées pour différents types de sols (Tab. 2.1). De nombreuses informations sur la matière organique des sols sont disponibles sur le site de l'Organisation des Nations unies pour l'Alimentation et l'Agriculture (www.FAO.org).

Tableau 2.1 *Teneur moyenne en carbone organique pour quelques types de sols (d'après Batjes 1996 ; Classification FAO-UNESCO [Food and Agriculture Organization] et WRB [World Reference Base for Soil Resource]). Podzosols : type de sols acides des forêts boréales de conifères (voir cahier hors texte en couleur). Rendzines : groupe de sols dont l'horizon de surface est brun ou noir et qui se sont formés sur des matériaux originels contenant plus de 40 % d'équivalent de carbonate de calcium. Lithosols : sols minces peu évolués riches en fragments rocheux peu altérés. Chernozems : sols très fertiles de climat froid et sec (steppe) présentant un horizon A noir à structure grumeleuse (forte activité des lombrics), très riche en matière organique, allant jusqu'à 60 cm d'épaisseur. Nitosols : sols acides présentant un épais horizon argileux. Xérosols et Yermosols : sols peu évolués des zones arides, pauvres en humus. Ferralsols : sols riches en fer et aluminium dans les régions fortement hydrolysantes (famille informelle des latérites ou oxisols). Vertisols : sols riches en minéraux argileux gonflants (montmorillonite, principalement), changeant de volume en fonction de la teneur en eau. Andosols : sols riches en humus qui se forment sur substratums volcaniques.*

Types de sols		**Teneur moyenne en C organique ($kg.m^{-2}$)**		
FAO-Unesco	WRB	0-30 cm	0-100 cm	0-200 cm
Podzosols	Podzosols	13,6	24,2	59,1
Rendzines	Leptosols	13,3	-	-
Lithosols		3,6	-	-
Chernozems	Chernozems	6,0	12,5	19,6
Nitosols	Nitosols	4,1	8,4	11,3
Xerosols	Calcisols-Cambisols	2,0	4,8	8,7
Yermosols	Calcisols-Gypsisols	1,3	3,0	6,6
Ferralsols	Ferralsols	5,7	10,7	16,9
Vertisols	Vertisols	4,5	11,1	19,1
Andosols	Andosols	11,4	25,4	31,0

2.1.2 *Les agents de l'humification*

L'ensemble des organismes vivants présents dans les sols constitue ce que l'on appelle, un peu improprement, la biomasse microbienne. Elle comprend principalement des bactéries, des champignons et toute une microfaune qui, tous, jouent un rôle essentiel dans l'humification à la fois directement (transformation de la biomasse végétale morte) et indirectement (par action enzymatique). Cette biomasse microbienne représente 2 à 5 % de la matière organique totale des sols.

Les microbes des sols sont pour la plupart hétérotrophes et saprophytes : ils décomposent les celluloses et les sucres constituant pour eux des sources d'énergie ; les bactéries protéolytiques hydrolysent les protéines et libèrent les acides aminés qui subissent à leur tour l'ammonification. Certaines bactéries sont autotrophes et tirent leur énergie de l'oxydation de certains composés (S, NH_3, NO_2, Fe^{2+}, Mn^{2+}) et assimilent le carbone du CO_2. En fonction des types de sols, les bactéries rencontrées seront aérobies ou anaérobies. Elles sont extrêmement abondantes dans les sols : environ 10^7 g^{-1}, soit 2 à 4 mg par g de sol.

Les champignons (et actinomycètes) sont tous hétérotrophes et toujours aérobies ; ils ne prolifèrent pas dans les sols mal aérés. Ces champignons sont présents sous forme de mycéliums pluricellulaires. Certains développent des organes éphémères visibles (les pézizes des ascomycètes, les champignons à chapeau des basidiomycètes). La plupart des champignons décomposent la cellulose, certains hydrolysent les composés phénoliques, plus résistants, comme la lignine et les tanins.

La faune du sol est divisée en micro-, méso-, et macrofaune. La microfaune est constituée surtout de protozoaires et nématodes. La mésofaune (de 100 µm à 1 cm) est faite principalement d'arthropodes comme les acariens et les collemboles. Ils recombinent notamment la matière organique en pelotes ou boulettes fécales. La macrofaune enfin (> 1 cm) est surtout faite de lombrics et autres vers, d'arthropodes, de larves d'insectes, parfois de termites. Par leur transit digestif, ces organismes facilitent la formation des agrégats argilo-humiques évoqués plus haut. En outre, par leurs déplacements, ils créent ce qu'on appelle la porosité tubulaire qui améliore l'aération des sols.

2.1.3 *La composition de l'humus*

Les pédologues, spécialistes des sciences des sols, séparent les composés humiques d'une fraction solide appelée humine. On utilise des solutions alcalines (comme le pyrophosphate de sodium) pour l'extraction des composés humiques. Une solution de couleur foncée est ainsi obtenue, qui donne, après acidification, un précipité brun, les acides humiques, alors que les acides fulviques restent sous forme soluble. La fraction non extractible par les solutions alcalines (le résidu solide appelé humine) ne ressemble plus chimiquement à la matière organique fraîche d'origine, du fait des attaques et transformations de la matière organique par les micro-organismes. Cette humine comprend des molécules organiques qui dérivent des organismes microbiens, des membranes ligneuses plus ou moins dégradées, et des molécules proches des composés humiques mais insolubles en conditions alcalines. Les acides fulviques et humiques comme une bonne partie des molécules de l'humine ont une structure chimique proche, riche en noyaux aromatiques (polyphénols) reliés par des chaînes aliphatiques comme les peptides et saccharides, et des groupements fonctionnels à caractère acide (-COOH, -OH, Fig. 2.2). La matière organique des humines diffère de celle des végétaux vivants par une diminution relative des teneurs en hydrogène et oxygène, parallèlement à une augmentation relative de la teneur en carbone. Cette tendance, observée pendant la diagenèse précoce, se poursuit pendant la diagenèse thermique (voir chapitre 6).

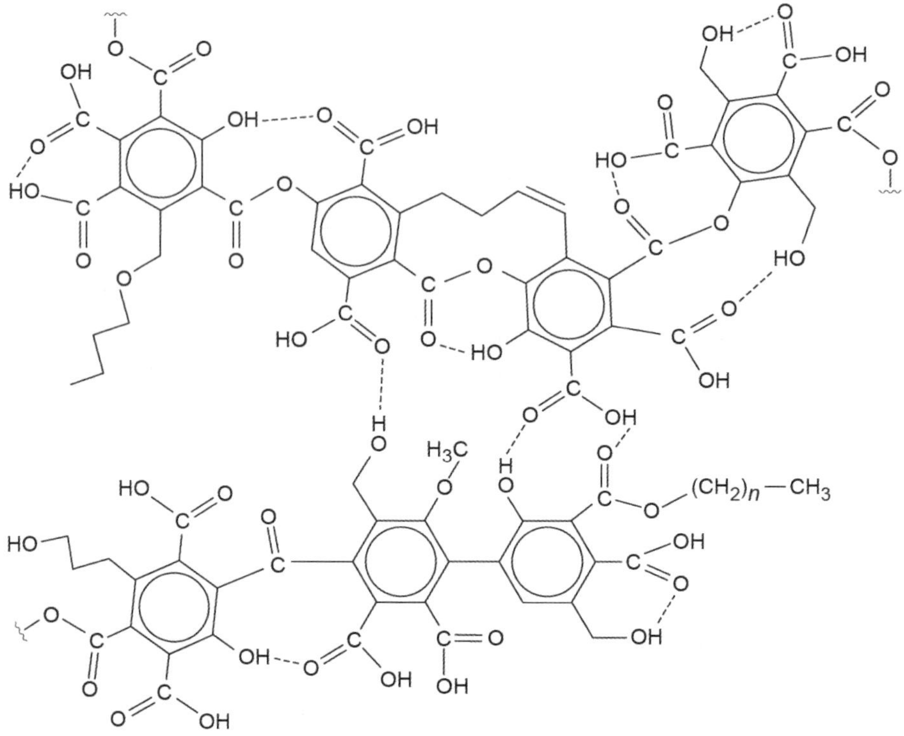

Figure 2.2 *Unités structurales et types de liaisons dans un acide fulvique. Les liaisons hydrogène sont indiquées en pointillé (d'après Killops et Killops, 2005).*

À côté des molécules organiques non extractibles dans les réactifs alcalins comme les polysaccharides, les composés peptidiques et les acides gras, les composés phénoliques résultent généralement de la dégradation de la lignine et des tannins des résidus végétaux. Ils sont aussi synthétisés par certains micro-organismes. Ces précurseurs phénoliques évoluent par polymérisation vers des molécules de plus en plus grosses, des composés extractibles jusqu'aux molécules insolubles.

Les complexes organo-minéraux jouent un rôle sensible dans l'évolution de l'humification et la pédogenèse (la formation des sols) et la libération de molécules organo-minérales dans le milieu aqueux. Les composés solubles ou de petites tailles (acides fulviques) partant facilement avec les eaux de ruissellement ou souterraines, vont avoir un rôle d'entraînement vis-à-vis d'éléments chimiques comme les métaux (notamment l'aluminium et le fer). À l'inverse, les composés insolubles (grosses molécules) ont un rôle de cimentation des particules minérales, ce qui forme des agrégats insensibles aux phénomènes d'entraînement.

Irisations organiques à la surface des eaux...

Lorsque des filets d'hydrocarbures se mélangent à de l'eau, ils y forment des pellicules irisées qui peuvent être l'indice en surface d'une source pétrolière en profondeur. Ces irisations ne doivent toutefois pas être confondues avec les voiles, dus aux humates de fer, qui sont fréquents dans les régions forestières et les tourbières (Fig. 2.3 et photo couleur dans le cahier hors texte). L'alternative est facile à lever : un doigt ou un bâton plongé au travers de ces surfaces irisées les brise en polygones anguleux lorsqu'il s'agit de voiles d'humates et les résout en traînées à contours arrondis dans le cas des voiles liquides d'hydrocarbures.

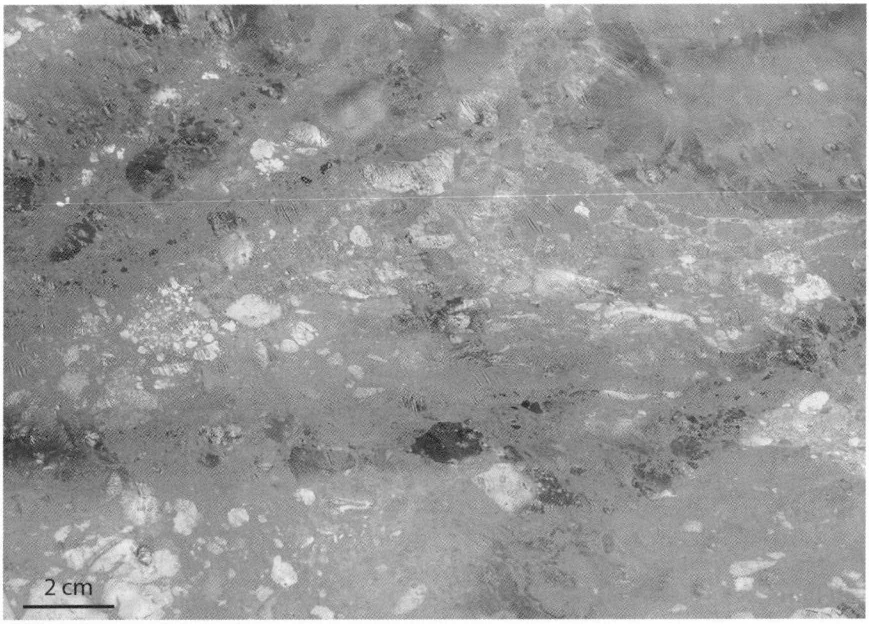

Figure 2.3 *Irisation due aux humates à la surface d'une mare en domaine forestier (Photo F. Baudin). (Photo en couleur dans le cahier hors texte.)*

En conclusion, les sols ont un rôle complexe dans les cycles géochimiques. En effet, ils interviennent activement dans les phénomènes de recyclage à court terme et conditionnent le développement du couvert végétal. À plus long terme, les composés humiques des sols sont un filtre sélectif : les composés à grosses molécules sont peu mobiles et participent à la rétention sur les terres émergées de matière organique et de métaux ; en revanche, les composés à plus petites molécules sont solubles et pourront participer au transfert à l'océan de carbone organique dissous, ainsi que de métaux et nutriments issus des profils d'altération et de la décomposition des végétaux.

Désignation internationale des horizons des sols

Les pédologues se sont accordés pour utiliser trois lettres pour désigner les horizons fondamentaux des sols :

- A désigne l'horizon de surface, contenant de la matière organique.
- B désigne l'horizon minéral, qui diffère de A et de C par son altération et/ou sa structure. Son degré d'altération est souvent plus fort que celui de la roche-mère. B est souvent enrichi par illuviation en éléments fins ou mal cristallisés (amorphes) comme des argiles, des oxydes de fer et d'aluminium, voire de l'humus.
- C désigne le matériau d'origine, encore peu transformé (on parle de roche-mère saine), aux dépens duquel les horizons A et B se sont formés.

Certains signes, chiffres ou lettres apposés en indice désignent des caractères particuliers ou des subdivisions de ces horizons principaux. Notamment, en ce qui concerne les horizons contenant de la matière organique, on peut relever :

A_{00} : litière, débris végétaux identifiables.

A_0 : horizon organique à structure originelle modifiée ou détruite (plus de 30 % de matière organique).

Ces deux horizons sont aussi dénommés horizon O.

A_1 : horizon mixte contenant en mélange de la matière organique (< 30 %) et de la matière minérale.

A_2 : horizon pauvre en matière organique, souvent lessivé en argiles et en sesquioxydes (Fe_2O_3), de couleur claire. On parle d'horizon éluvial.

A/B : horizon de transition entre les horizons éluvial et illuvial, marquant un début d'accumulation des éléments fins ou mal cristallisés.

B_t : niveau de l'horizon B dans lequel des accumulations d'humus se sont produites.

2.2 Le milieu marin

2.2.1 *Les mécanismes et environnements des dégradations oxydatives de la matière organique : dégradations microbiennes et processus d'oxydo-réduction*

En milieu marin, le phytoplancton constitue l'essentiel de la biomasse, et est le point de départ de la chaîne alimentaire marine. Est inclus sous le terme phytoplancton ce que l'on appelle le nanoplancton voire le picoplancton, majoritairement composé de (cyano-) bactéries et même de virus, et les algues unicellulaires du microplancton. Vivant dans la zone photique, les êtres unicellulaires du phytoplancton ont une durée de vie moyenne de trois semaines. De leur vivant ou après leur mort, ils sont consommés par les organismes du zooplancton et les pluricellulaires de toute taille (radiolaires, copépodes, annélides, requins-baleines...). Ces organismes consomment incomplètement la matière organique phytoplanctonique et en restituent une part au milieu marin sous forme de pelotes fécales. Ces dernières sont capables de couler, à la différence des cellules individuelles du plancton, qui ont une très grande flottabilité. En sombrant, les pelotes fécales entraînent donc de la matière organique vers le fond et elles rendent ainsi possible la sédimentation de la matière organique marine. Le transit à travers la colonne d'eau est d'autant plus rapide que la taille des pelotes fécales est grande (Fig. 2.4). L'adsorption de particules organiques par des argiles peut également conduire à des agrégats suffisamment denses pour accélérer leur vitesse de chute dans la colonne d'eau (effet « ballast »).

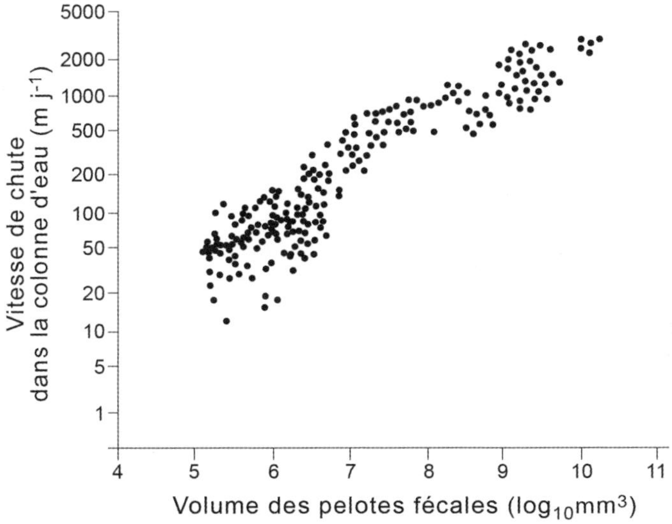

Figure 2.4 *Vitesse de chute (en m.j^{-1}) dans l'océan des pelotes fécales en fonction de leur taille (d'après Angel, 1989* in *Tyson, 1995).*

La fraction de la matière organique qui quitte la zone photique et sombre dans la colonne d'eau est appelée production exportée. Plus la production primaire de surface est grande, plus la production exportée est importante. Ainsi les domaines océaniques correspondant aux zones les plus fertiles et les plus productives, bien que ne représentant que quelques pourcents de la superficie totale de l'océan, sont ceux qui présentent la production exportée la plus grande.

Les microbes (bactéries et archées) interviennent également en dégradant la matière organique des cellules mortes du phytoplancton, dans la zone photique et au cours de la chute des particules organiques à travers la colonne d'eau (Fig. 2.5). Plus longue sera la chute, plus intense sera la dégradation de la matière organique. La dégradation est également appelée reminéralisation, puisque le carbone organique, présent sous forme réduite dans la matière organique, est oxydé en carbone minéral (CO_2). Une fois les pelotes fécales arrivées à l'interface eau-sédiment, la dégradation de la matière organique se poursuit du fait de l'activité des microbes et des organismes benthiques (épi- et endo-biontes). Ces brouteurs et fouisseurs participent à la destruction de la matière organique et leur action peut se poursuivre tant que les eaux interstitielles contiennent suffisamment d'oxygène dissous et qu'il reste de la matière organique. Outre ces organismes métazoaires, les microbes participent à la reminéralisation de la matière organique à la surface du sédiment et plus en profondeur. Dans le cas ordinaire, la colonne d'eau et les eaux interstitielles contiennent de l'oxygène dissous. Les bactéries rencontrées à l'interface eau-sédiment et sous cette interface sont des bactéries aérobies, c'est-à-dire qui ont besoin d'oxygène dissous pour dégrader les biomolécules. Schématiquement, la durée de cette action aérobie est conditionnée par la quantité de matière organique qui atteint le fond de la mer, l'importance du taux de sédimentation, la granularité du sédiment (qui conditionne la circulation des eaux interstitielles et donc le renouvellement de l'oxygène dissous), et l'intensité de la bioturbation (les deux derniers facteurs sont souvent liés au demeurant). En effet, la durée de l'action aérobie est, d'un côté, conditionnée là encore par les relations entre la consommation d'oxygène nécessaire à la dégradation microbienne de la matière organique et, de l'autre côté, la capacité du réservoir interstitiel en oxygène dissous et de son renouvellement. Un taux de sédimentation faible permettra un long temps d'exposition aux conditions souvent oxydantes des fonds marins. La matière organique sera donc très fortement reminéralisée pendant ce long contact avec l'oxygène dissous. Au contraire, un taux de sédimentation important aura pour effet d'enfouir rapidement les sédiments et la matière organique qu'ils contiennent (voir chapitre 4). Cet enfouissement important et rapide limitera donc fortement le renouvellement de l'oxygène dissous car les phénomènes de diffusion seront empêchés ; les conditions deviendront donc rapidement anoxiques. Dans le sédiment, les capacités de renouvellement de l'oxygène sont conditionnées par la taille des particules. Si la granularité est faible (cas des argiles), le sédiment est peu perméable et les eaux interstitielles sont très peu renouvelées. En revanche, les sédiments plus grossiers comme les sables ou les calcaires bioclastiques permettent une meilleure circulation des eaux interstitielles, ce qui peut recharger en oxygène dissous l'espace poreux. En outre, les sédiments à granularité élevée facilitent l'activité des organismes fouisseurs et cette bioturbation facilite à son tour la recharge en oxygène dissous en mettant en contact les eaux de l'interface eau-sédiment et les profondeurs (relatives) du sédiment. Comme les paramètres qui viennent d'être évoqués sont assez variables, il n'est pas commode de proposer des profondeurs types auxquelles l'épuisement en oxygène serait atteint. Le seuil de l'anoxie est généralement franchi en quelques dizaines de centimètres dans les sables (Fig. 2.6 et cahier hors texte en couleur) et en quelques centimètres, voire en quelques millimètres, dans les sédiments argileux (hémi-) pélagiques.

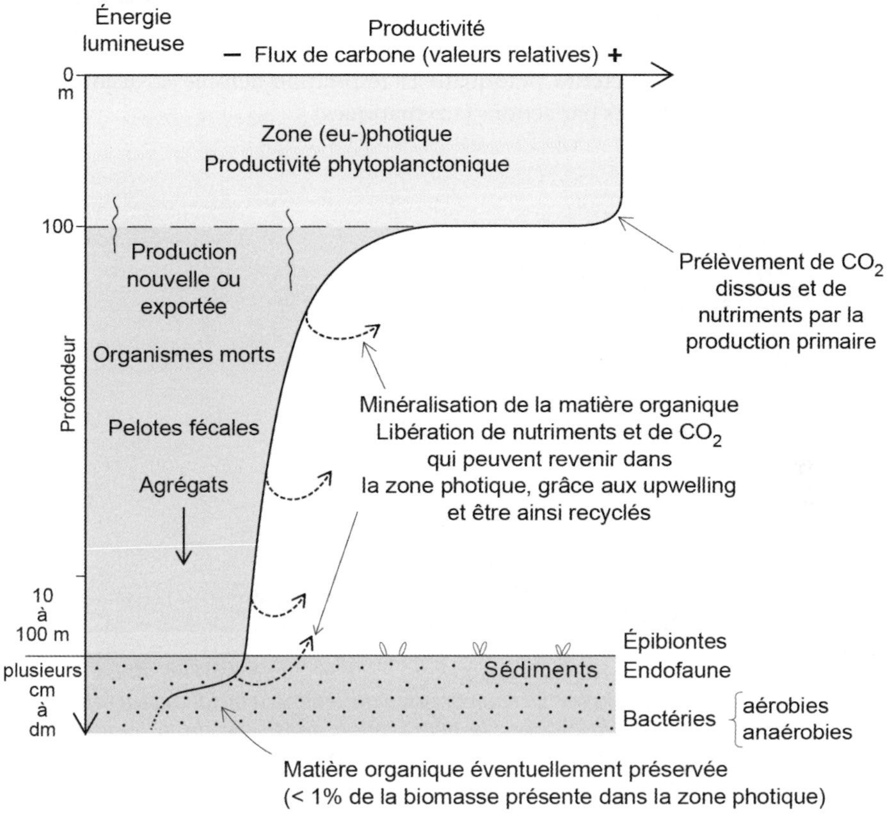

Figure 2.5 *Illustration schématique de la quantité décroissante de carbone organique lorsque l'on part de la zone de production – la zone photique – et que l'on franchit les étapes conduisant au sédiment (d'après Schulz et Zabel, 2006). La production exportée est très inférieure à la production de la zone photique ; on estime qu'elle en représente environ 10 % seulement dans les régions mésotrophes et oligotrophes de l'océan. Toutefois, elle pourrait atteindre 30 % de la production totale dans les régions eutrophes comme les zones d'upwelling. Au pied de la colonne d'eau, le flux de matière organique est encore très réduit du fait de l'activité consommatrice des organismes à la surface du sédiment et au-dessous.* In fine, *après diagenèse, les géologues considèrent comme étant riche en matière organique une roche sédimentaire contenant 1 % de carbone organique seulement.*

Une fois l'oxygène libre (sous forme O_2 dissous) consommé par les bactéries aérobies (sans oublier les réactions chimiques abiotiques d'oxydation, qui consomment également de l'oxygène), les premières populations de microbes sont remplacées par d'autres, dont le métabolisme suit deux voies différentes : la fermentation et la respiration anaérobie (Fig. 2.7). Les microbes pratiquant la fermentation comme ceux pratiquant la respiration profitent des molécules organiques libérées lors des étapes antérieures, c'est-à-dire la décomposition de la matière organique en molécules séparées par simple hydrolyse au contact de l'eau ou via le catabolisme des organismes aérobies (animaux ou bactéries pratiquant la respiration aérobie et décomposant lipides, protides et glucides par actions enzymatiques).

Figure 2.6 *Zone de sulfato-réduction découverte à marée basse dans les sables littoraux de l'île de Noirmoutier. La couleur noire du sédiment et son odeur fétide sont caractéristiques de l'action de dégradation anaérobie de la matière organique (Photo F. Baudin). (Photo en couleur dans le cahier hors texte.)*

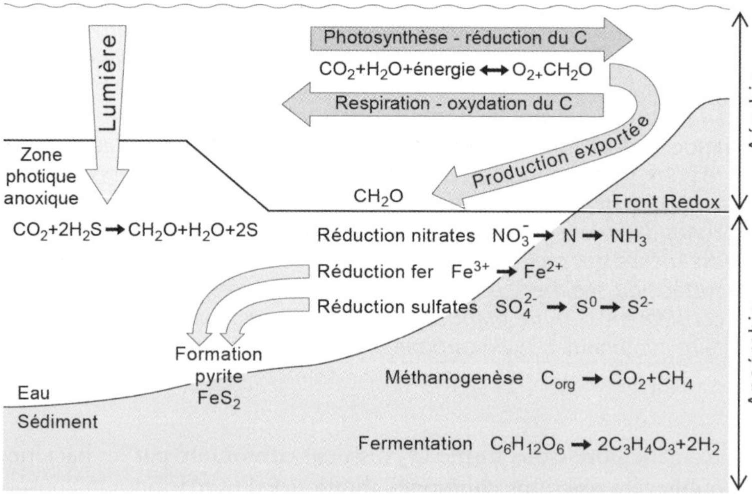

Figure 2.7 *Représentation schématique de la dégradation de la matière organique sous l'action des bactéries aérobies et anaérobies, ainsi que des organismes vivant dans le sédiment (l'action bactérienne est prévalente). L'accent est mis ici sur les processus biochimiques.*

La dégradation de matière organique par fermentation conduit à la formation de petites molécules comme le lactate, le butyrate, le propionate, l'acétate, le formate et libère également de l'hydrogène moléculaire H_2 et du CO_2 (Fig. 2.8). Ces composés forment le substrat organique principal pour les bactéries « respirantes » comme les sulfato-réductrices, et dans une moindre mesure, les méthanogènes, comme on va le voir plus loin. La fermentation des produits issus d'une première étape de fermentation va encore simplifier les molécules en aboutissant aux résidus ultimes que sont l'acétate, l'hydrogène moléculaire et le dioxyde de carbone, les deux premiers étant le carburant principal (mais pas unique) des bactéries sulfato-réductrices. Fermentation et respiration sont donc menées en parallèle dans les premières étapes de la diagenèse, l'une nourrissant l'autre. Cette séquence d'interventions bactériennes peut être illustrée par les équations du tableau 2.2.

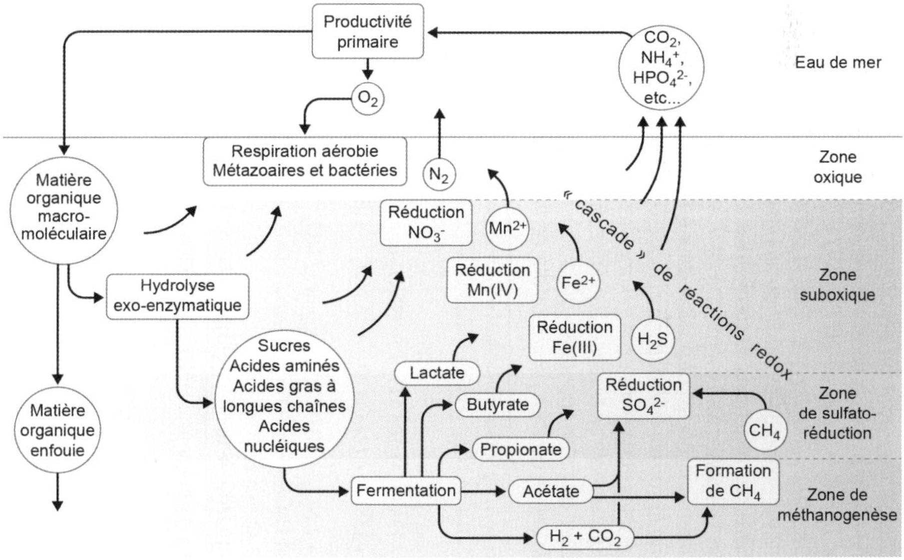

Figure 2.8 *Schématisation de la dégradation bactérienne de la matière organique en relation avec la consommation des oxydants et la zonation (bio)géochimique (d'après Schulz et Zabel, 2006).*

Tableau 2.2 ***Équations des différents processus de dégradation aérobie et anaérobie de la matière organique.*** *La composition chimique du plancton (zoo- et phyto-plancton) marin a une composition moyenne remarquablement stable, qui a été établie par Alfred C. Redfield (1890-1983) en 1934. De ce fait, on appelle « molécule de Redfield » la molécule qui représente la composition chimique de l'essentiel de la biomasse marine. Cette formulation montre que, dans le plancton marin, le rapport C:N:P est dans les proportions 106:16:1, ce qui veut dire que chaque fois qu'il y a 1 atome de phosphore engagé dans la matière organique, cela mobilise 16 atomes d'azote et 106 atomes de carbone.* ***Énergie libre des réactions bactériennes.*** *Les réactions chimiques catalysées par les micro-organismes libèrent des quantités d'énergie très variables ; certaines sont même consommatrices d'énergie. Le terme « énergie libre », noté G, d'une réaction exprime l'énergie libérée par mole de réactif, qui est disponible pour effectuer un travail. La variation de l'énergie libre est exprimée sous la forme ΔG0, où le symbole Δ doit être lu comme « variation », l'indice 0 indiquant des conditions standards (pH = 7, température = 25 °C, concentration = 1 M pour tous les réactifs et produits et, enfin une pression partielle de gaz = 1 bar). La valeur de ΔG0 pour une réaction donnée est exprimée en kilojoule (kJ) par mole de réactif. S'il y a une diminution nette de l'énergie libre (ΔG0 < 0), alors le processus est dit « exergonique » et peut se produire de façon spontanée ou biologiquement catalysée. Si ΔG0 est positif, le processus est dit « endergonique » et l'énergie de l'ATP de la cellule ou d'un processus d'accompagnement est nécessaire pour que la réaction puisse se produire.*

Réactions en aérobiose	Oxydation du C organique *(la matière organique est ici représentée par la molécule dite de Redfield, représentant la composition moyenne du phytoplancton marin)*		
		$(CHOH)_{106}(NH_3)_{16}H_3PO_4 + 138\ O_2 \rightarrow 106\ CO_2 + 16\ NO_3^- + HPO_4^{2-} + 18\ H^+ + 122\ H_2O$	$\Delta G^0 = -3\,190\ kJ.mol^{-1}$
	Variantes		
		$(CHOH)_{106}(NH_3)_{16}H_3PO_4 + 138\ O_2 \rightarrow 106\ CO_2 + 16\ HNO_3 + H_3PO_4 + 122\ H_2O$	
		$(CHOH)_{106}(NH_3)_{16}H_3PO_4 + 138\ O_2 + 124\ CaCO_3 \rightarrow 16\ NO_3^- + HPO_4^{2-} + 124\ Ca^{2+} + 230\ HCO_3^- + 16\ H_2O$	
	Nitrification	$2\ NH_4^+ + 3\ O_2 \rightarrow 2\ NO_2^- + 4\ H^+ + 2\ H_2O$, puis : $2\ NO_2^- + O_2 \rightarrow 2\ NO_3^-$	
	Oxydation du manganèse	$4\ Mn^{2+} + 2\ O_2 + 4\ H_2O \rightarrow 4\ MnO_2 + 8\ H^+$	
	Oxydation du fer	$4\ Fe^{2+} + O_2 + 6\ H_2O \rightarrow 4\ FeOOH + 8\ H^+$	
	Oxydation de la pyrite	$4\ FeS_2 + 15\ O_2 + 10\ H_2O \rightarrow 16\ H^+ + 8\ SO_4^{2-} + 4\ FeOOH$	
Réactions en anaérobiose	Dénitrification	$(CHOH)_{106}(NH_3)_{16}H_3PO_4 + 94{,}4\ HNO_3 \rightarrow 106\ CO_2 + 55{,}2\ N_2 + H_3PO_4 + 177{,}2\ H_2O$	
	variante :		
		$(CHOH)_{106}(NH_3)_{16}H_3PO_4 + 84{,}4\ HNO_3 \rightarrow 106\ CO_2 + 42{,}2\ N_2 + 16\ NH_3 + H_3PO_4 + 148{,}4\ H_2O$	$\Delta G^0 = -2\,750\ kJ.mol^{-1}$
	Réduction du Mn		
		$(CHOH)_{106}(NH_3)_{16}H_3PO_4 + 236\ MnO_2 + 472\ H^+ \rightarrow 106\ CO_2 + 236\ Mn^{2+} + 8\ N_2 + H_3PO_4 + 366\ H_2O$	$\Delta G^0 = -3\,090\ kJ.mol^{-1}$

Réactions en anaérobiose	Réduction du Fe $(CHOH)_{106}(NH_3)_{16}H_3PO_4 + 424\ FeOOH + 848\ H^+ \rightarrow 106\ CO_2 + 424\ Fe^{2+} + 16\ NH_3 + H_3PO_4 + 720\ H_2O$ *variante* $(CHOH)_{106}(NH_3)_{16}H_3PO_4 + 212\ Fe_2O_3 + 848\ H^+ \rightarrow 106\ CO_2 + 424\ Fe^{2+} + 16\ NH_3 + H_3PO_4 + 530\ H_2O$ **$\Delta G^0 = -1\,410$ kJ.mol^{-1}** Réduction des sulfates $(CHOH)_{106}(NH_3)_{16}H_3PO_4 + 53\ SO_4^{2-} \rightarrow 106\ CO_2 + 16\ NH_3 + 53\ S^{2-} + H_3PO_4 + 106\ H_2O$ **$\Delta G_0 = -380$ kJ.mol^{-1}** Méthanogenèse $(CHOH)_{106}(NH_3)_{16}H_3PO_4 \rightarrow 53\ CO_2 + 53\ CH_4 + 16\ NH_3 + H_3PO_4 + 720\ H_2O$ **$\Delta G_0 = -350$ kJ.mol^{-1}**
Formules simplifiées	La matière organique est représentée par la formule CH_2O Zone aérobie : respiration de l'oxygène libre O_2 : $CH_2O + O_2 \rightarrow H_2O + CO_2 \rightarrow H^+ + HCO_3^-$ Zone anaérobie : respiration sans oxygène libre O_2 Dénitrification : $5\ CH_2O + 4\ NO_3^- \rightarrow 2\ N_2 + 4\ HCO_3^- + CO_2 + 3H_2O$ Réduction du fer : $CH_2O + 2\ Fe_2O_3 + 3\ H_2O \rightarrow HCO_3^- + 4\ Fe^{2+} + 7\ OH^-$ $CH_2O + 4\ FeOOH + H_2O \rightarrow HCO_3^- + 4\ Fe^{2+} + 7\ OH^-$ Réduction des sulfates : $2\ CH_2O + SO_4^{2-} \rightarrow H^+ + 2\ HCO_3^- + HS^-$ & formation de pyrite : $Fe^{2+} + HS^- \rightarrow FeS + H^+$ $FeS + S^0 \rightarrow FeS_2$ Méthanogenèse : $2\ CH_2O + H_2O \rightarrow H^+ + HCO_3^- + CH_4$ *ou encore* $2\ CH_2O \rightarrow CO_2 + CH_4$
	Réactions faisant intervenir le fer et produisant parfois du S^0 $4\ FeOOH + CH_2O + H_2O \rightarrow 4\ Fe^{2+} + HCO_3^- + 7\ OH^-$ $2\ Fe(OH)_3 + HS^- + 5\ H^+ \rightarrow 2\ Fe^{2+} + 6\ H_2O + S^0$ $2\ FeOOH + HS^- + 5\ H^+ \rightarrow 2\ Fe^{2+} + 4\ H_2O + S^0$ $Fe_2O_3 + HS^- + 5\ H^+ \rightarrow 2\ Fe^{2+} + 3\ H_2O + S^0$

On observe ainsi des bactéries capables de faire intervenir l'oxygène lié à d'autres éléments : nitrates (NO_3^-, réaction de dénitrification), oxydes et oxy-hydroxydes de manganèse ou de fer, sulfates (SO_4^{2-}, réaction de sulfato-réduction) (Fig. 2.8). Ces molécules jouent le rôle d'accepteurs d'électrons dans les équations d'oxydo-réduction qui fournissent de l'énergie à la cellule. Les molécules organiques impliquées dans ces réactions servent de fournisseurs d'électrons et de sources de carbone pour le métabolisme cellulaire. Enfin, plus en profondeur, quand ces oxydants-là sont à leur tour épuisés au sein des eaux interstitielles, les bactéries méthanogènes prennent le relais et continuent le travail de reminéralisation.

On donne le nom de chémocline, ou front redox, à la transition entre les niveaux où sont présentes des conditions oxydantes (présence d'oxygène dissous même en très faible concentration) et les niveaux où des conditions réductrices se développent et où la sulfato-réduction est prépondérante (Tab. 2.3). Dans les environnements sédimentaires les plus courants, le front redox se situe à quelques centimètres, voire quelques millimètres, sous l'interface eau-sédiment. On retiendra qu'en milieu marin, l'étape de sulfato-réduction est prépondérante car les eaux de mer (et les eaux interstitielles) sont riches en ions sulfate. En milieux marécageux ou lacustres, cette étape est singulièrement raccourcie, voire absente. La dénitrification est plus importante et la fermentation ou méthanogenèse débute précocement, ce qui libère le « gaz des marais ».

Tableau 2.3 *Terminologie des conditions d'oxydo-réduction des sédiments marins.*

Oxygène (ml l^{-1})	Régime	Biofaciès	Conditions Redox
8,0-2,0	Oxique	Aérobie	Oxiques
2,0-0,2	Dysoxique	Dysaérobie	Oxiques
2,0-1,0	Modérément dysoxique	Dysaérobie	Oxiques
1,0-0,5	Sévèrement dysoxique	Dysaérobie	Oxiques
0,5-0,2	Extrèmement dysoxique	Dysaérobie	Oxiques
0,2-0,0	Suboxique	Quasi anaérobie	Suboxiques
0,00	Anoxique	Anaérobie	Anoxiques

Feu follet ou gaz des marais

Les feux follets sont des flammes légères et fugitives produites par la combustion spontanée de mélanges gazeux provenant de la décomposition des matières organiques dans des marécages anoxiques ou des cimetières. Du fait des endroits où elle se produit, cette manifestation naturelle a longtemps frappé l'imagination de ceux qui en étaient témoins et laissait croire ces lieux habités par des « esprits » (les farfadets), jusqu'à ce que l'on comprenne son origine. Dans le sol de ces environnements, la dégradation de la matière organique par des bactéries ...

...

anaérobies produit du méthane (CH_4) qui, en percolant à travers le sédiment vers la surface, s'associe à des produits phosphorés : diphosphine (P_2H_4) et hydrogène phosphoré (PH_3), provenant eux aussi de la dégradation de la matière organique. Ce mélange est rendu spontanément inflammable à l'air par une faible quantité d'hydrogène phosphoré liquide (PH_2).

L'activité bactérienne se poursuit en profondeur dans le sédiment, tant qu'il y a de l'eau interstitielle, de la matière organique consommable par les microbes (toutes les matières organiques ne le sont pas, comme on le verra plus loin) et tant que la température n'est pas trop élevée. Les bactéries et archées ont des optimums de températures proches de 15-25 °C, mais certaines peuvent se développer en deçà et au-delà de ces températures, certes beaucoup plus lentement, mais les phénomènes géologiques ont tout leur temps ! Si, dans les conditions de laboratoire, les microbes qui dégradent la matière organique peuvent survivre jusque 120 °C voire 150 °C, les données géologiques montrent que la biodégradation cesse généralement au-delà de 80 °C.

L'importance quantitative de la cascade de reminéralisation de la matière organique a été très étudiée, *in situ* et en laboratoire. Les deux phénomènes majeurs sont la respiration aérobie et la sulfato-réduction. Cette dernière serait responsable de 25 à 50 % de la reminéralisation de la matière organique. Néanmoins, dans la réalité, l'écologie bactérienne est plus complexe, comme on le découvre progressivement. Les bactéries sont parfois capables d'adapter leur métabolisme en fonction des molécules organiques présentes ou en fonction de la faible présence/absence d'oxygène moléculaire ou d'autres oxydants. En outre, toutes les bactéries ne sont pas recensées dans cette cascade : il existe également des populations capables d'oxyder le sulfure d'hydrogène libéré par les sulfato-réductrices ou d'autres encore, capables d'oxyder les ions réduits du fer et du manganèse que les bactéries évoquées plus haut s'efforcent de réduire ! Les biologistes peinent à isoler ou cultiver les souches individuelles car il apparaît que ces populations bactériennes ne peuvent se développer qu'en symbiose. On peut séquencer l'ADN « moyen » des consortiums bactériens mais pas encore celui des diverses populations réunies en consortiums. On retiendra un exemple de telles interactions : l'oxydation anaérobie du méthane (*anoxic oxidation of methane* ou AOM dans la littérature scientifique en langue anglaise). On a vu dans la séquence de réactions de « respiration » (la cascade évoquée ci-dessus) que tant qu'il y a des ions sulfate dans les eaux interstitielles, la matière organique est détruite par les bactéries sulfato-réductrices qui dégradent les molécules organiques (source de carbone) en « respirant » du sulfate (source d'énergie). À partir de la profondeur où tout le sulfate est épuisé, les bactéries méthanogènes deviennent dominantes, libérant CH_4 et CO_2. Le méthane, plus soluble, circulera *per ascensum* (vers le haut) plus aisément que le CO_2. Il y a donc une zone de contact entre la base de la tranche de sédiments contenant du sulfate dissous et le flux de méthane ascendant, appelée zone de transition entre sulfate et méthane (la *sulfate-methane transition zone* ou SMTZ des auteurs anglophones). Dans cette zone de transition, se produisent des réactions chimiques entre méthane et sulfate, pilotées par des consortiums indissociables de bactéries et d'archées. Les archées oxydent le méthane, produisant de l'hydrogène moléculaire que certaines bactéries sulfato-réductrices sont capables d'utiliser pour réduire des sulfates. Le bilan peut s'écrire : $CH_4 + SO_4^{2-} \rightarrow HCO_3^- + HS^- + H_2O$.

Pour conclure, on se rend compte que toutes les conditions sont réunies pour que la matière organique soit intégralement consommée dans les sédiments et l'on comprend mieux pourquoi tant de sédiments et roches sédimentaires en sont dépourvus. Pourtant, il existe des roches contenant de la matière organique, parfois en très grandes quantités (notamment les roches-mères d'hydrocarbures), ce qui signifie que certains environnements de dépôt peuvent être propices à la préservation de la matière organique. Comment la matière organique peut-elle échapper à une quasi complète reminéralisation, alors qu'elle subit des agressions aussi bien en conditions aérobies qu'en conditions anaérobies ? La réponse à cette question est double : la matière organique peut être partiellement préservée si elle échappe à un séjour prolongé en conditions oxygénées et si elle arrive sous le front redox dans un état chimique qui n'est pas aisément dégradable par les microbes anaérobies.

2.2.2 *Les environnements favorables à l'accumulation de la matière organique*

Une part importante de la dégradation de la matière organique se produit en conditions aérobies (également dites oxiques). On conçoit donc que les environnements de dépôt faiblement oxygénés, voire anoxiques, soient favorables à la préservation (même provisoire) de la matière organique (Fig. 2.9). Un environnement marin peut développer des conditions faiblement oxygénées chaque fois que la consommation d'oxygène par dégradation de la matière organique l'emporte sur le renouvellement de l'oxygène dissous des masses d'eau. Ceci peut se produire de deux façons : (1) en cas de très forte productivité dans les eaux de surface ; (2) en cas de faible renouvellement des masses d'eau. Dans le premier cas, l'afflux de matière organique est tel que la dégradation de produits organiques consomme rapidement l'oxygène présent. On observe ce cas de figure dans des cellules d'upwelling, notamment celui du Pérou (Fig. 2.10). Dans les régions de forte productivité de l'océan comme les zones d'upwelling, la forte biomasse produite en zone photique accroît sensiblement la production exportée. La décomposition de cette dernière par les organismes aérobies augmente plus vite la demande en oxygène que le milieu marin n'est capable de renouveler l'oxygène dissous par l'action des courants. La consommation d'O_2 l'emportant sur le renouvellement, la colonne d'eau devient localement suboxique à anoxique. Dans cette configuration, les sédiments baignés par des conditions faiblement oxygénées et recevant un flux de matière organique relativement important développent rapidement des conditions réductrices. Ces zones de relativement faible oxygénation en mer ouverte sont appelées zones à minimum d'oxygène. Ces zones sont à des profondeurs de quelques centaines de mètres et ne reçoivent pas ou pas assez d'oxygène dissous depuis la surface des mers.

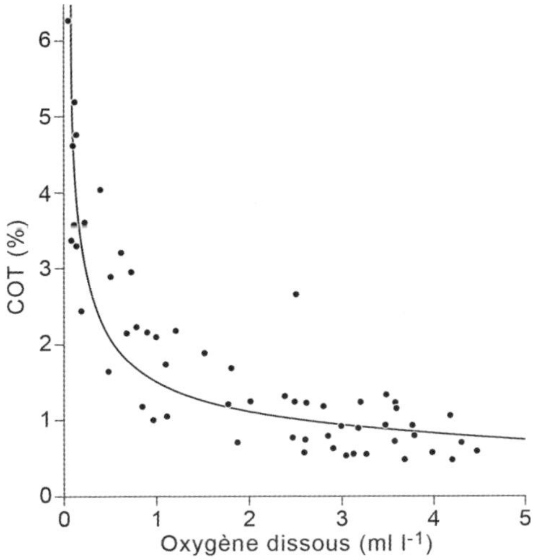

Figure 2.9 *Relation entre le % en carbone organique des sédiments et la concentration en oxygène dissous dans l'eau (d'après Slater & Kroopnick, 1984* in *Tyson, 1995).*

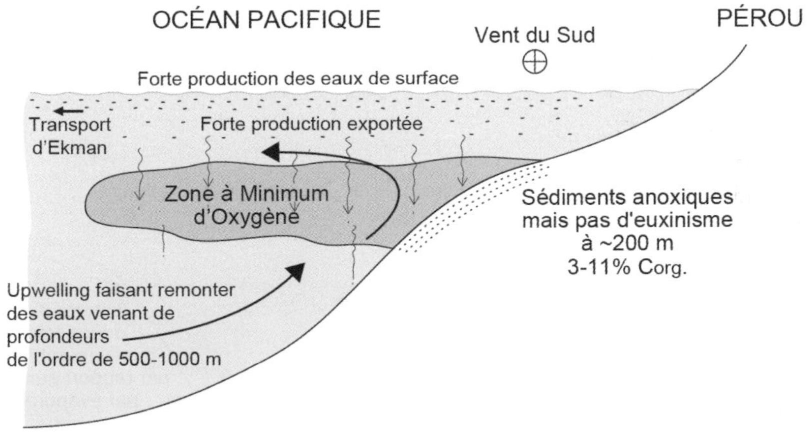

Figure 2.10 *Les zones à minimum d'oxygène à partir de l'exemple du Pérou.*

Dans le second cas, la consommation – même faible – de l'oxygène dissous par la dégradation aérobie de la matière organique aboutit à la dysaérobie ou à l'anoxie, si les eaux ne voient pas leur stock d'O_2 renouvelé à une cadence suffisante. On observe ceci dans les bassins où la stratification des eaux nuit au brassage et à la ventilation des fonds marins (Fig. 2.11). Dans le cas de la mer Noire, les apports d'eaux douces par les fleuves sont excédentaires par rapport à l'eau perdue par évaporation. Il en résulte une circulation dite estuarienne, c'est-à-dire que ces eaux douces, moins denses que celles de fond, forment un corps d'eau qui transite en surface sans se mélanger aux eaux plus profondes. Ces dernières sont donc mal renouvelées. La dégradation de la matière organique exportée de la zone photique consomme de l'oxygène qui est peu renouvelé du fait de la stratification des eaux. La consommation d'O_2 l'emportant sur le renouvellement, la base de la colonne d'eau devient anoxique. La sulfato-réduction bactérienne s'y produit ; il y a donc dégagement de H_2S dans la colonne d'eau, ce qui empêche le développement de la vie profonde (en dehors des bactéries). On parle alors d'euxinisme, en écho au nom de la mer Noire chez les Anciens : le Pont Euxin.

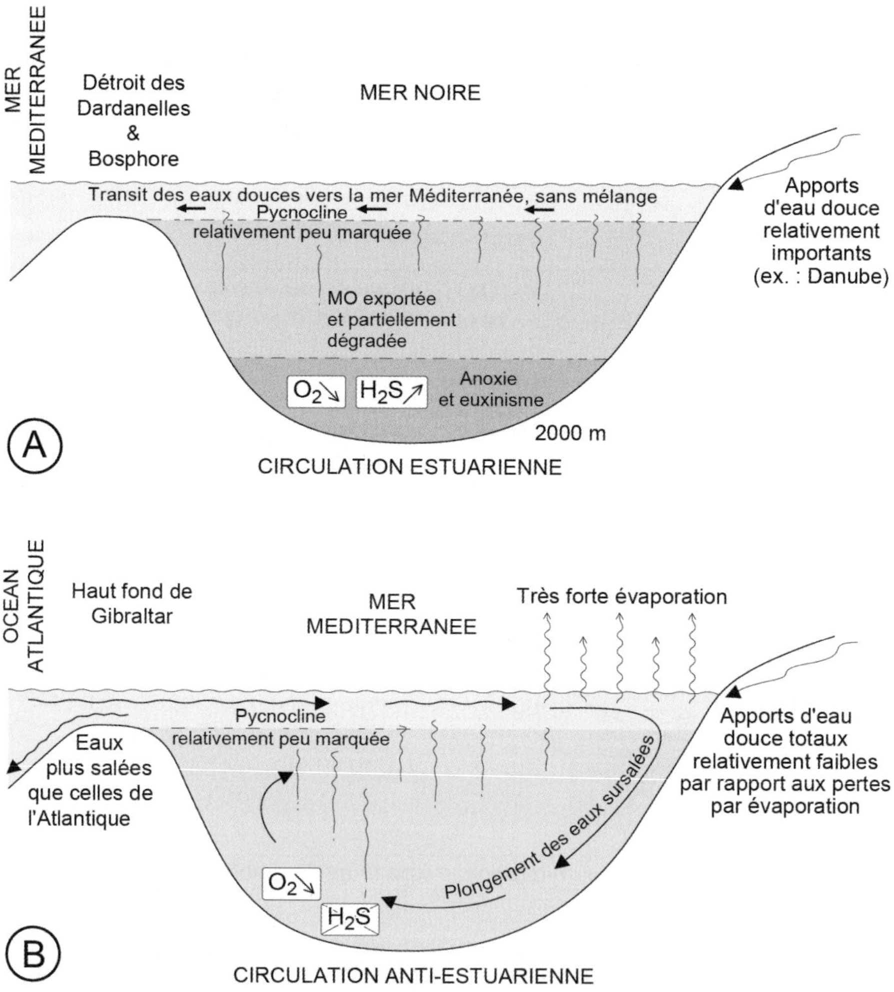

Figure 2.11 *Les effets du confinement des bassins sur l'oxygénation de leurs eaux. Dans la configuration A, les apports d'eau vont des fleuves vers la mer Noire puis la mer Méditerranée. On parle de circulation estuarienne. Dans la configuration B, la forte évaporation des eaux du fait du climat méditerranéen provoque un déficit d'eau : l'évaporation excède les apports par les fleuves. Ce déficit est comblé par des entrées d'eaux atlantiques par le détroit de Gibraltar. On parle de circulation anti-estuarienne.*

Dans le cas de la mer Méditerranée, la forte évaporation des eaux du fait du climat méditerranéen n'est pas compensée par les apports fluviatiles, ce qui provoque un déficit d'eau. Ce déficit est comblé par des entrées d'eaux atlantiques par le détroit de Gibraltar. On parle de circulation anti-estuarienne. La forte évaporation accroît la salinité des eaux et donc leur densité. Ces eaux plongent et ont tendance à être piégées par le haut-fond de Gibraltar, qui entrave la circulation de la Méditerranée vers l'Atlantique. Les eaux les plus denses (les plus profondes) sont donc retenues et, de ce fait, mal ventilées. De nouveau, la dégradation de la matière organique exportée de la zone photique consomme de l'oxygène qui est mal renouvelé du fait de la stratification des eaux. La consommation d'O_2 l'emportant sur le renouvellement, la base de la colonne d'eau devient suboxique mais non point anoxique (du fait de l'ampleur du réservoir notamment). La sulfato-réduction bactérienne ne se produit pas dans la colonne d'eau et l'H_2S reste donc produit uniquement dans le sédiment.

Plus généralement, à l'échelle des bassins océaniques, les eaux profondes ne renouvellent l'oxygène dissous que grâce à la circulation profonde qui conduit des eaux venant des régions polaires : ces eaux plongeant en profondeur aux pôles sont froides et, de ce fait, capables d'emmagasiner beaucoup de gaz dissous, notamment l'O_2, présent dans l'atmosphère et issu de la photosynthèse dans la zone photique. On mesure donc l'importance de la circulation thermohaline sur la ventilation et de l'oxygénation des fonds océaniques à l'échelle de l'océan mondial, et l'on comprend également que les fonds marins aient pu connaître des conditions d'oxygénation très différentes de celles actuelles, à des époques géologiques où la circulation thermohaline ne fonctionnait pas, comme ce fut le cas pour une bonne partie du Crétacé (voir chapitre 4).

Bioturbations, traces fossiles et paléo-oxygénation

Par comparaison avec les terriers des organismes qui constituent l'endofaune des sédiments marins actuels et en fonction des paramètres du milieu qui peuvent y être analysés, les traces fossiles sont des outils précieux pour reconstituer la paléo-oxygénation des environnements argileux riches en matière organique. Lorsque les conditions d'oxygénation sur le fond sont normales, un étagement complexe d'organismes bioturbateurs pénètre largement en profondeur (jusqu'à 25-30 cm) dans le sédiment (Fig. 2.12). Les organismes fouisseurs (également appelés endobiontes vagiles) les plus profonds (souvent des annélides) ont la capacité d'excaver les sédiments anaérobies dans la mesure où ils pratiquent une irrigation de leur terrier, assurant ainsi un renouvellement de l'oxygène en provenance des couches supérieures. Au-dessus de cette strate, de nombreux organismes (bivalves, crustacés, annélides...) remobilisent en permanence le sédiment à la recherche de leur nourriture. Les traces fossiles appelées *Zoophycos*, *Teichichnus*, *Planolites* et *Thalassinoides* appartiennent à cet étage supérieur (Fig. 2.13). Lorsque l'oxygénation diminue, la strate inférieure remonte vers la surface alors que les organismes de la strate supérieure disparaissent. Les *Thalassinoides* disparaissent en premier, suivi des *Planolites*, puis des *Zoophycos*/*Teichichnus*. En plus de cette diminution de la diversité des traces fossiles, on constate également une diminution du diamètre

…

des terriers avec la diminution de l'oxygène. Typiquement le diamètre moyen des terriers dépasse le centimètre lorsque les conditions sont oxygénées et est de l'ordre du millimètre dans des conditions dysoxiques sévères. Les dernières traces fossiles rencontrées avant l'anoxie sont des *Chondrites*[5] qui se présentent comme des terriers branchus d'un diamètre proche du millimètre et ne semblent se développer que lorsque les conditions dysoxiques sont suffisamment pérennes.

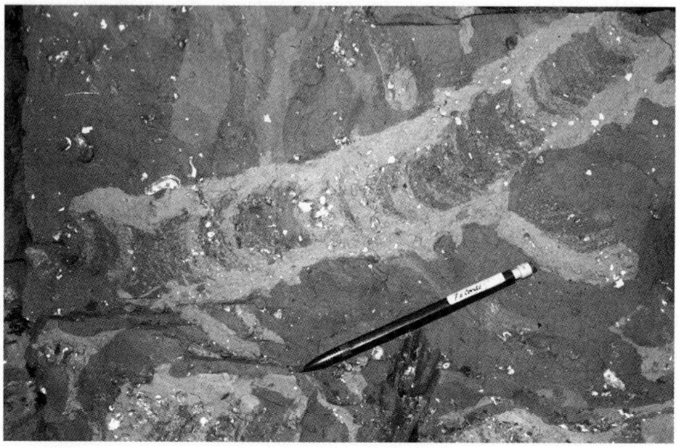

Figure 2.12 *Traces de bioturbation dans le plan de stratification d'un black shale du Jurassique supérieur de Normandie (photo F. Baudin).*

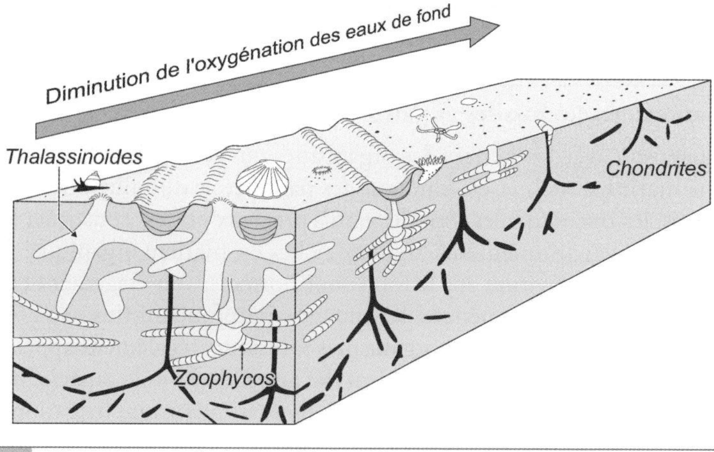

Figure 2.13 *Changement des assemblages de traces fossiles (ichnofaciès) dans un substrat boueux en fonction de la décroissance de l'oxygénation des eaux de fond. On constate une diminution de la diversité mais surtout une diminution de la profondeur de pénétration des organismes fouisseurs (d'après Wignall, 1994).*

…

5. À ne pas confondre avec le terme chondrite également utilisé pour certains types de météorites (voir chapitre 1).

En analysant finement les changements dans la succession des traces fossiles, il est possible de distinguer la variabilité temporelle des modifications des conditions de paléo-oxygénation. Lorsque la désoxygénation est graduelle, on constate une diminution progressive de la diversité et de l'abondance des traces fossiles, alors que lorsqu'elle est soudaine, l'étagement des traces fossiles est comme « gelé » (Fig. 2.14). Des études menées sur des séries sédimentaires anciennes ont montré la très bonne coïncidence entre les variations du taux d'oxygénation déduit des traces fossiles et la quantité de matière organique conservée (Fig. 2.15). Cette science des traces fossile est la paléo-ichnologie.

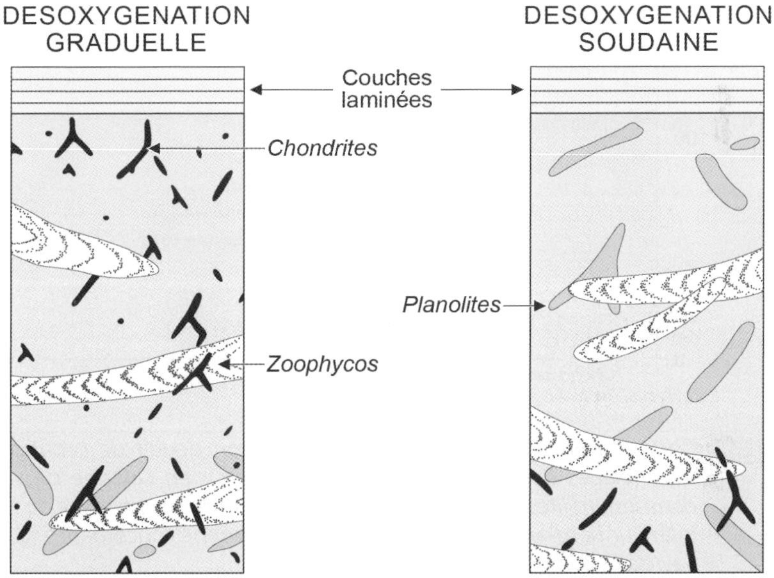

Figure 2.14 *Comparaison de l'évolution verticale des ichnofaciès dans une série sédimentaire lors d'un épisode de désoxygénation graduelle (quelques millénaires) et lors d'une brusque désoxygénation (quelques années à un ou deux siècles). Les traces fossiles sont les mêmes que dans la figure 2.13 (d'après Wignall, 1994).*

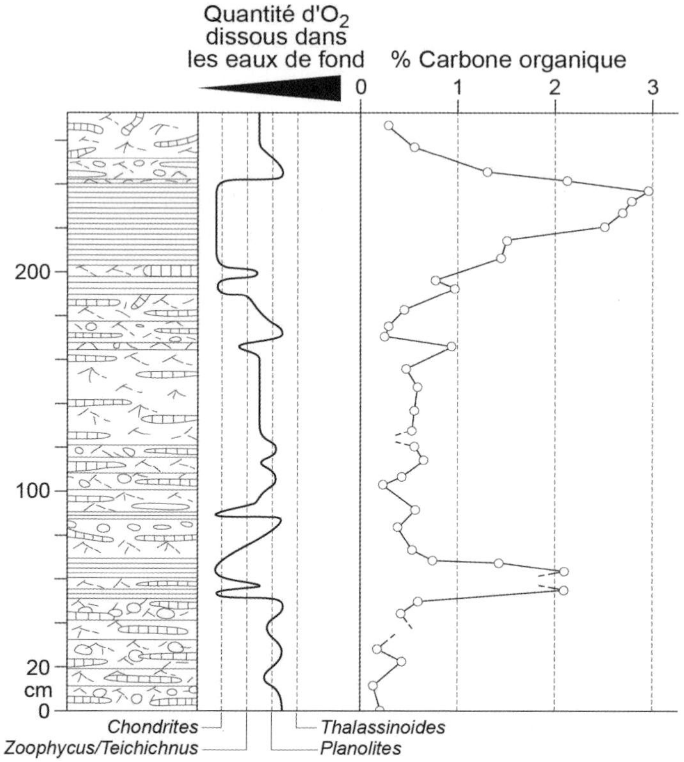

Figure 2.15 *Comparaison du degré de paléo-oxygénation déduit de l'analyse des assemblages de traces fossiles et de la teneur en carbone organique dans les argilites de la Formation Niobra du Crétacé supérieur du bassin intérieur nord-américain montrant une très bonne concordance (d'après Savrda & Bottjer, 1989).*

2.2.3 *Mécanismes de préservation à l'échelle moléculaire*

Les microbes sont l'agent fondamental de la reminéralisation de la matière organique. Aérobies ou anaérobies, ils se nourrissent de molécules qu'ils ingèrent par diffusion à travers la ou les membranes cellulaires. Seules les molécules de petites tailles sont susceptibles de traverser les parois. Les microbes peuvent secréter dans le milieu extracellulaire des enzymes (appelées exo-enzymes) capables de scinder des grosses molécules organiques en molécules de plus faible poids moléculaire, ingérables à travers les membranes cytoplasmiques. Ainsi les produits qui prennent naissance à partir de substrats protéiniques sont de courts fragments peptidiques ou des acides aminés ; ceux issus de substrats glucidiques sont des oses et holosides ;

enfin, ceux issus de substrats lipidiques sont des acides gras et du glycérol. Si le substrat initial est fait d'acides nucléiques, les produits dérivés sont des nucléosides et du phosphate inorganique. Les bactéries aérobies ont à leur disposition une gamme d'exo-enzymes relativement étendue, qui leur permet de s'attaquer à la plupart des substrats organiques. Au contraire, les bactéries anaérobies secrètent des exo-enzymes beaucoup plus spécialisées, capables de « découper » un nombre restreint de molécules relativement simples. On mesure donc l'importance de l'action des bactéries au-dessus du front redox qui, en s'attaquant à la matière organique marine, engendrent des substrats organiques simplifiés qui seront dégradés à leur tour par les bactéries anaérobies, sous le front redox. On comprend ainsi que, lorsque la matière organique est peu dégradée, à l'amont, par les bactéries aérobies dans des milieux de dépôts anoxiques, elle ne soit pas non plus aisément dégradable par les bactéries anaérobies, à l'aval. Ceci limite la dégradation de la matière organique marine.

En outre, d'autres mécanismes opérant à l'échelle moléculaire concourent à la préservation de la matière organique. Le premier mécanisme mis en évidence est appelé processus de dégradation-recondensation. Typiquement, lorsque, au cours de la dégradation bactérienne (oxique ou anoxique), des produits de dégradation de glucides réagissent avec des produits de dégradation de protéines, il se forme des molécules complexes, parfois de haut poids moléculaire, appelées mélanoïdines. Ces mélanoïdines sont très peu biodégradables et peuvent être conservées dans les sédiments et roches sédimentaires.

Le deuxième processus consiste en l'interaction de molécules organiques (lipides et glucides) et des ions sulfures (HS^-/H_2S) libérés au cours des réactions de sulfato-réduction évoquées plus haut. L'incorporation de soufre aux molécules organiques se fait par la création de ponts chimiques qui relient des parties d'une même molécule (ponts sulfures intramoléculaires) ou de plusieurs molécules (ponts intermoléculaires, Fig. 2.16). Plusieurs ponts peuvent relier plusieurs molécules et l'on peut voir naître ainsi des molécules de fort poids moléculaire, qui ne seront plus reconnues par les exo-enzymes, puisque leur conformation aura changé. Ces nouvelles molécules sulfurisées (on dit aussi vulcanisées) seront non dégradables.

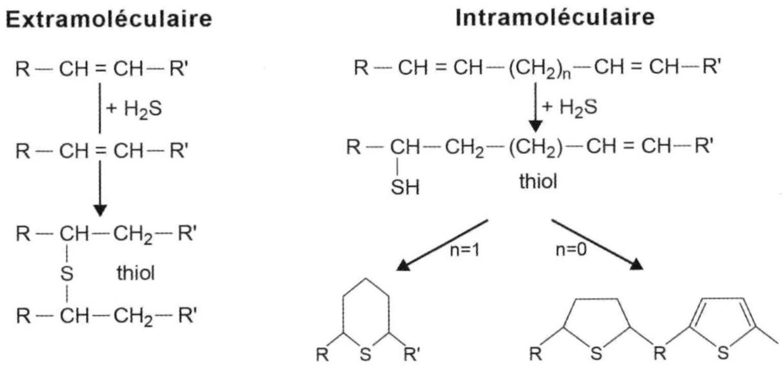

Figure 2.16 *Illustration de l'incorporation de soufre aux molécules organiques par des liaisons intramoléculaires et/ou intermoléculaires.*

Le troisième processus identifié est le phénomène d'adsorption. Les molécules organiques de très petite taille peuvent être adsorbées à la surface électriquement chargée de minéraux argileux, ou éventuellement être piégées dans les microcavités des surfaces des grains minéraux. Les exo-enzymes sont incapables de s'attaquer aux molécules électriquement retenues ou adsorbées et, d'autre part, sont trop volumineuses pour pouvoir pénétrer dans les microcavités. Les molécules organiques sont ainsi préservées. Un phénomène proche s'observe dans le cas où des petites molécules organiques (petites, donc labiles, c'est-à-dire aisément dégradées par les bactéries) sont protégées dans des micro-environnements au sein des macromolécules organiques. Ce phénomène, dit d'encapsulation, autorise par exemple la préservation d'unités protéiques à l'échelle des temps géologiques.

Au total, on constate que plusieurs phénomènes sont à même de participer à la préservation d'une partie de la matière organique marine et de faire en sorte que certains sédiments ou roches sédimentaires contiennent plusieurs dizaines de pourcents de carbone organique, alors que, d'ordinaire, on parle de roche riche en matière organique à partir de 1 % de carbone organique (Fig. 2.17).

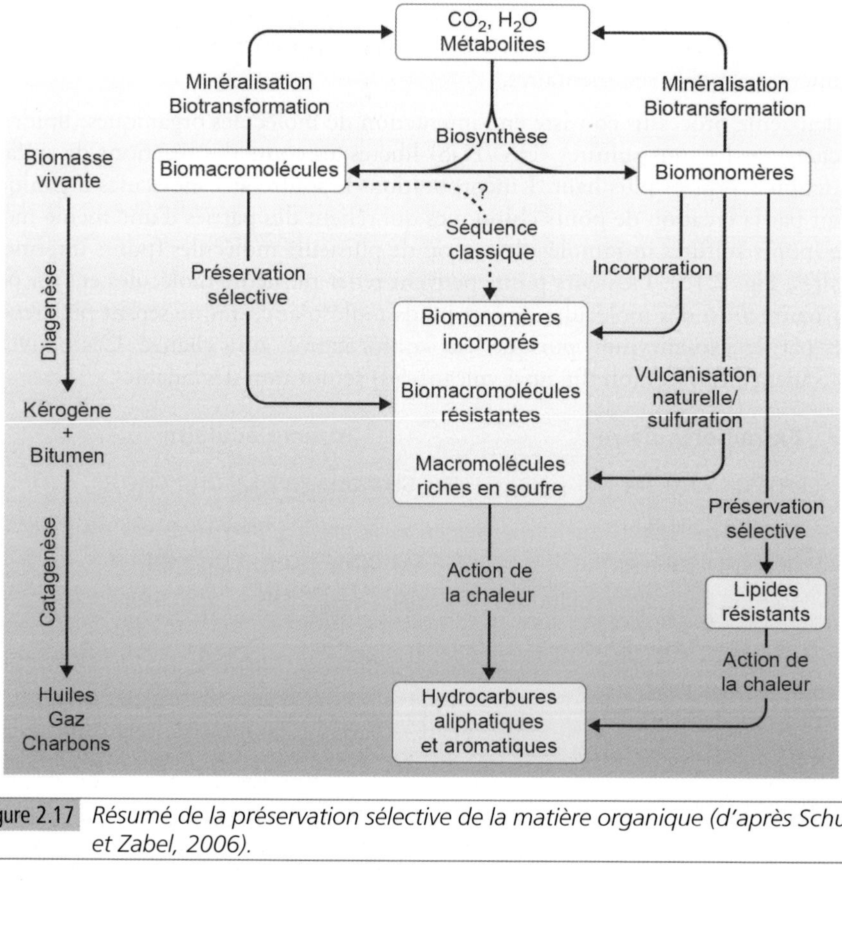

Figure 2.17 *Résumé de la préservation sélective de la matière organique (d'après Schulz et Zabel, 2006).*

Cependant dans la très grande majorité des cas, la préservation de la matière organique ne représente qu'une très faible proportion de celle qui a été produite en surface. Les environnements marins oligotrophes sont ceux qui sont le moins « conservateurs » (entre 0,01 et 0,1 % de la production primaire est finalement fossilisée), alors que les zones d'upwellings peuvent voir se fossiliser plus de 1 % de la production primaire (Fig. 2.18). Les lacs, dont il a été peu question dans les paragraphes précédents mais dans lesquels la matière organique subit à peu près les mêmes mécanismes de dégradation – même si la sulfato-réduction est beaucoup plus limitée – et de préservation, sont en revanche très « conservateurs » (jusqu'à 10 % de la production primaire peut être préservée dans les sédiments lacustres).

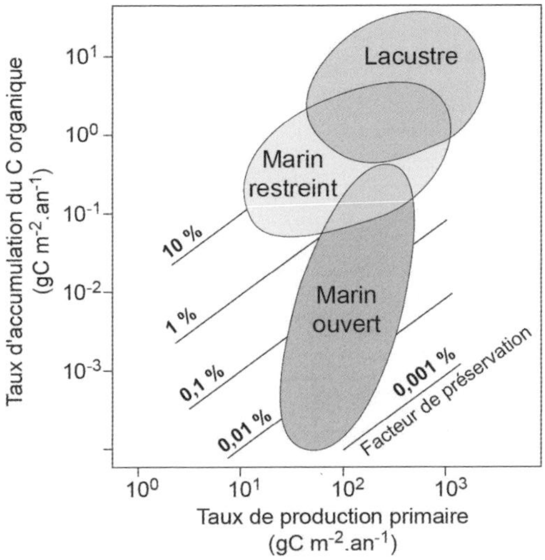

Figure 2.18 *Proportion de la production primaire des milieux aquatiques qui est* in fine *fossilisée. Les lacs sont des environnements bien plus « conservateurs » que le milieu marin (d'après Kelts, 1988* in *Fleet* et al., *1988).*

Milieux de dépôt organique et fossilisation exceptionnelle

L'ambre est de la résine fossile, produite essentiellement par des conifères (gymnospermes) et beaucoup plus par rarement par certains angiospermes. Elle s'est accumulée dans les domaines marécageux où proliféraient ces végétaux. Lorsque l'arbre vivait et que de la résine s'écoulait par des fissures et des plaies affectant son écorce, elle a souvent emprisonné des petits fragments de végétaux (rameaux, aiguilles de pins, grains de pollen, etc.) mais s'est aussi avérée être un piège mortel pour de nombreux animaux. C'est, en effet, dans l'ambre que les plus beaux spécimens d'insectes (en grande majorité des diptères et plus rarement des hyménoptères) et d'arachnides fossiles ont été conservés. Les gisements les plus anciens remontent au Trias (230 millions d'années) mais c'est incontestablement au Paléogène, entre 50 et 40 millions d'années, que les conditions de préservation …

...

de l'ambre ont été les meilleures, notamment dans les régions qui sont situées aujourd'hui autour de la mer Baltique (Fig. 2.19). Le Crétacé arrive en seconde position par le nombre et la richesse des gisements à ambre.

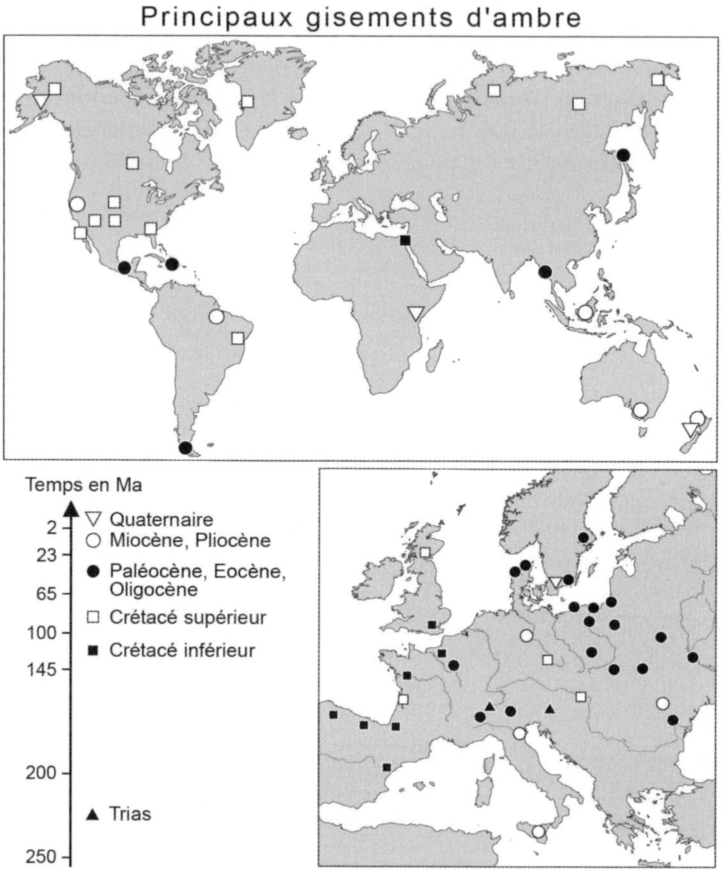

Figure 2.19 *Carte de répartition des principaux gisements d'ambre en fonction de leur âge.*

Si la résine est un piège efficace et la conservation exceptionnelle, il convient néanmoins de garder présent à l'esprit que le piège était sélectif. Ce sont essentiellement les insectes de petite taille qui ont été englués dans la résine, les autres réussissant à s'en extraire quitte à y laisser un bout d'aile ou de patte. Les facteurs comportementaux des insectes, notamment le caractère répulsif de l'odeur de la résine, peuvent également introduire un biais dans l'enregistrement fossile. Enfin, la résine s'écoulant préférentiellement aux heures chaudes du jour plutôt que la nuit et sa production étant très faible en automne et au printemps, cela introduit un autre élément de sélection.

...

...

Si les fossiles de l'ambre apparaissent presque intacts extérieurement, leur préservation n'est cependant pas parfaite. En effet, bien souvent, seul le tégument chitineux externe des arthropodes est préservé, car l'eau de constitution des tissus internes a été extraite par les composés organiques de la résine qui entoure le fossile. Les fragments anhydres restants se rétrécissent (mais des structures intra-cellulaires – mitochondries par exemple – voire tissulaires peuvent être préservées), laissant une cavité vide, parfois remplie de gaz.

Un autre exemple de gisement à préservation exceptionnelle (= *Lagerstätten*) est fourni par les argilites laminées du Toarcien du Wurtemberg, dans le Sud de l'Allemagne, qui sont mondialement réputées pour la préservation exceptionnelle d'organismes à corps mou (méduses, vers...) et celle de tissus mous (peau, muscles, organes internes...) de vertébrés. Le contenu stomacal des Ichtyosaures du gisement d'Holzmaden a même pu être étudié. De ces gisements proviennent les seules bélemnites dont les parties molles soient préservées. Tout aussi impressionnants sont les poissons et autres fossiles extraits des concrétions carbonatées du Crétacé inférieur du bassin d'Araripe, au Nord-Est du Brésil, où des filaments branchiaux avec leurs noyaux cellulaires ont été décrits.

La fossilisation de telles structures organiques implique une substitution minéralogique très rapide des tissus avant leur décomposition. L'apatite, la sidérite, la calcite ou la pyrite sont les minéraux principaux qui remplacent la matière organique, l'apatite assurant dans bien des cas la meilleure fossilisation des tissus.

Il semble que la prolifération quasi instantanée des voiles microbiens sur un cadavre, végétal ou animal, parvenant au fond enveloppe celui-ci tel un linceul, le protégeant ainsi des nécrophages et de l'oxydation. Par ailleurs, l'activité bactérienne induit la précipitation précoce d'espèces minérales qui se substituent à la matière organique.

Les tourbières, du fait des conditions réductrices qui s'y développent, sont particulièrement favorables à la préservation des structures les plus discrètes des végétaux mais aussi des animaux qui se sont noyés dans ces environnements marécageux. Dans les charbons du Paléozoïque, il n'est pas rare de trouver les organes souterrains (regroupés sous l'appellation générique de *Stigmaria*) et la base des troncs des végétaux préservés en position de vie. C'est dans les charbons que les spores et les grains de pollens sont les plus abondants et les mieux conservés, avec parfois plusieurs millions de spécimens par cm^3. On trouve également dans les *coal balls*, qui sont des nodules minéraux (carbonatés, pyriteux ou siliceux) centimétriques à pluridécimétriques contenus dans les veines de charbon ou les couches stériles, des restes fossilisés de plantes et, plus rarement, d'animaux.

Plus proches de nous dans le temps, les tourbes du Quaternaire ont livré de nombreux spécimens de vertébrés qui vivaient dans les environnements périglaciaires : loups, lynx, mammouths, rhinocéros laineux ou le fameux *Megaceros*, grand cervidé à la ramure impressionnante dont de nombreux spécimens ont été retrouvés entiers en Irlande et dont les représentations ornent les peintures rupestres de certaines grottes.

...

...

Les tourbières du Nord de l'Europe ont aussi été le théâtre de nombreuses inhumations, notamment durant l'âge du Bronze et du Fer (1500 av. J.-C. jusqu'à la conquête romaine). Plus de 700 corps bien conservés, dont beaucoup portant indubitablement des marques de supplice (strangulation, égorgement, démembrement, décapitation, noyade forcée, etc.), ont été exhumés des tourbières du Danemark et du Nord de l'Allemagne. Les chercheurs ont pu déterminer que beaucoup de ces sacrifices avaient eu lieu durant les périodes de printemps, certainement en l'honneur de telle ou telle divinité.

2.3 La genèse de minéraux biogéniques

L'activité des bactéries ne se réduit pas à la dégradation de la matière organique. En effet, cette action, fondamentale pour ces organismes, retentit sur les conditions physico-chimiques du milieu de dépôt ; dans d'autres cas, elle peut conduire à mettre en présence des espèces chimiques pouvant réagir entre elles. En d'autres termes, l'action métabolique des bactéries a des implications très importantes sur les sédiments et roches sédimentaires, notamment en ce qu'elle conduit à la formation de certains minéraux. De ce fait, l'action bactérienne de reminéralisation a des rôles géologiques majeurs.

2.3.1 *Les sulfures*

La réaction emblématique de l'activité bactérienne dans les sédiments marins est la sulfato-réduction. De par son intensité et sa durée au cours de la diagenèse, elle se produit tant que les eaux interstitielles contiennent des ions sulfates et de la matière organique consommable par les bactéries sulfato-réductrices. Le sous-produit de cette réaction est l'ensemble des ions sulfures libérés dans le milieu de dépôt (HS^-/H_2S). Comme l'illustrent les équations du tableau 2.2 ou la figure 2.20, les activités bactériennes aboutissent également à la libération de fer à l'état Fe^{2+}, c'est-à-dire soluble (notons qu'il existe plusieurs autres réactions, souvent d'origine bactérienne, qui aboutissent à cette libération de fer dit réactif). La très forte affinité chimique entre les ions sulfures et les ions ferreux aboutit à la formation extrêmement rapide de pyrite (FeS_2) ou de sulfures de fer métastables, possédant la composition chimique approximative FeS (minéraux désordonnés de composition FeS : greigite, mackinawite, principalement). Ces sulfures métastables acquièrent une stabilité minéralogique à l'échelle géologique quand ils sont transformés en pyrite (FeS_2). Il existe plusieurs mécanismes biochimiques de formation de la pyrite mais le plus fréquent dans les milieux sédimentaires peuplés de bactéries est l'incorporation d'un atome de soufre à la valence proche de zéro à la molécule FeS, dans laquelle le soufre est à l'état réduit. On constate donc que la formation de pyrite selon cette voie requiert des conditions réductrices (formation de FeS) à proximité d'un milieu où les conditions ne sont pas (ou guère) réductrices (ce qui assure la disponibilité en S^0). Ceci explique que les minéraux de pyrite se forment plus facilement et sont plus gros (généralement sous forme de framboïdes, Fig. 2.21) dans les sédiments où le front redox est à proximité de l'interface eau-sédiment (Fig. 2.22).

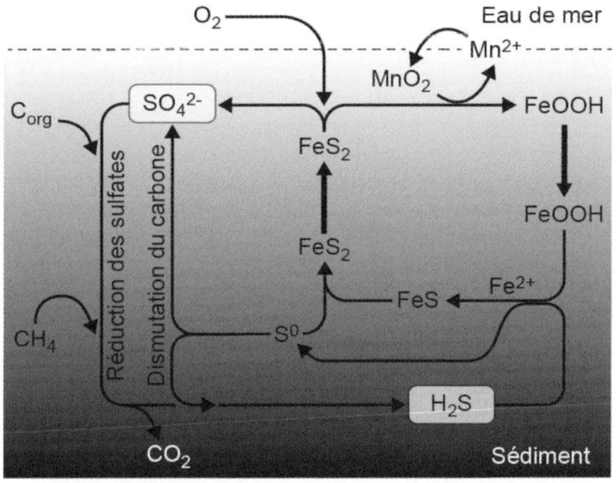

Figure 2.20 *Schématisation du cycle du soufre dans les sédiments marins, au carrefour des réactions faisant intervenir le carbone, le fer, le manganèse (d'après Schulz et Zabel, 2006).*

Figure 2.21 *Framboïdes de pyrite (FeS_2, système cubique) résultant de l'activité des bactéries sulfato-réductrices dans les formations d'âge jurassique supérieur du Boulonnais (Photo N. Tribovillard - Ph. Recourt).*

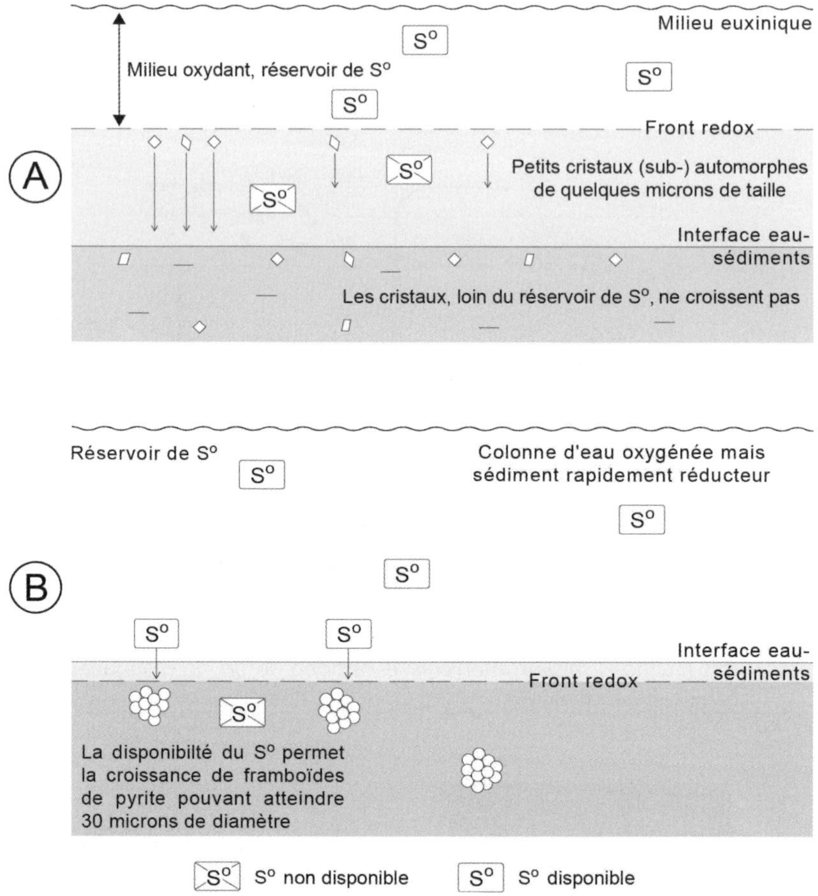

Figure 2.22 *Schéma de formation de la pyrite framboïdale ou automorphe dans les eaux en fonction de la position du front redox.*

Pour conclure, plus la matière organique est abondante dans les sédiments, plus les réactions de sulfato-réduction pourront être intenses et prolongées, et plus il se formera de sulfures de fer pour peu qu'il y ait assez de fer réactif. Ceci explique que les sédiments riches en matière organique soient souvent de couleur sombre. Cette teinte est conférée par les sulfures de fer (finement divisés et dispersés) et non pas toujours par la matière organique elle-même, qui est un « pigment » moins efficace.

2.3.2 *Les carbonates*

Les différentes équations illustrant l'activité bactérienne et les réactions connexes font intervenir les ions H^+ et les ions HCO_3^- ; en d'autres termes, elles retentissent sur le pH et l'alcalinité du milieu sédimentaire. Il convient de prendre le mot alcalinité au sens du nombre de bases présentes en solution, au premier chef les composés du carbone et notamment les ions carbonates et hydrogénocarbonates, sans oublier le CO_2 dissous. En milieu aqueux, le CO_2 est en équilibre avec les formes hydrogénocarbonate, aussi appelé bicarbonate (HCO_3^-), et l'ion carbonate (CO_3^{2-}). La répartition du C minéral dissous dans l'océan est stable et approximativement la suivante : 1 % sous forme de dioxyde de carbone (CO_2), 90 % sous forme d'hydrogénocarbonate (HCO_3^-) et 9 % sous forme de carbonates (CO_3^{2-}). Ces proportions dépendent de plusieurs paramètres mais principalement du pH de l'eau et sont par conséquent très variables dans les eaux continentales.

La stabilité des carbonates – c'est-à-dire, la possibilité de précipiter ou de dissoudre des carbonates solides – est le résultat d'un équilibre subtil entre valeur du pH et quantité d'ions carbonatés présents en solution. Par exemple, en conditions aérobies, la réaction de dégradation des glucides : $CH_2O + O_2 \rightarrow H_2O + CO_2 \rightarrow H^+ + HCO_3^-$ montre que des protons sont libérés, ce qui fait diminuer le pH et a tendance à déstabiliser les carbonates solides ou à empêcher leur précipitation. En même temps, des ions HCO_3^- sont libérés, ce qui a tendance à favoriser la sursaturation et donc la précipitation des carbonates. Le résultat de ces deux tendances antagonistes est que, dans la pratique (c'est-à-dire en fonction des conditions de température, pression et saturation), c'est la déstabilisation des carbonates qui l'emporte, et l'acidification du milieu ambiant par la dégradation aérobie de la matière organique conduit à la destruction des carbonates. Par exemple, cela se traduit par une corrosion rapide des tests de foraminifères planctoniques, très fragiles.

En revanche, la réaction de sulfato-réduction :

$$2\ CH_2O + SO_4^{2-} \rightarrow H_2S + 2\ HCO_3^- \rightarrow H^+ + HS^- + 2\ HCO_3^-$$

libère deux fois plus d'alcalinité que d'acidité, si l'on peut s'exprimer ainsi. Elle favorise donc la saturation et, de ce fait, la précipitation de carbonates solides. Ceci est d'autant plus vrai si l'H_2S produit peut s'échapper du milieu sédimentaire, *via* les eaux interstitielles, vers les horizons sus-jacents, voire la colonne d'eau. En effet, la diffusion de l'H_2S empêche alors la diminution du pH.

Enfin quand il se produit des réactions faisant intervenir le fer comme dans les cas suivants :

$$CH_2O + 2\ Fe_2O_3 + 3\ H_2O \rightarrow HCO_3^- + 4\ Fe^{2+} + 7\ OH^-$$

$$CH_2O + 4\ FeOOH + H_2O \rightarrow HCO_3^- + 4\ Fe^{2+} + 7\ OH^-$$

on constate la libération d'ions OH^-. Celle-ci élève le pH et favorise alors nettement la précipitation des carbonates. Cette minéralisation précoce peut être illustrée par la formation des nodules calcaires fréquemment rencontrés dans les formations géologiques marneuses riches en matière organique. À une tout autre échelle, elle se traduit également par la calcification de bactéries sulfato-réductrices de leur vivant, ainsi que l'ont montré des expériences *in vitro*.

Dans le cas de sédiments riches en fer dans lesquels cet élément n'est pas complètement accaparé par les ions sulfures qui induisent la précipitation de sulfures de fer, la saturation en carbonates peut induire la précipitation de carbonates riches en fer (ankérite) voire de carbonate de fer (sidérite), avec le fer réactif encore présent.

On retiendra de cette présentation incomplète que les réactions bactériennes intervenant en conditions anaérobies peuvent conduire à la précipitation de carbonates, et parfois de façon rapide au cours de la diagenèse précoce, ce qui favorise la cimentation des grains, voire la formation de particules micritiques (parfois appelés micarbs).

2.3.3 *Les phosphates*

La biomasse phytoplanctonique et bactérienne qui se décompose dans les sédiments libère du phosphore, présent à l'origine dans les constituants cellulaires (ADN, ARN, pigments, phospholipides, etc.). Ce phosphore est maintenu à l'état soluble en conditions réductrices et il peut migrer avec les fluides interstitiels au cours de la diagenèse précoce. Dans les environnements de dépôt réducteurs et euxiniques, le phosphore peut ainsi regagner la colonne d'eau et, éventuellement, les eaux de surface, où il pourra soutenir la productivité, puisque c'est un nutriment essentiel. Ce schéma explique que l'on puisse avoir une productivité soutenue par le recyclage du phosphore, alors que les eaux de fond sont anoxiques. Dans les environnements ne subissant pas des conditions aussi réductrices, le phosphore libéré par la décomposition de la matière organique précipite à l'intérieur du sédiment (parfois à l'interface eau-sédiment), sans regagner la colonne d'eau. Cette précipitation peut être rapide et importante : il se forme alors des grains phosphatés ; elle peut être lente et subtile : on observe alors l'épigénie des matériaux d'origine biologique, notamment les coquilles ou parties dures d'organismes contenant initialement du phosphore (dents et os de poissons).

La concentration mécanique des particules phosphatées, relativement denses, par des phénomènes sédimentologiques (vannage et remobilisation dans les milieux agités) aboutit parfois à la formation de dépôts très riches en phosphore, appelés phosphorites. Certaines phosphorites se forment également à l'air libre par l'accumulation de déjections (le guano par exemple). Les phosphorites sont une richesse économique puisqu'elles constituent des minerais de phosphore, source importante d'engrais.

3

Comportement des éléments chimiques autres que le carbone dans les cycles biogéochimiques

3.1 Les nutriments

Aux côtés des éléments fondamentaux que sont le carbone, l'oxygène et l'hydrogène, la matière organique contient également en quantités appréciables de l'azote, du phosphore et un peu de soufre. Elle contient aussi beaucoup d'autres éléments qui ont tous un rôle métabolique important mais qui sont présents en concentrations faibles ou infimes. On les appelle oligo- ou micro-éléments (ou encore micronutriments), et ils ne seront pas abordés ici.

En moyenne, la matière organique marine (globalement la biomasse phytoplanctonique et bactérienne) contient 106 atomes de carbone et 16 atomes d'azote pour un atome de phosphore. Ce rapport d'abondance élémentaire 106/16/1 est appelé rapport de Redfield, du nom du chercheur qui l'a déterminé dans les années soixante. Il en fut déduit que le nutriment le plus limitant était le phosphore, car l'élément le moins abondant, mais cette vision évolue depuis quelques années, les chercheurs estiment que l'azote est parfois plus limitant que le phosphore et qu'il y a parfois des limitations couplées de ces deux éléments.

Intéressons-nous à ces deux éléments essentiels, en mettant l'accent sur ce qui se passe en milieu marin.

3.1.1 *Le cycle de l'azote (Fig. 3.1)*

L'azote est concentré dans l'atmosphère sous forme de N_2 (78 % vol. de la composition de l'air, soit 38 500 Gt) et, accessoirement, NH_3, N_2O, NO, NO_2 et HNO_3. Les sédiments et les roches sédimentaires constituent le deuxième réservoir d'azote (en masse). Les biosphères continentale et marine contiennent bien sûr de l'azote incorporé à la matière organique et l'hydrosphère marine contient aussi de l'azote, sous forme de composés organiques dissous, de N_2 et de NO_3^- dissous. Le cycle de l'azote, c'est-à-dire les transferts entre les différents réservoirs évoqués ci-dessus, est réglé principalement par l'activité métabolique des bactéries (nitrification, dénitrification, ammonification...). L'activité humaine influence ce cycle par la combustion des énergies fossiles et la fabrication d'engrais qui rejettent dans l'atmosphère des oxydes (NO_x) mais cela ne retentit guère sur ce cycle, malgré des influences importantes d'un point de vue écologique (voir chapitre 7).

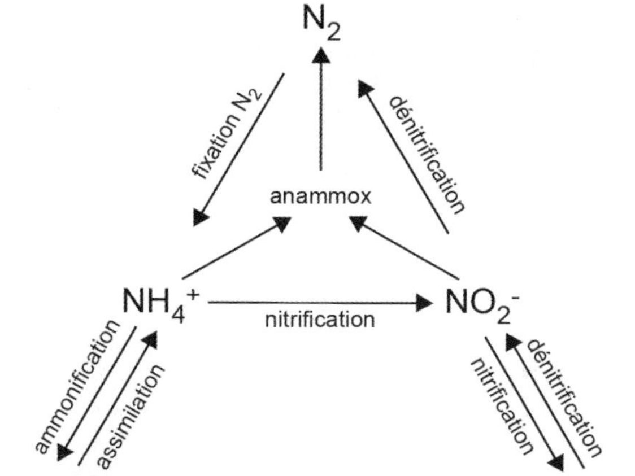

Figure 3.1 *Schématisation du cycle de l'azote (d'après Schulz et Zabel, 2006).*

Les bactéries capables d'assimiler directement l'azote atmosphérique se rencontrent principalement sur les terres émergées. En milieu marin, seules quelques espèces en sont capables et ce sont des cyanobactéries. Les autres bactéries marines consomment un azote « pré-fixé » : ions nitrite (NO_2^-), nitrate (NO_3^-) et ammonium (NH_4^+). Ainsi, certaines bactéries absorbent l'azote atmosphérique (N_2) et le transforment en NH_3 dans leur organisme :

$$2\,N_2 + 6\,H_2O \rightarrow 4\,NH_3 + 3\,O_2$$

À leur mort, le NH_3 libéré est hydrolysé :

$$4\ NH_3 + 4\ H_2O \rightarrow 4\ NH_4^+ + 4\ OH^-$$

Les ions NH_4^+ sont oxydés en NO_2^- et en NO_3^- par les bactéries nitrifiantes :

$$4\ NH_4^+ + 6\ O_2 \rightarrow 4\ NO_2^- + 8H^+ + 4\ H_2O$$

$$4\ NO_2^- + 2\ O_2 \rightarrow 4\ NO_3^-$$

NO_2^-, NO_3^- et NH_4^+ sont assimilables par les racines des plantes terrestres qui vont transformer et stocker l'azote au sein de groupement amine -NH_2. NO_3^- peut également être réduit en N_2 par les bactéries dénitrifiantes :

$$4\ NO_3^- + 2\ H_2O \rightarrow 2\ N_2 + 5\ O_2 + 4\ OH^-$$

La décomposition de la matière organique relâche du NH_3 dans l'atmosphère, dont une partie est hydrolysée en NH_4^+. Incidemment une petite fraction d'azote peut intégrer les cycles géologiques endogènes au sein de matériaux sédimentaires enfouis profondément ou engagés dans les processus de subduction. Toutefois, si l'on mesure des teneurs en azote de l'ordre de 200-400 ppm dans les roches sédimentaires, les roches ignées et métamorphiques n'en contiennent généralement pas plus de 20 ppm. L'azote est ainsi engagé dans des minéraux argileux, où NH_4^+ peut remplacer K^+. Enfin, l'oxyde nitrique (NO), relâché dans l'atmosphère notamment lors de combustions d'hydrocarbures, participe à la réduction de l'ozone atmosphérique, avec les conséquences que l'on sait sur le rayonnement reçu par la surface de la Terre.

On retiendra, pour ce qui concerne le milieu marin, que la décomposition de la matière organique relâche de l'azote (initialement lié aux molécules organiques) à l'atmosphère (alors sous forme de diazote) par une succession de transformations dues à l'activité bactérienne : libération d'ammoniac et d'ions ammonium par ammonification conduite par les micro-organismes, oxydation de l'ammoniac en nitrate par l'oxygène (nitrification) et réduction des nitrates en diazote par les bactéries dénitrifiantes. Cette dénitrification s'accompagne également de réactions découvertes plus récemment : l'oxydation anaérobie de l'ammonium couramment appelée ANAMMOX (*anoxic ammonia* ou *ammonium oxidation*) :

$$NH_4^+ + NO_2^- \rightarrow N_2 + 2\ H_2O.$$

Le processus repose sur la réaction des nitrites, produits intermédiaires dans les réactions de nitrification et dénitrification. L'ANAMMOX n'est donc pas une alternative à la dénitrification mais doit être considérée comme un raccourci dans le cycle de l'azote, qui dépend de la formation de nitrite au cours de la nitrification (Fig. 3.1).

D'autres raccourcis existent par ailleurs, via des réactions impliquant le manganèse. Les ions ammonium libérés pendant l'oxydation aérobie peuvent être oxydés en N_2 par les oxydes de manganèse MnO_2, au lieu d'être oxydés en nitrate.

$$2\ NH_3 + 3\ MnO_2 + 6\ H^+ \rightarrow 3\ Mn^{2+} + N_2 + 6\ H_2O.$$

3.1.2 *Le phosphore (Fig 3.2)*

Ce nutriment a une biogéochimie complexe, comme celle de l'azote. Elle en diffère cependant par l'absence de passage dans l'atmosphère et par le fait que l'entretien du cycle du phosphore n'est pas essentiellement microbien. Le phosphore présent dans l'eau de mer est principalement sous la forme d'ions orthophosphates solubles (HPO_4^{2-}), issus de l'altération de matériaux crustaux (apatites, orthophosphates d'aluminium) et de composés phosphatés organiques. Le phytoplancton satisfait ses besoins biologiques en phosphore par assimilation directe d'orthophosphates. Le phosphore est également rendu au milieu marin sous cette forme à la mort des organismes, lors de la décomposition bactérienne (voir chapitre 2).

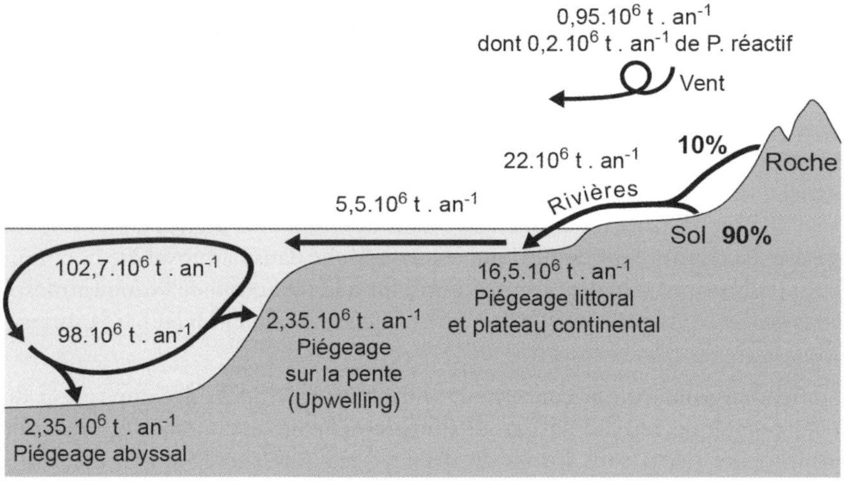

Figure 3.2 *Cycle externe du phosphore (d'après Föllmi, 1996).*

La nécromasse phytoplanctonique et bactérienne qui se décompose à l'interface eau-sédiment et dans les sédiments libère du phosphore, présent à l'origine dans les constituants cellulaires (ADN, ARN, pigments, etc.). Ce phosphore est maintenu à l'état soluble en conditions réductrices et migre avec les fluides interstitiels au cours de la diagenèse précoce. Dans les environnements de dépôt réducteurs, le phosphore peut ainsi regagner la colonne d'eau et l'enrichir par la base. Si la circulation des eaux le permet, ces eaux de fond fertiles rejoignent la zone photique et soutiennent à nouveau la productivité de surface. Ce schéma est adopté par plusieurs auteurs pour expliquer qu'en cas de stratification sévère du milieu océanique, la productivité puisse être maintenue à un niveau relativement important. En effet, le phosphore libéré dans les eaux de fond en conditions réductrices par la reminéralisation de la matière organique regagne la zone photique, siège du phytoplancton, à l'occasion de ruptures brèves mais récurrentes de la stratification océanique. Dans ce schéma, la production primaire ne serait pas trop sévèrement limitée par la disponibilité du phosphore, mais pourrait l'être par la disponibilité de l'azote. En effet, les conditions réductrices favorisent, on l'a vu, la dénitrification. Ce processus consomme des ions nitrates qui sont principalement consommés par le phytoplancton. Par conséquent, en cas de stratification prolongée du milieu marin, si la consommation du nitrate par dénitrification l'emporte sur la formation de nitrates par les cyanobactéries, le réservoir océanique s'appauvrit en nitrate et cet élément devient ainsi un facteur limitant de la productivité. Cela sera encore plus vrai si le milieu marin reçoit peu de fer, car l'activité des cyanobactéries s'en trouve ralentie, ainsi que ce qui suit l'explique.

3.1.3 *Le fer*

Cet élément rentre dans la composition de protéines, pigments et enzymes dans le phyto- et picoplancton. Il est donc essentiel à la vie cellulaire. Le rôle métabolique du fer fut longtemps sous-estimé à l'échelle de l'océan, mais l'on mesure bien désormais qu'en son absence, le milieu marin est incapable de soutenir une productivité algaire notable, même si les eaux contiennent azote et phosphore en quantités suffisantes. En effet, en milieu marin, seules, ou presque, les cyanobactéries sont capables de métaboliser directement l'azote moléculaire (N_2) dissous en petites quantités dans les eaux de la zone photique. Rappelons que les autres espèces du plancton métabolisent de l'azote « pré-fixé », préférentiellement des ions nitrates et, accessoirement, nitrites et ammonium. Or, le phytoplancton a besoin de fer pour la synthèse de la nitrate réductase, l'enzyme permettant de métaboliser les ions nitrates. Ainsi, les portions de l'océan où le fer est présent en trop faibles quantités dans les eaux de surface apparaissent-elles comme des déserts biologiques, à l'image de ce qui est observé au centre des deux gyres tropicales dans l'océan Pacifique (voir chapitre 1). Toute la chaîne alimentaire est affectée, puisque le maillon initial fait défaut. Le fer réactif indispensable est celui qui est accessible aux réactions (bio-)chimiques ; ce n'est donc pas le fer constitutif des minéraux, car il est engagé dans les réseaux cristallins et ne peut réagir s'il n'en est libéré. Le fer réactif présent dans la zone photique est apporté principalement sous la forme adsorbée en surface des grains minéraux, notamment des minéraux argileux (apports fluviatiles ou éoliens). Il est également apporté par les fleuves sous forme de complexes organo-métalliques. On accorde désormais beaucoup d'importance aux poussières éoliennes issues des zones arides et capables d'aller « fertiliser » l'océan à de grandes distances des côtes.

En conclusion, la disponibilité des nutriments permet de définir le niveau trophique des eaux de mers qui seront oligo-, méso- ou eu-trophes selon que les nutriments seront respectivement peu, moyennement et fortement abondants. Enfin, l'idée à retenir est que la productivité dépend fortement de la présence simultanée de tous les nutriments.

3.2 Les éléments associés à la matière organique

Le cycle de la matière organique a des implications pour de nombreux éléments chimiques, notamment les métaux. Il y a tout d'abord les éléments concentrés activement par la matière organique vivante, en très faible quantité. Il s'agit des micro-nutriments évoqués précédemment, indispensables au bon fonctionnement cellulaire, mais sans grande importance vis-à-vis de la composition chimique du sédiment (quelques exceptions sont possibles). On peut évoquer les éléments comme le baryum (Ba) qui sont concentrés passivement par les cellules du phytoplancton et qui peuvent être accumulés de façon significative dans les sédiments. On peut évoquer enfin tous les métaux dont le comportement (fixation par les sédiments ou relargage) est piloté par les variations des conditions redox, directement sous l'influence de la dégradation bactérienne de la matière organique.

En conséquence, les sédiments et les roches sédimentaires riches en matière organique présentent des concentrations plus importantes en de très nombreux éléments par comparaison avec les concentrations rencontrées dans les argiles non organiques. Cette augmentation se traduit par un facteur d'enrichissement qui peut aller de 100 à 1 000 selon les éléments (Fig. 3.3).

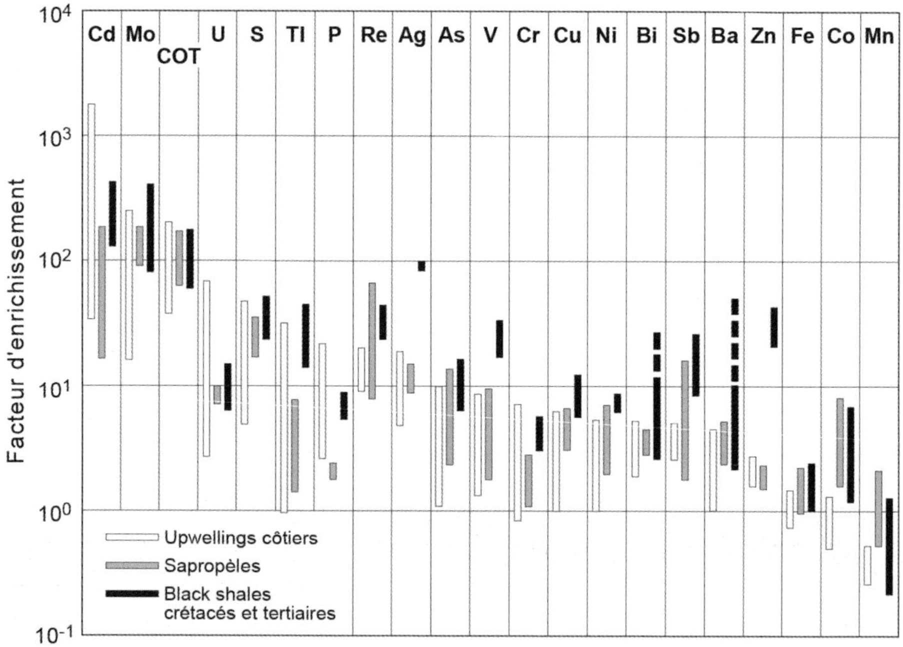

Figure 3.3 *Facteur d'enrichissement d'un certain nombre d'éléments chimiques dans les sédiments prélevés à l'aplomb de zones d'upwellings côtiers, les sapropèles et dans des* black shales *crétacés et tertiaires (d'après Brumsack, 2006). Si on prend l'exemple de l'argent (Ag), les sapropèles contiennent 10 fois plus de cet élément et les* black shales *du Crétacé en contiennent en moyenne 100 fois plus qu'une argile « banale » sans matière organique.*

3.2.1 *Le baryum*

Cet élément est accumulé sous forme de barytine ($BaSO_4$) dans les cellules du phytoplancton sans que l'on connaisse de rôle métabolique à ce minéral. Bien que l'eau de mer soit, en général, sous-saturée en sulfate de baryum, la barytine est protégée de la dissolution en étant dans un micro-environnement organique permettant localement la sursaturation. Une fois incorporée au sédiment, la barytine est relativement protégée de la dissolution dans les eaux interstitielles, généralement plus concentrées et donc moins agressives que l'eau de mer. Dans les sédiments récents et actuels, il a été observé que la teneur en baryum était proportionnelle au flux de matière organique atteignant les fonds marins. Les océanographes utilisent ainsi cette teneur en barytine pour calculer le flux de matière organique, ce qui permet d'estimer la paléoproductivité. Ceci n'est pas possible pour les sédiments réducteurs. En effet, la barytine est un sulfate et, à ce titre, elle peut être solubilisée si d'intenses réactions de sulfato-réduction ont lieu. Dans ce cas, le baryum est solubilisé et migre avec les eaux interstitielles. Soit il regagne *in fine* la colonne d'eau si les conditions sont réductrices jusqu'à l'interface eau-sédiment, soit il précipite sous forme d'hydroxydes lorsque les eaux interstitielles entrent en contact avec des conditions oxydantes (le plus souvent, en présence d'O_2 dissous). Ainsi, on est confronté au paradoxe suivant : le baryum est accumulé dans les sédiments situés à l'aplomb de zones de productivité et, à ce titre, constitue un bon marqueur de productivité ; cependant, son comportement s'inverse dans les zones de très forte productivité, car les sédiments sont alors souvent le siège de conditions réductrices néfastes à la préservation et l'accumulation de cet élément. Ce marqueur de productivité n'est donc valide que pour les productivités faibles à modérées.

3.2.2 *Les métaux sensibles aux conditions redox*

Parmi tous les éléments présents sous forme dissoute dans l'eau de mer, certains présentent plusieurs valences possibles et ont un comportement contrasté (soluble ou insoluble) selon la valence où ils se trouvent. Ainsi le fer et le manganèse sont-ils deux éléments solubles sous forme réduite (Fe^{2+}, Mn^{2+}) et insolubles sous forme oxydée (Fe^{3+}, Mn^{4+}). C'est le cas inverse pour d'autres éléments comme l'uranium (U), le vanadium (V) et le molybdène (Mo). Ce comportement contrasté retentit directement sur la composition chimique des sédiments et des roches sédimentaires. Réciproquement, déterminer la teneur et la valence de ces éléments « versatiles » permet de reconstituer les conditions de dépôts à partir des roches sédimentaires.

Dans une eau de mer normalement oxygénée, le fer et le manganèse sont oxydés et forment des espèces chimiques insolubles qui se déposent à l'interface eau-sédiment et peuvent être incorporés aux sédiments. Lorsque des conditions réductrices se développent dans le sédiment, les oxydes et oxyhydroxydes de Fe et Mn présents sont réduits et les métaux, solubilisés, peuvent migrer avec les eaux interstitielles. Le plus souvent, le fer réduit est piégé sous forme de sulfures (pyrite). Il n'y a donc pas d'appauvrissement en fer du sédiment. En revanche, le Mn solubilisé n'est pas incorporé aux sulfures et, si les conditions réductrices prévalent jusqu'à l'interface eau-sédiment, il est restitué à la colonne d'eau (appauvrissement du sédiment). Si le front redox est en dessous de l'interface eau-sédiment, et si les conditions d'alcalinité le permettent, le Mn pourra être incorporé à des carbonates authigéniques comme la rhodocrosite ($MnCO_3$) dans le sédiment profond.

Les éléments U, V et Mo forment au contraire des oxyanions solubles dans l'eau de mer normalement oxygénée. Il n'y a pas de précipitations spontanées. Toutefois, si des conditions réductrices se développent dans les eaux interstitielles, ces éléments sont réduits et forment d'autres oxyanions qui sont insolubles. Il se crée alors un gradient géochimique entre les eaux interstitielles qui ne contiennent plus ces éléments sous forme soluble et l'eau de mer, qui en contient toujours. Si une migration est possible, c'est-à-dire si le front redox est à proximité immédiate de l'interface eau-sédiment, un déplacement des espèces en solution se produit de la colonne d'eau vers le milieu interstitiel, en réponse à la création du gradient chimique. Les molécules réduites précipitent dès qu'elles franchissent le front redox, ce qui maintient le gradient et attire d'autres molécules qui subiront le même sort. Ce mécanisme de « pompage » se traduit par un enrichissement rapide en V, U et Mo du sédiment. Ce processus est exacerbé si le front redox gagne la colonne d'eau elle-même, dans le cas des milieux euxiniques. En revanche, si le front redox est éloigné de l'interface eau-sédiment en direction de la profondeur, les espèces en solutions ne sont pas transportées par les eaux interstitielles, et il n'y a pas d'enrichissement détectable en ces éléments dans le sédiment. Le mécanisme décrit ici fonctionne bien pour l'uranium et le vanadium ; le comportement du molybdène est, en outre, fortement influencé par la présence de H_2S libéré par les bactéries sulfato-réductrices, et par celle de matière organique fortement soufrée, mais le schéma reste globalement valable en ce qui concerne cet élément.

Lorsque des conditions réductrices affectent la base de la colonne d'eau, les travaux de George Helz et ses collaborateurs ont montré qu'il se forme des molécules peu cristallisées et difficiles à caractériser associant Mo, Fe et S. Ces complexes sulfurés coulent et enrichissent le sédiment en ces trois éléments que l'on retrouvera plus tard sous forme de pyrite, dans la plupart des cas. En outre, le molybdène dissous dans une eau de mer soumise à des conditions oxydantes se lie aisément aux hydroxydes et oxy-hydroxydes de manganèse ou de fer, qui sont, eux, peu solubles en conditions oxydantes. Dans une eau de mer riche en oxygène dissous, cette précipitation d'oxy-hydroxydes (aussi appelés oxo-hydroxydes) entraîne le molybdène vers le fond. Si la base de la colonne d'eau est réductrice, les oxy-hydroxydes seront dissous et Mo sera libéré dans l'eau de mer ; il pourra alors précipiter sous forme de complexes sulfurés ou réagir avec la matière organique, et enrichir le sédiment. Si les conditions réductrices ne se développent pas dans la colonne d'eau mais à faible distance sous l'interface eau-sédiment, les oxy-hydroxydes de Fe et Mn se dissolvent dans les eaux interstitielles et laissent sur place le Mo qui sera incorporé dans les sulfures de fer (FeS et FeS_2), pendant que le Mn pourra regagner la colonne d'eau et, éventuellement, recommencer une boucle de transport de Mo. On appelle ce mécanisme de transfert de Mo par Mn (et Fe dans une moindre mesure) interposé, l'effet *shuttle* (navette en anglais), puisque le Mn (et un peu le Fe) font la navette entre les conditions oxydantes qui les précipitent et les conditions réductrices qui les dissolvent (Fig. 3.4). La différence entre Fe et Mn est que le fer aura tendance à ne pas ressortir d'un sédiment réducteur car il y sera immobilisé sous forme de sulfures de fer, alors que l'immobilisation du Mn se fait plus difficilement (sous forme de carbonate de Mn, la rhodocrosite, voire, et c'est très rare, sous forme de sulfure de Mn ou alabandite, cas rencontré dans la mer Noire).

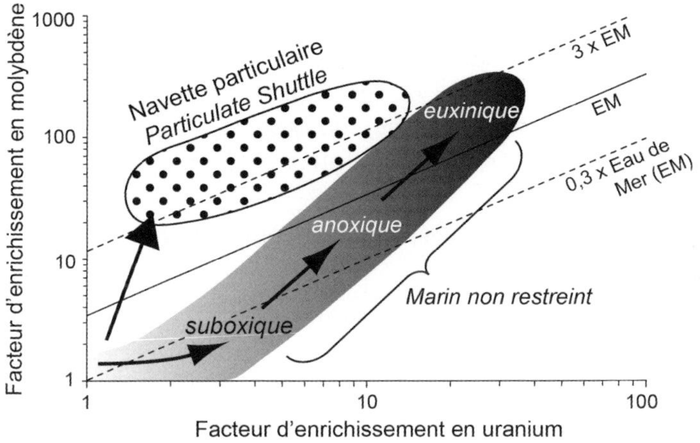

Figure 3.4 *Les facteurs d'enrichissement sont une façon pratique de savoir si un élément trace est plus abondant dans une roche qu'il ne le serait s'il était simplement apporté passivement avec les apports terrigènes. On le calcule ainsi pour un élément X :*
*EF-X = (X/Al) échantillon/(X/Al) référence, où la référence est représentative de la moyenne des flux terrigènes classiques. On peut prendre la valeur moyennée à l'échelle de la partie supérieure de la croûte terrestre. Les enrichissements respectifs en uranium et en molybdène permettent de distinguer les conditions dans lesquelles les enrichissements authigéniques en ces deux éléments se sont faits. Cela permet d'établir une gradation dans l'intensité des conditions réductrices, et cela permet également d'identifier un éventuel apport en Mo (mais pas en U) par des oxydes et hydroxydes de manganèse et de fer. Comme fer et manganèse passent relativement facilement de l'état oxydé (peu soluble) à l'état réduit (soluble), ils font la navette (*shuttle*) entre les horizons réducteurs des sédiments ou de la colonne d'eau, et les horizons oxydants. Faisant ainsi l'aller-retour, ils permettent d'accumuler peu à peu du molybdène, alors que l'uranium n'est pas affecté par ces navettes d'oxy-hydroxydes plus ou moins solubles. On parle d'effet* shuttle.

Au total, on peut utiliser les teneurs en ces éléments pour reconstituer les conditions de diagenèse précoces des sédiments : un enrichissement en V, U et Mo traduira l'installation très précoce de conditions réductrices (Fig. 3.5). Ainsi la plupart des gisements sédimentaires d'uranium sont liés à des fronts d'oxydo-réduction. Il est commode de comparer les enrichissements en Mo et ceux en U pour retracer les conditions redox ayant prévalu lors du dépôt des sédiments anciens.

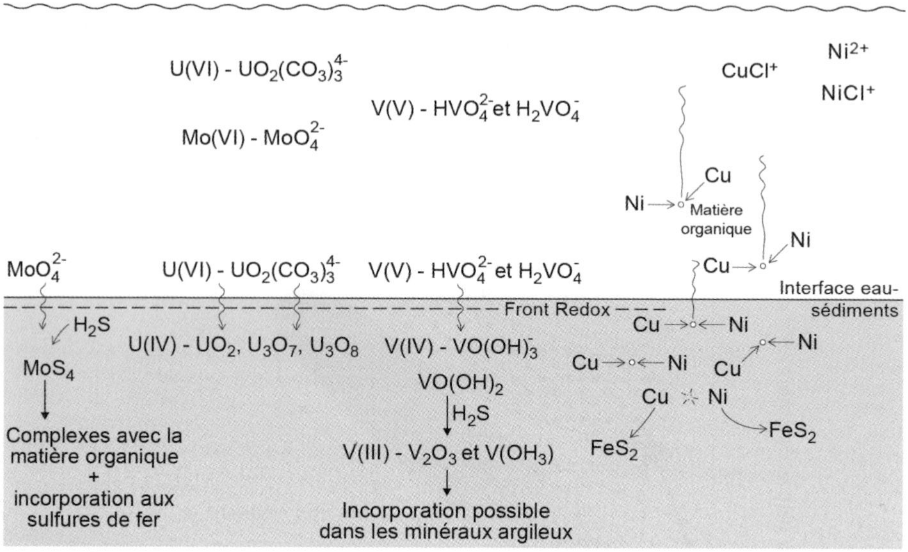

Figure 3.5 *Représentation schématique du comportement de certains éléments traces sensibles aux conditions redox et/ou au flux de matière organique. Uranium (U), vanadium (V) & molybdène (Mo) ont un comportement conservatif dans l'eau de mer normalement oxygénée, mais changent de valence et deviennent insolubles en conditions réductrices. Ce changement de valence est facilité par la présence d'H_2S dans le cas de Mo. Cuivre (Cu) et nickel (Ni) sont incorporés dans des complexes avec la matière organique en cours de sédimentation à travers la colonne d'eau. Une fois sédimentée, la matière organique est généralement reminéralisée, et Ni et Cu ainsi libérés sont le plus souvent incorporés aux sulfures de fer, la pyrite le plus fréquemment.*

À côté de ces trois éléments présents sous forme soluble dans la colonne d'eau, on rencontre des éléments de transitions, à savoir, le nickel (Ni), le cuivre (Cu), le cobalt (Co) et, accessoirement le zinc (Zn), qui sont apportés au sédiment principalement sous forme de complexes organo-métalliques et de complexes chlorurés dans l'eau de mer. Plus le flux de matière organique est important, plus le sédiment reçoit de ces éléments. Si la reminéralisation de la matière organique sédimentée s'opère en conditions réductrices, ces métaux (Ni et Cu en particulier) sont libérés des complexes organo-métalliques mais sont incorporés dans les sulfures de fer authigéniques, au premier chef, la pyrite. Si la reminéralisation de la matière organique n'a pas lieu en conditions réductrices, les métaux sont solubilisés et ne s'accumulent pas dans le sédiment (Fig. 3.5). À l'heure actuelle, on accorde une valeur croissante au nickel et au cuivre comme marqueurs de productivité dans les milieux réducteurs, puisqu'à la différence du baryum, ces deux métaux ne sont pas « perdus » par le sédiment en conditions réductrices.

Pour conclure, le géologue dispose d'une batterie d'éléments chimiques de comportements différenciés qui lui permettent d'estimer (plutôt qualitativement que quantitativement) les paléoconditions de productivité des eaux de surface et du potentiel redox des sédiments au moment du dépôt et de la diagenèse très précoce. La figure 3.6 présente des diagrammes binaires des rapports d'un certain nombre d'éléments traces qui permettent de reconstituer les conditions de paléo-oxygénation (oxique, dysoxique, anoxique).

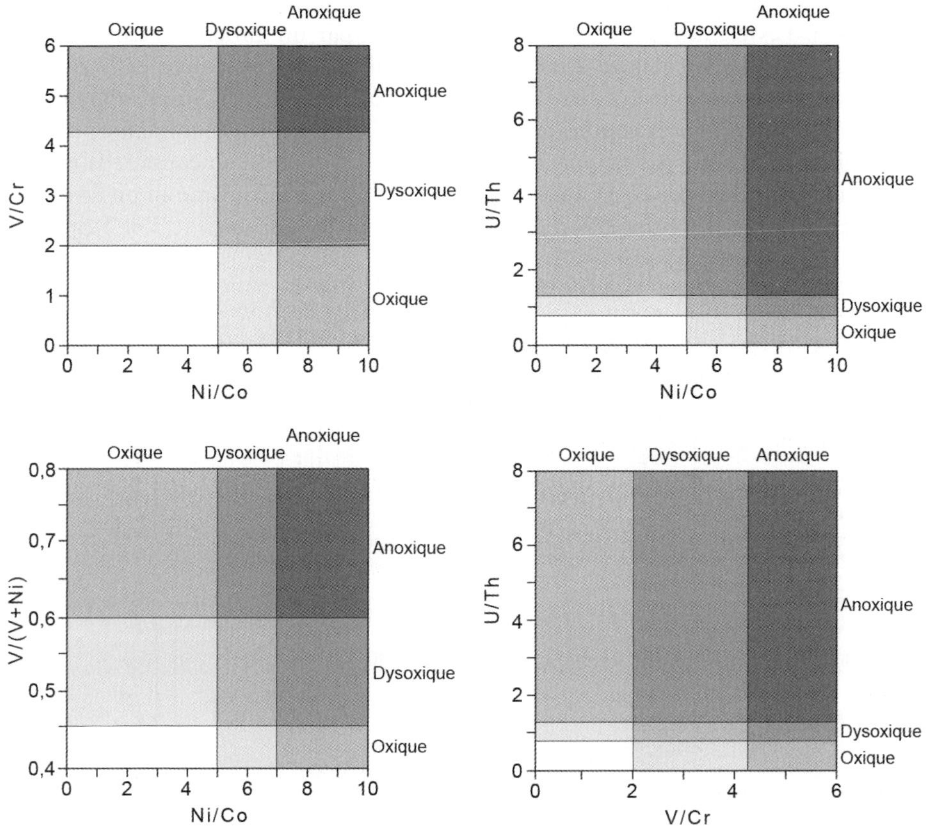

Figure 3.6 *Exemple de l'utilisation du rapport de certains éléments chimiques pour reconstituer les conditions d'oxygénation sur le fond lors du dépôt des sédiments (d'après Riquier* et al.*, 2005). Selon les couples de rapports utilisés, il est possible de définir des champs dans des diagrammes binaires qui permettent de caractériser les conditions redox au moment du dépôt et lors de la diagenèse précoce.*

L'exemple de la Formation de Kimmeridge Clay en Grande-Bretagne permet d'illustrer les applications paléoenvironnementales des éléments traces dans les roches sédimentaires (Fig. 3.7). Au sein de cette série argileuse, datée du Kimméridgien-Tithonien, cinq intervalles riches en matière organique (appelés « ceintures organiques ») ont été repérés. Il apparaît que ces cinq ceintures n'ont pas toutes une signature identique en éléments traces. Les ceintures 3 et 4 se caractérisent par un net enrichissement en Ni et Cu indiquant une accumulation de matière organique sans empreinte de conditions réductrices (peu d'enrichissement en V et Mo). Par conséquent, cette accumulation a dû résulter d'un apport abondant de débris algaires marins, sans que des conditions réductrices soient la cause de cette accumulation. Les ceintures 1, 2 et 5 se caractérisent par un enrichissement marqué en Mo, alors que la ceinture 2 montre également un enrichissement en V qui est interprété comme étant le reflet de conditions sévèrement réductrices, voire euxiniques. Néanmoins, ces conditions n'ont pas conduit à une accumulation accrue de matière organique par rapport aux ceintures 3 et 4 (puisqu'on constate la même fourchette de valeurs de COT). Ceci suggère que l'anoxie/euxinisme ait pu favoriser la préservation et l'accumulation de la matière pour les ceintures 1, 2 et 5 sans en être le principal mécanisme.

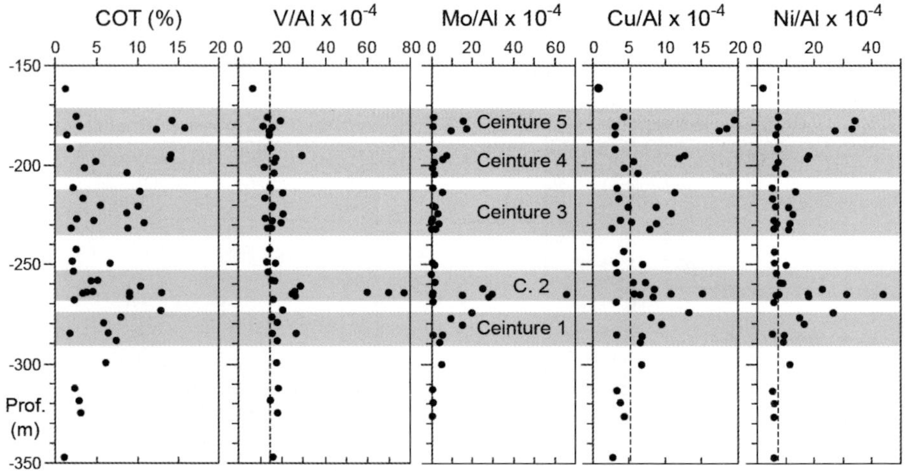

Figure 3.7 *Illustration de l'enrichissement en éléments traces des « ceintures organiques » de la Formation de Kimmeridge Clay, atteinte par forage dans le bassin du Cleveland (Grande-Bretagne). Les ceintures organiques sont des épisodes privilégiés d'accumulation de la matière organique au cours du Jurassique terminal. Les enrichissements en V et Mo traduisent des conditions réductrices, ceux en Cu et Ni reflètent les augmentations de productivité (d'après Tribovillard* et al., *2004).*

3.2.3 *Les relations entre carbone organique, soufre et fer*

Le soufre est intimement lié au cycle de la matière organique : en effet, la matière organique contient initialement une part (faible) de soufre et peut en fixer sous forme de S réduit au cours de la diagenèse précoce. L'ensemble du soufre lié chimiquement à la matière organique est appelé soufre organique. En outre, la décomposition de la matière organique par les bactéries sulfato-réductrices engendre la formation de sulfures généralement stabilisés dans les sédiments sous forme de sulfures de fer, dont la forme stable à l'échelle géologique est la pyrite (FeS_2). Les chercheurs étudiant les cycles géochimiques du carbone et du soufre se sont aperçus qu'il existait une relation entre la quantité de matière organique présente dans une roche sédimentaire et la quantité de soufre, que l'on considère l'ensemble du soufre, organique et pyritique, ou seulement le soufre pyritique. Cette relation est relativement stable pour des sédiments et roches sédimentaires marins, à grains fins et faiblement carbonatés (C/S = 2,7 ; Fig. 3.8). Cette relation indique que plus il y a de matière organique dans une roche, plus l'activité bactérienne a dû être soutenue, et plus la quantité de sulfures a dû être importante. Une roche présentant un excès relatif de soufre (C/S < 2,7) reflète des conditions de dépôt particulièrement propices à la formation de sulfures de fer et/ou à l'incorporation de soufre réduit à la matière organique. On interprète ceci comme le résultat de conditions euxiniques, à l'instar de ce qui est observé dans la mer Noire. En revanche, un déficit relatif en soufre (C/S > 2,7) reflète un milieu de dépôt impropre à la formation de sulfures, malgré la présence de matière organique, et est interprété comme témoignant de conditions pauvres en sulfates au moment de la diagenèse bactérienne : milieux d'eaux douces ou saumâtres.

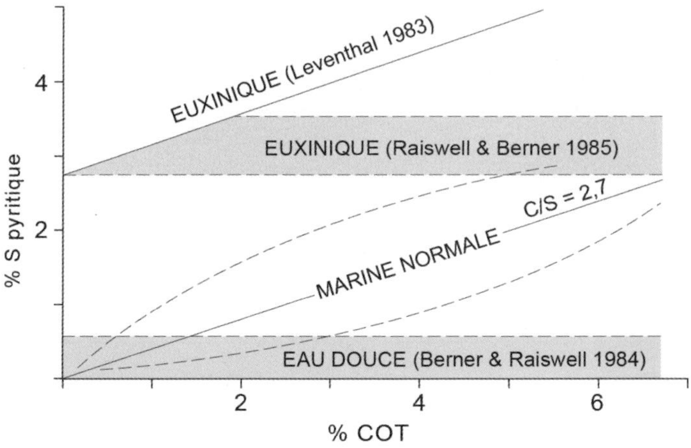

Figure 3.8 *Relations entre l'abondance de carbone organique et de soufre en fonction des conditions de dépôt (d'après Leventhal, 1983 et Berner & Raiswell, 1984 in* Wignall, 1994*).*

À travers la formation de sulfures de fer du fait de l'activité des bactéries sulfato-réductrices, Fe et S nouent des relations privilégiées, dont il est possible d'estimer l'intensité. Il convient de distinguer, au sein du fer total qu'une roche peut contenir, la proportion de ce métal susceptible de réagir au cours de la diagenèse. En effet, le fer engagé dans les réseaux cristallins des aluminosilicates est « piégé », c'est-à-dire incapable de réagir. En revanche, le fer présent dans les complexes organo-métalliques ou adsorbé à la surface des phyllosilicates est réactif et peut réagir avec le soufre réduit libéré par la sulfato-réduction. Ces réactions engendrent des sulfures de deux types : la pyrite, stable dans le temps et insoluble dans l'HCl, et, d'autre part, des sulfures de fer de type FeS, métastables et solubles dans l'HCl. L'ensemble du fer réactif d'une roche est donc la somme des sulfures stables et métastables. On peut estimer la part du fer réactif qui a effectivement été transformé en pyrite en calculant le degré de pyritisation (*degree of pyritization* ou DOP des auteurs anglo-saxons) :

$$DOP = Fe\ pyritique / (Fe\ pyritique + Fe\ solubilisé\ par\ HCl).$$

Un DOP faible à modéré (< 0,75) reflète une situation diagénétique dans laquelle tout le fer réactif présent n'a pas été transformé en pyrite (Fig. 3.9). Il reste du fer « disponible ». En revanche, un DOP supérieur à 0,75 est interprété comme traduisant une forte transformation du fer réactif en pyrite ; il ne reste que peu ou pas de fer réactif dans les sédiments. Si tout le fer réactif a été consommé, un excès relatif de sulfures a pu être produit par sulfato-réduction sans fixation par le fer. Cet excès de sulfures a pu permettre des réactions entre soufre réduit et matière organique (la sulfuration ou vulcanisation naturelle qui intervient dès la diagenèse précoce, voir chapitre 2) ou une perte de sulfures qui peuvent regagner la colonne d'eau via les eaux interstitielles. Il peut alors se développer des conditions euxiniques.

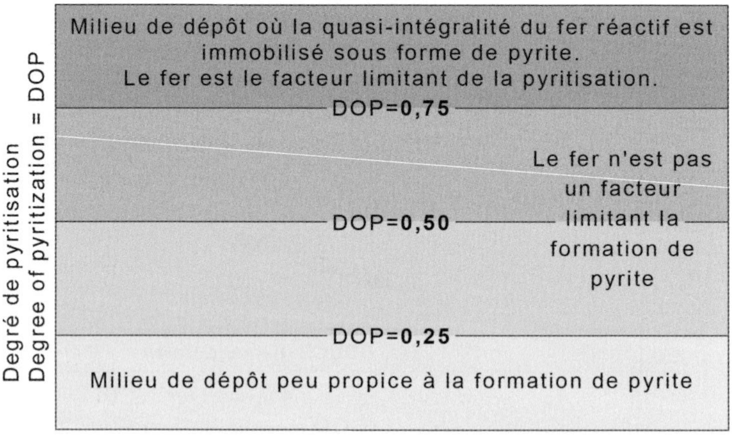

Figure 3.9 *Illustration de l'intensité avec laquelle le fer réactif est piégé sous forme de pyrite (ou DOP =* Degree Of Pyritization*), ce qui détermine le caractère plus ou moins limitant du fer présent dans un milieu de dépôt.*

Matière organique et art

Fusain

Parmi les premiers instruments à dessiner de l'humanité, le charbon de bois fut utilisé par nos ancêtres pour réaliser de fascinantes peintures rupestres. De nos jours, si la feuille de papier a supplanté la roche comme support, le charbon de bois sert toujours dans les dessins dits au fusain.

En fait, le bâtonnet appelé « fusain » n'est que très rarement fabriqué à partir de cette plante ornementale à feuilles sombres et luisantes, portant des fruits rouges. Le bois de saule, de platane, de tilleul ou de vigne a détrôné celui du fusain depuis longtemps. Après carbonisation à l'abri de l'air, les fragments de bois taillés dans ces différentes essences produisent des bâtonnets sous plusieurs épaisseurs et formes. Il existe des fusains à section sensiblement circulaire – conservant presque intactes les formes des branches du bois calciné – que l'on désigne selon leur diamètre par les termes de mignonnette, petit buisson, moyen buisson, gros buisson, gros décor. Ces appellations tendent à disparaître du fait de la commercialisation de fusain à section carrée façonné à partir de plus grosses branches. Le fusain de platane ou de saule est le plus dur, celui de saule est plus homogène.

Le maniement du fusain est fondamentalement différent de celui de la plupart des autres outils permettant de dessiner. Contrairement au crayon, il autorise l'artiste à travailler par retraits sur une base volontairement noircie presque intégralement. Plus il est tendre, plus le fusain rend aisé le retrait si le papier accroche bien.

Ambre

L'ambre est un matériau singulier qui flotte sur l'eau salée du fait de sa faible densité et de ses inclusions gazeuses. Elle est chaude au toucher, elle brûle en dégageant une fumée aromatique et frottée, elle attire de petits objets – son nom grec *electron,* qui veut dire « qui attire », a été repris pour désigner les particules gravitant autour du noyau des atomes. Enfin parce que souvent elle sert d'écrin à des insectes fossilisés extraordinairement bien conservés ou renferme des fragments de plantes, l'ambre exerce depuis toujours une fascination sur les hommes et les femmes. Abandonné sur les plages après les tempêtes, ce matériau organique a certainement attiré nos ancêtres. Un morceau d'ambre perforé (peut-être une amulette), datant de 30 000 ans, a été retrouvé dans le nord de l'Allemagne. Dans des sites datant du Néolithique (à partir de 7 000 ans av. J.-C.), situés à la périphérie de la mer Baltique, ont été retrouvés de nombreux objets artistiques (perles, pendentifs, figurines anthropomorphes ou zoomorphes) ou utilitaires (boutons ?), parfois en grande quantité (jusqu'à 8 kg de perles dans un pot d'argile). À partir de 3 000 ans av. J.-C., l'usage de l'ambre se répand peu à peu et un véritable commerce s'établit en direction des rivages méditerranéens. Ces échanges explosent littéralement dans l'Empire romain du Iᵉʳ siècle av. J.-C. À Rome, l'ambre a eu beaucoup de succès sous le règne de Néron qui, dans un de ses poèmes, avait qualifié de *succina* – c'est-à-dire couleur d'ambre – la chevelure de sa deuxième femme Poppée. ...

La chute de l'Empire romain interrompt les routes commerciales et l'usage de l'ambre se replie sur l'Europe centrale et orientale, d'où il est extrait. Les premiers prédicateurs chrétiens combattront ensuite son usage, souvent associé à leurs yeux à des superstitions anciennes. Il renaîtra bien plus tard, au XIIe siècle, avec la fabrication de chapelets. Après la Réforme, son usage s'élargit et la maîtrise des artisans devient telle que la mosaïque d'ambre se développe pour produire des damiers, coffrets, et des réalisations religieuses ou profanes monumentales, comme une « chambre d'ambre » commandée par Frédéric I de Prusse en 1713. Après une période de désaffection, l'intérêt pour l'ambre s'est à nouveau affirmé dans la seconde moitié du XIXe siècle, durant laquelle son exploitation a pris une tournure industrielle. Les bijoutiers et les artisans n'absorbent en fait que 20 % de cette production ; les déchets sont récupérés par l'industrie chimique pour fabriquer des vernis utilisés en lutherie, de la collophane, des bâtons remplaçant l'encens, etc.

Jais

Le jais est une variété de lignite, dure, se prêtant bien au polissage, et donnant un gemme noir brillant à reflets bleu métallique. Il provient généralement de débris de bois accumulés dans des argiles organiques qui ont plus ou moins subi la carbonification. Les Anciens l'ont appelé *lapis gatates* car ce matériau était ramassé en abondance à l'embouchure de la rivière Gaïas (ou Gagas) en Asie Mineure. De cette appellation découlent les noms qui lui ont été donnés dans différentes langues : en anglais *jet* – terme que l'on retrouve dans le nom Jet Rock, formation du Toarcien inférieur du Yorkshire –, en ancien français gaïet ou jayet qui a donné jais, en arabe *az abache* et en espagnol *azabache*.

Les plus anciennes perles de jais connues datent du Magdalénien (17 000 à 10 000 ans avant J.-C.). Dans l'Antiquité, le jais était aussi appelé « ambre noire », à cause de ses propriétés magiques analogues à celles de l'ambre (car, paradoxalement, il brûle avec de l'eau et s'éteint avec de l'huile). Le nord de l'Espagne (Asturies, Léon) en recèle de nombreux gisements et la ville de Compostelle était réputée dès le XIIe siècle pour le travail de ses orfèvres qui vendaient aux pèlerins des objets-souvenirs en jais : coquilles, statuettes de Saint Jacques, pendentifs, bénitiers, rosaires et chapelets. La production a culminé aux XVe et XVIe siècles avant de connaître un déclin certain vers le XVIIIe siècle. En France au XIXe siècle, les bijoux de jais étaient les seuls que l'on pouvait porter lorsqu'on était en deuil d'un proche.

Avec les exploitations de charbon au XVIIIe et XIXe siècles, certains morceaux d'anthracite, et même de graphite, ont été utilisés comme matériau substitutif du jais (Fig. 3.10).

...

Figure 3.10 *Sculptures réalisées dans du graphite provenant de la mine Alibert, située en Sibérie orientale et découverte par cet explorateur français en 1845. De ce gisement d'une qualité exceptionnelle, exploité pendant toute la fin du* XIX*e siècle pour produire des mines de crayon à papier, ont également été extraits des morceaux ayant servi d'élément de base à une œuvre d'art offerte en 1895 par Jean-Pierre Alibert à la faculté des sciences de Paris. Le bloc photographié, d'une hauteur de 10 cm, est une toute petite partie de ce « trésor » (propriété de l'UPMC) qui est visible à l'IMPMC (Photo F. Baudin).*

Bitume

Il n'y a pas que les matériaux organiques solides qui furent utilisés par les artistes. Le bitume eut son heure de gloire dans l'art mésopotamien, notamment à Suse. Entre le IVe et Ier millénaire, les artistes de cette grande cité – aujourd'hui en Iraq – ont exploité directement des résidus pétroliers visqueux à solides. Le bitume liquide à visqueux était mélangé à des dégraissants (minéraux et débris végétaux) pour être ensuite modelé à la main ou moulé, alors que le bitume solide (asphaltite) était directement sculpté. Plus étonnante est la fabrication de mastic de bitume, mélange de bitume et de débris minéraux concassés (calcite, dolomite, argile, gypse) amalgamés une première fois à chaud puis recuit vers 250 °C pour obtenir un matériau permettant son travail par le ciseau du sculpteur. Des pièces de vaisselle (vases, assiettes, coupes, cratères) qui ne semblent pas avoir servi, des objets de culte, des gâches de porte, des perles, des sculptures diverses mais aussi des rouleaux cylindriques et des sceaux ont été retrouvés en grande quantité dans les fouilles de Suse.

4

Sédimentologie de la matière organique

4.1 Répartition de la matière organique dans les sédiments marins récents

L'analyse systématique des sédiments marins superficiels par les océanographes – notamment russes – au cours des années soixante et soixante-dix a permis d'avoir une idée des concentrations en carbone organique dans les différents domaines de l'océan, par grand type de lithologie (Tab. 4.1). Ainsi, les argiles et les silts des marges continentales présentent les teneurs moyennes (en masse) en carbone organique les plus élevées (jusqu'à 1 %) alors qu'elles ne sont que de 0,3 % pour les carbonates et les sables. Dans le domaine océanique profond, les teneurs sont nettement plus faibles (autour de 0,25 % en moyenne), quelle que soit la lithologie. La compilation/interpolation de ces mesures a permis une représentation cartographique mondiale des teneurs en carbone organique des sédiments marins superficiels (Fig. 4.1, voir aussi cahier hors texte en couleur). On constate que la plupart des sédiments sont peu riches en matière organique (souvent < 0,25 %) et que les zones montrant des concentrations élevées (2 % et plus) coïncident avec les marges continentales et les mers peu profondes. En conséquence, même si les marges continentales représentent une faible superficie de l'océan, leur richesse en carbone organique et l'épaisseur des sédiments qui y sont accumulés en font le domaine où l'essentiel de la matière organique est piégé (Tab. 4.1).

Tableau 4.1 *Comparaison des pourcentages massiques moyens en carbone organique dans le domaine de plate-forme et dans le domaine marin profond en fonction des différentes lithologies rencontrées et quantité totale que représente chaque compartiment.*

	% COT moyen	Masse (Gt)
Plate-forme continentale, pente et talus		
Argiles et silts	0,99	8 200 000
Carbonates	0,33	800 000
Sables	0,28	900 000
Domaine océanique		
Argiles et silts	0,22	700 000
Carbonates	0,28	1 000 000
Sédiments siliceux	0,26	400 000

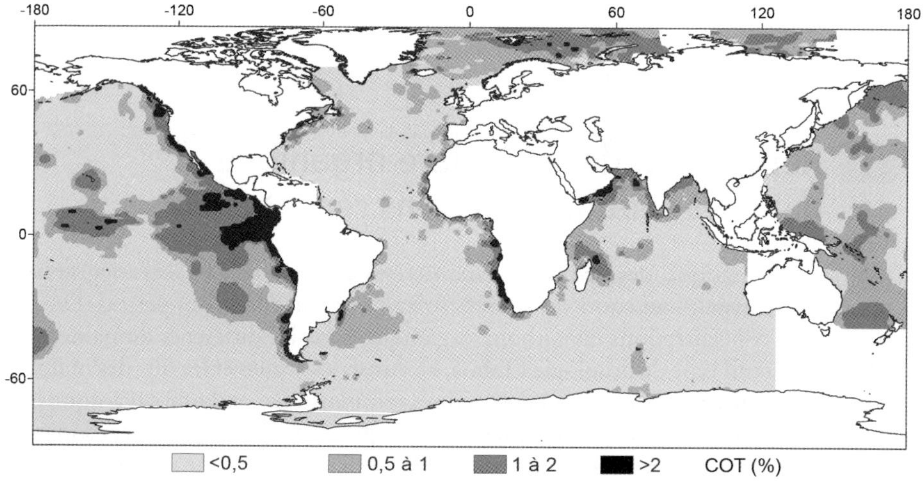

Figure 4.1 *Carte de la répartition des teneurs en carbone organique (% COT) des sédiments marins superficiels (compilation de Seiter* et al.*, 2004 comprenant plus de 5 500 analyses). Voir cahier hors texte pour une version en couleur. Comparer cette carte à celle de la productivité primaire vue à travers la concentration en chlorophylle (Fig. 1.16).*

Si l'on compare cette carte à celle de la productivité primaire océanique (voir Fig. 1.17), des similitudes et des différences apparaissent. Il ressort très clairement que les zones où les sédiments superficiels sont enrichis en carbone organique correspondent à des secteurs où la production de surface est forte. Cette dernière détermine une production exportée également forte, c'est-à-dire un flux de matière organique vers le fond important, donc un enrichissement potentiel des sédiments en carbone organique (voir chapitre 2). Cependant, il apparaît aussi que certaines zones très productives de l'océan ne montrent pas des sédiments particulièrement enrichis en carbone organique. C'est le cas, par exemple, de la marge mauritanienne qui est l'une des quatre grandes zones d'upwellings côtiers (voir chapitre 1) ou de la mer du Labrador. Les eaux de fond de ces régions sont parmi les plus oxygénées et les plus ventilées de l'océan, ce qui a pour conséquence de faciliter la dégradation de la matière organique lors de sa chute dans la colonne d'eau et au niveau de l'interface eau-sédiment. À l'opposé, des zones moyennement productrices, comme la mer Baltique ou la mer Noire, montrent des sédiments de fond relativement riches en matière organique. Dans ce cas, c'est la faible oxygénation des eaux qui permet d'expliquer ces accumulations. Les deux facteurs fondamentaux que sont la productivité et l'oxygénation des eaux – qui ont été largement présentés dans le chapitre 2 – sont donc des facteurs de premier ordre expliquant la teneur en carbone organique des sédiments marins. Toutefois, d'autres facteurs interviennent également qui relèvent plus de la sédimentologie proprement dite.

4.2 Facteurs sédimentaires influençant la concentration en matière organique dans les sédiments marins et lacustres

4.2.1 *Taux de sédimentation*

Un grand nombre d'études ont montré qu'il existe une corrélation positive entre le taux de sédimentation – ou plus précisément l'épaisseur de sédiments accumulés par unité de temps – et la teneur en carbone organique des sédiments marins, récents comme anciens. À partir de ce constat, les auteurs ont cherché à calculer un taux d'accumulation du carbone organique, c'est-à-dire la masse de carbone organique accumulée par unité de surface et par unité de temps. Ceci est possible lorsqu'on dispose de données sur la densité du sédiment car il est alors aisé de calculer un taux d'accumulation massique de chaque constituant du sédiment, minéral ou organique. La formule de calcul du taux d'accumulation massique d'un constituant X du sédiment est :

$$\text{TAM (X)} = (\%\ \text{X}) \times \text{DS} \times \text{TS}$$

où DS la densité sèche (= masse volumique) du sédiment brut en $g.cm^{-3}$ ou en $kg.m^{-3}$ et TS est le taux de sédimentation exprimé en $cm.ka^{-1}$ ou en $m.Ma^{-1}$.

Il apparaît très clairement que le taux d'accumulation du carbone organique et le taux d'accumulation sédimentaire sont corrélés positivement (Fig. 4.2). Ceci est généralement interprété comme l'effet d'une meilleure préservation de la production exportée sur le fond du fait de la diminution de la capacité de la biomasse benthique à consommer cette matière organique. La raison principale est que les forts taux d'accumulation accélèrent le transit de la matière organique au travers des différentes zones de dégradation aérobie et anaérobie, donc que la durée du contact des molécules organiques avec les agents de sa dégradation est réduite (voir chapitre 2). Les environnements à forte production primaire sont, de ce fait, plus favorables à un enrichissement en matière organique du sédiment que les environnements oligotrophes (Fig. 4.3), d'autant plus que les producteurs primaires organiques prennent le pas sur les producteurs primaires à tests minéralisés dans les zones eutrophes à hypereutrophes.

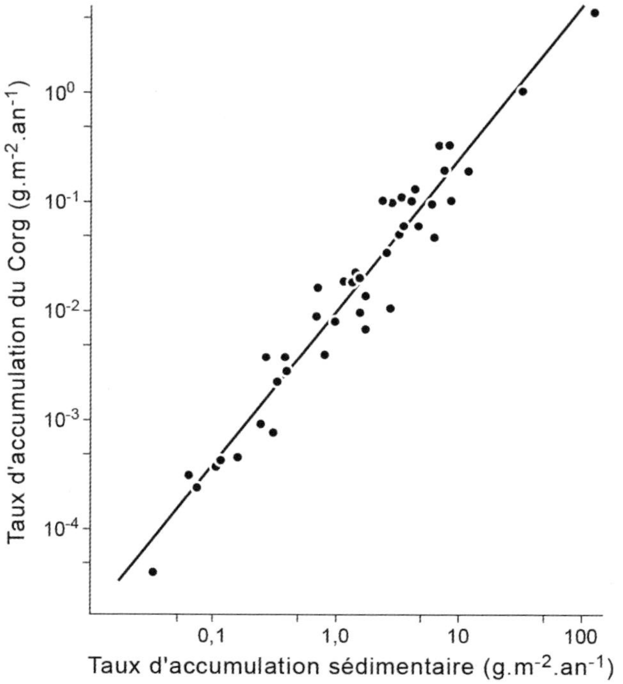

Figure 4.2 *Droite de corrélation entre le taux d'accumulation du carbone organique et le taux d'accumulation sédimentaire dans les environnements marins actuels à récents (d'après Heath, 1977* in *Tyson, 1995).*

Cette relation positive n'est toutefois de mise que si des conditions oxiques à dysoxiques règnent dans l'environnement et lorsque les apports de matière organique terrigène (débris de plantes en provenance du continent) sont négligeables. Dans des conditions anoxiques, le taux de sédimentation n'a pas vraiment d'importance et les sédiments sont enrichis en matière organique, pratiquement indépendamment du taux d'accumulation sédimentaire (Fig. 4.3), puisque la dégradation des molécules organiques est plus lente que dans des conditions oxiques.

Il faut toutefois noter que la corrélation devient négative pour de très forts taux de sédimentation car le flux de particules minérales excède généralement celui des particules organiques, ce qui a pour conséquence de diminuer la teneur en Corg. du sédiment (Fig. 4.4). Cet effet de dilution est fonction de la lithologie. Ainsi, lorsque la sédimentation est carbonatée, la dilution intervient plus rapidement que lorsque la sédimentation est biosiliceuse. Dans les environnements de *black shales*, cette dilution ne se fait vraiment ressentir que lorsque le taux de sédimentation dépasse 40 $m.Ma^{-1}$, voire 100 $m.Ma^{-1}$ pour certains auteurs.

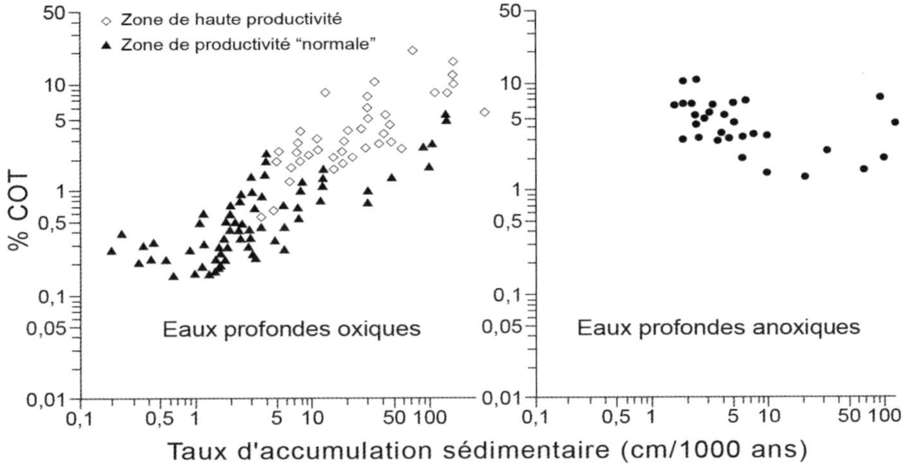

Figure 4.3 *Variation des teneurs en carbone organique (% COT) des sédiments marins actuels en fonction des taux d'accumulation sédimentaire (en* $cm.ka^{-1}$*). À gauche, sont reportés les environnements marins aux eaux de fond bien oxygénées, à droite les environnements aux eaux anoxiques, c'est-à-dire dépourvues d'oxygène (d'après Stein, 1986 et Huc, 1982* in *Tyson, 1995).*

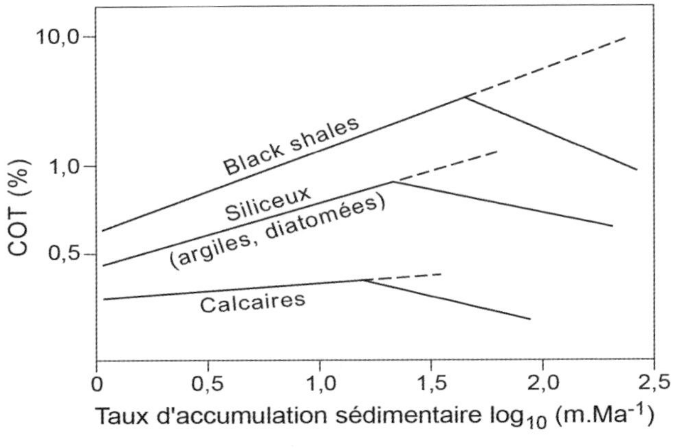

Figure 4.4 *Évolution de la concentration en carbone organique total (exprimée en %) pour différentes lithologies en fonction des taux d'accumulation sédimentaire (en* log_{10} $m.Ma^{-1}$*). On constate que pour les forts taux de sédimentation, l'effet de dilution l'emporte et que la teneur en carbone organique diminue (d'après Ibach, 1982* in *Tyson, 1995).*

Ces relations, bien établies pour les environnements marins quaternaires dans lesquels l'estimation du temps est fiable et précise (avec une résolution temporelle de l'ordre de quelques centaines d'années), sont en revanche beaucoup plus difficiles à démontrer dans les séries sédimentaires anciennes où le calcul de taux de sédimentation est contraint par le pouvoir de résolution temporel des outils stratigraphiques et souvent « bruité » par les effets de la compaction. Néanmoins, la meilleure préservation de la matière organique associée à des taux d'accumulation sédimentaire croissants, puis sa dilution lorsque les taux deviennent très importants, sont corroborées par de nombreuses études dans des séries sédimentaires datant du Mésozoïque et du Cénozoïque.

4.2.2 *Tri granulométrique et rôle des minéraux*

Si la plupart des études concernant le dépôt des couches riches en matière organique s'intéressent à sa nature chimique et à la dynamique du bassin où elle s'est préservée, elles négligent souvent le fait que la matière organique est constituée de particules physiques qui se comportent comme n'importe quelle autre particule sédimentaire.

Un exemple classique de cette relation peut être observé dans la mer Noire. Les différentes cartes de la figure 4.5 montrent que les concentrations en carbone organique dans les sédiments ne dépendent pas uniquement de la productivité primaire ou de l'anoxie, mais aussi de la granulométrie du sédiment. Dans la mer Noire, les particules les plus fines se déposent au centre des zones de courants cycloniques. La matière organique, de faible densité, a donc tendance à s'incorporer à ces sédiments les plus fins, dont la faible perméabilité limite la diffusion de l'oxygène dissous en leur sein. C'est pourquoi on constate une augmentation de la concentration en matière organique avec la diminution de taille des minéraux (Tab. 4.2). Ainsi, les argiles (< 2 µm) sont généralement deux fois plus riches en matière organique que les silts (4-63 µm) et quatre fois plus riches que les sables fins (63-250 µm).

Tableau 4.2 *Concentration en matière organique en fonction de la granulométrie dans la Formation des Viking Shales du Canada (d'après Hunt, 1979).*

Granulométrie	% moy. en MO
Silts > 4 µm	1,79
Argiles 2-4 µm	2,08
Argiles < 2 µm	6,50

L'affinité de la matière organique pour les argiles est reconnue depuis longtemps, au point qu'il a été proposé que la structure des argiles ait pu servir de support aux premières molécules organiques apparues sur Terre. On a également vu au chapitre 2 que la matière organique adsorbée sous forme de microfilm à la surface des minéraux représente sans doute une masse considérable qui n'a pas encore été correctement appréciée. C'est actuellement un sujet très étudié par les sédimentologistes et les géochimistes.

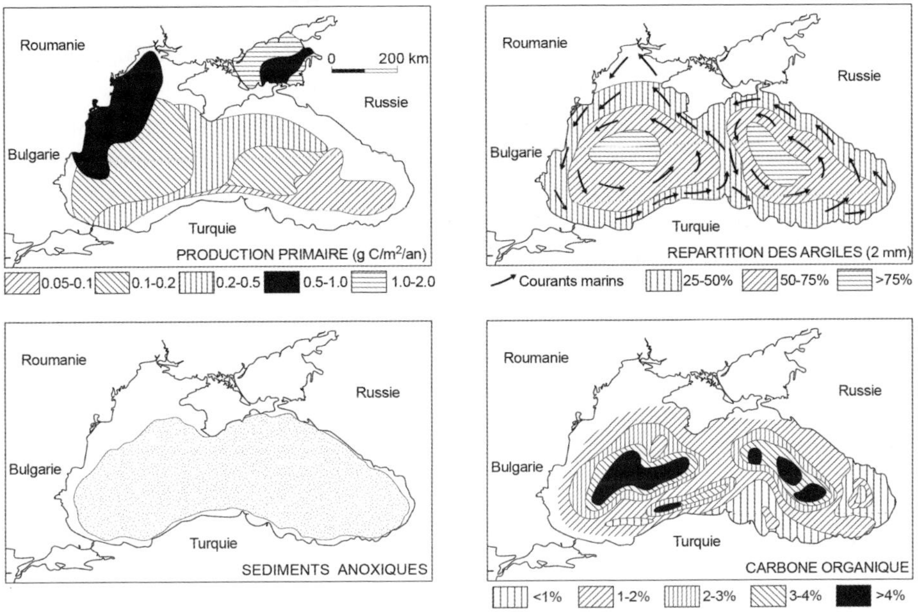

Figure 4.5 *Cartes de distribution de la productivité primaire, de l'anoxie sur le fond (à partir de –200 m), de la granulométrie des sédiments et de leur teneur en carbone organique dans les sédiments de la mer Noire (d'après Huc, 1980* in *Durand, 1980).*

4.2.3 *Resédimentations*

Un autre effet des processus sédimentaires sur la concentration et la préservation de la matière organique dans les sédiments est celui de sa redistribution par les courants gravitaires. Ces courants de turbidité déplacent les sédiments – y compris leur fraction organique – vers les parties plus profondes des bassins et peuvent contribuer ainsi à la mise en place de couches plus ou moins riches en matière organique. Deux exemples opposés illustrent ce rôle des resédimentations sur la distribution et la concentration de la matière organique. Le lac Tanganyika, qui est l'un des grands lacs est-africains, est caractérisé par une pente littorale très forte et une stratification des eaux conditionnée par l'existence d'eaux chaudes en surface (épilimnion) et plus froides en profondeur (hypolimnion). Les conditions climatiques locales favorisent la productivité planctonique et ainsi l'accumulation de matière organique sur le fond. La sédimentation anoxique de fond est perturbée régulièrement par l'arrivée de coulées turbides en provenance des bordures oxygénées du bassin, dont la matière organique est nettement plus altérée que celle sédimentant au centre du lac. À l'inverse, dans le cas de la marge angolaise, les courants de turbidité apportent dans le milieu abyssal oxygéné, des sédiments riches en matière organique déposés plus haut sur la pente au niveau de la zone à minimum d'oxygène. Leur arrivée rapide à grande profondeur et leur recouvrement par des argiles hémipélagiques protègent ainsi la matière organique qui n'est que partiellement dégradée.

Si la plupart des particules organiques sont hydrodynamiquement comparables aux argiles et aux silts, on peut donc leur appliquer les paramètres traditionnellement utilisés par les sédimentologistes, tels que la taille, le tri, l'usure, la flottabilité. La quantification de ces paramètres peut fournir des indications sur l'énergie du milieu de dépôt, en tenant compte du fait que ce matériel est composé de deux fractions : l'une allochtone et l'autre relativement autochtone. La distribution des particules allochtones est essentiellement régie par des processus hydrodynamiques, alors que celle des particules autochtones est sous le contrôle de processus biologiques, même si des processus physiques peuvent y prendre part (cas des resédimentations). La figure 4.6 résume les différents facteurs influençant la sédimentation des particules organiques.

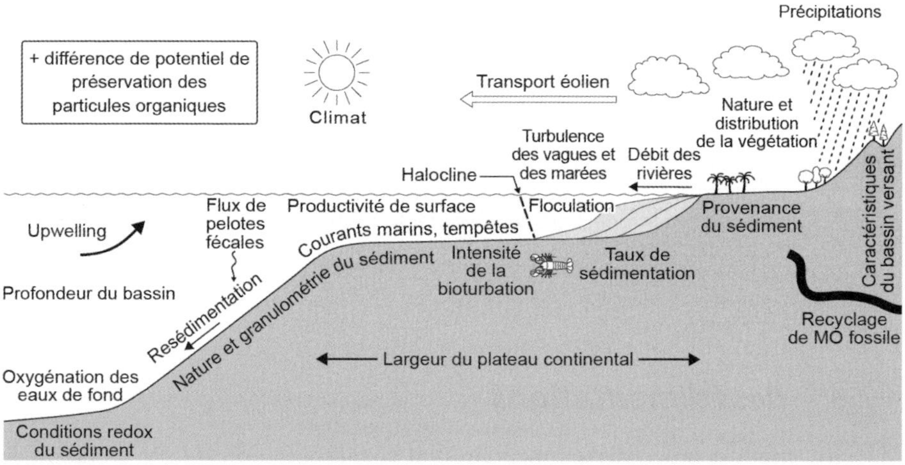

Figure 4.6 *Paramètres influençant la sédimentation des particules organiques (d'après Tyson, 1993* in *Tyson, 1995).*

4.3 Facteurs influençant le dépôt de charbons

Des bassins subsidents sont les seuls à permettre l'accumulation et la conservation de masses importantes de débris végétaux, qu'il s'agisse de tourbières tropicales ou de tourbières de climats tempérés froids à subpolaires. Trois grands types de bassins sédimentaires sont favorables au dépôt des charbons : les rifts, les bassins décrochants de type *pull-apart* et les bassins d'avant-pays. Les deux premiers types de bassins ont conduit à des dépôts charbonneux en environnements marécageux à lacustres, dit charbons limniques, alors que le troisième, où les influences marines peuvent être assez prononcées, a donné des charbons paraliques[6]. L'intérêt de ces derniers tient à leur étendue parfois considérable (plusieurs centaines à milliers de km^2), avec des couches assez régulières. Si les veines de charbons limniques sont moins étendues, leur épaisseur est, en moyenne, bien supérieure à celles des charbons paraliques.

En France, les bassins charbonneux du Paléozoïque supérieur sont de type limnique dans le Massif central (par exemple ceux de Saint-Étienne, Graissessac ou Blanzy-Montceaux) alors que ceux du Nord-Pas-de-Calais sont de type paralique (Fig. 4.7).

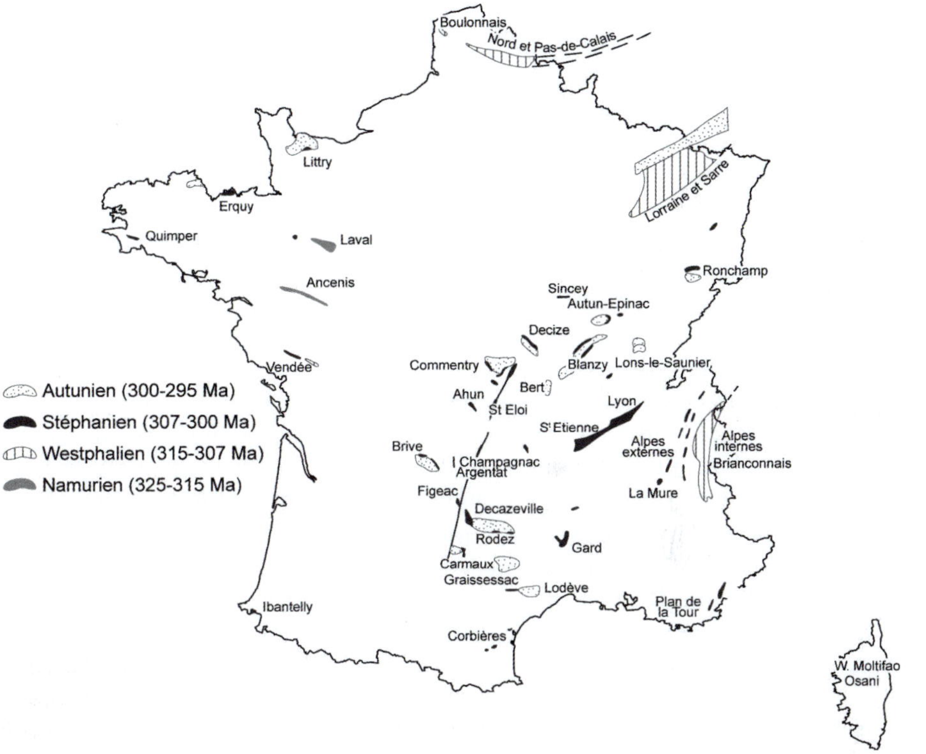

Figure 4.7 *Répartition des bassins houillers français et leur âge (en millions d'années, Ma). Ceux datant du Namurien (325-315 Ma) et du Westphalien (315-307 Ma) correspondent à des charbons déposés en bordure d'un littoral marin (charbons paraliques) alors que ceux du Stéphanien (307-300 Ma) et de l'Autunien (300-295 Ma) se sont déposés dans des petits bassins lacustres (charbons limniques).*

6. Ces termes viennent des mots grecs *limnos* (marais, lac) et *paralia* (plage).

Il y a un paradoxe évident entre le caractère « orogénique » de ces bassins qui ont vu l'accumulation de milliers de mètres de sédiments et le calme apparent du milieu de dépôt des charbons. En effet, il est nécessaire pour accumuler d'épaisses veines charbonneuses, que la sédimentation organique soit tenue à l'abri d'apports détritiques ou d'éléments en solution à même de précipiter. Or les bassins de « bas-pays », cités ci-dessus, sont largement alimentés en matériel terrigène et se trouvent presque toujours à la limite du comblement. En général, la tectonique ne s'y manifeste pas de manière spectaculaire mais elle entretient une compartimentation du bassin pendant toute la phase de son remplissage, laquelle permet une ségrégation des détritiques et des environnements organogènes. On reconnaît en définitive trois types de pièges favorables à l'accumulation des couches charbonneuses :

- le piège tectonique, où de grands compartiments en forme de gouttière sont séparés les uns des autres par des failles listriques dont le jeu synsédimentaire se marque par des variations brutales d'épaisseur ou de faciès (voir cahier hors texte en couleur). Ainsi des zones marécageuses subsidentes sont découplées de zones à forte accumulation minérale (Fig. 4.8) ;
- les deltas, où les environnements de la plaine deltaïque se trouvent généralement au-dessous du niveau des distributaires, ce qui détermine leur inondation périodique ou quasi permanente et favorise la préservation des matières organiques. Ces zones déprimées se raccordent progressivement en pente douce aux levées, ce qui permet le développement d'une végétation variée depuis les zones sableuses sèches en bordure des chenaux aux zones argileuses inondées en permanence. Vers l'aval, la progradation du delta détermine, à l'arrière des barres d'embouchure, de vastes zones plus ou moins ouvertes sur la nappe d'eau marine. Ces environnements sont propices au développement de mangroves ;
- les lacs, où les charbons sont le résultat de la décantation de particules organiques apportées par le ruissellement. La taille très fine des particules charbonneuses, l'absence de sols et de racines en position de vie, au mur des couches, sont les principaux arguments suggérant leur allochtonie. Ces couches alternent souvent avec des intercalaires stériles, calcaires ou marno-calcaires, à faune et flore indiscutablement lacustres et sous-aquatiques (lamellibranches, ostracodes, gastéropodes, oncolites algaires). Un bel exemple de ce type de bassin est celui des lignites de Fuveau-Gardanne dans les Bouches-du-Rhône où les strates carbonées sont interstratifiées avec des calcaires lacustres du Fuvélien (Crétacé supérieur). L'extension des bancs ligniteux peut être importante (40 × 15 km sur 1,5 à 3 m d'épaisseur pour la veine dite de la « Grande Mine »).

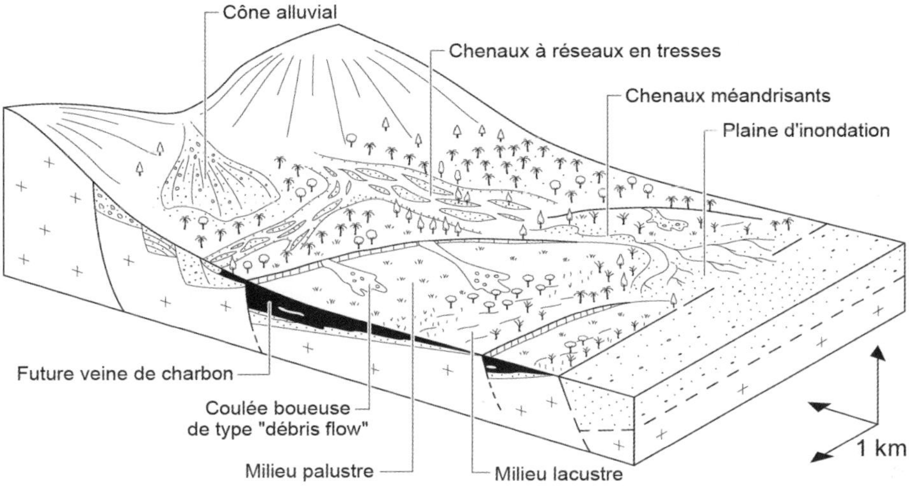

Figure 4.8 *Reconstitution des paléoenvironnements du bassin de Blanzy-Montceau (Sud du Morvan) ayant favorisé le développement de tourbières (futures veines de charbon), dans des compartiments tectoniquement actifs mais à l'abri des apports détritiques (d'après Courel, 1985).*

Charbons de bois fossiles

Trois éléments sont indispensables au déclenchement naturel d'un feu de forêt :

- un combustible, en l'occurrence des végétaux supérieurs vascularisés, présents sur Terre depuis 375 Ma ;
- une source d'ignition, le plus souvent la foudre, mais aussi le volcanisme ou les étincelles provoquées par la chute de pierres ;
- un comburant, l'oxygène, apparu dans les océans il y a environ 3 Ga grâce à l'activité photosynthétique et qui a ensuite lentement diffusé dans l'atmosphère pour atteindre la proportion de 21 % qu'on lui connaît actuellement.

Les témoins des feux de forêt du passé sont nombreux et se rencontrent essentiellement dans les roches sédimentaires sous forme de charbons de bois fossiles, c'est-à-dire de fragments de tailles très variables (généralement centimétrique) et incomplètement brûlés[7]. Macroscopiquement, les particules de charbon de bois fossile, que l'on appelle fusain (fusinite désigne le macéral correspondant) sont noires, tendres et friables, et se désagrègent facilement sous les doigts en les noircissant. En microscopie optique, le fusain est opaque, il réfléchit très fortement la lumière et montre en microscopie électronique des structures cellulaires végétales bien préservées, à la différence des débris ligno-cellulosiques de même origine qui ont subi une maturation plus lente (et que l'on appelle vitrain, voir chapitres 5 et 6).

...

7. En 1851, Charles Lyell mentionne pour la première fois la présence de charbons de bois fossiles dans les couches sédimentaires et l'interprète comme les témoins de paléo-incendies.

Les fragments de végétaux carbonisés étant presque exclusivement constitués de carbone (94 % en moyenne) sont inertes lors d'une maturation thermique ultérieure ou vis-à-vis de dégradations bactériennes. En conséquence, les paléobotanistes trouvent dans certains charbons de bois des conditions exceptionnelles de fossilisation de fragments végétaux (feuilles, spores, grains de pollen, fleurs) mais aussi des animaux qui ont péri dans les flammes.

La plupart des fusains sont trouvés dans les roches sédimentaires (argiles, grès, calcaires, mais surtout dans les houilles) ainsi que dans certaines roches volcaniques. Dans la plupart des cas, ces fragments carbonisés sont dispersés et ont certainement subi un transport par le vent et/ou l'eau (de faible densité, les charbons de bois flottent bien). Cependant, il existe aussi des lentilles de charbons de bois, épaisses de plusieurs décimètres et longues de plusieurs mètres, à l'intérieur de veines de charbon. Elles sont interprétées comme les témoins de combustion *in situ* et en profondeur de la tourbière de l'époque ; phénomène bien connu dans l'Actuel.

En plus de charbons de bois, les incendies produisent également des suies, particules solides de taille micrométrique, que l'on rattache aux noirs de carbone (voir chapitre 1). Chimiquement, il s'agit de carbone presque pur constitué de l'association d'un très grand nombre d'unités aromatiques polycycliques. Texturalement, ces particules révèlent une « structure en oignon » tout à fait caractéristique lorsqu'on les observe en microscopie électronique à transmission (Fig. 4.9).

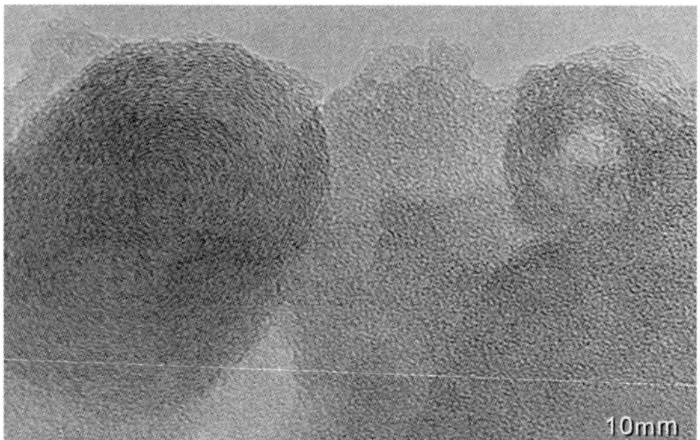

Figure 4.9 *Aspect en microscopie électronique à transmission de particules organiques carbonisées d'un champ de maïs du Sud-Ouest de la France. On aperçoit la structure concentrique « en oignons » des unités aromatiques polycycliques qui constituent ce carbonisat (Photo K. Quénéa - J.N. Rouzeau).*

En étudiant les niveaux d'argilites du passage Crétacé/Tertiaire dans différents sites d'Europe et de Nouvelle-Zélande, les auteurs ont remarqué un enrichissement en carbone élémentaire, et notamment en suie, en parfaite coïncidence avec l'anomalie en iridium qui marque aussi cette limite (Fig. 4.10) ; ce qui suggère que des incendies d'échelle globale auraient pu se déclencher à l'époque.

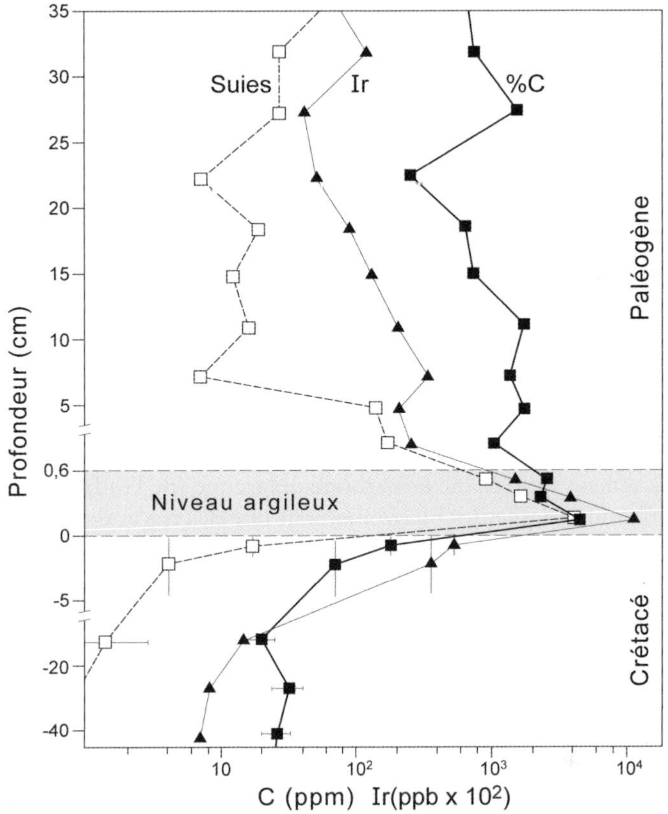

Figure 4.10 *Variations des teneurs en carbone élémentaire, en suie et en iridium dans les couches de la limite Crétacé-Tertiaire en Nouvelle-Zélande. L'augmentation conjointe du carbone élémentaire et des suies en coïncidence avec l'anomalie en iridium indiquerait la survenue de feux de forêt à cette époque (d'après Wolbach* et al., *1998).*

4.4 Les roches carbonées

L'usage en sédimentologie organique est de quantifier la matière organique dans une roche à partir du pourcentage massique du carbone organique total (noté Corg. ou COT). Le carbone représente généralement entre 50 % et 90 % des particules organiques. Les autres constituants sont principalement l'hydrogène, l'azote, l'oxygène et le soufre qui sont rarement quantifiés sauf si l'on procède à l'analyse spécifique de tous ces éléments. Il convient donc de toujours garder présent à l'esprit qu'une roche contenant 1 % de Corg. renferme entre 1,2 et 1,9 % de matière organique (Fig. 4.11).

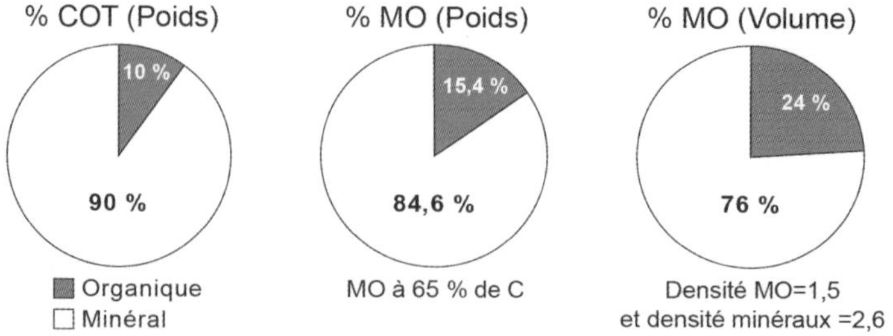

Figure 4.11 *Comparaison de la proportion de la fraction organique d'une roche suivant le % pondéral en carbone, le % pondéral en matière organique et le % volumique de matière organique. On constate qu'une roche contenant 10 % en poids de carbone organique renferme 24 % de matière organique en volume.*

La teinte sombre des sédiments et des roches sédimentaires est généralement l'indicateur d'une teneur appréciable en carbone organique (de l'ordre du %). Toutefois certaines formations argileuses ne contiennent que des traces de matière organique malgré une couleur grise à noire, alors due à la pyrite et aux autres sulfures finement dispersés (cas des Terres Noires du Jurassique supérieur des Alpes).

Du fait de leur richesse en matière organique (supérieure à la dizaine de %), certaines roches sédimentaires sont dites carbonées. Cette famille regroupe (1) les charbons au sens strict, c'est-à-dire les roches constituées de l'accumulation de débris de végétaux supérieurs, (2) les charbons d'algues ou sapropélites, et enfin (3) les laminites organiques ou « schistes bitumineux » (appellation malheureuse, voir plus loin).

Les **charbons** sont les produits de l'évolution physico-chimique, appelée houillification (ou carbonisation), de débris de végétaux supérieurs au cours de l'enfouissement et de la diagenèse (voir chapitre 6). On appelle rang un stade déterminé de cette houillification. Ainsi les charbons constituent une lignée dont les termes (tourbe, lignite, houille et anthracite) possèdent un rang croissant.

En surface, la tourbe est brun clair avec des débris ligneux reconnaissables. Elle devient brune au cœur de la tourbière avec de la matière humique mélangée aux débris végétaux ; enfin, en profondeur, la tourbe est noire, plus compacte et souvent stratifiée. Constituant le stade initial de la lignée des charbons, la tourbe est moins riche en carbone (au maximum 60 %) et plus riche en eau (jusque 80 %) que le lignite, la houille et l'anthracite.

Le lignite est plus compact et plus homogène que la tourbe. Sa couleur peut aller du brun au noir et sa richesse en carbone atteint 70 %. La houille ne laisse plus apparaître de traces de végétaux visibles à l'œil nu, car elle a subi une transformation plus poussée. Sa richesse en carbone atteint 80 % en moyenne. L'anthracite ne contient pratiquement plus de constituants volatils et sa richesse en carbone dépasse 90 %. Le passage au métamorphisme s'accompagne d'un réarrangement structural des atomes de carbone et donne du graphite (carbone pur).

L'apport plus ou moins important de l'un ou l'autre des constituants des végétaux (pluies de pollens et de spores, chutes et accumulation de feuilles) ou le tri (suspension et vannage par les courants) peut dominer dans le milieu de dépôt, et conduire à des charbons particuliers. C'est le cas des *cannel coals* (altération de *candle-coal* ou « charbon-chandelle ») où les spores sont les constituants exclusifs. En tout état de cause, les constituants qui dominent dans les charbons sont d'origine terrestre et ont donc été générés en milieu aérien même si diverses particules organiques d'origine aquatique s'y ajoutent.

À l'inverse, les **charbons d'algues** ou **sapropélites** sont constitués principalement de matériaux générés en milieu aquatique, lacustre ou marin. Il s'agit dans tous les cas de matériel algaire, où les algues microscopiques sont souvent reconnaissables. L'importance de la fraction minérale dans la roche détermine leur richesse en carbone qui peut varier de 30 à 90 %. Ce sont des roches à grain fin, compactes, à cassure conchoïdale ou se débitant en lamelles.

Parmi ces sapropélites, les *bogheads* (du nom d'une localité d'Écosse qui se traduit littéralement par « tête de marécage ») sont les plus connus. Leur constituant dominant est une algue Chlorophycée, *Botryococcus braunii*, très commune dans l'Actuel, et dont les accumulations sont connues depuis le Cambrien. Les *bogheads* ont reçu des noms locaux parmi lesquels : la torbanite (Écosse), la coorongite (Australie), la n'hangellite (Mozambique), la balckachite ou balkashite (Kazhakstan), l'olénikite et la cheremchite (Sibérie) et la marahuite (Brésil). La kukersite de l'Ordovicien supérieur d'Estonie est une sapropélite à rattacher directement aux *bogheads*. Les *Gloeocapsomorpha prisca* qui en sont le composant algaire principal ont, en effet, été assimilés aux *Botryococcus*.

La tasmanite doit également son nom à la géographie (l'île de Tasmanie), mais aussi à celui des *Tasmanites punctatus*, algues Chlorophycées, qui la composent. L'accumulation de ces algues peut former des couches compactes dans les formations du Permien inférieur de Tasmanie, du Jurassique d'Alaska ou du Dévonien du Canada.

La chounguite ou shungite (du village de Chounga en Karélie) est une roche carbonée compacte que l'on observe sous forme de lits peu épais (quelques mm, exceptionnellement quelques cm) dans certains terrains protérozoïques de Russie septentrionale et de Sibérie. Elle est généralement associée aux formations plus ou moins métamorphisées graphitifères, ce qui explique sa richesse en carbone qui peut atteindre 96 %.

Les **laminites organiques** rassemblent ce que l'on appelle improprement les **schistes bitumineux**. Ce terme est en effet inadéquat puisque ces roches ne sont ni schisteuses ni bitumineuses, mais seulement laminées et suffisamment enrichies en matière organique pour produire de l'huile par distillation. Elles sont constituées d'une succession de lits inframillimétriques de nature alternativement organique et minérale (voir photo en couleur dans le cahier hors texte), éventuellement déposés de façon périodique (structure varvée). Elles contiennent les mêmes constituants que les sapropélites mais en proportion moindre, d'où des teneurs en carbone organique comprises entre 15 et 50 %. Les laminites organiques se rencontrent dans des environnements plus variés que les charbons et les sapropélites, et certaines présentent une grande richesse en microfossiles organiques surtout marins, parfois terrestres.

Black shales

Les argiles feuilletées sombres et riches en matière organique sont appelées *black shales* par les auteurs anglo-saxons. La frontière entre les argiles feuilletées sombres et les laminites organiques est relativement arbitraire ; l'appartenance à cette dernière catégorie étant fondée à la fois sur le caractère plus ou moins apparent des laminations et sur la teneur en carbone organique. Une même formation argileuse peut comporter des horizons de laminites organiques typiques et d'autres d'argiles plus pauvres en matière organique (voir cahier hors texte en couleur). C'est le cas de roches-mères pétrolières comme les argiles noires du Kimméridgien de la mer du Nord ou les *black shales* du Crétacé inférieur de l'Atlantique et de ses bassins bordiers. Les *black shales* sont également appelées *hot shales* lorsque leur richesse en uranium est forte, permettant leur identification grâce à l'outil *gamma ray* des diagraphies. Le terme d'ampélite (schiste argileux riche en matière organique et en pyrite) est également employé pour décrire ce type de faciès mais son usage est rare et souvent cantonné aux dépôts siluriens. Historiquement, ces roches friables étaient utilisées pour amender le sol des vignes (*ampelos* en grec), en apportant de la matière organique mais aussi du soufre issu de l'altération de la pyrite.

Face à l'utilisation un peu anarchique du terme *black shales*, plusieurs auteurs en ont proposé une définition stricte, mais ils n'ont guère été suivis. La diversité même des lithologies (argiles, calcaires, radiolarites...) et du contenu organique de ces faciès voue à l'échec toute tentative de réduction à une définition univoque. Il paraît plus raisonnable d'utiliser le terme *black shales* au sens générique (comme on dit « calcaire ») et de préciser leurs caractères par quelques termes descriptifs.

4.5 Rythmicité et cyclicités des dépôts organiques

Bien souvent, les roches riches en matière organique ne sont pas réparties de façon aléatoire dans les séries sédimentaires mais présentent une logique de dépôt qui peut être rythmique ou cyclique, à toutes les échelles, depuis le dépôt millimétrique annuel jusqu'à des couches plurimétriques représentant plusieurs centaines de milliers d'années. Passons en revue quelques exemples de ces rythmes et cycles « organiques ».

4.5.1 *Les varves*

Ce sont des doublets de couches laminées, alternativement claires et sombres, déposées en eau calme pendant une année. Définies initialement dans des lacs périglaciaires, les varves sont des dépôts de fond dont l'alternance est déterminée par des modifications saisonnières des flux sédimentaires (Fig. 4.12). La couche claire est formée de matériaux grossiers (silts ou sables) correspondant à la décharge fluviatile de printemps lors de la fonte des neiges. Les tests carbonatés ou siliceux du plancton qui est surtout produit en été peuvent s'ajouter à cette couche essentiellement minérale. Cette couche claire est surmontée d'une couche sombre qui se dépose à l'automne et en hiver, lorsque les apports détritiques se tarissent – en particulier lorsque la surface du lac est gelée – et que le refroidissement des eaux du lac conduit à leur retournement. Ce retournement, c'est-à-dire la plongée des eaux de surface devenues plus froides, donc plus denses, sous des eaux de fond plus chaudes, conduit à la décantation des particules fines (argiles et matière organique) qui se trouvaient jusqu'alors dans un état colloïdal dans la couche d'eau superficielle (épilimnion).

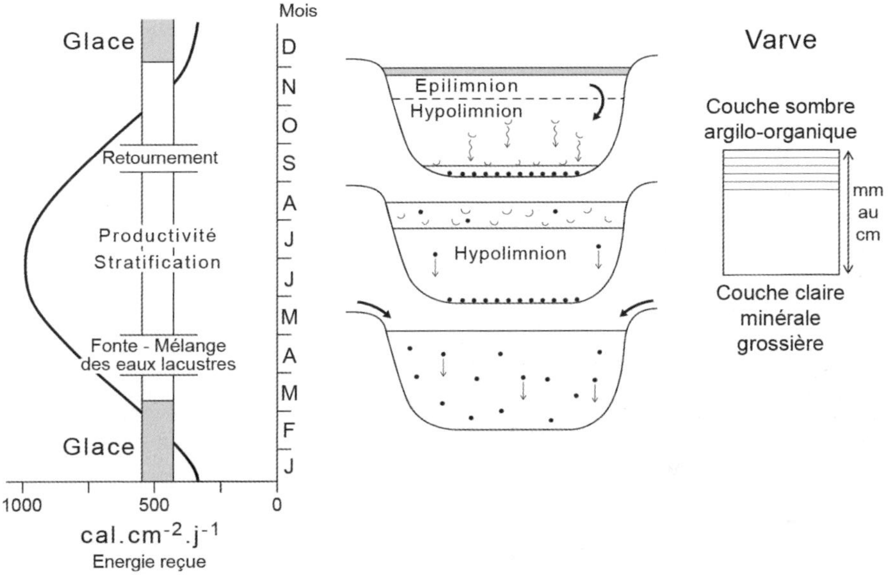

Figure 4.12 *Modèle de formation des varves : doublets de couches laminées, alternativement claires et sombres, déposées saisonnièrement dans les parties profondes et calmes des lacs (d'après Kelts, 1988* in *Fleet* et al.*, 1988).*

L'épaisseur des varves est très variable et dépend, bien entendu, de l'importance des apports détritiques. Selon les lacs, l'épaisseur d'un doublet peut varier de quelques mm à 4 cm, la couche sombre étant généralement moins épaisse que la couche claire.

C'est grâce au décompte minutieux des varves que la plupart des sédiments lacustres quaternaires ont été datés, même si le caractère annuel de la rythmicité n'est pas toujours démontré (une crue ponctuelle d'automne pouvant déposer très rapidement une couche claire). Le contraste saisonnier n'étant pas exclusivement limité aux environnements lacustres périglaciaires, beaucoup de lacs montrent une sédimentation alternante, par exemple sous forme de doublets où alternent des lamines riches en frustules de diatomées et des lamines argileuses. Par extension on appelle souvent varves des dépôts laminés (lacustres ou marins) qui présentent une sédimentation alternante.

Lamination, fabrique planaire et varves...

Une fine lamination millimétrique ou sub-millimétrique est une caractéristique fréquente des roches riches en matière organique. Il s'agit souvent de couplets de différentes compositions où alternent des lamines silteuses ou biosiliceuses (riches selon les cas en radiolaires ou en diatomées) et des lamines argilo-organiques. L'association des argiles et de la matière organique au sein d'une même lamine s'explique par la similitude de leurs propriétés hydrodynamiques, même si on connaît des structures laminées où alternent matière organique et argiles.

Pourtant toutes les roches riches en matière organique ne sont pas laminées. Bien souvent, l'aspect feuilleté des argilites organiques provient uniquement d'une fabrique planaire due à l'absence de bioturbation des particules après leur dépôt et à la compaction qui conduit à une orientation parallèle des petites particules organiques et argileuses, sans pour autant constituer un lit continu (Fig. 4.13, voir aussi cahier hors texte en couleur). On sait en outre que la présence d'acides humiques dans un milieu argileux peut avoir un effet dispersif sur les particules argileuses qui ont alors tendance à s'orienter préférentiellement même sous des pressions faibles. Une lamination implique une sédimentation épisodique alternante, alors qu'une fabrique planaire peut apparaître dans une accumulation continue.

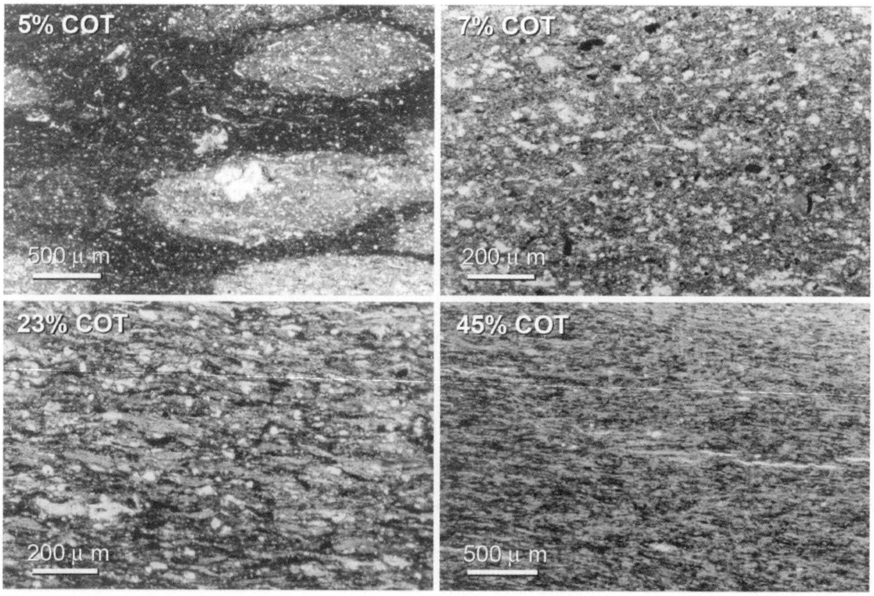

Figure 4.13 *Photographies de microfaciès d'argilites du Volgien (Jurassique terminal) de Russie, plus ou moins riches en matière organique. Sur la photo en haut à gauche, on distingue des zones claires correspondant à des bioturbations. Sur la photo en bas à droite, les particules organiques représentent la quasi-totalité de la roche et leur forte compaction donne un aspect feuilleté à l'ensemble (Photos A. Riboulleau). Photos en couleur dans cahier hors texte.*

...

...

Cet aspect laminé des sédiments marins organiques a souvent conduit à interpréter les couplets qui les constituent comme des dépôts saisonniers de type varves. Dans les sédiments de la mer Noire, les fines lamines coccolithiques alternant avec des lamines organiques ont été d'abord interprétées comme des dépôts saisonniers, jusqu'à ce que des analyses au ^{14}C montrent que chaque « varve » correspondait en moyenne à 3 années de dépôt. De même dans des *black shales* plus anciens, pour lesquels on dispose d'une estimation fiable du taux de sédimentation, les couplets représentent entre 3 et 20 ans d'accumulation sédimentaire.

4.5.2 *Cyclothèmes charbonneux*

Les séries charbonneuses ont été les premières au sein desquelles un phénomène de sédimentation cyclique a été évoqué. La reconnaissance de cette cyclicité a certainement été inspirée aux pionniers de l'exploration minière en Angleterre au tout début du XIXe siècle par le fort contraste, de couleur et de lithologie, des veines de charbon avec leur encaissant. De plus, la présence de couches contenant des fossiles d'organismes marins en alternance avec les veines de charbon – à l'origine continentale indubitable – a certainement été un autre argument en faveur d'une rythmicité de la sédimentation. Dès le début du XXe siècle, l'idée est admise que ces successions répétées de couches continentales et marines sont le résultat de variations cycliques du niveau marin.

Dans les années trente, un géologue américain crée le terme de cyclothème pour désigner la succession des bancs déposés durant un cycle transgressif-régressif du type de celui mis en évidence dans les couches du Pennsylvanien (Carbonifère supérieur) des États-Unis. Le concept du cyclothème implique clairement que la succession des bancs, leur lithologie et leur épaisseur, sont principalement de nature allocyclique, c'est-à-dire contrôlée par des paramètres extérieurs (climat, eustatisme, tectonique) plutôt que par un contrôle sédimentaire autocyclique (par exemple la migration des barres d'accrétion dans un système fluviatile méandriforme). Ainsi, on observe la superposition de séquences comportant à la base une couche gréseuse dont le toit montre des traces de racines, une couche de charbon intermédiaire et, au-dessus, de schistes fins (Fig. 4.14). Cette succession peut s'expliquer soit par une subsidence rythmique, soit, plus vraisemblablement, par des variations climato-eustatiques ; l'une ou l'autre cause aboutissant à la migration des paysages, mais surtout à la destruction rapide de la végétation et à son ennoiement lors de la phase transgressive. L'analyse des cyclothèmes du Pennsylvanien des États-Unis a permis de mettre en évidence que les cycles ont une durée de 396 ka, avec des cycles mineurs dont la durée est estimée à 118 et 44 ka, ces valeurs correspondant relativement bien à celles des variations des paramètres orbitaux de la Terre, ou cycles de Milankovitch. Ces cycles sont liés aux variations des paramètres orbitaux de la Terre qui agissent sur la quantité et sur la répartition géographique de l'énergie solaire reçue par notre planète. Ils sont donc à l'origine de variations climatiques susceptibles d'influencer tous les types de dépôts sédimentaires. Les roches sédimentaires dans lesquelles la teneur en matière organique varie de manière cyclique n'échappent pas à cette logique.

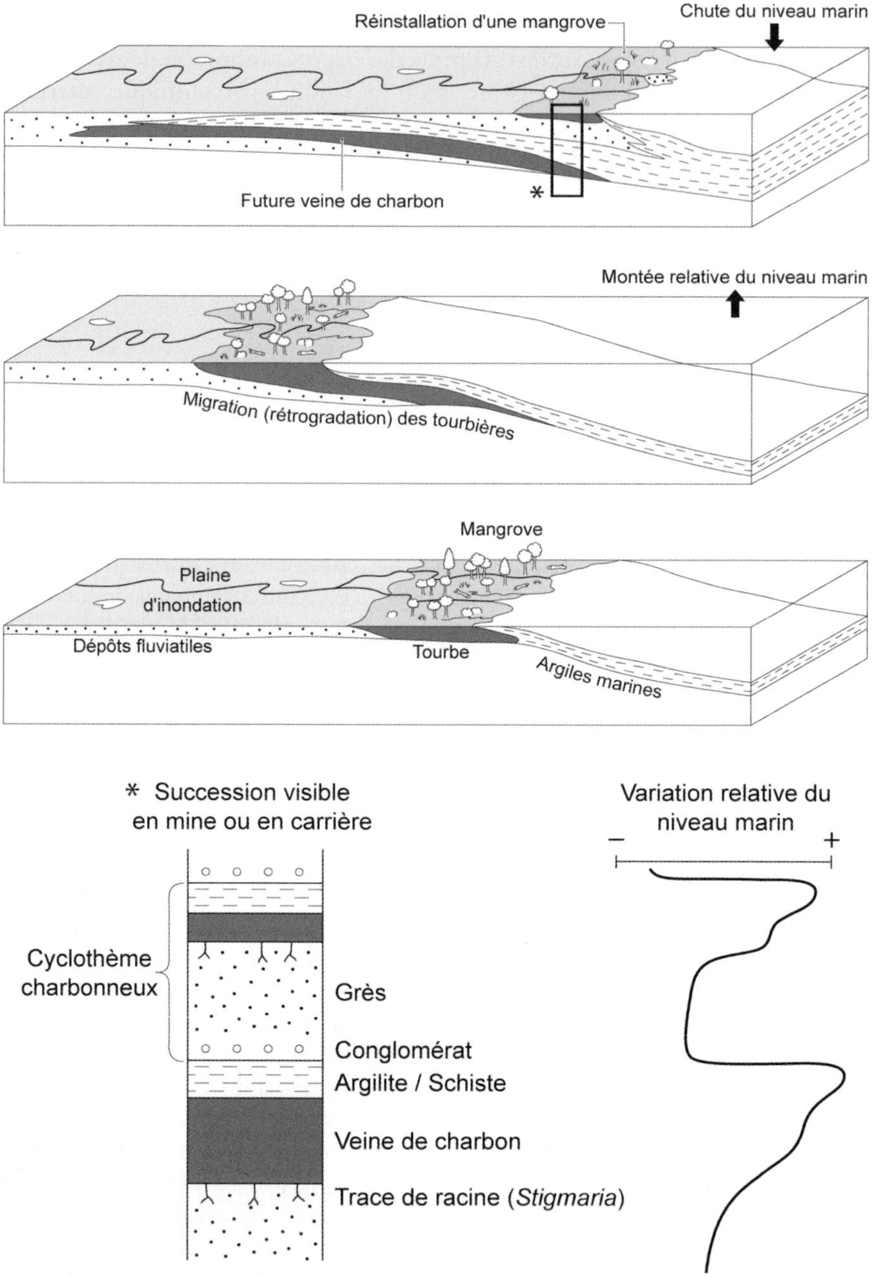

Figure 4.14 *Cyclothème charbonneux et modèle de leur mise en place dans un environnement margino-littoral. La transgression lente et continue permet la rétrogradation de la mangrove et donc la migration des faciès de tourbières, alors que la régression brutale entraîne une progradation rapide des environnements et la disparition momentanée des tourbières.*

L'étude de cyclothèmes d'âges variés dans de nombreuses régions du monde a toutefois révélé que ce schéma ne pouvait expliquer toutes les variations mises en évidence au sein des séries charbonneuses. Sans nier un contrôle externe, le contexte sédimentaire a aussi un rôle dans l'ordonnancement et la nature des bancs qui constituent les cyclothèmes. Aujourd'hui, on reconnaît que les cyclothèmes sont largement influencés par le contexte sédimentaire dans lequel ils s'expriment (Fig. 4.15). Ainsi, un cyclothème se développant en contexte fluviatile sera beaucoup plus marqué par le contrôle autocyclique de la sédimentation qu'un cyclothème littoral où les variations du niveau marin sont le facteur forçant dominant.

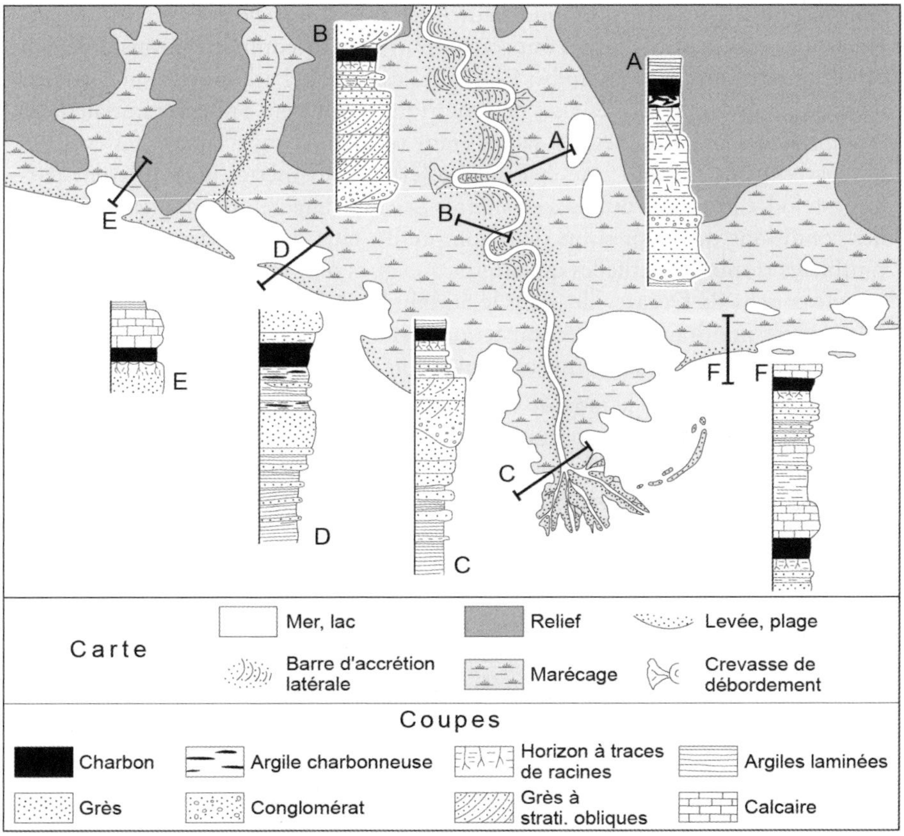

Figure 4.15 *Différents types de cyclothèmes charbonneux associés aux environnements fluvio-deltaïques. Chaque log, noté A à F, montre la succession des faciès dans une séquence régressive qui comprend à son sommet les niveaux charbonneux (d'après Riegel, 1991* in *Einsele* et al., *1991).*

Compaction des sédiments riches en matière organique

Beaucoup de sédiments riches en matière organique, notamment la tourbe, présentent une forte porosité initiale. Celle-ci diminue bien évidemment au fur et à mesure de l'enfouissement et de la transformation de ces sédiments en roches sédimentaires. L'eau interstitielle et celle provenant de l'évolution de la matière organique au cours de la diagenèse (voir chapitre 6) est progressivement expulsée. D'autres produits de transformation des kérogènes (CO_2, petits acides, voire produits pétroliers) peuvent aussi être expulsés au cours de la diagenèse et de la catagenèse, ce qui contribue encore à la diminution du volume de la matière organique au sein de la roche. Au final, les roches carbonées présentent des taux de compaction, c'est-à-dire un rapport entre l'épaisseur initiale et l'épaisseur finale, élevés. Les argilites organiques ont souvent un taux de compaction voisin de 3 et celui des charbons peut atteindre 10. Ainsi des veines charbonneuses d'épaisseur métrique et des couches gréseuses décamétriques pouvaient présenter initialement des épaisseurs comparables, les sables étant très peu compactables. Les couches de charbon ont souvent une épaisseur inférieure au mètre, mais peuvent parfois atteindre plusieurs dizaines de mètres ; ce qui suggère une grande constance des conditions de dépôt si on tient compte du taux de croissance annuelle des tourbières tropicales actuelles qui atteint quelques mm (voir chapitre 1). Ainsi la grande couche de Decazeville (dans le Sud du Massif central), d'une épaisseur de 40 m, correspondrait après décompaction à 400 m de tourbe, soit à une durée de 100 000 ans si on considère une accumulation annuelle de 4 mm.

Un moyen de mesurer le taux de compaction est de comparer dans une couche sédimentaire les parties compactables de la roche avec des éléments qui ne le sont pas. Les *coal-balls* – nodules organo-minéraux précocement lithifiés –, des bases de troncs en position de vie ou des morceaux de branches que contiennent les veines charbonneuses peuvent servir à cette mesure (Fig. 4.16).

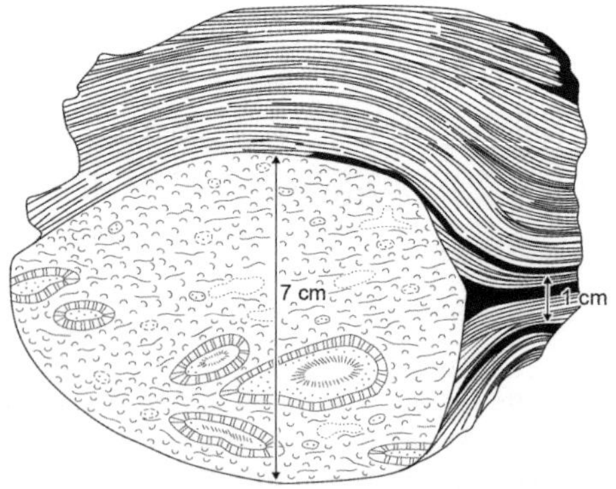

Figure 4.16 *Exemple de compaction différentielle entre une branche de végétal, peu à pas compactable, et des dépôts tourbeux, initialement très compactables, tous deux aujourd'hui transformés en charbon. La déformation des couches charbonneuses autour de l'ancienne branche est bien visible et la mesure des épaisseurs de ces deux parties du charbon permet d'estimer ici un taux de compaction de 7 (d'après Teichmüller, 1955).*

4.5.3 Alternances calcaire-marne

Il est très fréquent d'observer dans les affleurements ou les forages des changements lithologiques alternant entre deux pôles, notamment calcaires et marnes. Ces alternances peuvent aussi s'exprimer entre marnes et *black shales* dans le cas de séries riches en matière organique. Ces alternances peuvent se répéter sur des épaisseurs considérables. L'analyse mathématique des fréquences des changements dans les motifs alternants met souvent en évidence des cycles de Milankovitch (Fig. 4.17).

Figure 4.17 *Aspect à l'affleurement des cycles enregistrés dans la Formation Bahloul (Cénomanien terminal de Tunisie). Chaque cycle évolue depuis un pôle marneux jusqu'à un pôle calcaire feuilleté et correspond à une durée estimée de 20 000 ans (Photo F. Baudin).*

Les alternances peuvent être expliquées soit par la fluctuation, lors du dépôt, de l'un des constituants du sédiment, soit par la combinaison de plusieurs fluctuations qui déterminent le contenu en carbone, qu'il soit minéral ou organique. La variation des teneurs en carbonate de calcium apparaît le plus souvent à l'origine des alternances. Elle peut provenir soit de fluctuations de la productivité carbonatée des eaux de surface, soit de l'advection de carbonate (exportation de boue péri plate-forme par exemple), soit de changements dans la dissolution de ces carbonates. Toutefois, des variations de flux de matière organique peuvent aussi expliquer des alternances calcaires-*black shales* ou marnes-*black shales*. En particulier, des variations de la productivité organique primaire, des modifications des apports organiques terrigènes, ou des changements dans les conditions redox dans la colonne d'eau ou sur le fond peuvent expliquer de telles alternances. Enfin, il y a souvent exacerbation des contrastes des teneurs en carbonate à la suite de migration de calcaire au cours de la diagenèse : des fluctuations subtiles de la teneur initiale en $CaCO_3$ peuvent ainsi aboutir à une ségrégation et à un contraste marqué entre bancs calcaires et interbancs marneux.

Les variations dans le dépôt de l'une des fractions du sédiment (carbonate, organique et silicoclastique) contribuent donc à la dilution ou à la concentration des deux autres fractions. Les changements résultants sont facilement exprimés dans des diagrammes binaires montrant la relation entre les teneurs en $CaCO_3$ et COT (Fig. 4.18).

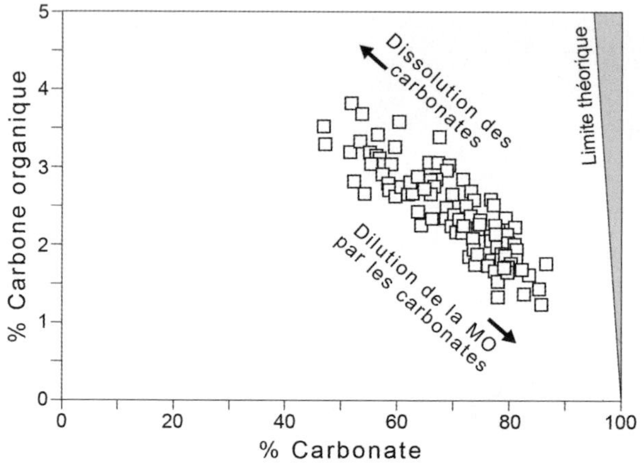

Figure 4.18 *Distribution des teneurs (% pondéral) en carbone organique et en carbonate de calcium dans la Formation de Niobra, Crétacé supérieur des États-Unis (d'après Ricken, 1993). La zone grisée indique la limite théorique du diagramme.*

Dans les alternances où le flux de carbonate varie de manière cyclique, la teneur en carbonate est évidemment anticorrélée à celle du COT. Comme le montre la figure 4.19, la pente de la droite de régression entre % $CaCO_3$ et % COT peut être plus ou moins forte en fonction du flux de matière organique. En conséquence, les lithologies qui résultent de telles variations peuvent aller du calcaire blanc bioturbé au *black shale* noir bien laminé. Si les fluctuations sont induites par des apports silicoclastiques (en supposant les flux de carbonate et de matière organique constants), le pourcentage de $CaCO_3$ et de COT diminuera en parallèle (Fig. 4.20). Enfin si les variations sont liées aux fluctuations des quantités de la matière organique, la teneur en carbonate n'est que très partiellement affectée puisque la matière organique est un constituant mineur. La droite de régression entre % $CaCO_3$ et % COT montre une pente pratiquement parallèle à l'axe des ordonnées dans un diagramme binaire alors que les pourcentages en COT des sédiments peuvent varier rapidement jusqu'à un ordre de grandeur (Fig. 4.20). De telles variations ont été mises en évidence dans les *black shales* du Crétacé de l'océan Atlantique dont la dynamique de dépôt répondait à des changements de la productivité de surface et des conditions redox dans la colonne d'eau.

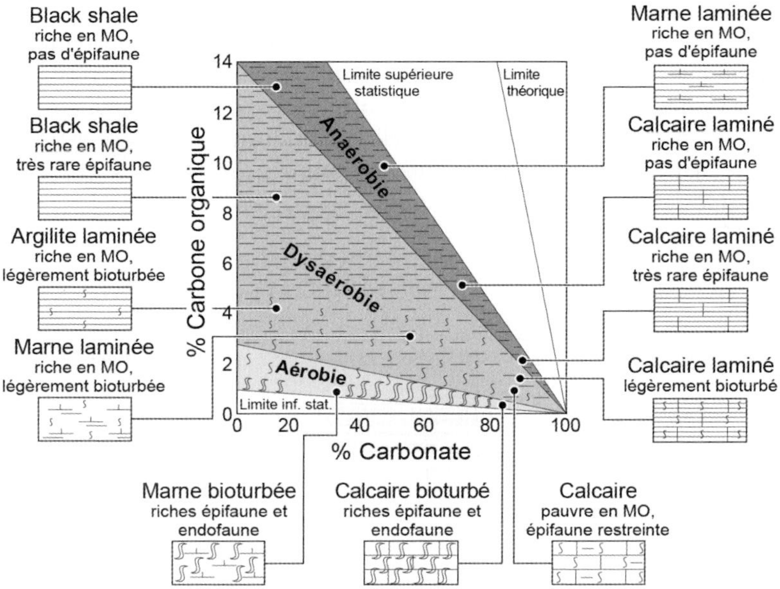

Figure 4.19 *Lithologies attendues en fonction des teneurs en $CaCO_3$ et en COT dans une roche sédimentaire (d'après Ricken, 1993).*

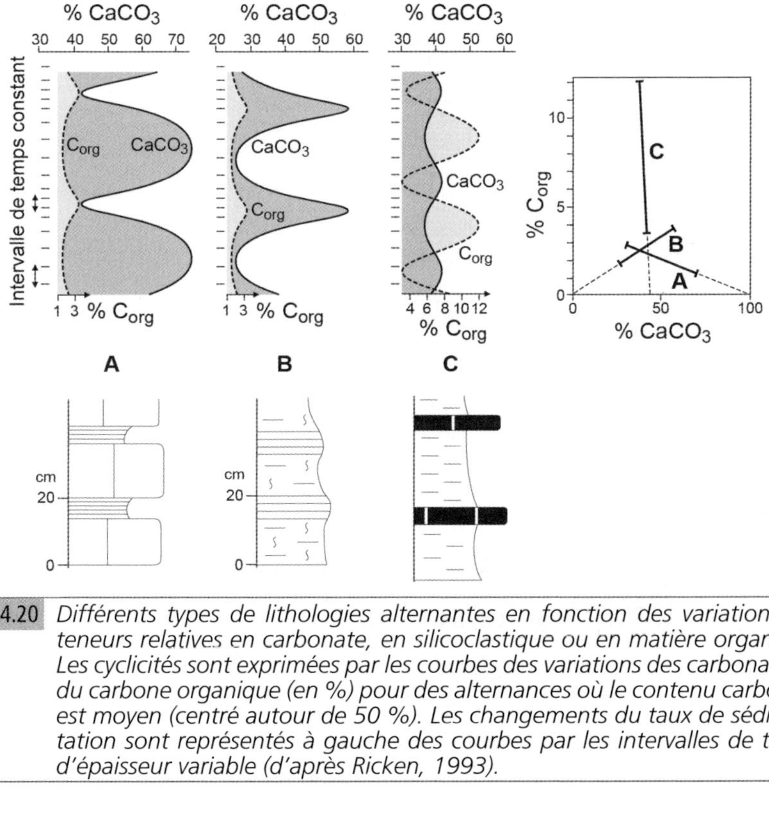

Figure 4.20 *Différents types de lithologies alternantes en fonction des variations des teneurs relatives en carbonate, en silicoclastique ou en matière organique. Les cyclicités sont exprimées par les courbes des variations des carbonates et du carbone organique (en %) pour des alternances où le contenu carbonaté est moyen (centré autour de 50 %). Les changements du taux de sédimentation sont représentés à gauche des courbes par les intervalles de temps d'épaisseur variable (d'après Ricken, 1993).*

Il n'y a pas que dans les séries alternantes que ces cyclicités organiques peuvent être mises en évidence. De nombreuses séries d'argilites noires, apparemment uniformes, présentent des variations cycliques des teneurs en COT, mais aussi des valeurs de l'index d'hydrogène (voir chapitre 5) ou d'autres paramètres géochimiques (Fig. 4.21). À l'évidence ces cyclicités traduisent aussi des variations des apports de matière organique ou des fluctuations des conditions de sa préservation sous contrôle des paramètres astronomiques.

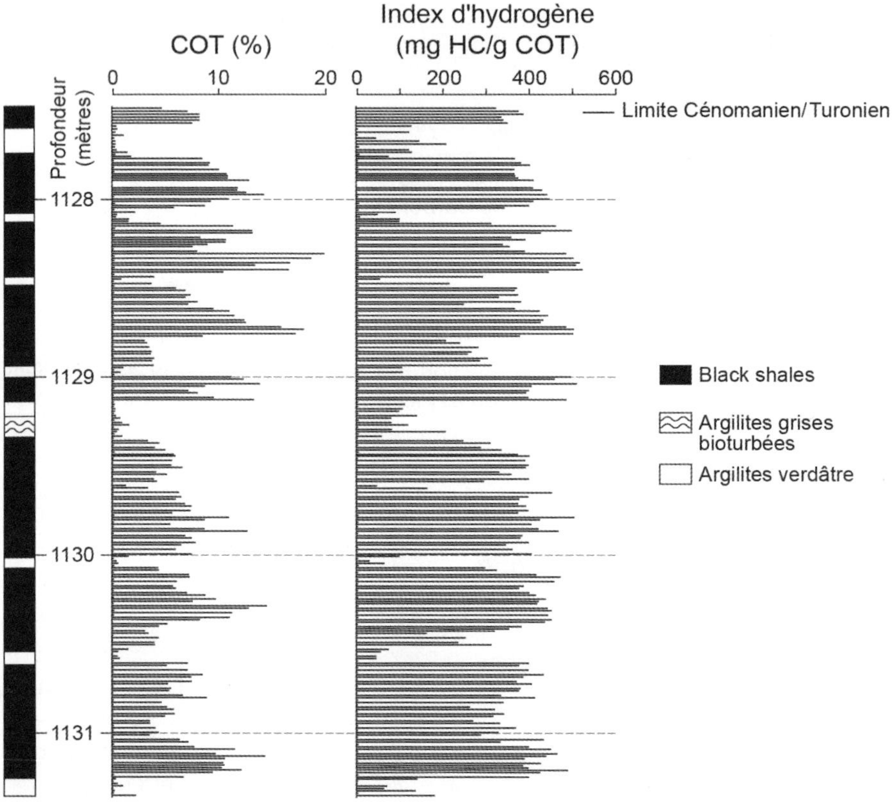

Figure 4.21 *Distribution cyclique des teneurs en carbone organique total (COT) et de l'index d'hydrogène (IH) à la limite Cénomanien-Turonien dans une carotte océanique (d'après Herbin* et al., *1986).*

4.6 Matière organique sédimentaire et stratigraphie séquentielle

La stratigraphie séquentielle propose une relation logique et dynamique entre le temps, la nature et la distribution des sédiments à des échelles de temps plus longues (0,5 à 5 Ma) que celles des variations des paramètres orbitaux de la Terre. Elle constitue un outil efficace pour analyser et modéliser la géométrie, c'est-à-dire l'évolution spatiale et temporelle, des corps sédimentaires à l'échelle des bassins en liaison avec les variations relatives du niveau marin. Comme constituant du sédiment, la matière organique – qu'elle soit marine ou terrestre – n'échappe évidemment pas à la logique séquentielle. Nous nous placerons dans la description très schématique qui suit dans le cadre d'un environnement à dominante silicoclastique (Fig. 4.22).

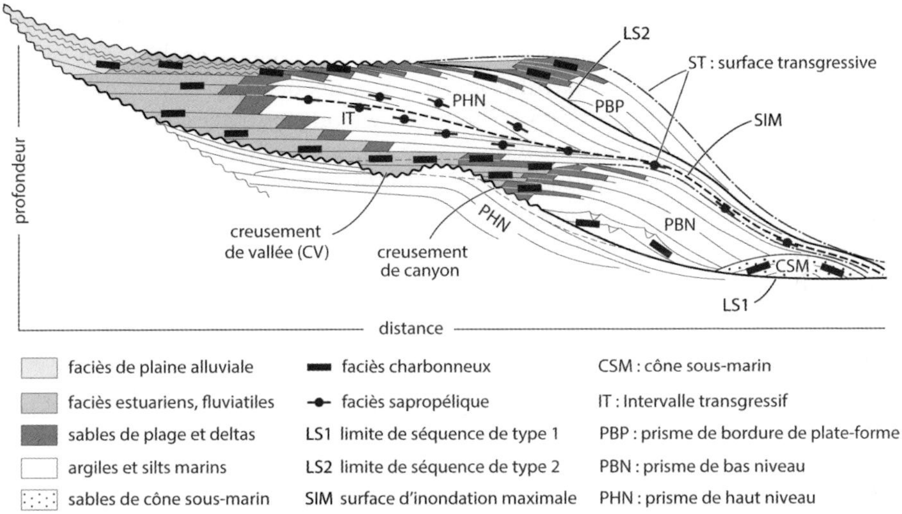

Figure 4.22 *Distribution idéalisée des faciès organiques (charbons et roches-mères marines) dans les différents cortèges de dépôts définis dans le cadre de la stratigraphie séquentielle* sensu *Vail.*

Dans le cortège de bas niveau, les apports en provenance du continent sont importants, ce qui se traduit par une augmentation de la fraction continentale de la matière organique. Ainsi, il n'est pas rare de trouver des débris charbonneux, voire de véritables niveaux de charbon, dans les unités de bas niveau. Le cortège transgressif se caractérise par une décroissance nette et régulière des apports organiques continentaux du fait de la remontée du niveau marin. Cette diminution peut être compensée par une sédimentation où la matière organique marine devient importante lorsque des conditions dysoxiques se développent au cours de la transgression. Parfois la surface transgressive est immédiatement surmontée de *black shales* ce qui a fait dire à certains auteurs que les masses d'eaux en contexte transgressif pouvaient facilement devenir anoxiques. La surface d'inondation maximale (lorsque le niveau marin est au plus haut) est caractérisée par le minimum de la fraction continentale et souvent par le maximum de préservation de la matière organique marine puisque c'est à ce niveau que l'on trouve les condensations sédimentaires les plus marquées. En l'absence d'un flux détritique important, la matière organique est moins diluée. De plus, l'élévation du niveau marin peut affecter l'oxygénation des fonds sur les plates-formes. D'ordinaire, la thermocline, limite inférieure de la zone de mélange de l'océan de surface, est à une profondeur d'environ 200 m. Cela signifie que la zone de mélange est bien oxygénée. Une très grande partie des plates-formes sont à une profondeur moindre, elles sont donc baignées par la zone de mélange, et sont ainsi bien oxygénées. Dès lors que le niveau marin s'élève significativement, comme ce fut maintes fois le cas dans l'histoire de la Terre, la zone de mélange, qui s'élève avec le niveau marin, peut alors ne plus toucher le fond des mers sur les plates-formes. Toute la surface des plates-formes qui sont alors en dessous de la thermocline est beaucoup moins bien oxygénée, ce qui favorise la préservation de la matière organique, et ce d'autant plus que les plates-formes sont des zones de forte productivité. La matière organique qui atteint le fond est en partie dégradée, ce qui consomme l'oxygène moléculaire dissous dans les eaux de fond... l'anoxie menace ! Le cortège de haut niveau est caractérisé par une tendance inverse de celle du cortège transgressif, avec une augmentation de la fraction et de la taille des particules organiques continentales, associée à la baisse du niveau marin, alors que la fraction organique d'origine marine diminue puis disparaît.

Ces grandes tendances sont bien sûr à moduler en fonction de la géométrie des bassins, de l'importance des apports sédimentaires et des conditions oxydo-réductrices. Si le bassin présente des conditions anoxiques pérennes, des faciès riches en matière organique marine peuvent se déposer quel que soit le cortège sédimentaire. Au contraire, en milieu oxique, la matière organique des intervalles condensés est très dégradée et aucun enrichissement en matière organique ne sera marqué dans la séquence.

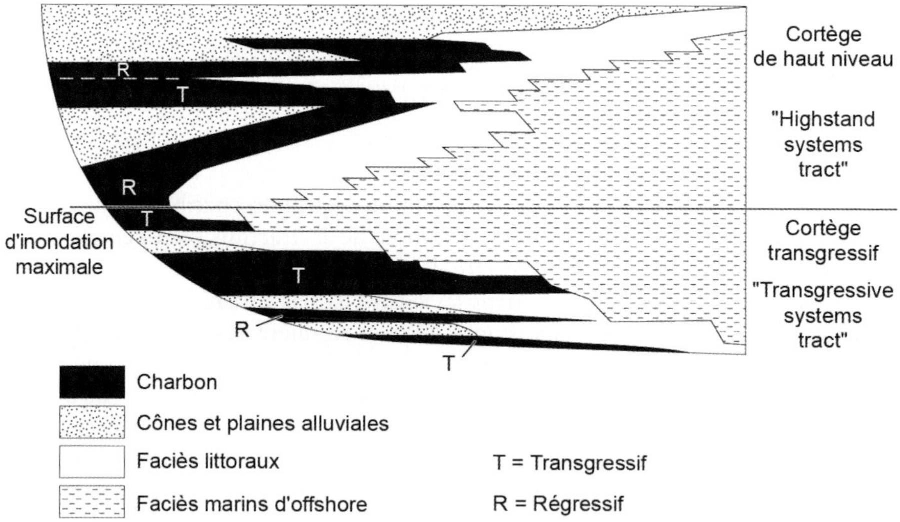

Figure 4.23 *Évolution des faciès charbonneux dans une séquence de troisième ordre en environnement margino-littoral (d'après Diessel, 1992).*

Il existe bien évidemment des environnements dominés par un seul type de matière organique. C'est le cas notamment des environnements margino-littoraux où se développent les séries charbonneuses (Fig. 4.23). On constate que, lors de la remontée du niveau marin, la rétrogradation des faciès peut être très rapide. En conséquence, les couches charbonneuses sont d'épaisseur relativement modeste et séparées par des faciès non charbonneux de plaine alluviale et de plaine littorale. En revanche, après la surface d'inondation maximale, le cortège de haut niveau marin est fortement, mais régulièrement, progradant, ce qui a pour conséquence de faire migrer les faciès charbonneux en direction de la mer, tout en gardant une connectivité des couches. En fin de cortège de haut niveau marin, l'empilement aggradant des paraséquences permet l'empilement sur une même verticale de couches charbonneuses devenant de plus en plus fines avant leur disparition totale.

La même logique prévaut dans les environnements marins de plate-forme (Fig. 4.24). Les conditions favorables à la préservation de la matière organique sont limitées au dépôt-centre du bassin en période de bas niveau. Au cours de la remontée du niveau marin, les conditions anoxiques gagnent les bordures du bassin et culminent au niveau de la surface d'inondation maximale. Ces conditions favorables se restreignent ensuite dans le cortège de haut niveau qui peut même voir la disparition totale des conditions propices au dépôt de la matière organique dans la fin du cortège de haut niveau.

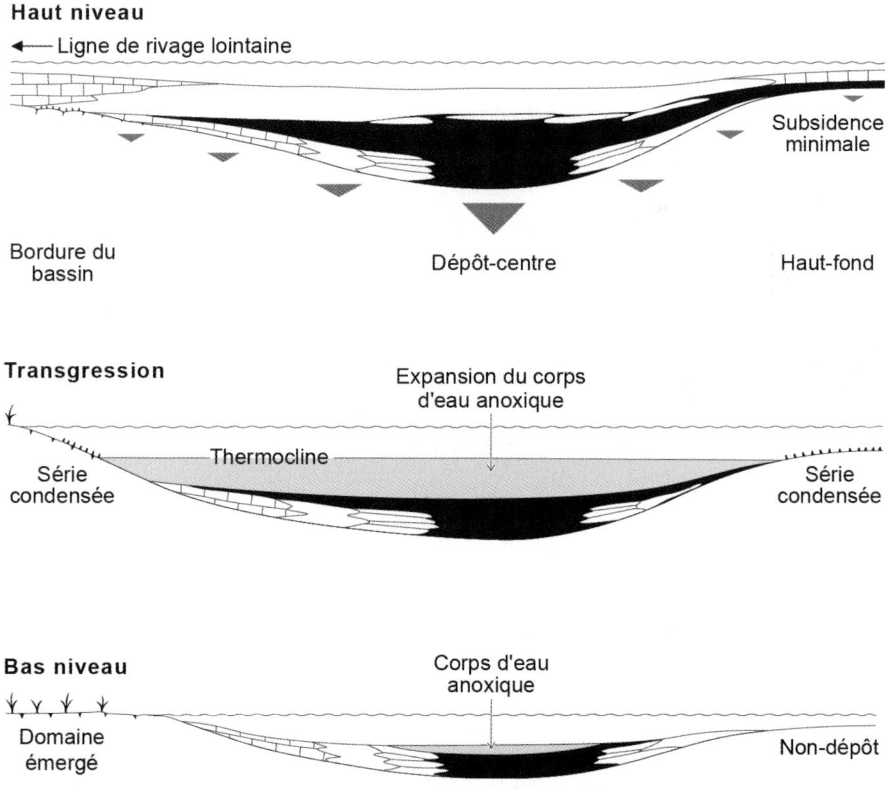

Figure 4.24 *Modèle d'évolution des conditions anoxiques dans un bassin épicontinental en fonction des variations du niveau marin (d'après Wignall, 1994).*

4.7 Distribution stratigraphique et paléogéographique des roches carbonées

À l'échelle des temps géologiques, la distribution des roches riches en matière organique n'est pas non plus uniforme. Sur les 530 Ma que dure le Phanérozoïque, les roches-mères pétrolières et les charbons se sont déposés dans des intervalles stratigraphiques assez distincts (Fig. 4.25). Si on s'intéresse d'abord aux charbons, on constate que les principales accumulations se sont faites au cours de cinq intervalles : le Carbonifère supérieur (13 % des réserves actuelles), le Permien (30 % des réserves), le Jurassique inférieur (12 %), le Crétacé inférieur (15 %) et le Paléogène (25 % des réserves, surtout ligniteuses). On constate que bien que le Carbonifère tire son nom de sa richesse en charbon, le Permien et le Paléogène le dépassent largement en termes de quantité. Il existe également des charbons plus anciens, notamment au Dévonien – période où le peuplement des terres par les végétaux supérieurs se confirme –, mais ces niveaux ne représentent pas des accumulations considérables.

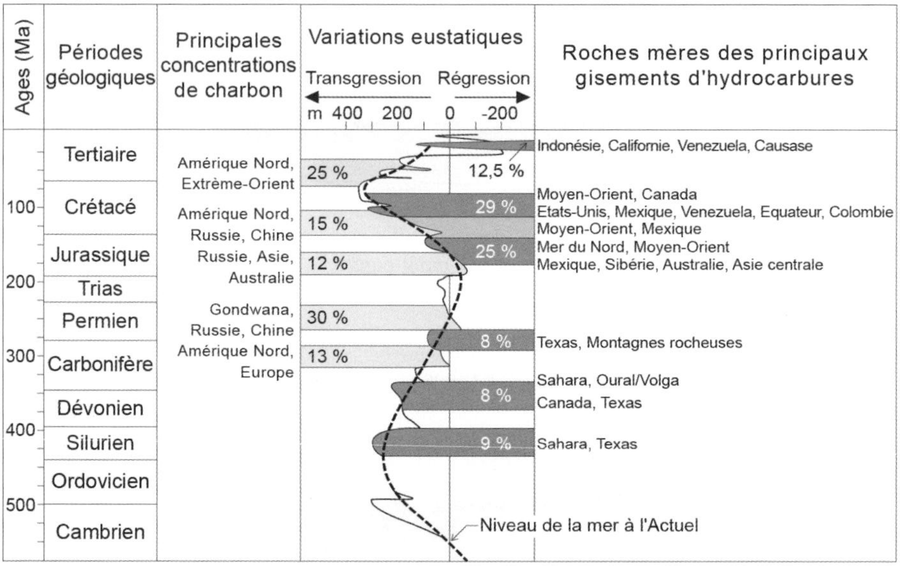

Figure 4.25 *Répartition stratigraphique et géographique des grandes accumulations de charbons et de roches-mères pétrolières en fonction de la courbe des variations du niveau marin (d'après Tissot & Welte, 1984).*

Pour ce qui concerne le dépôt des roches-mères pétrolières, on dénombre six intervalles stratigraphiques favorables : le Silurien (qui est à l'origine de 9 % du pétrole – huile et gaz – mondial), le Dévonien supérieur-Carbonifère basal (8 %), le Carbonifère terminal-Permien basal (8 %), le Jurassique supérieur (25 %), la période moyenne du Crétacé (29 %) et l'Oligo-Miocène (12,5 %). Plus de 90 % des réserves pétrolières mondiales sont issues de roches-mères déposées pendant l'un de ces six intervalles, dont la durée cumulée représente 30 % des temps phanérozoïques.

Comme pour la répartition à l'échelle du troisième ordre exposée ci-dessus, les variations du niveau marin au premier et au deuxième ordre expliquent largement cette distribution hétérogène. Les périodes de bas niveau marin sont plutôt favorables à l'accumulation des charbons (par le développement des deltas par exemple), alors que les périodes transgressives favorisent l'accumulation des roches-mères pétrolières.

Il est également instructif d'analyser la répartition paléogéographique des charbons et des roches-mères pétrolières au sein de chacun de ces intervalles (Fig. 4.26) :

- Au Silurien (Fig. 4.26a), les roches-mères contiennent uniquement une matière organique de Type I (lacustre) et II (marine) puisque les plantes vasculaires à l'origine des charbons humiques n'ont pas encore fait leur apparition. Les roches-mères sont surtout cantonnées à la bordure nord du Gondwana (actuel golfe Persique, Algérie) et dans une moindre mesure au sud du continent nord-américain (golfe du Mexique, Michigan).
- Au Dévonien supérieur-Carbonifère inférieur (Fig. 4.26b), on assiste à une grande extension des faciès organiques de Type II avec, en particulier, d'excellentes roches-mères en Sibérie occidentale, dans l'Oural et au nord de la mer Caspienne. Des *black shales* se sont déposés sur une grande partie de l'Amérique du Nord et sont à l'origine de nombreux champs pétroliers des Appalaches et du bassin intérieur nord-américain. On en trouve également en Amazonie et au Sahara. Localement apparaissent les premières couches contenant des matières organiques de Type III (d'origine terrestre) en Australie, au Kazakhstan et sur la marge orientale du continent nord-américain.
- Au Carbonifère supérieur-Permien inférieur (Fig. 4.26c), la collision de l'ensemble des blocs continentaux entraîne la formation de la Pangée. C'est bien entendu la grande période de mise en place des charbons et des roches-mères à matière organique de Type III en Amérique et Afrique du Sud, en Australie, en Europe du Nord mais surtout en Sibérie orientale. Beaucoup de ces formations carbonifères supérieures sont à l'origine de gaz et de pétrole car elles sont associées à des évaporites permiennes, servant de couvertures aux pièges pétroliers (voir chapitre 6). Toutefois, on trouve aussi des roches-mères de Type II dans la bande équatoriale : au niveau de la mer Caspienne, en Chine du Sud mais principalement aux États-Unis avec la Formation Phosphoria dans les Montagnes Rocheuses.
- Le Jurassique supérieur (Fig. 4.26d) est une période de grande préservation de matière organique marine en Arabie, dans le golfe du Mexique, en mer du Nord (où la Formation de Kimmeridge Clay est la principale roche-mère des pétroles de cette région), en Sibérie occidentale et sur la marge nord du Canada. De rares roches-mères de Type III sont limitées aux régions arctiques et à de petits bassins en cours d'ouverture sur la marge nord-australienne.

– Au Crétacé « moyen » (Fig. 4.26e), l'océan Atlantique joue un rôle considérable dans la préservation de la matière organique. C'est une période de dépôt de *black shales* dans pratiquement tous les bassins pélagiques mais aussi sur les plates-formes du pourtour de l'Atlantique et de la Téthys (Arabie notamment). Les roches-mères de Type III et les charbons se déposant de façon abondante dans les hautes latitudes de l'hémisphère nord.
– À l'Oligo-Miocène (Fig. 4.26f), l'ouverture de l'Atlantique sur l'océan Arctique et la circulation circum-antarctique ont modifié complètement le régime des courants et des climats. Les roches-mères de Type III et les charbons sont maintenant cantonnés à la zone équatoriale et tropicale. Les principales roches-mères de Type II sont limitées aux bassins de la Para-Téthys (mer Caspienne et mer Noire actuelles) et aux upwellings de Californie (Formation Monterey).

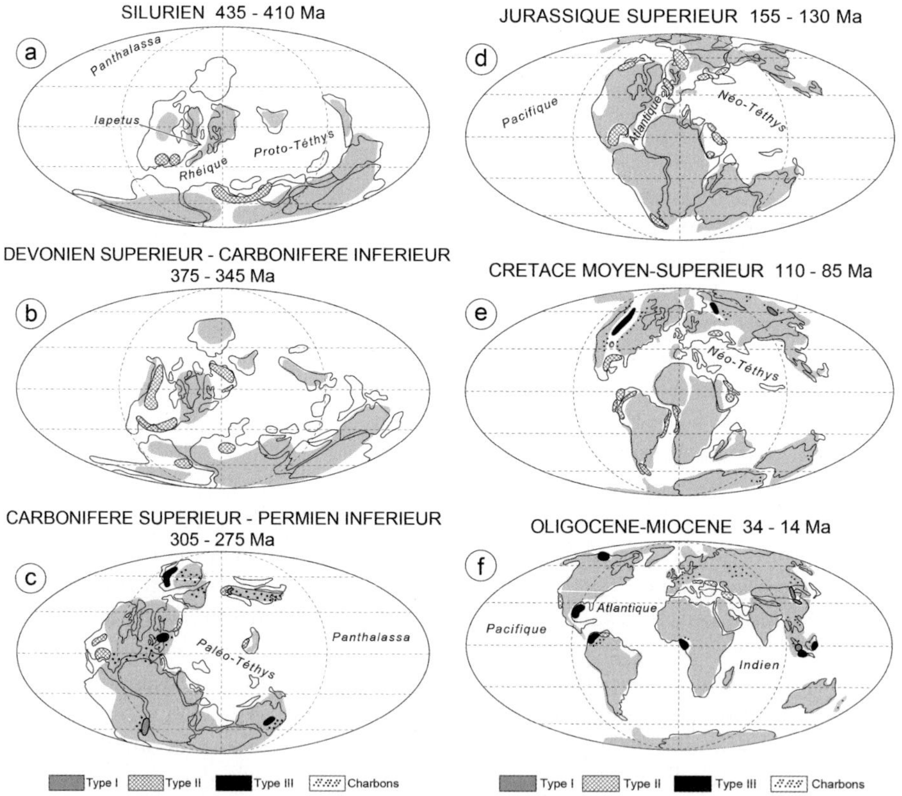

Figure 4.26 *Cartes paléogéographiques globales des six intervalles du Phanérozoïque pendant lesquels se sont accumulés 95 % des réserves de charbons et des roches-mères pétrolières (d'après Huc* et al., *2005).*

La géodynamique globale contrôle donc très fortement la distribution spatiale des couches riches en matière organique à l'échelle d'intervalles de temps de 20 à 30 Ma, et ce, de quatre manières :

- Tout d'abord à travers la latitude des bassins puisque le climat contrôle directement la production végétale sur les continents mais intervient également sur celle du domaine marin (voir chapitre 1). Lorsque la Terre est exempte de calottes glaciaires, les dépôts de charbons et les sédiments contenant de la matière organique de Type II se répartissent assez uniformément à sa surface. Au contraire, avec l'installation des glaciations, les aires de répartition des charbons ont tendance à se contracter en position équatoriale et tropicale.
- La tectonique, qui détermine la morphologie des bassins sédimentaires et des flux terrigènes. En simplifiant, on peut dire qu'en période de distension, les conditions favorables à la préservation de la matière organique de Type II prédominent, du fait de la création de nombreux bassins marins plus ou moins isolés les uns des autres, alors qu'en période de collision les dépôts de charbons sont majoritaires. Ceci est bien illustré par les séries charbonneuses du Permien et du Miocène qui se sont respectivement mises en place à la fin des cycles orogéniques hercynien et alpin.
- L'activité volcanique, aérienne et sous-marine, joue également un rôle puisqu'elle est l'un des modulateurs des émissions de CO_2 aux échelles de temps ici considérées (voir § suivant).
- Les communications au sein de l'océan global qui contrôlent la ventilation des eaux de fond et l'orientation des grands océans. Lorsqu'ils sont orientés selon les méridiens (comme c'est le cas de l'Atlantique actuel) et ouverts sur les pôles recouverts de glace, une circulation de fond, froide et oxygénée, se met en place. Au contraire, dans le cas d'océans en position latitudinale (comme ce fut le cas de la Téthys au Mésozoïque), les circulations de fond sont moins faciles mais surtout les eaux de fond ont tendance à devenir plus rapidement dysoxiques (car les eaux chaudes contiennent moins d'O_2 dissous que les eaux froides). Ce phénomène explique la récurrence de séries riches en matière organique marine dans la zone comprise entre les deux tropiques et le fait que le domaine téthysien renferme près de 75 % des réserves pétrolières mondiales.

4.8 Les événements anoxiques océaniques

L'existence de sédiments marins riches en matière organique n'a évidemment pas échappé aux pionniers de la sédimentologie. Dès les années trente, un sédimentologue scandinave souligna la distribution de couches argileuses noires sur de grandes étendues et suggéra que ces dépôts ne pouvaient relever de facteurs locaux. Paradoxalement, alors que nombre de ces couches riches en matière organique étaient clairement visibles à l'affleurement (Fig. 4.27), il a fallu attendre la fin des années soixante et le démarrage des campagnes de forages océaniques profonds pour que soit mis en évidence le synchronisme du dépôt de *black shales* sur des aires immenses. Grâce aux programmes IPOD et DSDP, une quantité considérable de données sédimentologiques et biostratigraphiques devint accessible dans les bassins océaniques profonds, jusque-là pratiquement inexplorés. Vers le milieu des années soixante-dix, il fut proposé que certaines couches riches en matière organique préservées dans les sédiments crétacés de l'Atlantique et du Pacifique, ainsi que leurs homologues exposés sur les continents, soient limitées à des intervalles stratigraphiques distincts et relativement restreints (d'une durée comprise entre 400 ka et 1 Ma). Ces intervalles stratigraphiques, durant lesquels les conditions océanographiques furent propices au dépôt de *black shales* ont été appelés événements anoxiques océaniques (OAE en anglais pour *Oceanic Anoxic Event*).

Figure 4.27 *Panorama de la série pélagique crétacée en Italie centrale. On distingue trois passées nettement plus sombres correspondant à l'enregistrement de trois événements anoxiques : Niveau Faraoni (Hauterivien terminal), Niveau Urbino (OAE 1b, Albien inférieur) et Bonarelli (OAE 2, limite Cénomanien-Turonien) (Photo F. Baudin). (Photo en couleur dans le cahier hors texte.)*

L'épithète anoxique employé pour qualifier ces événements qui ont émaillé le Crétacé a clairement une signification génétique puisqu'il suppose que ce sont de mauvaises conditions d'oxygénation des eaux qui ont été à l'origine du dépôt de ces *black shales*. Vers le milieu des années soixante-dix, la prépondérance des données obtenues dans l'Atlantique conduisait toujours de nombreux auteurs à invoquer des conditions locales (modèle de type mer Noire, voir chapitre 2) comme contrôles primordiaux du dépôt des *black shales* tandis que d'autres, se fondant sur les données obtenues sur des plateaux et des monts sous-marins dans le Pacifique et l'océan Indien, postulaient que ces événements anoxiques avaient affecté l'océan, globalement. Pour cette seconde école, c'est l'extension latérale et verticale de la zone à minimum d'oxygène qui aurait favorisé le dépôt des couches riches en matière organique (Fig. 4.28).

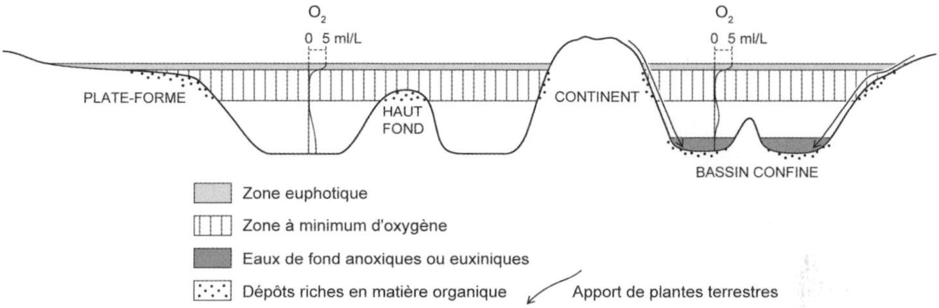

Figure 4.28 *Modèle conceptuel de mise en place des événements anoxiques globaux par expansion de la zone à minimum d'oxygène (d'après Schlanger et Jenkyns, 1976).*

Suite à ces publications et compte tenu de l'intérêt pétrolier évident des *black shales*, les recherches sur les couches riches en matière organique et sur les causes des événements anoxiques se sont multipliées. Petit à petit, la résolution stratigraphique et les études sédimentologiques et géochimiques de ces événements ont montré l'importance et la généralité du phénomène. Il n'est pas possible de faire ici un inventaire de ces progrès ni des débats nombreux qu'ont suscités les OAE, mais on reconnaît aujourd'hui un événement anoxique paléozoïque, dénommé événement Kellwasser et daté de la limite entre les étages Frasnien et Famennien (374 Ma) et six événements anoxiques océaniques au cours du Mésozoïque. Parmi ceux-ci, le plus ancien est celui du Toarcien inférieur (185 Ma), puis viennent ceux du Crétacé qui prennent place dans l'Hauterivien (appelé événement Faraoni), l'Aptien inférieur (OAE 1a), l'Albien inférieur (OAE 1b), la base de l'Albien supérieur (OAE 1c), l'Albien terminal (OAE 1d) et la limite Cénomanien-Turonien (OAE 2).

L'OAE 2 est incontestablement l'événement anoxique qui est enregistré le plus largement à la surface du globe (Fig. 4.29). L'expression lithologique de cet événement prend des aspects divers : passées argileuses laminées, alternances d'argiles laminées avec des passées calcaires ou siliceuses, ou encore cycles plus complexes avec alternances d'argiles noires, grises, vertes et rouges. Lorsque les taux de sédimentation furent forts, l'événement anoxique a pu conduire au dépôt d'excellentes roches-mères pétrolières, notamment dans le golfe de Guinée, au Venezuela (Formation La Luna), ou en Tunisie (Formation Bahloul, Fig. 4.17).

Figure 4.29 *Le Niveau Bonarelli est l'expression sédimentaire de l'événement anoxique océanique de la limite Cénomanien-Turonien (OAE 2). Ce niveau d'une épaisseur d'un mètre environ, intercalé dans la succession des calcaires pélagiques blanchâtres du bassin d'Ombrie-Marche en Italie centrale (voir Fig. 4.27 pour le cadre général), est constitué d'une alternance centimétrique de lits siliceux (radiolarites) et de* black shales *contenant jusqu'à 20 % de carbone organique (Photo F. Baudin). (Photo en couleur dans le cahier hors texte.)*

L'intervalle de temps compris entre l'Aptien (120 Ma) et le Campanien (83 Ma) correspond à une période d'expansion rapide des fonds océaniques et à la mise en place de gigantesques plateaux basaltiques sous-marins (Fig. 4.30). Les effets directs et indirects de cet accroissement de la formation de lithosphère océanique ont été :

- l'intumescence des rides océaniques avec élévation progressive du niveau marin dont l'apogée se situe au Cénomanien ;
- l'accélération des vitesses de subduction, donc l'augmentation consécutive du volcanisme d'arc ;
- l'apport massif de gaz par le volcanisme, ce qui a conduit à un enrichissement de l'atmosphère en gaz carbonique qui aurait atteint une concentration six fois supérieure à celle d'aujourd'hui ;
- l'effet de serre correspondant a provoqué une augmentation de la température atmosphérique moyenne d'environ 10 °C par rapport à l'Actuel, tandis que la température des eaux océaniques aurait augmenté d'environ 7 °C. Ceci conduit à une Terre sans calottes glaciaires, même si des périodes à effet de serre moins marqué sont décelables, notamment juste après les OAE ;
- l'absence de glaces polaires conduit à un enfoncement plus lent des eaux vers les grandes profondeurs, d'où une moins bonne ré-oxygénation des eaux de fond ;

– la productivité primaire fut potentiellement multipliée par 4 à 8 du fait de l'augmentation du CO_2, mais surtout du fait de l'apport accru de nutriments en provenance des continents. En effet, le doublement des précipitations et la nature plus acide des pluies ont permis un lessivage plus important des sols et une libération de nutriments ;
– dans les zones tropicales, l'évaporation multipliée par 2 a conduit au dépôt de séries évaporitiques et au plongement de saumures, pouvant provoquer ou renforcer l'anoxie par effet de stratification ;
– dans les zones à fortes précipitations, des apports d'eau douce restant en surface de mers ou d'océans restreints ont pu produire un autre type de stratification des eaux.

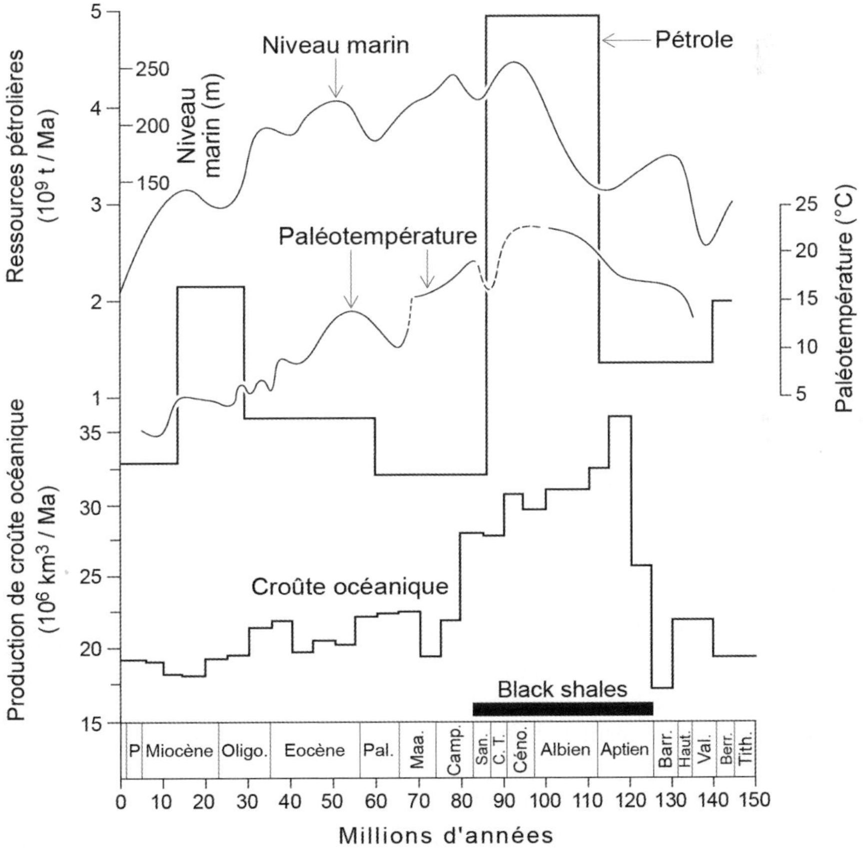

Figure 4.30 *Comparaison de l'évolution depuis 150 Ma de la production de croûte océanique, des paléotempératures des eaux de surface aux hautes latitudes, des changements du niveau marin à long terme avec les périodes de dépôt des* black shales *et de l'âge des ressources mondiales en hydrocarbures (d'après Larson, 1991).*

Les conditions précédentes, entraînant toutes une forte productivité primaire associée à une diminution de l'oxygène disponible pour la dégradation de la matière organique, sont suffisantes pour expliquer, sinon la genèse des OAE, du moins l'extension du dépôt des *black shales* dans la période moyenne du Crétacé (Fig. 4.31). Et pourtant, malgré toutes les causes énumérées précédemment, la formation des OAE ne s'est produite que de façon exceptionnelle et sur de courtes périodes de temps. Il a donc fallu un ou des facteurs forçants supplémentaires pour expliquer ces événements brefs et de grande extension.

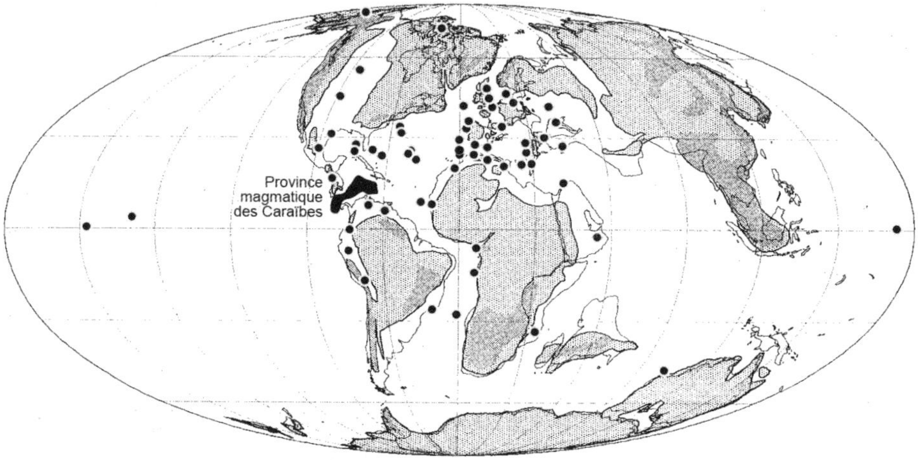

Figure 4.31 *Reconstitution paléogéographique globale au Cénomanien sur laquelle sont reportés la position du plateau basaltique géant des Caraïbes et les sites (cercles noirs) de dépôt de* black shales *(d'après Sanfourche & Baudin, 2002).*

Des éruptions volcaniques majeures pourraient être l'un de ces facteurs forçants. En effet, dans l'état actuel des connaissances, la corrélation temporelle est assez bonne entre les OAE de la période moyenne du Crétacé et la mise en place successive des provinces basaltiques géantes d'Ontong-Java (vers 110 Ma), des Kerguelen (vers 100 Ma) et des Caraïbes (vers 95 Ma, Fig. 4.31). Selon certains auteurs, les apports mantelliques de ces superpanaches qui représentent plusieurs dizaines de millions de km^3 auraient pu durer quelques millions d'années seulement, et précéder de peu, voire coïncider avec, les OAE.

Par la suite, au cours de l'OAE, plusieurs facteurs peuvent concourir à la diminution de la quantité de CO_2, mais, en particulier, le stockage de la matière organique dans le réservoir sédimentaire est certainement un élément déterminant de cette baisse de la pression partielle de CO_2 (Fig. 4.32, voir aussi Fig. 7.24).

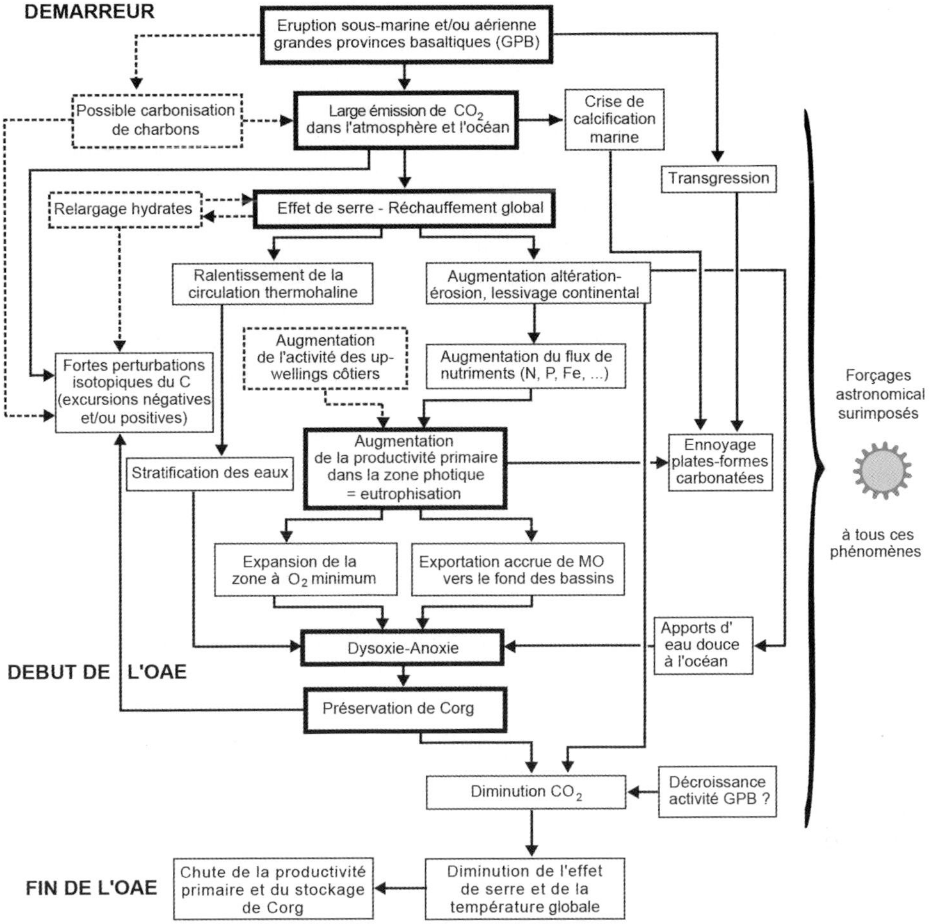

Figure 4.32 *Scénario de la succession des causes et de leurs effets conduisant à la genèse des événements anoxiques océaniques ou OAE (d'après Baudin & Riquier, 2014).*

Saprопèles de Méditerranée

Une série de niveaux sombres (vert à noir), souvent laminés et riches en matière organique (COT > 1 % mais pouvant atteindre 30 %), épais de quelques centimètres à quelques décimètres, nommés sapropèles (association des mots grecs *sapros* = pourri et *pêlos* = boue), s'est déposée au Quaternaire en Méditerranée. Repérés dès le début des années soixante à des profondeurs supérieures à 400 m, ils ont été mis en évidence d'abord dans la partie orientale du bassin méditerranéen, même si certains d'entre eux ont ensuite été reconnus en Méditerranée occidentale. ...

...

Douze niveaux de sapropèles, nommés du plus récent au plus ancien S1 à S12, se sont déposés au cours des 465 000 dernières années. Leur regroupement par trois ou quatre facilite leur reconnaissance dans les séries pélagiques à hémipélagiques et les corrélations entre carottes (voir cahier hors texte en couleur). Cinq sapropèles (S1, S5, S9, S10 et S11) se sont déposés durant les maximums interglaciaires, deux (S6 et S8) – parmi les plus épais et les plus constants en Méditerranée orientale – se sont déposés dans une période glaciaire et quatre (S3, S4, S7 et S12) dans des conditions climatiques intermédiaires. Dans certains sites et à certaines périodes, l'épaisseur cumulée des sapropèles peut représenter 40 % de la colonne sédimentaire. Dans les années quatre-vingt-dix, ont été décrits des sapropèles réoxydés postérieurement à leur dépôt en partie ou en totalité (sapropèles fantômes). Ces sapropèles ayant perdu la matière organique qui faisait leur spécificité ne peuvent être mis en évidence que par des caractéristiques encore discutées, comme leur teneur élevée en baryum, ou l'absence de faune benthique.

Plusieurs modèles ont été proposés pour expliquer la genèse des sapropèles. Pour certains, les analyses cyclostratigraphiques montrent que le dépôt des sapropèles coïncide avec des périodes où l'insolation fut maximale durant l'été boréal au niveau du tropique du Cancer, ce qui a eu pour conséquence d'y diminuer la pression atmosphérique. Le gradient de pression qui existait alors entre la zone méditerranéenne et l'Équateur a déterminé un renforcement de la mousson africaine, provoquant de fortes précipitations au niveau du plateau éthiopien. Le Nil qui draine cette partie de la corne de l'Afrique est alors entré en crue et a apporté à la Méditerranée une grande quantité d'eau douce. L'abaissement consécutif de la salinité des eaux de surface dans la Méditerranée orientale a inhibé la circulation anti-estuarienne qui caractérise le déplacement des masses d'eaux en Méditerranée (voir chapitre 2) et a conduit à la mise en place de conditions dysoxiques à anoxiques sur le fond du bassin puisque ce dernier n'était plus alimenté en oxygène par le plongement des eaux à partir du bassin levantin. La dégradation de la matière organique a été alors ralentie, ce qui a permis un enrichissement du sédiment en matière organique, principalement d'origine phytoplanctonique marine, même si une contribution terrigène est parfois ressentie dans les sapropèles.

Pour d'autres – qui acceptent la même dynamique de mise en place de l'anoxie –, le fait que certains sapropèles soient mieux exprimés dans la partie nord du bassin méditerranéen s'expliquerait par des décharges d'eau douce provenant de la fonte des glaces sur le continent européen plutôt que des crues du Nil.

Les sondages océaniques profonds DSDP et IODP dans la Méditerranée ont révélé l'existence de sapropèles depuis le Miocène ce qui indique que ce mécanisme n'est certainement pas restreint au Plio-Quaternaire. Enfin certains auteurs ont suggéré que le dépôt des *black shales* pélagiques du Crétacé ait pu relever du même type de phénomène mais à une échelle globale.

4.9 Modélisations numériques de la sédimentation organique

La concentration en matière organique dans une roche sédimentaire dépend des variations des flux organiques – que ce soit en provenance du continent ou de l'océan –, de son taux de préservation et de sa dilution par les minéraux. Ces variables peuvent être appréhendées par des analyses sédimentologiques et géochimiques, mais l'ambition des sédimentologistes est évidemment d'essayer de prédire et de quantifier les variations des concentrations et de l'origine de la matière organique avec le minimum de mesures. Pour cela il n'est d'autres moyens que la modélisation. Si les paramètres à prendre en compte sont nombreux et interactifs, l'augmentation rapide des vitesses de calcul des ordinateurs permet désormais de simuler le dépôt des couches riches en matière organique. Arrêtons-nous sur trois exemples.

- La relation entre sédimentation de la matière organique et climat a conduit plusieurs auteurs à appliquer aux modèles numériques climatiques globaux, conçus pour les prévisions météorologiques à court terme, les configurations paléogéographiques des temps anciens. Ces simulations paléoclimatiques ont permis de reporter sur des cartes les zones potentielles d'upwelling et les régions à forte pluviosité pour plusieurs intervalles du Phanérozoïque (Fig. 4.33). Ces prédictions ont été comparées à la distribution connue des roches riches en matière organique marine, des charbons et des évaporites pour ces différents intervalles. Les résultats sont loin d'être parfaitement concordants dans le détail, mais la bonne correspondance entre les résultats des modélisations et les observations a ouvert une voie prometteuse pour mieux cerner l'influence des climats du passé sur la sédimentation de la matière organique.
- Les variations climatiques et eustatiques étant largement assimilables à des signaux sinusoïdaux dont la fréquence peut être modulée et qu'il est aisé de sommer ou de soustraire l'un de l'autre, certains auteurs ont tenté de modéliser le dépôt de divers types de sédiment et de leur contenu en matière organique. Ceci a été tenté sur l'exemple du bassin de Mulhouse qui présente une épaisse série évaporitique, contenant des interlits organiques, datée de l'Éocène supérieur à l'Oligocène inférieur (Fig. 4.34). En fonction des variations du bilan hydrique et de l'eustatisme, le programme calcule le volume d'eau évaporée dans le bassin et détermine, par intervalle de temps, les faciès lithologiques principaux qui devraient se déposer, à savoir argiles ou marnes lorsque le bilan hydrique est positif, et évaporites lorsque le bilan hydrique est négatif. Cette modélisation très simplifiée de la sédimentation aboutit à chaque instant à une estimation des vitesses d'accumulation des principales phases minérales et organiques, et de leur proportion relative que l'on peut exprimer en pourcentages. Il est alors facile de traduire ces variations temporelles en épaisseur et d'examiner la répartition de tel ou tel constituant, notamment la matière organique. On constate une très bonne adéquation entre les variations des teneurs en COT calculées par le modèle et celles mesurées sur une carotte. Le modèle ainsi ajusté a permis de

discuter la part relative de la productivité phytoplanctonique dans les différents corps d'eaux du bassin et la part des apports organiques terrigènes en provenance des terres environnantes.

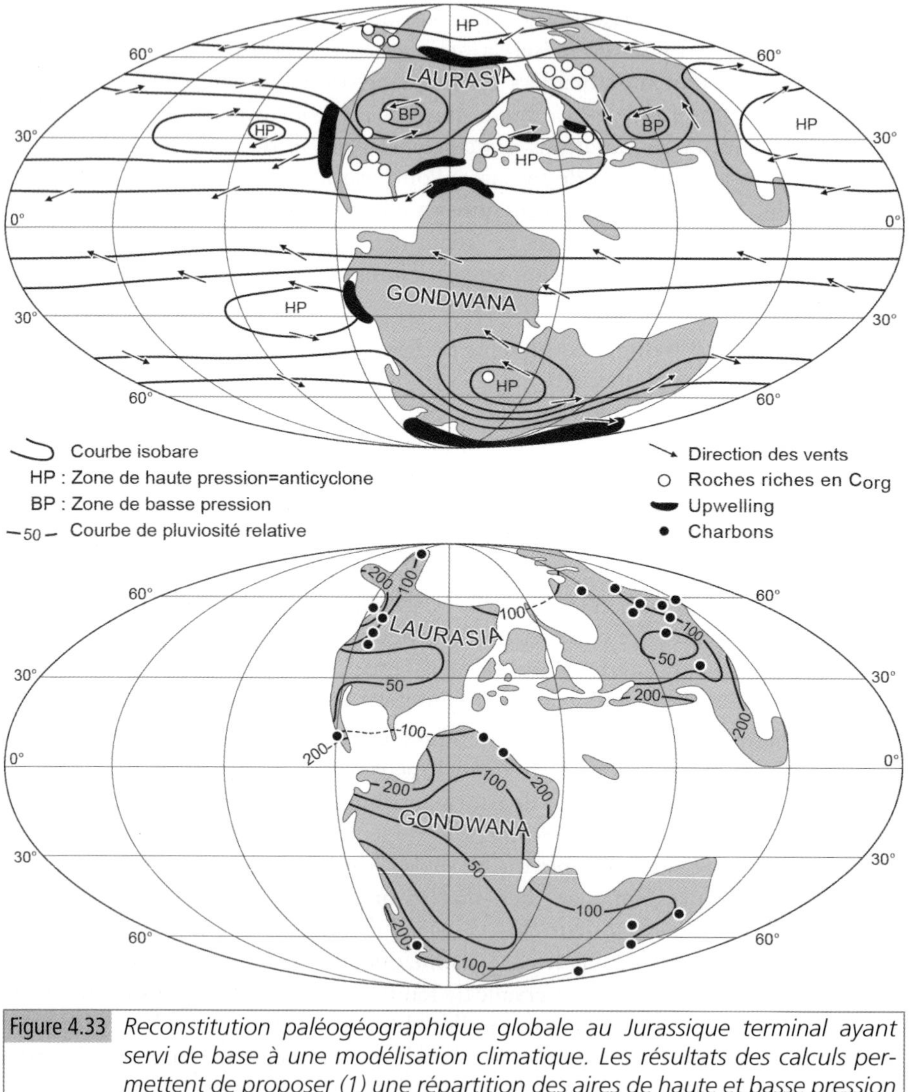

Figure 4.33 *Reconstitution paléogéographique globale au Jurassique terminal ayant servi de base à une modélisation climatique. Les résultats des calculs permettent de proposer (1) une répartition des aires de haute et basse pression atmosphérique, (2) une direction générale des vents, (3) une localisation des zones d'upwelling et (4) une répartition de la pluviosité relative sur les continents (cette dernière étant exprimée dans une échelle arbitraire). Sur ces cartes est reportée la répartition des roches-mères pétrolières et des charbons (d'après Parrish & Curtis, 1982).*

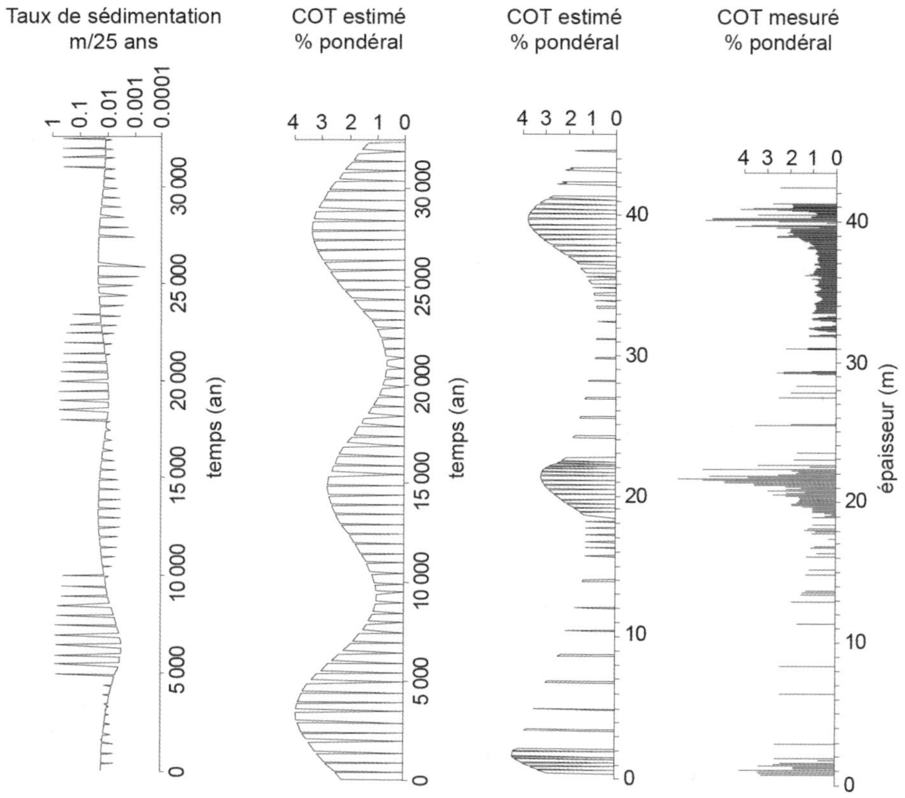

Figure 4.34 *Modélisation de la sédimentation organique du bassin potassique de Mulhouse à partir du calcul des volumes sédimentaires des différentes lithologies déposées par unité de temps. Les argiles marines sont les seules à contenir de la matière organique alors que le gypse et le sel n'en contiennent pas (d'après Carpentier* et al., *1992).*

– Plus récemment, les modèles numériques de simulation du remplissage des bassins sédimentaires se sont enrichis de modules permettant de simuler la production, le transport, le dépôt et la dégradation précoce de la matière organique. C'est le cas du modèle stratigraphique Dionisos (pour *DIffusion Oriented - Normal and Inverse - Simulation Of Sedimentation*), développé par l'Institut français du pétrole à partir du milieu des années quatre-vingt-dix. Les différentes lois physiques et chimiques contrôlant la sédimentation de la matière organique (illustrées sur la figure 4.6) y ont été couplées avec les lois de production et de dépôt des particules minérales. Il devient alors possible par le calcul de simuler non seulement la géométrie, donc le volume, des couches riches en matière organique à l'intérieur d'un bassin donné mais aussi d'estimer leur concentration en carbone et le type de matière organique qu'elles contiennent. Les applications de cet outil sur des cas théoriques et réels ont montré que ce modèle restitue les géométries et les caractéristiques organiques de roches-mères marines ou lacustres (Fig. 4.35), prouvant ainsi que le modèle est physiquement et géologiquement cohérent. Cette modélisation numérique de la sédimentation organique permet de hiérarchiser les différents paramètres qui influencent la distribution de la matière organique dans un contexte donné et de mieux appréhender les phénomènes de rétroactions entre tous les facteurs. Malgré ces résultats encourageants, il reste encore différents points à améliorer ou à développer, tels que la prise en compte de la bioturbation lors du dépôt de la matière organique, ainsi que la reprise de la diagenèse oxydante lors de phénomènes de resédimentation.

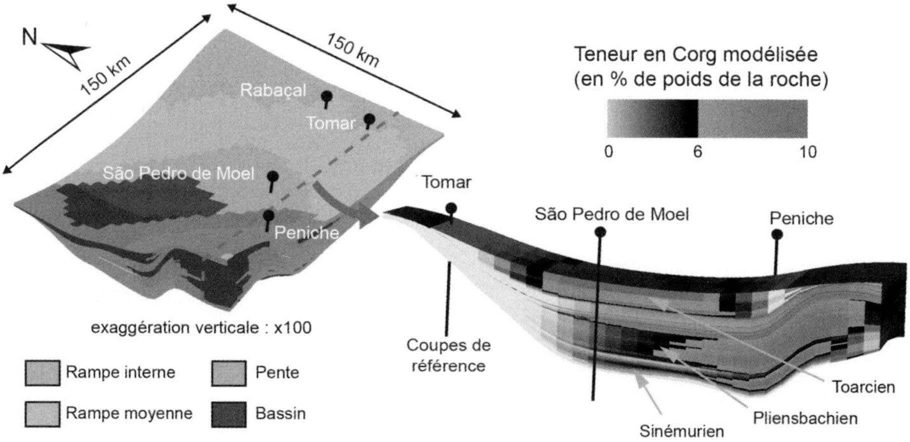

Figure 4.35 *Reconstitution de la géométrie et des faciès des dépôts du Jurassique inférieur pour un secteur (150 × 150 km) du bassin côtier lusitanien. Une simulation de la concentration en carbone organique dans les différents horizons a été réalisée qui permet de visualiser en trois dimensions la distribution des roches-mères pétrolières (ici définies avec un % Corg. > 6 %). Des coupes de références où les teneurs en Corg. sont mesurées permettent de caler le modèle mais aussi de le valider (d'après Bruneau* et al., *2016). Dessin en couleur dans le cahier hors texte.*

5

Méthodes d'étude de la matière organique sédimentaire

5.1 Les analyses optiques en pétrographie organique

Développées historiquement par des spécialistes du charbon, ces méthodes sont les mieux établies et les mieux codifiées. Elles reposent toutes sur la microscopie photonique par transmission ou par réflexion avec différentes sources lumineuses. Plus récemment, la microscopie électronique à balayage et à transmission sont venues compléter ces méthodes.

5.1.1 *L'analyse macérale*

Cette méthode distingue les constituants organiques, appelés macéraux – terme judicieusement choisi pour souligner le fait que ces constituants ont la même signification, dans le charbon, que les minéraux dans les roches cristallines – et leur degré d'évolution d'après leur aspect et leur réflectance en lumière réfléchie à la surface de sections polies (Fig. 5.1). Pendant la houillification, les matériaux organiques issus des végétaux supérieurs subissent de profondes transformations chimiques (voir chapitre 6). Ils sont réduits à l'état de gel mais peuvent aussi se conserver avec un aspect et une structure moléculaire proche de celle qu'ils possédaient au moment du dépôt. Les macéraux sont rassemblés en trois groupes en fonction de leurs propriétés optiques (réflectance et fluorescence) et du composant végétal dont ils dérivent (Tab. 5.1) :

- le groupe de la vitrinite-huminite (le second terme étant employé aux stades tourbe et lignite) rassemble les matériaux ligno-cellulosiques gélifiés. La distinction des principaux macéraux de ce groupe repose sur des critères morphologiques (présence ou non de structures cellulaires) ou le degré de fragmentation des particules ;
- le groupe de l'exinite-liptinite (le second terme étant employé aux stades tourbe et lignite) rassemble des éléments disparates comme les algues, les spores, les grains de pollen et les cuticules de feuilles ainsi que des résines et autres sécrétions végétales ;
- le groupe de l'inertinite rassemble les macéraux ayant subi une forte altération pré- ou syn-sédimentaire, essentiellement oxydante. Leurs précurseurs sont des débris de plantes, des restes de champignons ou des fragments carbonisés.

Tableau 5.1 *Classification des macéraux (d'après Bordenave, 1993).*

Groupe macéral	Macéral	Origine	
Vitrinite (Huminite)	telinite	tissus cellulaires	Vitrain
	collinite	tissus gelifiés amorphes	
	corpocollinite	remplissage de cellules	
	vitrodetrinite	fragments dégradés précocement	
Exinite (Liptinite)	sporinite	spores, pollens	Clarain
	cutinite	cuticules	
	suberinite	écorces	
	fluorinite	huile végétales	
	resinite	résines, latex, cires	
	alginite	algues	
	bituminite	résidus amorphes (bactéries,...)	
	chlorophyllinite	chlorophylle	
	liptodetrinite	fragments non identifiables	
	exudatinite	exudats secondaires	
Inertinite	fusinite	tissus cellulaires carbonisés	Fusain
	semifusinite	tissus partiellement carbonisés	
	sclerotinite	champignons	Durain
	macrinite	gel amorphe oxydé	
	inertodetrinite	fragments remaniés	
	micrinite	résidus de dégradation de l'exinite	

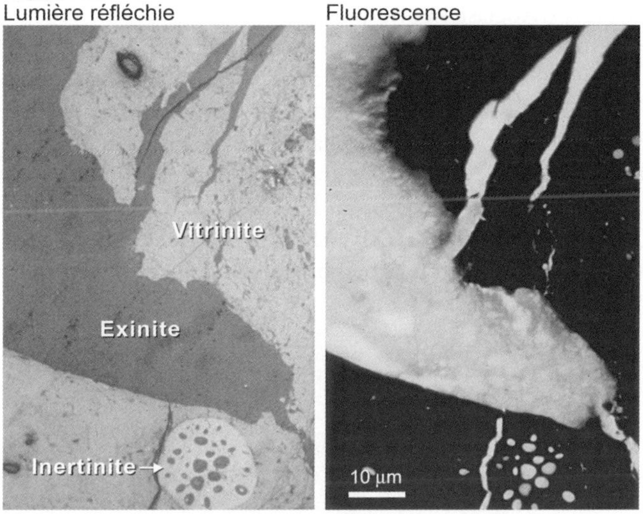

Figure 5.1 *Observation de macéraux en lumière réfléchie et par fluorescence (Photo J. Trichet). (Photo en couleur dans le cahier hors texte.)*

Les particules du groupe de l'exinite réfléchissent peu la lumière (teinte sombre) mais présentent les plus fortes fluorescences (dans des teintes jaunes ou orange) sous une source lumineuse émettant dans l'ultraviolet (UV). L'inertinite est très réfléchissante (teinte blanche) et non fluorescente, tandis que les vitrinites présentent une réflectance moyenne (teinte grise) et ne sont pas fluorescentes. Le degré d'évolution (ou rang) des charbons est défini par le pouvoir réflecteur de la vitrinite, noté PR ou Ro (voir chapitre 6).

5.1.2 *Les palynofaciès*

L'observation de la matière organique dans une lame mince de roche apporte généralement peu d'information sur sa nature ; seul son isolement de la fraction minérale permet son identification. Le palynofaciès est l'image microscopique globale des constituants organiques d'une roche, complémentaire de son microfaciès (Fig. 5.2). On l'obtient après élimination des minéraux, concentration et montage dans des conditions standards de préparation.

Alors que les études palynologiques se limitent généralement à un ou des groupes fossiles, le plus souvent à des fins biostratigraphiques ou paléoenvironnementales, l'analyse des palynofaciès tente d'intégrer tous les aspects de l'assemblage organique d'une roche : origine des particules, estimation de leur quantité et de leurs proportions relatives, de leur taille et de leur état de préservation. Trois grands groupes de constituants sont reconnaissables dans les palynofaciès (Fig. 5.3) : les palynomorphes, les phytoclastes et la matière organique amorphe (MOA). Les palynomorphes regroupent tous les microfossiles organiques – végétaux et animaux – résistants à l'attaque acide ; les phytoclastes correspondent aux fragments de végétaux supérieurs et la MOA correspond aux constituants biologiquement indéfinis faute de forme ou de structure. L'origine de la MOA ne peut être déterminée visuellement, mais peut être précisée au MET. Toutes les classifications des palynofaciès reprennent cette distinction élémentaire en subdivisant chacun de ces groupes en fonction de l'origine (animale ou végétale, terrestre, lagunaire ou marine, tissus ligno-cellulosiques ou cuticules...), de l'état de préservation (en particulier pour les phytoclastes), de leur aspect (en particulier pour la MOA). À la différence de la classification des macéraux utilisée par les pétrographes organiciens, aucune terminologie unifiée n'existe pour les palynofaciès.

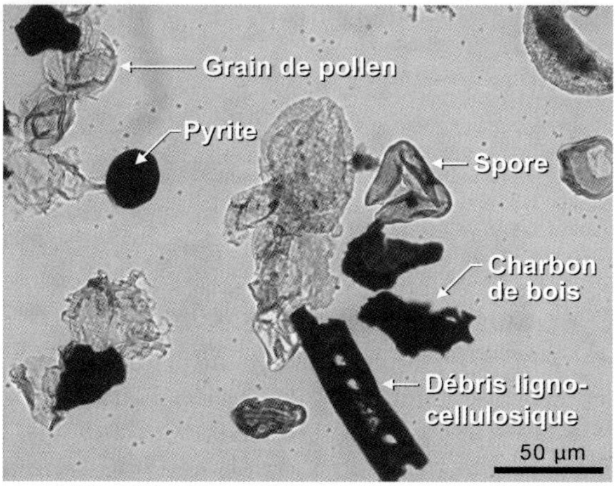

Figure 5.2 *Image d'un palynofaciès des calcaires du Jurassique supérieur de l'île d'Oléron (France) montrant différents types de particules organiques et des grains de pyrite (Photo J. Schnyder). (Photo en couleur dans le cahier hors texte.)*

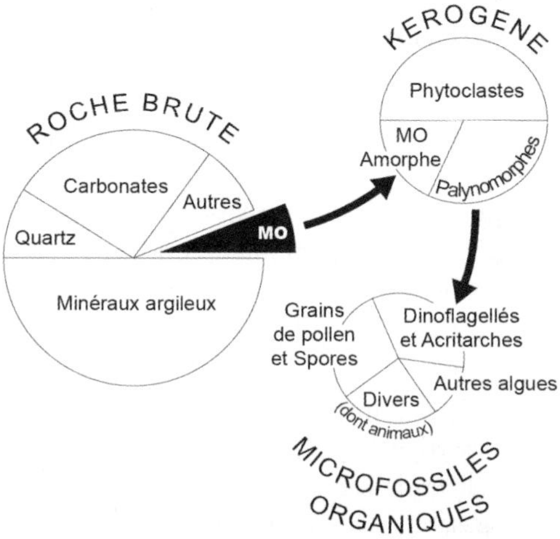

Figure 5.3 *Principaux groupes de particules organiques observés lors de l'analyse d'un palynofaciès. Chaque portion de chaque camembert peut varier entre 0 et 360° (d'après Combaz, 1980* in *Durand, 1980). MOA : matière organique amorphe.*

5.1.3 *Les analyses en microscopie électronique*

La microscopie électronique à balayage en mode électrons rétrodiffusés (MEB/ER) fournit des images micrométriques de la surface d'un échantillon. La teinte des macéraux et minéraux présents est fonction du numéro atomique (Z) des éléments les constituant : plus Z est élevé, plus l'image de l'objet est brillante. La matière organique, constituée d'hydrogène, de carbone, d'azote et d'oxygène, apparaît noire et se distingue fort bien des minéraux qui apparaissent gris à blancs puisque ces derniers contiennent des éléments (silicium, aluminium, soufre, fer, etc.) dont la masse atomique est plus élevée que celle des quatre éléments précédents (Fig. 5.4).

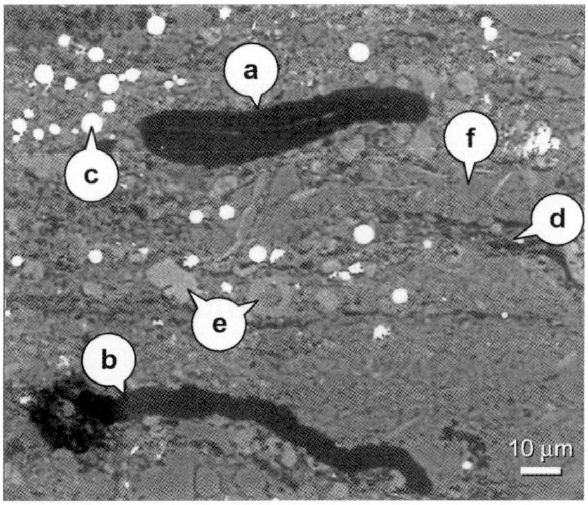

Figure 5.4 *Image d'une roche-mère pétrolière (Dévonien de Biélorussie) en microscopie électronique à balayage en mode électrons-rétrodiffusés. La matière organique apparaît noire (a et b), la pyrite en blanc brillant (c), des particules organiques finement dispersées en noir (d), des carbonates (e) et des silicates essentiellement des argiles (f) en gris (Photo S. Belin).*

La microscopie électronique à transmission (MET), pour sa part, donne une image de la matière organique à l'échelle du nanomètre. Elle est très utilisée pour caractériser la matière organique qui apparaît amorphe à l'échelle de la microscopie photonique. Celle-ci peut révéler la présence de corps bactériformes et de lamines d'épaisseur infra-micrométrique, appelées *ultralaminae* (Fig. 5.5). Généralement rassemblées en paquets, ces *ultralaminae* sont des accumulations de parois d'algues microscopiques. Toutefois, même à l'échelle de l'observation au MET, une partie de la matière organique amorphe ne révèle souvent aucune structure. L'analyse moléculaire de cette matière organique nanoscopiquement amorphe révèle le plus souvent qu'elle a subi des phénomènes de sulfuration naturelle (voir § 2.2.3 et 3.2.3).

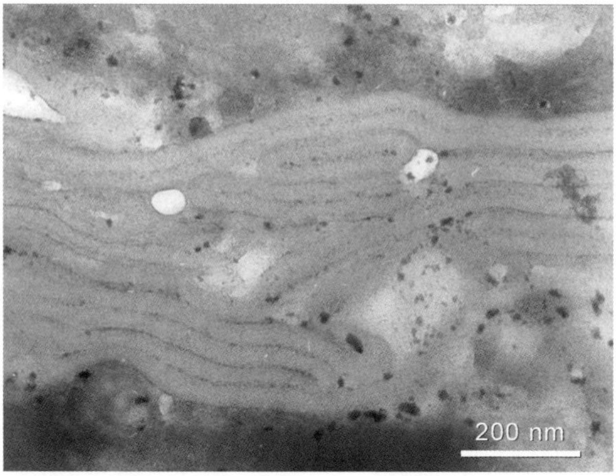

Figure 5.5 Ultralaminae *observées en microscopie électronique à transmission (MET). Ces structures d'une épaisseur de 50 nm (= 0,05 µm) correspondent à l'empilement de parois cellulaires de micro-algues marines datant du Jurassique supérieur (Photo A. Riboulleau).*

5.2 Les analyses physico-chimiques sur la matière organique totale

Pour les géochimistes organiciens, la matière organique sédimentaire est constituée d'une fraction organique insoluble dans des solvants organiques (kérogène) et d'une fraction soluble (bitume) dans ces solvants. Dans la plupart des roches sédimentaires, le kérogène est le constituant majoritaire, le bitume ne représentant, au mieux, que quelques pourcents de la matière organique totale (Fig. 5.6). Le kérogène est isolé de la fraction minérale du sédiment par des attaques acides, l'acide chlorhydrique détruisant les carbonates et l'acide fluorhydrique les silicates.

La structure du kérogène étant très complexe, on se contente généralement d'en faire une analyse chimique globale : composition élémentaire, mesure du rapport isotopique, pyrolyse globale (Rock-Eval), spectroscopie infra-rouge (IR), spectroscopie par résonance magnétique nucléaire (RMN), thermolyse (consistant à libérer progressivement les molécules présentes dans le kérogène sous l'influence de l'augmentation de la température), couplée avec l'analyse spectroscopique, moléculaire ou fonctionnelle des produits libérés.

En dépit de la perte, au cours de la diagenèse, d'une grande partie de la matière organique et de certains de ses composés en particulier, plusieurs paramètres globaux demeurent des indicateurs fiables de son origine.

Si ces démarches analytiques sont bien adaptées aux roches sédimentaires susceptibles de contenir des kérogènes, elles ne le sont pas en revanche pour les sédiments récents. Dans ces derniers, le kérogène est fortement hydrolysable par les acides et ne peut donc être isolé sans altération. La caractérisation du contenu organique des sédiments récents est donc complétée par des méthodes empruntées à la pédologie, notamment des extractions par des solutions aqueuses alcalines et acides. On isole ainsi des acides fulviques (extractibles en milieu alcalin, solubles en milieu acide), des acides humiques (extractibles en milieu alcalin, insolubles en milieu acide), une fraction hydrolysable (par un acide fort, à chaud) et un résidu stable (l'humine ; Fig. 5.7). Acides humiques, acides fulviques et résidu stable ont des structures complexes et sont étudiés par des méthodes d'analyse chimique, élémentaire ou moléculaire, par des méthodes spectroscopiques (UV, IR, RMN), par des méthodes optiques (fluorescence) et par des méthodes pyrolytiques.

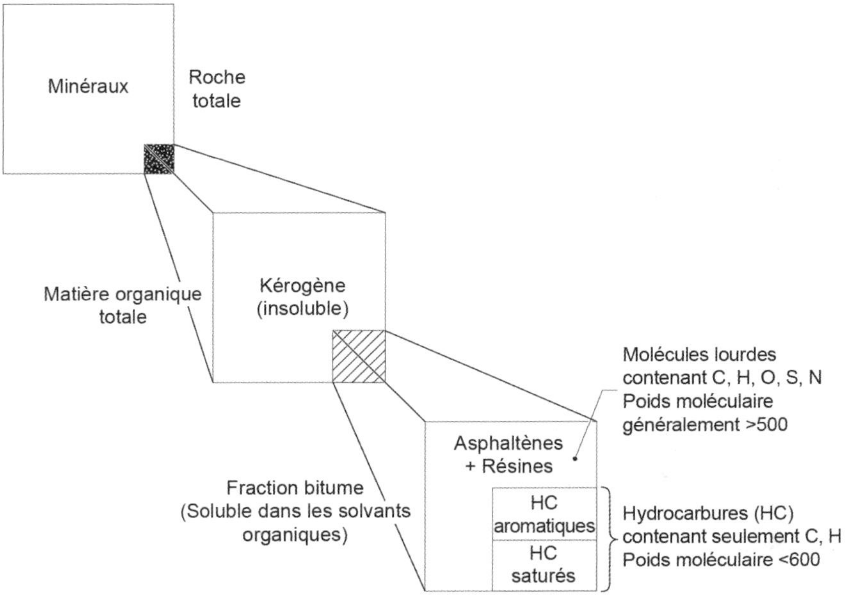

Figure 5.6 *Fractions de la matière organique dans les sédiments récents et dans les roches sédimentaires (d'après Durand, 1987).*

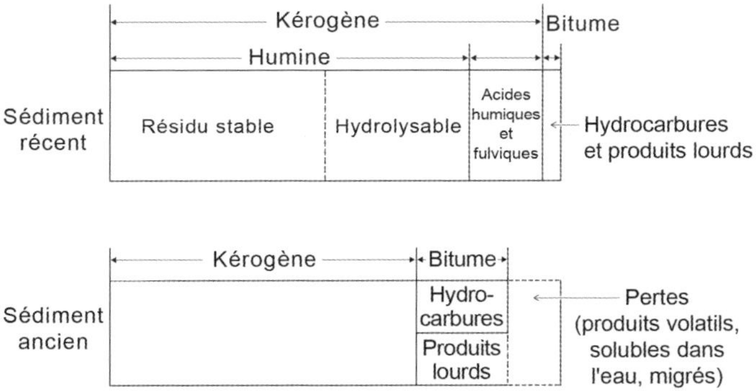

Figure 5.7 *Comparaison des fractions solubles et insolubles de la matière organique dans les sédiments récents et dans les roches sédimentaires (d'après Durand, 1987).*

5.2.1 *L'analyse élémentaire des kérogènes et les rapports H/C et O/C*

Le carbone, l'oxygène, l'hydrogène, le soufre et l'azote sont – par ordre d'importance pondérale décroissante – les éléments majoritaires, pour ne pas dire quasi exclusifs, de la matière organique vivante comme des kérogènes (Tab. 5.2). Procéder à l'analyse élémentaire des kérogènes est donc une démarche assez simple permettant de caractériser l'origine et le degré d'évolution de la matière organique sédimentaire. La façon usuelle d'indiquer globalement la composition élémentaire des kérogènes consiste à reporter le rapport atomique H/C en fonction du rapport atomique O/C, dans un diagramme dit de van Krevelen, du nom du spécialiste des charbons qui l'a proposé dans les années soixante (Fig. 5.8). Selon leur origine, les kérogènes se répartissent dans ce diagramme en quatre types :

- le **Type I** correspond à des kérogènes formés très souvent en environnement **lacustre** par l'accumulation de restes de certaines micro-algues dont les parois sont naturellement résistantes et de biomasse procaryotiques fortement aliphatiques. Ce type a été défini dans la Formation des Green River Shales (Éocène, Bassin de Uinta, États-Unis). Il est caractérisé par des rapports H/C forts et O/C faibles ;
- le **Type II** a été défini à partir de la matière organique phytoplanctonique **marine** contenue dans les Schistes Cartons du Toarcien inférieur du Bassin de Paris. Il se caractérise par des H/C relativement plus bas et des O/C relativement plus élevés que dans le Type I. Ce type est usuellement considéré comme représentatif de la matière organique marine, ayant subi une dégradation bactérienne modérée ;
- le **Type III**, défini initialement dans la Formation de Logbaba (Crétacé supérieur du Cameroun) puis dans le delta actuel de la Mahakam en Indonésie, correspond aux débris de **végétaux supérieurs**, plus ou moins concentrés dans les sédiments. Ce type montre des H/C faibles et des O/C forts, au moins pour les kérogènes thermiquement immatures ;
- le Type IV correspond à un matériel organique oxydé que l'on ne peut rapporter à aucune biomasse originelle définie, à l'inverse des Types I, II et III. Il s'agit souvent de matières organiques remobilisées par l'érosion à partir de roches sédimentaires préexistantes ou du résidu très altéré de différentes biomasses. Les kérogènes rattachés à ce type se placent sous le Type III dans le diagramme de van Krevelen et ne présentent aucun intérêt pétrolier.

Tableau 5.2 *Variation de la composition élémentaire des kérogènes exprimée en pourcentages pondéraux et en rapports atomiques H/C, O/C et S/C (d'après diverses sources).*

Elément	% pondéral	moyenne
C	60 - 93	76
H	1,5 - 15	6
O	1,5 - 29	11
N	0,2 - 4	2
S	0 - 12,5	3,5
traces d'autres éléments (Va, Mo, Cu, Cr, ...)		
Rapports atomiques les plus courants		
H/C	0,75 - 2	
O/C	0,05 -0,4	
S/C	0,01 - 0,06	

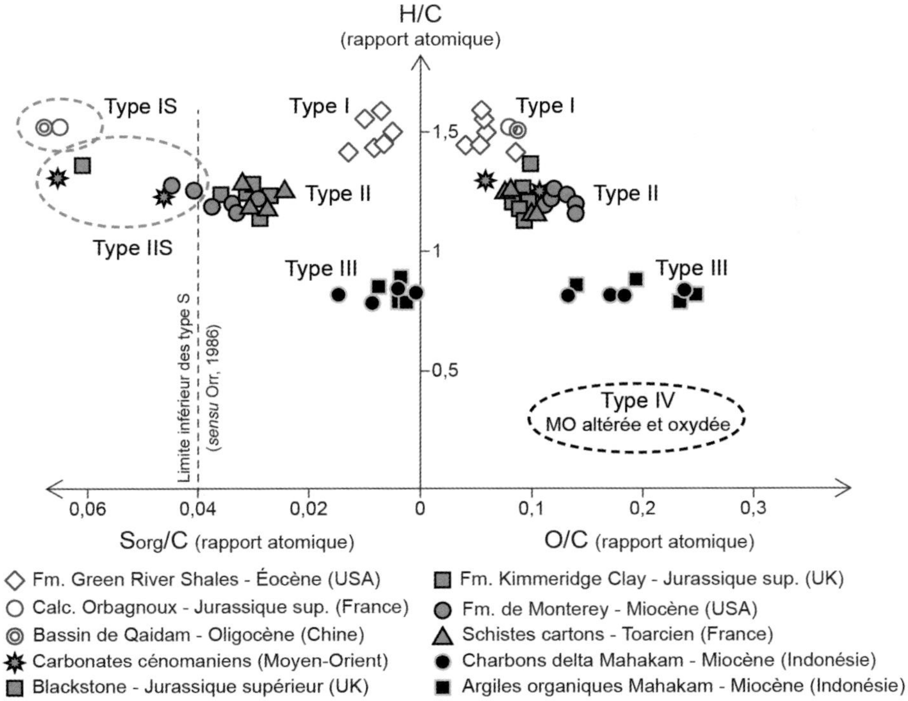

Figure 5.8 *Position des différents types de kérogènes immatures dans un diagramme de van Krevelen étendu, montrant les rapports atomiques H/C, O/C et Sorg/C (d'après Huc, 2013).*

5.2.2 Le rapport Sorg/C

On peut étendre le diagramme de van Krevelen en incluant le rapport atomique Sorg/C (Fig. 5.8), ce qui permet d'avoir une idée de l'intensité des processus de sulfuration naturelle qui sont intervenus au cours de la formation des kérogènes. Ainsi lorsque le rapport Sorg/C est supérieur à 0,04, on parle d'une matière organique soufrée et on ajoute le suffixe S à la caractérisation de son type. Les kérogènes de Type II-S sont plus fréquents que ceux de Types I-S puisque les processus de sulfato-réduction sont plus intenses en domaine marin que dans les environnements continentaux où les sulfates sont moins abondants (voir chapitre 2). On verra dans le chapitre 6 que ces kérogènes de type -S se transforment autrement – avec une cinétique différente – que ceux ne contenant que peu de soufre et génèrent des huiles et des gaz qui posent beaucoup de problèmes lors de leur extraction et de leur raffinage.

5.2.3 Le rapport C/N

Le rapport atomique C/N est un indicateur d'origine de la matière organique qui est largement utilisé dans les sédiments récents et dans les sols. Son intérêt repose sur le fait que les plantes terrestres vasculaires et les plantes marines présentent des rapports différents, en raison de la plus grande richesse des premières en cellulose et des secondes en protéines, de telle sorte que le rapport C/N des algues marines varie entre 4 et 10 alors que celui des plantes terrestres est supérieur à 20. Généralement, ce rapport est bien préservé dans les sédiments. Cependant, la dégradation de la matière organique lors de la diagenèse précoce ou lors de l'attaque acide pour concentrer le kérogène peut le modifier légèrement. Ainsi dans le domaine marin, la dégradation partielle de la matière organique algaire conduit à une perte importante d'unités protéiques, d'où une augmentation du rapport C/N. L'inverse, c'est-à-dire la diminution du rapport C/N, est notée dans les sols et dans certains sédiments océaniques par adsorption de NH_4^+ provenant de la dégradation de la matière organique.

5.2.4 Le rapport isotopique $^{12}C/^{13}C$ et le $\delta^{13}C$

La composition isotopique en carbone est un indicateur très couramment utilisé pour distinguer les sources marines et continentales de la matière organique sédimentaire récente et des kérogènes. Le rapport isotopique $^{12}C/^{13}C$ reflète principalement la dynamique de l'absorption du carbone lors des processus photosynthétiques et la composition isotopique de la source du carbone. La plupart des plantes, ainsi que les algues, incorporent le carbone lors de la photosynthèse par les réactions du cycle de Calvin. Dans celui-ci, la fixation du CO_2 est assurée par une enzyme, la ribulose-biphosphate-carboxylase (ou rubisco) qui produit une première molécule avec 3 atomes de carbone (l'acide phosphoglycérique). Ces plantes, que l'on dit donc « en C_3 » (qui regroupent la plupart des végétaux des climats tempérés et tous les arbres), sélectionnent préférentiellement le ^{12}C par rapport au ^{13}C dans une proportion telle que le $\delta^{13}C$ de la matière organique totale est appauvrie de – 20 ‰ par rapport au carbone inorganique source. D'autres plantes utilisent le cycle de Hatch-Slack dans lequel le CO_2 est incorporé dans une molécule à 4 atomes de carbone (l'acide oxalo-acétique) grâce à une enzyme autre que la rubisco. Ces plantes dites en C_4 rassemblent les graminées des régions tropicales (maïs, mil, sorgho, canne à sucre...) et des Chénopodiacées (épinards...) et présentent une différence isotopique de – 7 ‰ avec la source du CO_2 utilisé lors de la photosynthèse. Enfin, certaines plantes succulentes et les cactées ont un type de métabolisme dit CAM (pour *Crassulacean Acid Metabolism*). Elles incorporent le CO_2 pendant la nuit par leurs stomates ouverts et forment des acides organiques, comme du malate. Le jour, stomates fermés – ce qui réduit les pertes hydriques –, le malate est assimilé au cours du cycle de Calvin. Ces plantes présentent donc un rapport isotopique intermédiaire entre celui des plantes en C_3 et celui des plantes en C_4.

La matière organique produite par les végétaux terrestres en C_3 à partir du CO_2 atmosphérique (dont le $\delta^{13}C$ = – 7 ‰) présente donc une valeur du $\delta^{13}C$ approximativement égale à – 27 ‰ (par rapport au standard V-PDB), alors que les plantes en C_4 ont un $\delta^{13}C$ de – 14 ‰ environ (Fig. 5.9). Les algues d'eau douce qui utilisent le CO_2 dissous, qui est généralement en équilibre avec le CO_2 atmosphérique, présentent également un $\delta^{13}C$ = – 27 ‰ et sont donc isotopiquement indiscernables de végétaux supérieurs. En revanche, le bicarbonate dissous dans l'eau de mer, qui est la source de C pour les algues marines, présente un $\delta^{13}C$ voisin de 0 ‰. Les algues marines ont donc un $\delta^{13}C$ compris entre – 20 et – 22 ‰. La différence de – 7 ‰ entre les végétaux terrestres en C_3 et les algues marines est utilisée avec succès pour identifier globalement le type de biomasse à l'origine des kérogènes. La distinction isotopique entre les plantes marines et terrestres se retrouve bien évidemment au niveau des molécules constitutives de la matière organique. De plus en plus d'études déterminent dorénavant le rapport isotopique de molécules séparées et bien individualisées par des techniques chromatographiques et spectrométriques couplées.

On note toutefois quelques exemples où la distinction isotopique des sources de la matière organique est délicate. C'est le cas notamment pour les matières organiques algaires produites dans les eaux polaires froides qui montrent un $\delta^{13}C$ de l'ordre de – 28 ‰. Ces valeurs exceptionnellement négatives, qui les rapprochent des plantes terrestres en C_3, s'expliquent par le fait que les eaux froides contiennent plus de CO_2 dissous que les eaux tempérées et tropicales, permettant ainsi une plus grande discrimination isotopique – on parle aussi d'effet vital pour cette sélection isotopique – par les algues. De même les plantes terrestres subissant un stress hydrique (sécheresse excessive) ou se développant dans des environnements saumâtres de lagune modifient leur fractionnement isotopique, ce qui conduit, en général, à des augmentations du $\delta^{13}C$. Enfin, il ne faut pas oublier qu'au cours des temps géologiques la pression partielle de CO_2 dans l'atmosphère a varié et que le chimisme de l'eau de mer a changé. En conséquence, les valeurs isotopiques des différentes biomasses ont été parfois différentes de celles mentionnées ci-dessus.

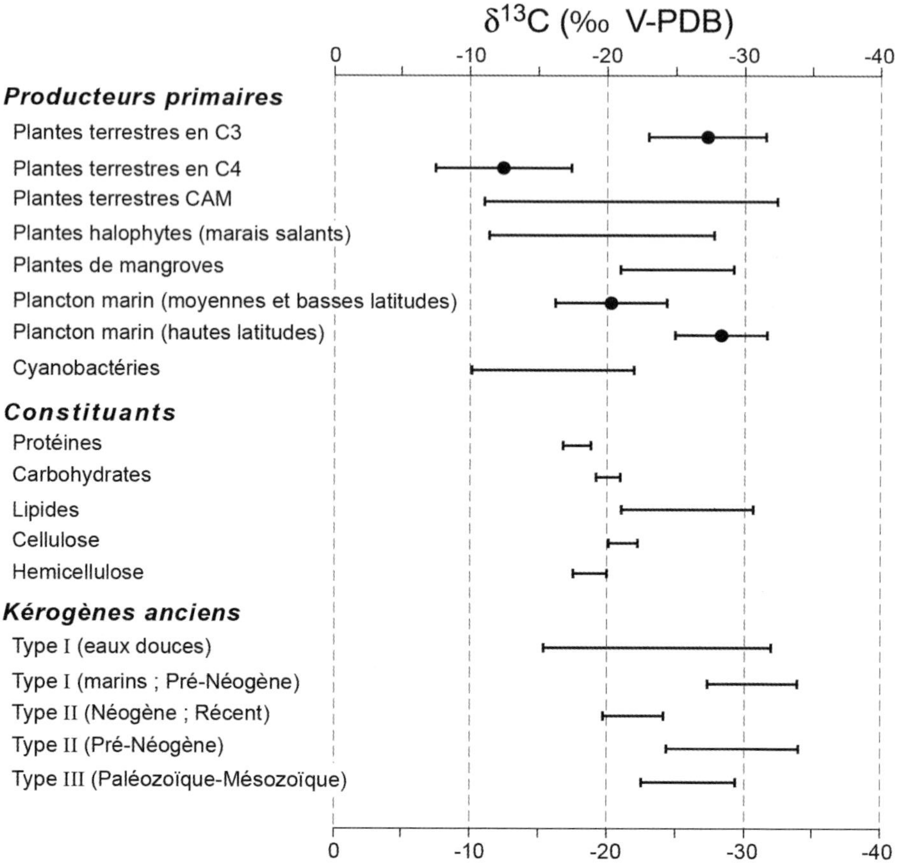

Figure 5.9 *Valeurs du $\delta^{13}C$ de la matière organique marine et terrestre et de certains de ses constituants. Les écarts impliquent la possibilité d'une différence entre la matière organique vivante et la matière organique sédimentée dans le cas d'une préservation sélective de certains de ses constituants. Les points indiquent des valeurs moyennes.*

La composition isotopique est variable au début de la diagenèse, puisque les constituants de la matière organique (protéines, glucides, cellulose, etc.) présentent initialement des rapports isotopiques différents les uns des autres (Fig. 5.9). En fonction de leurs proportions dans la matière organique vivante et de leur résistance à la dégradation, le $\delta^{13}C$ aura tendance à évoluer dans le sens d'une augmentation ou d'une diminution. Ainsi la perte sélective des protéines et des glucides de la matière organique algaire peut conduire à un appauvrissement en ^{13}C et donc à un $\delta^{13}C$ plus négatif que dans la matière organique initiale. Ces modifications diagénétiques précoces du $\delta^{13}C$ ne font varier le rapport que de 2 ‰ au maximum. L'absence de variations importantes suggère que les microbes décomposant la matière organique utilisent une large gamme de composants initiaux. En revanche, les microbes sélectionnent eux aussi préférentiellement le ^{12}C pour constituer leur biomasse, ce qui conduit à des $\delta^{13}C$ compris entre – 40 et – 70 ‰ pour la matière organique microbienne. Des valeurs de – 100 ‰ ont été mesurées dans du CH_4 microbien, ce qui suggère une chaîne de sélection complexe au cours du métabolisme de ce gaz.

Distinguer l'origine de la matière organique sur la base du seul $\delta^{13}C$ dans des environnements côtiers qui reçoivent une matière organique mixte, algaire marine et continentale de végétaux en C_3 et C_4, peut s'avérer délicat. Dans ce cas, on utilise à la fois le $\delta^{13}C$ et le rapport C/N pour identifier la source des matières organiques puisque quatre populations peuvent être discriminées à partir de ces deux marqueurs (Fig. 5.10).

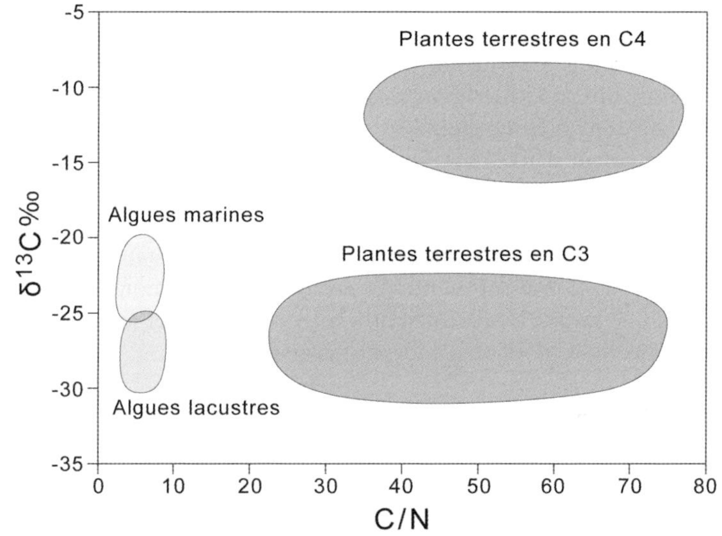

Figure 5.10 *Position relative des différentes biomasses, et donc des différents types de matières organiques dans les sédiments, sur la base de leur rapport atomique C/N et de la valeur de leur $\delta^{13}C$ (d'après Meyers, 1997).*

Le $\delta^{13}C$ des matières organiques sédimentaires comme traceur de la dynamique du couvert végétal

Le $\delta^{13}C$ des végétaux terrestres varie selon le type de processus photosynthétique qu'ils mettent en jeu. La quasi-totalité des plantes des pays tempérés et froids et tous les arbres sont des plantes en C_3. Ils présentent donc un très fort fractionnement isotopique et incorporent très peu de ^{13}C dans leurs tissus, avec des $\delta^{13}C$ dans la gamme de – 24 à – 28 ‰. Au contraire, les plantes en C_4 qui sont principalement les graminées des pays chauds incorporent plus de ^{13}C que les plantes en C_3 et présentent des $\delta^{13}C$ de l'ordre de – 12 à – 14 ‰.

...

On a constaté que la formation de l'humus et la reminéralisation de la matière organique apportée aux sols à la mort des végétaux ne provoquent que de très modestes variations du $\delta^{13}C$. En conséquence, la matière organique des sols présente une composition isotopique comparable à celle des plantes développées sur ces sols. Ainsi, chaque changement de végétation de plantes en C_3 et C_4, naturel ou provoqué artificiellement par une culture, est potentiellement enregistré dans la matière organique incorporée au cours du temps dans les différents horizons du sol.

Dans les zones intertropicales on trouve fréquemment des situations où ces deux types de végétation coexistent : la savane avec des graminées en C_4 et la forêt avec ses arbres en C_3. La question de savoir si la savane gagne sur la forêt est souvent posée tout comme il est important de vérifier si un écosystème forestier peut se réinstaller naturellement sur une zone « savanisée » du fait des changements climatiques ou sous la pression anthropique. L'analyse du $\delta^{13}C$ des matières organiques des horizons superficiels des sols à l'interface savane-forêt en Inde a montré que les sols sont bien en équilibre avec la végétation de surface lorsque l'on se situe franchement dans la savane (inférieur à – 17 ‰) ou franchement dans la forêt (– 25 ‰). Dans les horizons profonds en revanche, le $\delta^{13}C$ est moins discriminant et on rencontre des valeurs voisines de – 20 ‰ sous les deux types de végétation. En revanche en lisière de la forêt, on constate que les horizons intermédiaires du sol recèlent un humus enrichi en ^{13}C, témoignant que dans un passé récent, une savane se développait à la place de la forêt actuelle (Fig. 5.11). La « savanisation » est donc un processus réversible.

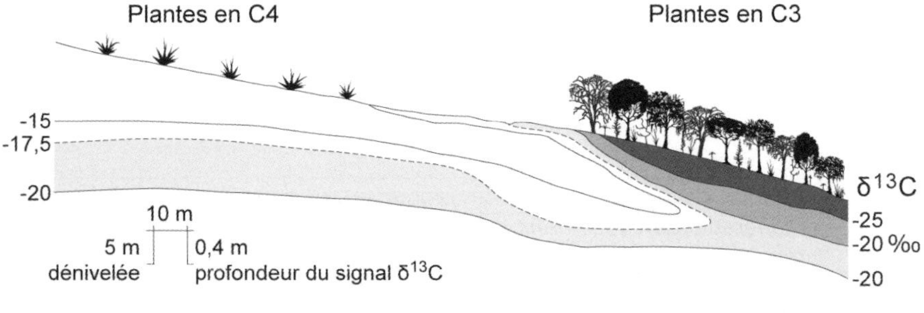

Figure 5.11 *Variation de la composition isotopique en ^{13}C dans les horizons superficiels et profonds à la transition savane-forêt en Inde, montrant la réinstallation de la forêt sur une ancienne zone de savane (d'après Mariotti, 1991).*

Les plantes en C_4 se sont largement répandues au cours du Miocène, il y a environ 8 millions d'années. Leur $\delta^{13}C$ étant distinct de celui des plantes en C_3, avec une différence de 10 ‰ au minimum, les stocks de matière organique provenant des unes ou des autres sont donc aisément discernables. Cependant, l'enregistrement de cette différence ne se limite pas à la seule matière organique puisque les concrétions calcaires des sols sur lesquels se développaient les plantes en C_4, l'émail des dents des herbivores les consommant ou la coquille des œufs des oiseaux qui s'en nourrissaient portent également la marque de ce changement du couvert végétal au cours du Néogène.

Les débris de plantes terrestres parvenant à l'océan *via* les cours d'eau, il est également possible d'utiliser les sédiments marins pour suivre l'émergence et le développement de ces végétaux moins appauvris en ^{13}C que les plantes en C_3.

La comparaison des enregistrements continentaux et marins est très instructive, comme l'a montré une étude menée en Inde sur le groupe de Siwalik et le site ODP 717 (Fig. 5.12). Le groupe de Siwalik correspond à des dépôts fluviatiles et de plaines d'inondation qui ont comblé le bassin de l'avant-pays himalayen entre 12 et 2 Ma. Le site ODP 717 est un forage océanique profond qui a traversé les sédiments accumulés depuis 12 Ma dans la partie distale du cône sous-marin du Bengale, c'est-à-dire le prolongement très loin en mer, du delta du Gange et du Brahmapoutre.

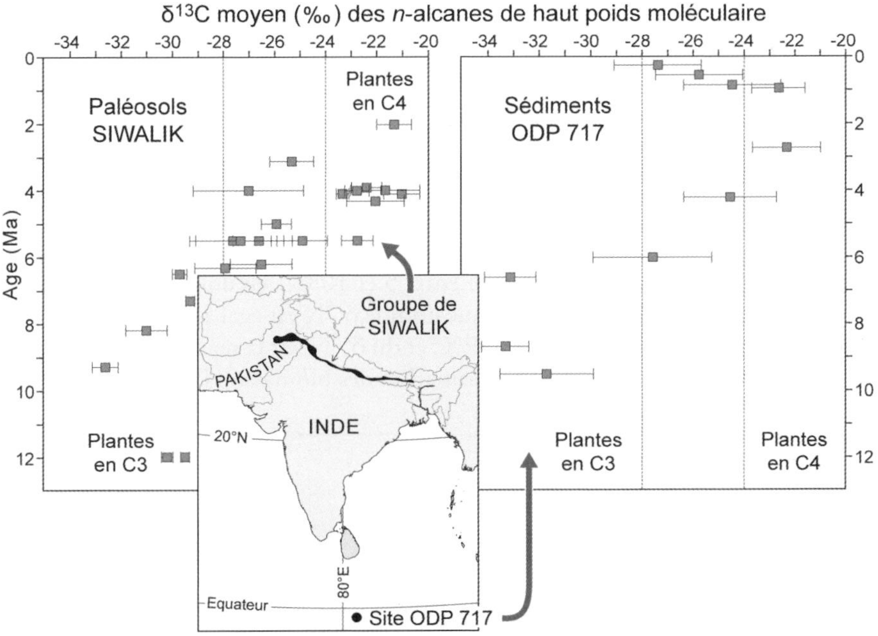

Figure 5.12 *Évolution depuis 12 millions d'années du $\delta^{13}C$ des* n*-alcanes de haut poids moléculaire (plus de 25 atomes de carbone) extraits de la matière organique des horizons superficiels de paléosols du groupe de Siwalik (série de l'avant-pays himalayen) et de sédiments marins prélevés au site ODP 717 dans le nord de l'océan Indien. On note un changement de la couverture végétale du continent indien vers 6 Ma avec le passage d'une biomasse dominée par les plantes en C_3 à une biomasse de plantes herbacées en C_4 (d'après Freeman & Colarusso, 2001).*

La composition isotopique de la matière organique des horizons A et B de 25 paléosols du groupe de Siwalik a été analysée, tant sur la matière organique totale que sur des fractions séparées (*n*-alcanes notamment). La même procédure d'analyse

...

isotopique des *n*-alcanes a été appliquée aux sédiments du site ODP 717, où il avait été montré antérieurement qu'un changement du $\delta^{13}C$ des kérogènes était intervenu vers 7 Ma avec le passage d'une matière organique typique de plantes en C_3 (– 25 à – 27 ‰) à une matière organique typique de plantes en C_4 (– 15 à – 17 ‰).

Les alcanes sont encore plus appauvris en ^{13}C que la matière organique totale, mais ils montrent que la transition dans le couvert végétal se fait en Inde autour de 6 Ma (Fig. 5.12). On note toutefois un retour à des valeurs plus négatives dans le domaine marin depuis 1 Ma environ, ce qui est interprété comme une augmentation des apports de plantes en C_3 en relation avec des changements dans le drainage du Gange et du Brahmapoutre et/ou des modifications du couvert végétal.

5.2.5 Le $\delta^{15}N$

Enfin, l'origine de la matière organique peut être distinguée par le $\delta^{15}N$. La distinction entre plantes terrestres et plantes marines est fondée sur le fait que la composition isotopique des sources d'azote est différente dans le domaine aérien et dans le domaine aquatique. Alors qu'en domaine aquatique marin la source d'azote est assurée par les nitrates dont $\delta^{15}N$ varie entre 5 et 10 ‰, en domaine aérien (continental) la source est le N_2 atmosphérique dont le $\delta^{15}N$ est égal à 0 ‰. Coupler dans un même diagramme les données du $\delta^{13}C$ et du $\delta^{15}N$ sur la matière organique sédimentaire permet d'avoir une bonne estimation des biomasses d'origine (Fig. 5.13).

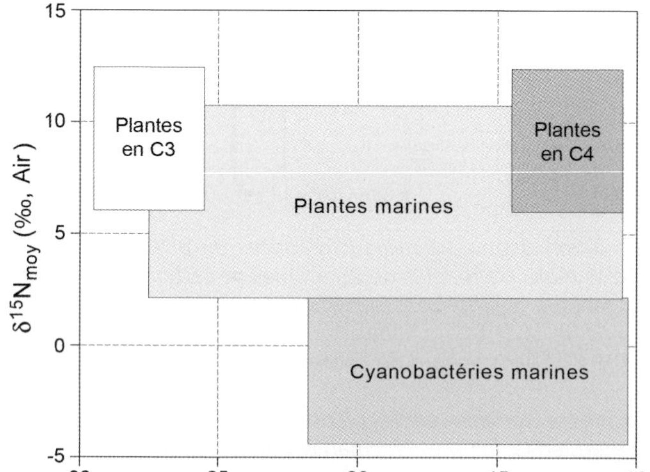

Figure 5.13 *Détermination des sources de la matière organique sédimentaire sur la base des valeurs de leur $\delta^{15}N$ et $\delta^{13}C$ (d'après Martinez, 1997).*

La valeur du $\delta^{15}N$ est cependant sujette à des perturbations en fonction de la disponibilité des nitrates dans le milieu et des processus de dénitrification (voir chapitre 2).

5.2.6 *La pyrolyse Rock-Eval*

Si l'analyse élémentaire et isotopique des kérogènes permet une bonne caractérisation de la matière organique sédimentaire, son coût de revient élevé et sa pénibilité (nécessité d'isoler la phase organique de la roche) imposent l'examen d'un nombre limité d'échantillons. Ces analyses ne permettent pas, en outre, de quantifier le potentiel pétrolier des roches analysées. Pour pallier ces difficultés, certains auteurs ont proposé une méthode d'évaluation de la qualité pétroligène des roches fondée sur la pyrolyse de leur contenu carboné. C'est ainsi que la méthode Rock-Eval® a été conçue et développée à l'Institut français du pétrole vers le milieu des années soixante-dix.

La méthode consiste à chauffer, sous courant de gaz inerte (N_2), environ 65 mg de roche broyée. La pyrolyse débute par une isotherme à 300 °C puis se poursuit jusque 650 °C avec une montée en température de 25 °C min^{-1} (Fig. 5.14). À 300 °C, les hydrocarbures libres (gaz et huile légère), c'est-à-dire déjà présents dans la roche, sont volatilisés (pic S_1). Dans l'intervalle 300-650 °C, les composés hydrocarbonés lourds (> C_{40}) sont volatilisés (pic S_2). La détection des produits libérés se fait par ionisation de flamme. Le CO et le CO_2 issus du craquage du kérogène sont détectés par une cellule infra-rouge. La fraction de CO_2 libérée jusqu'à 400 °C correspond au pic S_3.

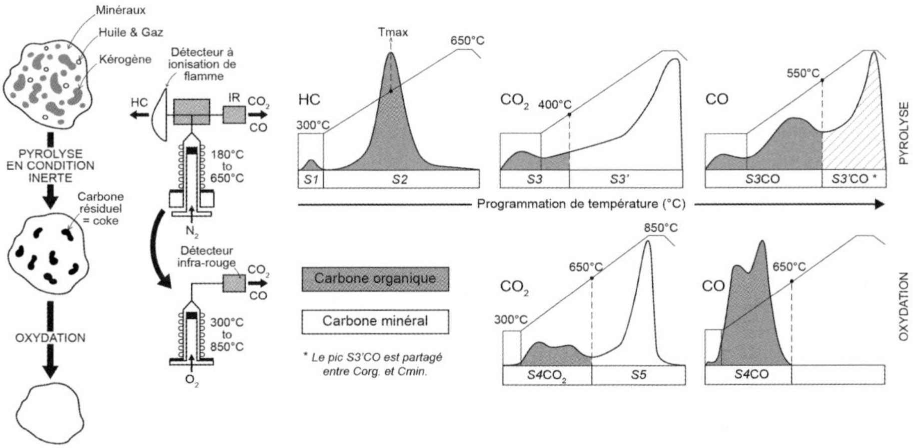

Figure 5.14 *Principe de la pyrolyse Rock-Eval et exemple d'enregistrement – appelé pyrogramme – obtenu au cours de l'analyse (d'après Behar* et al.*, 2001). S_1 : hydrocarbures libres, S_2 hydrocarbures pyrolysables, S_3 : CO_2 issu du craquage du kérogène.*

L'échantillon pyrolysé est ensuite introduit par un passeur automatique dans un four d'oxydation. Au cours de cette seconde phase d'analyse, l'échantillon est chauffé de 300 à 850 °C sous courant d'air avec une montée en température de 20 °C min^{-1}. Le CO et CO_2 produits sont détectés comme précédemment par une cellule infrarouge. On calcule la surface des pics S_4 et S_5 qui correspondent respectivement à la matière organique résiduelle et au carbone minéral (calcite, dolomite, etc.).

Ce cycle d'analyse, d'une durée de 50 minutes environ, fournit donc les paramètres suivants :

- la quantité d'hydrocarbures (gaz et huile) déjà présents dans la roche. Elle correspond au pic S_1 et est exprimée en mg g^{-1} de roche ;
- la quantité de produits hydrocarbonés issus du craquage du kérogène. Elle correspond au pic S_2 et représente la quantité totale d'huile, c'est-à-dire des hydrocarbures et des composés polaires liquides, que le kérogène peut fournir sous l'influence d'une augmentation de température ;
- la quantité de CO_2 issu du craquage de la matière organique, pic S_3 exprimée en mg CO_2 g^{-1} de roche ;
- le Tmax est la température du four atteinte au sommet du pic S_2, c'est-à-dire au moment du maximum de production des hydrocarbures. Ce paramètre est un indicateur du degré de maturation de la matière organique ; en effet, celle-ci est craquée à température d'autant plus haute qu'elle aura été portée à une température élevée au cours de son histoire géologique.

À partir de ces données sont calculés :

- la teneur en carbone organique total (COT), exprimée en % pondéral, de l'échantillon. C'est la somme du carbone pyrolysé et du carbone organique résiduel. La quantité de carbone pyrolysé est déduite de la quantité totale d'hydrocarbures + composés polaires par application d'un facteur multiplicatif obtenu par calibration de l'appareil ;
- le potentiel pétrolier de la roche. C'est la somme $S_1 + S_2$ exprimé en mg d'hydrocarbures (HC) par gramme de roche ou plus généralement en kg HC t^{-1} de roche ;
- l'index d'hydrogène IH = $(S_2/COT) \times 100$ (en mg HC g^{-1} COT) qui a la même signification que le rapport H/C de la composition chimique élémentaire de la matière organique dans le diagramme de van Krevelen ;
- l'index d'oxygène IO = $(S_3/COT) \times 100$ (en mg CO_2 g^{-1} COT) comparable au rapport O/C du kérogène.

Pour déterminer l'origine des matières organiques étudiées, on utilise principalement les index d'hydrogène (IH) et d'oxygène (IO). Les diagrammes IH-IO (Fig. 5.15) montrent une distribution des kérogènes comparable à celle du diagramme de van Krevelen. Une bonne corrélation existe entre la valeur de ces index et la lithologie : les sédiments bioturbés et clairs présentent généralement les valeurs d'IH les plus faibles et les valeurs d'IO les plus fortes, alors que les faciès noirs et laminés présentent la situation inverse (Fig. 5.16).

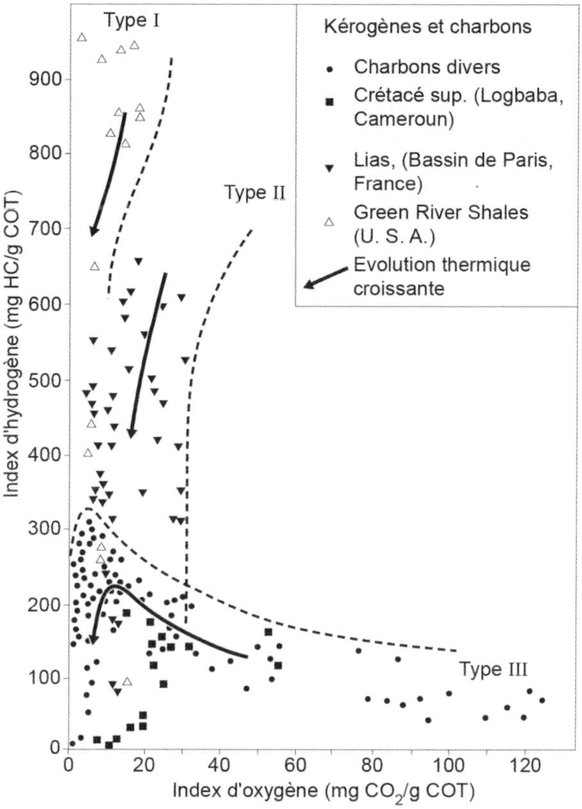

Figure 5.15 *Diagramme index d'hydrogène-index d'oxygène (IH-IO) montrant les trois types de kérogènes définis sur le diagramme de van Krevelen (d'après Espitalié* et al., *1985). À comparer avec la figure 5.8.*

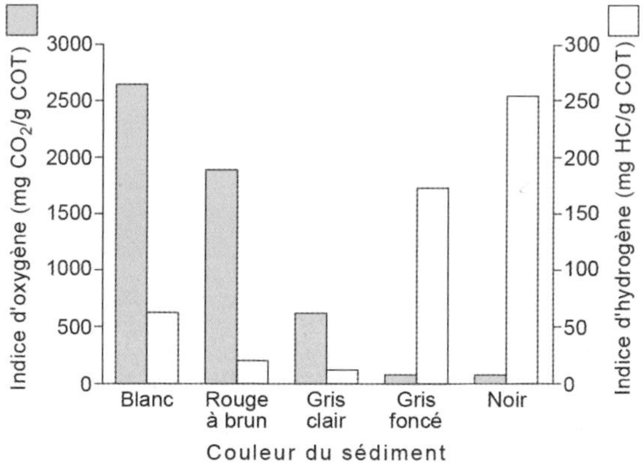

Figure 5.16 *Relation entre la couleur des sédiments et les valeurs habituelles des index d'oxygène (IO) et d'hydrogène (IH) dans des échantillons d'âges variés prélevés dans des forages océaniques profonds au cours des années quatre-vingt (d'après Tyson, 1995).*

Notion de faciès organique

À l'instar du microfaciès ou du biofaciès, on peut définir le faciès organique comme un ensemble sédimentaire contenant un assemblage distinct de particules organiques aisément reconnaissable par l'analyse optique et/ou caractérisé par des analyses géochimiques globales. Les éléments fondamentaux à prendre en compte sont bien évidemment l'origine de la matière organique, son état de préservation et son abondance relative (% COT). Dans la pratique, le faciès organique sera défini en premier lieu par l'analyse élémentaire ou, à défaut, par les index d'hydrogène et d'oxygène fournis par le Rock-Eval, le contenu en carbone organique et l'aspect de la matière organique en microscopie optique.

La liste des classifications ainsi proposées pour les faciès organiques est très longue et il serait fastidieux d'en dresser ici l'inventaire. La plus commode fait une transposition directe entre les types de kérogènes (I à IV) et les faciès organiques, notés A à D (Tab. 5.3).

Tableau 5.3 *Faciès organiques (d'après Jones, 1987 modifié Tyson, 1995).*
** Les charbons que l'on rattache à ce faciès organique contiennent entre 50 et 90 % de COT.*

<table>
<tr><td colspan="8">Caractéristiques géochimiques pour un PR de 0,5 %</td></tr>
<tr><td>Type de kérogène</td><td>I</td><td>I/II</td><td>II</td><td>II/III</td><td>III</td><td>III/IV</td><td>IV</td></tr>
<tr><td>H/C</td><td>< 1,45</td><td>1,25-1,45</td><td>1,15-1,35</td><td>0,95-1,15</td><td>0,75-0,95</td><td>0,60-0,75</td><td>> 0,60</td></tr>
<tr><td>Indes d'hydrogène</td><td>> 850</td><td>650-800</td><td>400-650</td><td>250-400</td><td>125-250</td><td>50-125</td><td>< 50</td></tr>
<tr><td>% COT</td><td>5-20+</td><td>3-10+</td><td>2-10</td><td>3-3+</td><td>3-70*</td><td>< 3</td><td>< 0,5</td></tr>
<tr><td colspan="8">Caractéristiques palynologiques</td></tr>
<tr><td>% MOA</td><td colspan="3">Dominant</td><td>Moyen</td><td colspan="3">Faible à nul</td></tr>
<tr><td>Fluorescence MOA</td><td>Forte</td><td colspan="3">Moyenne à faible</td><td>Faible</td><td colspan="2">Généralement absente</td></tr>
<tr><td>% phytoclastes</td><td colspan="3">Faible (dilution)</td><td>Moyen</td><td colspan="3">Généralement dominant</td></tr>
<tr><td>Phytocl. opques/ transparents</td><td colspan="3">Souvent fort</td><td colspan="2">Généralement faible</td><td colspan="2">Augmentation</td></tr>
<tr><td>% algues</td><td>Dominant</td><td>Modéré</td><td>Faible</td><td colspan="4">Généralement très rare</td></tr>
<tr><td colspan="8">Facteurs environnementaux</td></tr>
<tr><td>Tendance proximale-distale</td><td colspan="3">Distale</td><td colspan="4">Proximale -> Distale</td></tr>
<tr><td>Régime oxydant</td><td>Anoxique</td><td colspan="3">Anoxique-Dysoxique</td><td colspan="2">Oxique</td><td>Très oxique</td></tr>
<tr><td>Taux de sédimentation</td><td>Faible</td><td colspan="2">Variable</td><td colspan="2">Fort</td><td>Modéré</td><td>Faible</td></tr>
</table>

5.2.7 *Mélanges des genres !*

Il faut absolument garder en mémoire que dans la nature, il est très fréquent que la matière organique qui se dépose dans les sédiments provienne de plusieurs sources. Ainsi dans le domaine marin côtier, les débris de végétaux supérieurs se mêlent aux matières organiques algaires. Dans le domaine lacustre, le phytoplancton et des fragments de plantes vasculaires sont généralement associés alors que dans le domaine continental des plantes en C_3 et C_4 peuvent coexister.

La signature géochimique de la matière organique résultante sera donc mixte. Et finalement, quelle que soit la méthode d'analyse physico-chimique globale utilisée, la composition des mélanges de matières organiques s'inscrira dans une fourchette comprise entre les valeurs standards des pôles purs. Ainsi sur le diagramme de van Krevelen, un kérogène constitué d'une proportion équivalente de matières organiques de Type I et de Type III se situera dans le domaine du Type II. Un mélange de matières organiques dérivant de bactéries et de phytoplancton algaire pourrait présenter une valeur moyenne du $\delta^{13}C$ dans la gamme de celle des plantes en C_3.

Il est donc vivement recommandé de multiplier les méthodes de caractérisation de la matière organique et de ne pas faire appel qu'à des analyses globales. Les paragraphes qui suivent donnent un aperçu de l'arsenal de marqueurs issus de la géochimie moléculaire qui viennent enrichir la panoplie des outils de caractérisation de la matière organique sédimentaire et de ses conditions de dépôt.

5.3 Les analyses moléculaires

Le bitume est la fraction soluble de la matière organique sédimentaire. Elle contient principalement des hydrocarbures (c'est-à-dire des molécules exclusivement constituées d'hydrogène et de carbone) mais aussi beaucoup d'autres molécules non hydrocarbonées. Toutefois ces dernières ressemblent fortement aux hydrocarbures et n'en diffèrent que parce qu'elles présentent des fonctions alcools, aldéhydes, cétones, sulfurés associées à des structures majoritairement hydrocarbonées. Pour étudier les bitumes, il est nécessaire de les fractionner par chromatographie liquide de manière à séparer ses constituants par famille chimique. Les fractions obtenues sont analysées par chromatographie en phase gazeuse et par spectrométrie de masse, ou mieux par le couplage de ces deux techniques, ce qui permet une analyse des molécules en fonction de leur rapport m/z, m étant la masse moléculaire et z la charge.

Chromatographie gazeuse et spectrométrie de masse

Afin d'identifier les différents composants d'un mélange de substances organiques, une série de séparations est nécessaire (Fig. 5.17). Le mélange est d'abord déposé sur une colonne de gel de silice, qui l'adsorbe. On rince ensuite la colonne par des solvants ayant une polarité croissante – c'est-à-dire une affinité de plus en plus grande avec des molécules elles-mêmes polaires – et on élue ainsi des fractions contenant des molécules de plus en plus polaires. On sépare les constituants de la fraction contenant les hydrocarbures saturés à l'aide de tamis moléculaires, solides minéraux dont la structure contient de petites cavités régulières où seules les molécules allongées des alcanes linéaires sont piégées. Les molécules les plus grosses, ramifiées ou cycliques, restent en solution. Chaque fraction est ensuite séparée par chromatographie en phase gazeuse : la fraction est vaporisée dans un gaz inerte – c'est-à-dire qui ne réagit pas avec les molécules, comme de l'hélium – et envoyée dans un long tube capillaire. La paroi interne du tube capillaire est recouverte d'un film liquide non volatil. Les molécules s'y dissolvent et s'en évaporent sans cesse au fur et à mesure qu'augmente la température du tube ; les molécules les plus grosses y sont retenues plus longtemps que celles de petite taille. Ainsi, une ségrégation s'opère et on étale dans le temps la sortie des molécules en fonction de leur taille. À la sortie du tube, deux types de détection sont possibles. On peut détecter directement les molécules et on obtient alors un chromatogramme en phase gazeuse où l'ordre d'apparition des pics dépend de la taille et de la structure des molécules alors que la hauteur d'un pic est proportionnelle à la quantité de la substance. Dans le second type de détection, un faisceau d'électrons bombarde les molécules à la sortie du tube, les ionise et les fragmente. Les différents fragments ionisés sont ensuite déviés dans le champ magnétique d'un spectromètre de masse, les fragments les plus lourds étant les moins déviés. L'analyse de l'enregistrement obtenu, que l'on appelle spectre de masse, donne des indications sur la structure des molécules car elles ne se fragmentent pas au hasard. Ainsi un spectre de masse montrant des fragments ayant des masses de 177 et 191 indique une structure constituée de cycles caractéristiques des hopanes (Fig. 5.17).

...

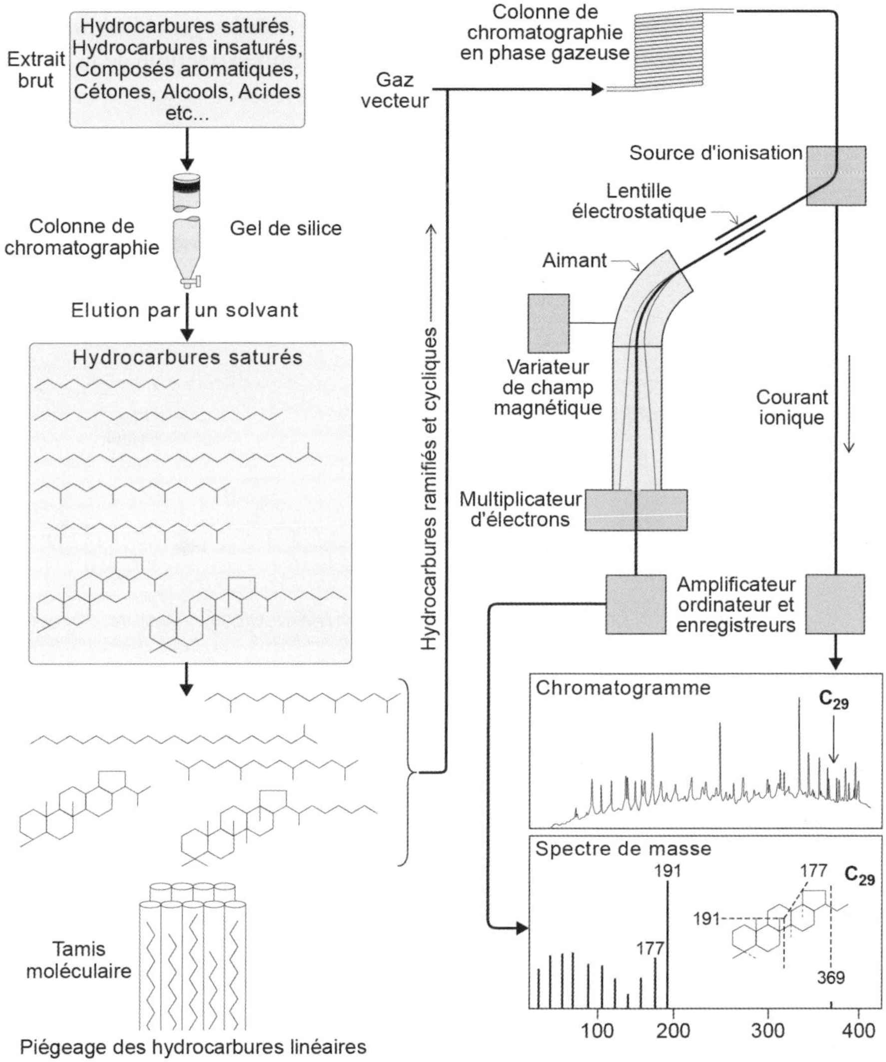

Figure 5.17 *Schéma de principe de la chromatographie en phase gazeuse couplée à la spectrométrie de masse permettant une analyse moléculaire de la matière organique (d'après Albrecht* et al., *1984).*

Un certain nombre de tissus des organismes, tels que les membranes cellulaires, les cuticules des feuilles, les pigments ou les résines, contiennent des molécules résistantes qui se préservent dans les sédiments où elles s'altèrent peu et restent identifiables. En général seuls les groupements fonctionnels (-OH par exemple) et les doubles liaisons sont perdus au cours de la diagenèse précoce. Le squelette hydrocarboné qui est finalement préservé – appelé géomolécule – permet bien souvent d'identifier les précurseurs biomoléculaires. C'est exactement la définition de la notion de fossile et on parle de biomarqueurs ou de fossiles géochimiques pour ces molécules caractéristiques récupérables dans la fraction extractible de la matière organique sédimentaire ou dans le kérogène (Fig. 5.18).

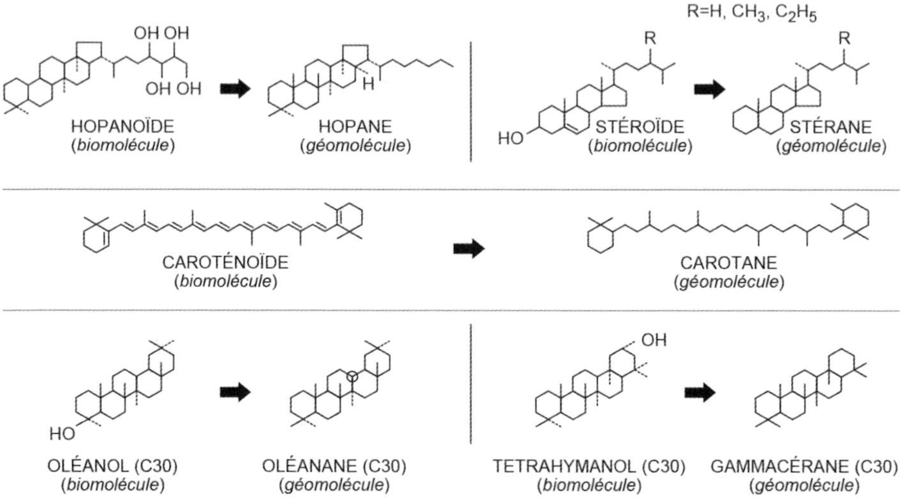

Figure 5.18 *Exemples de biomarqueurs, molécules dont la structure est caractéristique de leurs précurseurs biologiques et suffisamment résistante à l'échelle des temps géologiques pour servir de fossiles.*

Ces fossiles peuvent permettre d'identifier les organismes sources dont ils sont issus, peuvent être utilisés comme des marqueurs paléoenvironnementaux (paléosalinité, paléo-oxygénation, paléotempératures des eaux, etc.) ou encore peuvent servir à définir le degré de maturation des sédiments ou des pétroles. Enfin, en géologie pétrolière, ils sont couramment utilisés pour établir des corrélations entre les huiles et leur roche-mère.

Les exemples d'application de ces biomarqueurs sont extrêmement nombreux et la communauté des géochimistes organiciens travaille à affiner les techniques de leur analyse et à développer de nouveaux marqueurs. Dans le cadre de cet ouvrage, nous nous limiterons à quelques exemples.

5.3.1 *Les* n-*alcanes*

Les lipides extraits des sédiments peuvent être directement issus des organismes sources qui les synthétisent (dans ce cas biomolécule et géomolécule sont identiques) ou peuvent être très légèrement modifiés après la perte d'un groupement fonctionnel (Fig. 5.19). Les lipides provenant des végétaux supérieurs et des algues diffèrent principalement par la longueur de leur chaîne hydrocarbonée. Par exemple, la présence de *n*-alcanes à 27, 29 ou 31 atomes de carbone est caractéristique des cires épicuticulaires des végétaux supérieurs, alors que les algues sont caractérisées par un mode en *n*-C_{17}. Les *n*-acides et *n*-alcools à plus courtes chaînes (C_{12} à C_{16}, voire C_{18}) sont produits par tous les types de végétaux mais sont plus abondants dans les algues que dans les plantes supérieures. Après la perte du carbone carboxylique au cours de la diagenèse, ces molécules donnent des *n*-alcanes impairs.

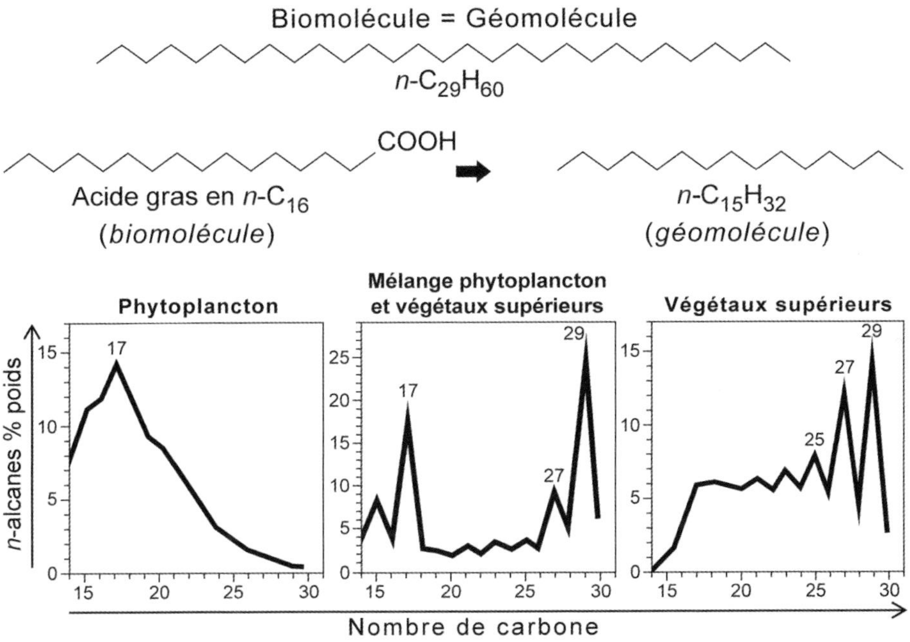

Figure 5.19	*Utilisation de la longueur des chaînes des* n-*alcanes dérivant des lipides des végétaux pour déterminer l'origine de la matière organique sédimentaire (algaire ou dérivant des végétaux supérieurs). Les mélanges sont évidemment fréquents. (Données Tissot* et al., *1975 et autres sources).*

La distribution de l'abondance relative des *n*-alcanes en fonction de leur nombre d'atomes de carbone permet d'avoir rapidement une idée de l'origine de la matière organique : marine si les *n*-C_{15} à *n*-C_{17} prédominent, terrestre si les *n*-C_{29} à *n*-C_{31} sont majoritaires (Fig. 5.19). Un index de source (terrigène *versus* aquatique) a d'ailleurs été proposé sur la base de la distribution des *n*-alcanes :

$$\text{TAR (terrigenous/aquatic ratio)} = (C_{27} + C_{29} + C_{31})/(C_{15} + C_{17} + C_{19})$$

Les mélanges de matières organiques de différentes sources sont fréquents et conduisent à une distribution bimodale des *n*-alcanes (Fig. 5.19).

5.3.2 *Les stérols et les stéranes*

Les stérols sont des alcools tétracycliques produits par une très grande variété d'eucaryotes et qui jouent le rôle de « rigidifiant » des membranes phospholipidiques des cellules. La présence ou l'absence de doubles liaisons, de groupement méthyle à différentes positions du squelette carboné, la longueur des chaînes latérales, ainsi que l'organisation spatiale – la stéréochimie – de ces molécules créent une très grande variété de stérols aux caractéristiques bien distinctes. Ces stérols ou leurs dérivés stables géologiquement (les stéranes) comprennent 27 à 29, voire 30 atomes de carbone, comme l'illustrent les quelques exemples de la figure 5.20.

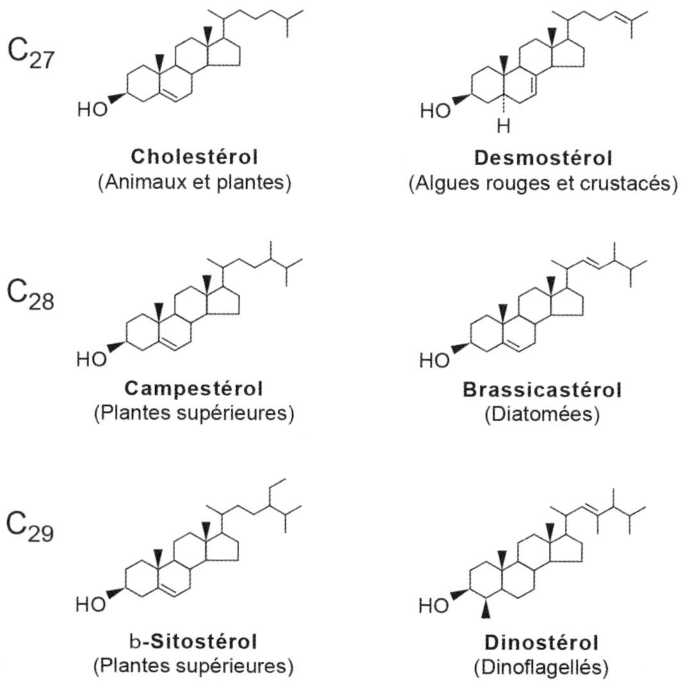

Figure 5.20 *Exemples de la structure moléculaire de quelques stérols à 27, 28 et 29 atomes de carbone et principaux producteurs de ces alcools tétracycliques.*

Les stérols et les stéranes sont donc utilisés comme marqueurs de source de la matière organique, les plantes supérieures étant caractérisées par des stérols à 29 atomes de carbone alors que le zooplancton est plus riche en stérols à 27 atomes de carbone. On utilise couramment des diagrammes ternaires, dont les pôles représentent la somme des molécules en C_{27}, C_{28} et C_{29}, pour discriminer les différentes biomasses (Fig. 5.21). De là on infère parfois le paléoenvironnement de dépôt, mais il faut se garder de généraliser les interprétations paléoenvironnementales tirées d'un tel diagramme car toutes les sources potentielles de stérols ne sont pas connues, ni dans l'Actuel, ni, *a fortiori*, dans le passé.

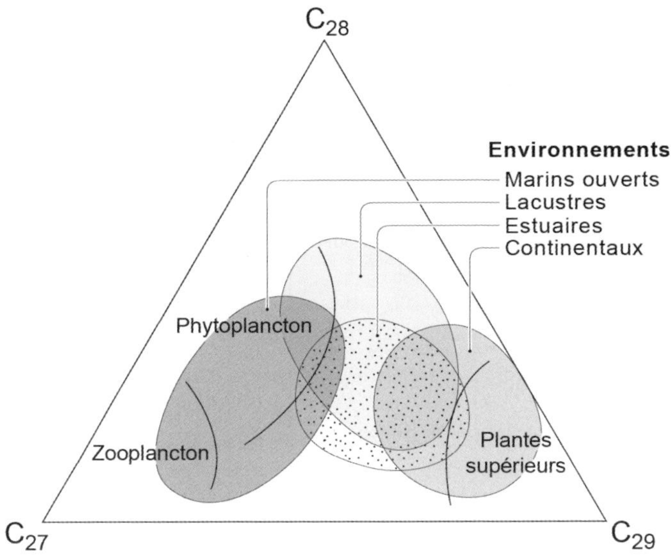

Figure 5.21 *Caractérisation des biomasses sources et des paléoenvironnements de dépôt de la matière organique sédimentaire sur la base des proportions relatives des stéranes en C_{27}, C_{28} et C_{29} dans un diagramme ternaire (d'après Huang & Meinschein, 1979).*

5.3.3 *Les dérivés de la lignine*

La lignine est un polymère synthétisé par les plantes vascularisées, qui imprègne des membranes cellulosiques des tissus de soutien et de conduction de la sève. C'est donc un constituant fondamental du bois. Parce que les gymnospermes (plantes à graine nue, comprenant essentiellement les conifères) et les angiospermes (plantes à fleurs) ne synthétisent pas les mêmes types de lignine, les changements dans le couvert végétal peuvent être identifiés à partir des dérivés de la lignine préservés dans les sédiments. L'avantage de ces marqueurs réside dans le fait que la lignine est un composant bien plus résistant à la dégradation que la cellulose ou l'hémicellulose.

La caractérisation des dérivés de la lignine nécessite une dépolymérisation par voie oxydative pour libérer différents composés phénoliques, cétoniques ou acides tels que ceux illustrés sur la figure 5.22A. Ces monomères sont regroupés en trois familles (vanillique, syringique et cinnamique) qui permettent d'identifier les plantes vasculaires sources. Une mesure de la contribution relative des tissus dérivant du bois et de ceux qui n'en proviennent pas est donnée par le rapport des phénols cinnamiques sur les phénols vanilliques (C/V). Le rapport C/V est la somme des acides férulique + p-coumarique sur la somme des trois phénols vanilliques. Les gymnospermes sont distinguées des angiospermes par leur moindre richesse en unités syringiques (Fig. 5.22B).

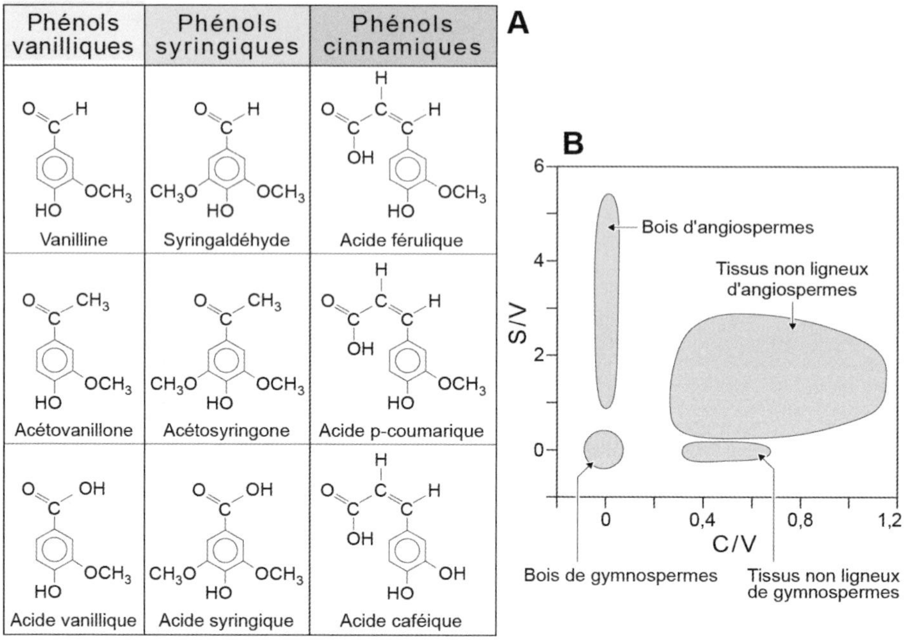

Figure 5.22 *A) Structures moléculaires des principaux composés phénoliques obtenus par dépolymérisation oxydative des différents types de lignine. L'acide caféique est un produit mineur comparé aux huit autres. B) Caractérisation de la source des lignines dans les sédiments sur la base des rapports de trois groupes de composés phénoliques : vanillique, syringique et cinnamique (d'après Meyers, 1997).*

Les biomarqueurs comme indicateurs paléoenvironnementaux

Paléo-oxygénation

La chlorophylle est le pigment majoritaire des plantes vertes qui assure l'absorption d'une partie de l'énergie solaire rendant possible la photosynthèse. Au niveau moléculaire, la chlorophylle comprend deux parties : une « tête » (polaire, soluble dans l'eau) formée de quatre noyaux pyrrole entourant symétriquement un atome de magnésium et une « queue » (apolaire, soluble dans les lipides) de phytol, longue chaîne alcool comprenant 20 atomes de carbone[8] (Fig. 5.23). Il existe cinq formes de chlorophylle (a, b, c, d, e), chacune possédant son spectre d'absorption propre.

...

8. Du phytol « libre » (non lié à un noyau tétrapyrrolique) est également produit par le phytoplancton

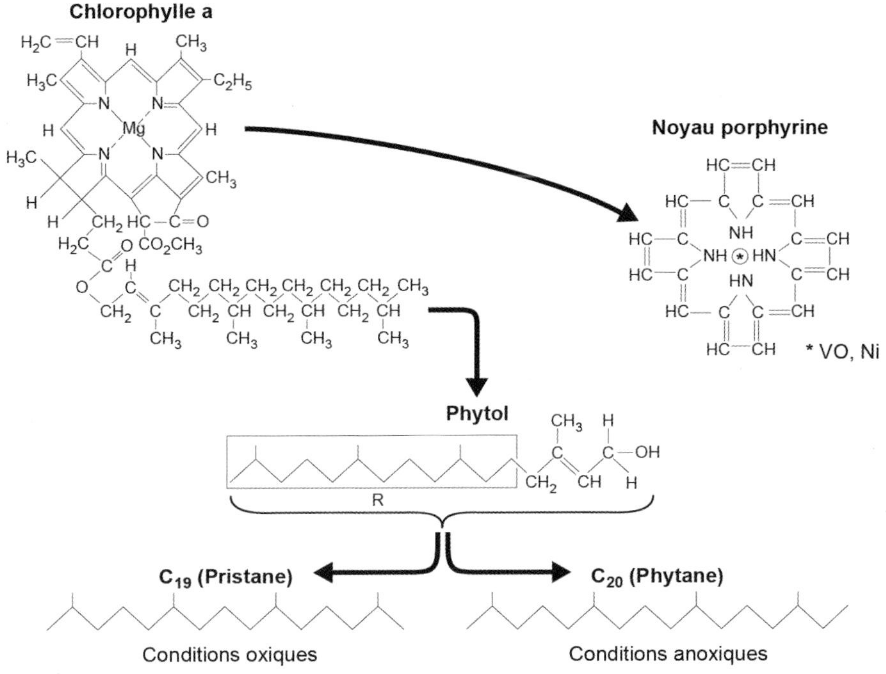

Figure 5.23 *Structure de la chlorophylle a, pigment essentiel de la photosynthèse et son devenir lors la diagenèse. Le noyau porphyrique est stable une fois le magnésium substitué par vanadium ou du nickel. La chaîne latérale phytol donne deux isoprénoïdes dont la proportion est fonction des conditions redox existant lors de leur formation dans le sédiment (d'après Tissot & Welte, 1984).*

Après la mort des végétaux, le noyau tétrapyrrolique et la chaîne latérale phytol se séparent et évoluent différemment. Le noyau tétrapyrrolique se réorganise très légèrement – en particulier le magnésium est remplacé par du nickel ou de l'oxyde de vanadium – donnant ainsi naissance à une famille de biomarqueurs : les porphyrines. La chaîne phytol évolue différemment si elle se trouve en conditions oxiques ou anoxiques. Dans le premier cas, le phytol subit plusieurs étapes de transformation dont une décarboxylation (perte d'un atome de carbone) et donne *in fine* un isoprénoïde à 19 atomes de carbone : le pristane. En conditions anoxiques, le phytol est d'abord hydrogéné puis subit une réduction pour donner un isoprénoïde à 20 atomes de carbone : le phytane (Fig. 5.23).

En fonction des conditions qui régnaient dans le sédiment, le phytane domine donc sur le pristane ou *vice versa*. Ces deux isoprénoïdes étant assez stables à l'échelle des temps géologiques, on mesure le rapport pristane/phytane (Pr/Ph) dans les bitumes extraits des roches ou directement dans les pétroles pour connaître la paléo-oxygénation de l'environnement de dépôt de la matière organique. Lorsque le rapport Pr/Ph est inférieur à 1, on en déduit généralement des conditions de dépôt anoxiques (Fig. 5.23).

Un autre biomarqueur de la paléo-oxygénation est l'isoréniératane, dont le précurseur, l'isoréniératène est un pigment de type caroténoïde synthétisé par les bactéries Chlorobiacées. La popularité de ce biomarqueur se base sur le fait que les Chlorobiacées sont des bactéries photosynthétiques et strictement anaérobies (elles utilisent H_2S et sont communément appelées *green sulfur bacteria* par les Anglo-Saxons), de sorte que la présence d'isoréniératane indiquerait le développement dans la colonne d'eau de conditions euxiniques ayant atteint la zone photique, telles qu'actuellement dans la mer Noire ou certains fjords. La présence d'isoréniératane dans des sédiments déposés pendant les événements anoxiques du Toarcien ou de l'Aptien (voir § 4.8) apportent ainsi la preuve que l'euxinisme aurait atteint la zone photique à l'échelle de très grands bassins océaniques et au moins pendant certaines périodes.

Paléotempérature

L'impact des variations des divers paramètres du climat, et notamment la température, sensible à l'échelle de l'écosystème ou de la population, l'est aussi au niveau de l'individu. Les modifications du milieu de vie peuvent induire une réponse quantifiable des êtres vivants à l'échelle biomoléculaire. Dans le domaine marin, le cas le plus connu est celui des alcénones qui sont aujourd'hui largement utilisées comme marqueurs, ou « proxy », des températures de surface de l'océan.

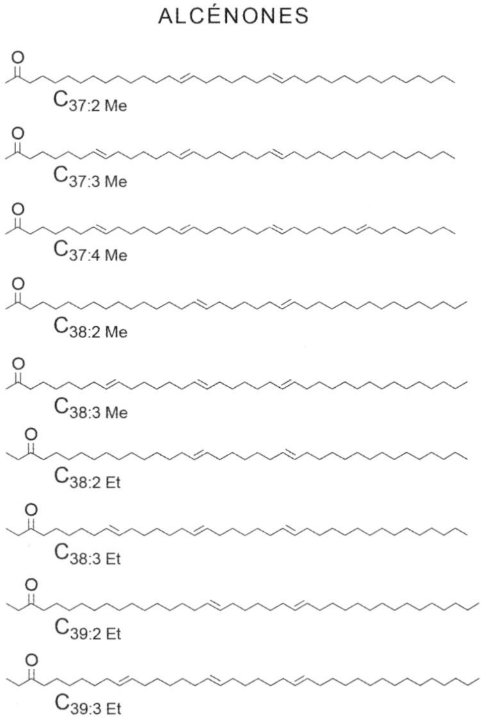

Figure 5.24 *Principales alcénones produites par le coccolithophoridé* Emiliana huxleyi, *montrant les différentes positions des di-, tri et tétra-insaturations (doubles liaisons) le long de la chaîne hydrocarbonée (d'après Brassell, 1993).*

...

Les alcénones sont des éthyl- et méthyl-cétones insaturées comprenant 37 à 39 atomes de carbone qui sont produites par certains coccolithophoridés (Fig. 5.24). La culture en laboratoire de l'espèce *Emiliana huxleyi* et l'analyse de prélèvements réalisés dans les océans ont montré que cet organisme modifie la composition lipidique de sa membrane cytoplasmique en fonction de la température des eaux de surface. Le degré d'insaturation (2, 3 ou 4 doubles liaisons) et la longueur de la chaîne change avec la température, probablement pour maintenir une certaine fluidité de la membrane de l'organisme. Cette dépendance avec la température se caractérise notamment par une augmentation de la 37:3 méthyl-cétone ($C_{37}H_{68}O$) aux dépens de la 37:2 méthyl-cétone ($C_{37}H_{70}O$) lorsque la température diminue (Fig. 5.25).

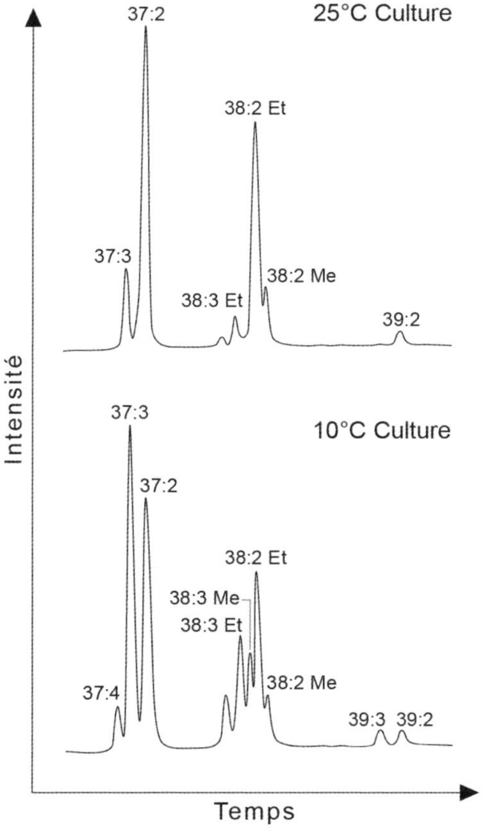

Figure 5.25 *Chromatogramme montrant des pics dont la position et l'intensité permettent de distinguer les différentes alcénones produites par* Emiliana huxleyi *et leurs proportions relatives dans des conditions de culture à 10 et 25 °C. La proportion d'alcénones tri- et tétra-insaturées diminue avec l'augmentation de température (d'après Brassell, 1993).*

...

...

Le rapport $U_{37}^{k'} = C_{37:2}/(C_{37:2}+C_{37:3})$ permet donc de mesurer l'importance relative du composé synthétisé en plus grande quantité aux températures les plus basses. Le rapport est d'autant plus faible que la température de l'eau est basse (Fig. 5.26). Cette dépendance a été vérifiée à la fois sur des échantillons prélevés au fond des océans, dans des pièges à sédiments et en laboratoire sur une population de *Emiliana huxleyi* mise en culture à différentes températures. Il a été également vérifié que ce rapport était assez peu dépendant des flux des nutriments et était conservé après ingestion des coccolithophoridés par des copépodes et des moules. Enfin il a été montré que la diagenèse précoce – oxique et suboxique – n'altérait pas la valeur de rapport $U_{37}^{k'}$. Au final, il apparaît que la dépendance du rapport $U_{37}^{k'}$ avec la température est linéaire, au moins pour une gamme de températures des eaux de surface de 5 à 30 °C, même si une équation exponentielle rend mieux compte de la relation pour les températures comprises entre 0 à 5 °C (Fig. 5.26).

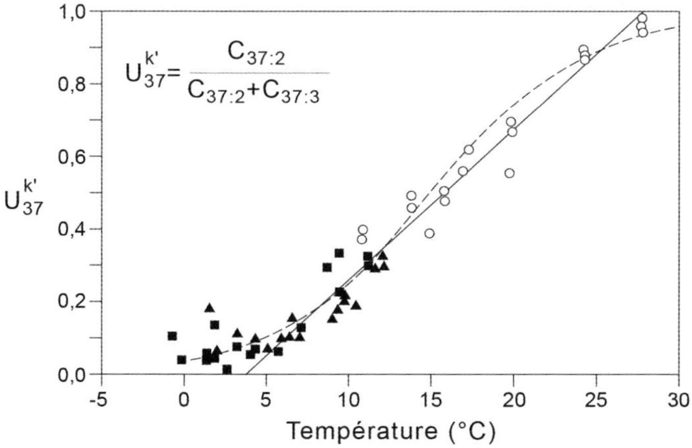

Figure 5.26 *Définition de l'index $U_{37}^{k'}$ et droites de calibration de cet index avec la température des eaux de surface de l'océan (d'après Brassell, 1993).*

La première application des alcénones comme paléothermomètre a été faite sur des sédiments quaternaires prélevés au large du Sénégal. Le rapport $U_{37}^{k'}$ a été mesuré sur plusieurs cycles glaciaires et interglaciaires et comparé aux valeurs du $\delta^{18}O$ mesurées sur deux espèces de foraminifères planctoniques et sur une espèce de foraminifère benthique (Fig. 5.27). Les courbes du $\delta^{18}O$, employées depuis longtemps, reflètent les variations de la température des eaux, même si ce marqueur dépend également partiellement de la salinité. Les résultats ont montré un excellent parallélisme dans l'évolution des deux marqueurs de paléotempérature des eaux de surface ($\delta^{18}O$ de *Globigerinoides sacculifer* et $U_{37}^{k'}$) avec un coefficient de corrélation supérieur à 0,9 et des paléotempératures calculées très comparables.

...

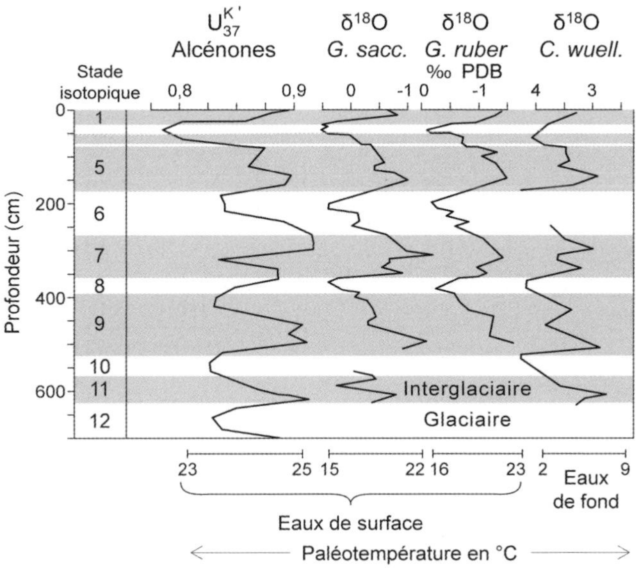

Figure 5.27 *Exemple de comparaison des paléotempératures de surface déterminées par le rapport isotopique de l'oxygène ($\delta^{18}O$) et par les alcénones ($U_{37}^{k'}$) dans des sédiments quaternaires de l'océan Atlantique.* Globigerinoides sacculifer *et* G. ruber *et sur une espèce de foraminifère benthique* Cibiddoides wuellerstorfi *(d'après Brassell, 1993).*

L'intérêt des alcénones est de permettre la reconstitution des températures des eaux de surface avec une précision de l'ordre de 0,5 °C pour le Quaternaire récent et de retrouver ainsi la chronologie des périodes glaciaires/interglaciaires. L'avantage de ce proxy par rapport au $\delta^{18}O$ est qu'il ne dépend pas de la salinité et peut être appliqué à des sédiments déposés sous la CCD dans lesquels la stratigraphie isotopique est impossible du fait de la dissolution des tests carbonatés.

Au début des années 2000, une alternative à l'$U_{37}^{k'}$ a été proposée avec le paramètre TEX_{86} qui découle de l'analyse des lipides membranaires des *Thaumarchaeota*, un groupe d'archées abondant dans les eaux marines et les lacustres. Leurs membranes sont principalement constituées de tétra-éthers (à 86 atomes de carbone) comportant deux chaînes contenant des cycles pentane (Fig. 5.28). Comme pour les alcénones, la distribution de ces molécules et le nombre de cycles qu'elles renferment dépendent de la température du milieu. La relation entre les abondances relatives de cinq de ces tétra-éthers et la température des eaux a été quantifiée à partir de l'index TEX_{86} (Fig. 5.28). L'avantage de cet index par rapport à l'$U_{37}^{k'}$ est double : d'une part, les *Thaumarchaeota* sont des organismes « ancestraux », ce qui rend le TEX_{86} applicable à des temps géologiques plus anciens que l'$U_{37}^{k'}$ (qui est surtout limité au Quaternaire) et, d'autre part, cette calibration semble valide aussi bien en domaine marin qu'en contexte lacustre, ce qui n'est pas le cas de $U_{37}^{k'}$. Le TEX_{86} est de plus en plus utilisé pour la reconstitution des paléotempératures marines (Fig. 5.29) ou lacustres et cela pour des périodes remontant jusqu'au Jurassique.

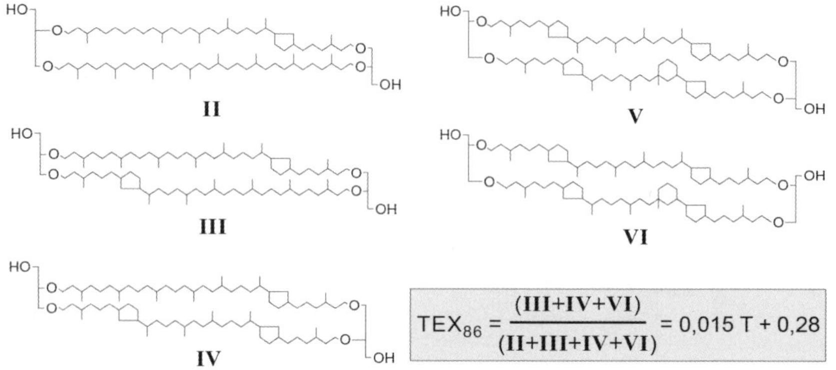

$$\text{TEX}_{86} = \frac{(\text{III}+\text{IV}+\text{VI})}{(\text{II}+\text{III}+\text{IV}+\text{VI})} = 0{,}015\ \text{T} + 0{,}28$$

Figure 5.28 *Principaux tétra-éthers lipidiques produits par les* Crenarchea *servant à définir l'index* TEX_{86}, *utilisé comme indicateur de la paléotempérature des eaux de surface océanique (d'après Schouten* et al., *2002).*

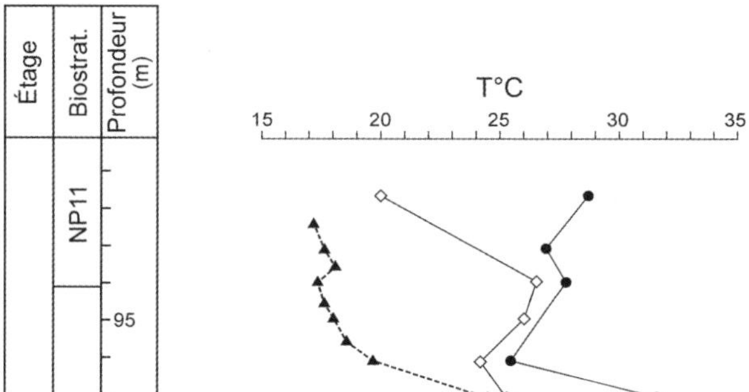

Figure 5.29 *Comparaison de l'évolution des paléotempératures déterminées par* $\delta^{18}O$ *sur des foraminifères benthiques et planctoniques et par le* TEX_{86} *dans des sédiments marins autour de la limite Paléocène-Éocène (d'après Zachos* et al., *2006).*

...

Très récemment l'analyse des tétra-éthers dans des sols prélevés à différentes altitudes le long de montagnes asiatiques et africaines a montré que la température avait également une influence sur la distribution de ces molécules, ouvrant peut-être la voie à l'application du TEX_{86} au domaine continental émergé.

Origine pédologique de la matière organique

On trouve aussi dans les profils pédologiques des tétra-éthers à chaînes alkyles ramifiées qui sont présents dans les membranes de certaines bactéries anaérobies abondantes dans les sols. En partant de l'hypothèse que ces molécules sont produites exclusivement par des bactéries continentales, il a été proposé de les comparer à une molécule d'archée marine ou lacustre, le crénarchéol, pour proposer un marqueur d'origine de la matière organique : le BIT index (pour *Branched Isoprenoid Tetraether*). Si plusieurs études ont par la suite démontré que ces molécules ne sont pas chacune exclusivement inféodées à un milieu (aquatique *versus* sol), le BIT index reste un bon marqueur pour définir la contribution relative de la matière organique dérivant des sols. Au débouché des grands fleuves, comme par exemple le Congo, les fluctuations temporelles du BIT index sont bien corrélées aux changements climatiques quaternaires qui ont eu un fort impact sur l'intensité de l'altération et de l'érosion des sols dans le bassin-versant. En associant ce marqueur à d'autres permettant de déterminer la fraction issue du phytoplancton marin et celle provenant de débris de plantes terrestres peu dégradées, il devient ainsi possible de déterminer la contribution relative de ces différents types de matière organique dans une argile marine déposée au large du Congo (Fig. 5.30).

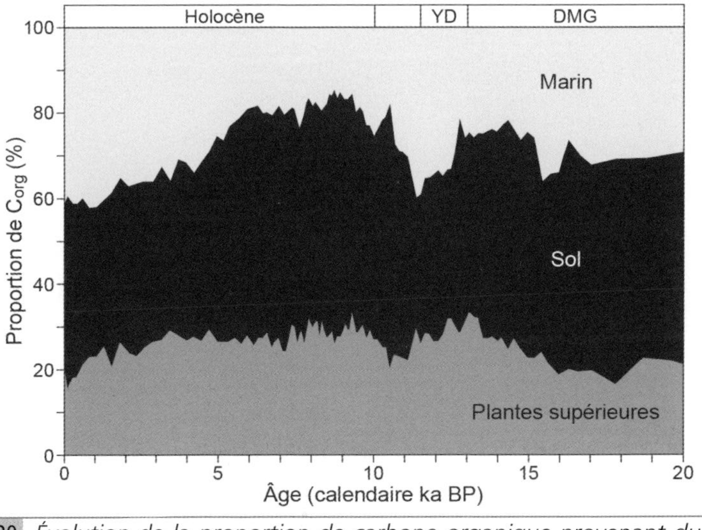

Figure 5.30 *Évolution de la proportion de carbone organique provenant du phytoplancton, des sols et des plantes supérieures dans des sédiments déposés au large du Congo depuis le dernier maximum glaciaire (DMG) jusqu'à l'actuel (d'après Weijers* et al., *2009). Le Younger Dryas (YD) est un retour à une période froide au cours de la déglaciation. La fraction organique pédologique a été déterminée sur la base du TEX_{86}.*

6

L'évolution thermique des matières organiques sédimentaires : du kérogène aux charbons et aux pétroles

La matière organique morte évolue d'abord à des températures d'une dizaine à une trentaine de degrés, au sein de sols et de lacs en milieu continental et dans des eaux marines en milieu océanique (voir chapitre 2). Elle évolue ensuite dans des conditions diagénétiques où la température s'élève jusqu'à 60 °C environ sous l'effet du gradient géothermique. Son évolution se poursuit et se terminera, enfin, dans des conditions dites catagénétiques puis métagénétiques où la température atteint environ 120 °C en fin de catagenèse et 250 °C en fin de métagenèse[9].

9. Terme à ne pas confondre avec méthanogenèse qui signifie formation du méthane (CH_4).

6.1 Le diagramme de van Krevelen

Ces trois domaines thermiques successifs (diagenèse, catagenèse, métagenèse) ont été reconnus à partir des variations des teneurs de trois éléments cardinaux constituant la matière organique : carbone, hydrogène et oxygène. On doit au hollandais D.M. van Krevelen, pétrographe du charbon, d'avoir mis au point le diagramme reproduit dans la figure 6.1, où est représentée la variation du rapport des nombres d'atomes d'hydrogène et de carbone en regard de celle du rapport des nombres d'atomes d'oxygène et de carbone. Par le jeu de ces rapports, ce diagramme à deux dimensions a l'avantage d'illustrer les variations des teneurs relatives des trois éléments cardinaux de la matière organique au cours de son évolution thermique. Les matières organiques dont les compositions sont reportées dans le diagramme de van Krevelen ne sont pas des matières organiques brutes mais des kérogènes, c'est-à-dire des matières organiques privées de leurs constituants solubles dans des solvants organiques (voir chapitre 5). Ces constituants solubles, que les géochimistes organiciens regroupent sous le terme de fraction bitume, contiennent essentiellement des lipides (hydrocarbures, esters d'acides et d'alcools gras, pigments...) présents au sein du sol, du sédiment ou de la roche. Le kérogène est le complément insoluble de la fraction bitume au sein du sédiment ou de la roche. L'étymologie du mot « kérogène » (du grec *kêros*, cire, corps gras, huile et *genea* qui engendre) prend alors toute sa signification. Le kérogène désigne en effet la fraction organique de la roche susceptible d'engendrer des huiles, mais ne l'ayant pas encore fait à la température maximale atteinte jusque-là dans la roche. Le diagramme de van Krevelen est donc, avant tout, porteur d'une information sur la quantité d'éléments (C, H, O) à même d'entrer dans la composition d'huiles ou de gaz pétroliers.

Ce diagramme illustre un grand processus concernant l'évolution de la composition de la matière organique, depuis les premiers stades sédimentaires de son évolution, à faible profondeur, jusqu'à ses étapes ultimes en profondeur. Les profondeurs auxquelles ont été prélevés les kérogènes analysés croissent de la droite du diagramme vers la gauche (conformément au sens des flèches portées le long des trois lignées de kérogène I, II et III). L'évolution de la composition élémentaire des kérogènes se traduit par une perte plus intense d'atomes d'hydrogène et d'oxygène que de carbone, la perte majeure en oxygène étant plus précoce que la perte majeure en hydrogène. L'on peut alors s'attendre à ce que, tout au long de cette première période d'évolution de la matière organique, dite de diagenèse, la transformation de la matière organique s'accompagne d'abord de la production d'espèces chimiques riches en oxygène (CO_2, H_2O, acides organiques, composés polaires des huiles). Cette première période d'évolution de la matière organique a été qualifiée d'« époque de l'oxygène ».

La période suivante – qualifiée d'« époque de l'hydrogène » – est celle où des quantités significatives d'hydrogène sont consommées pour l'essentiel dans la genèse d'hydrocarbures. Il s'agit de la période de catagenèse. Dans cette période, des hydrocarbures de haut poids moléculaire se forment les premiers et constituent des huiles lourdes. Des hydrocarbures légers se forment aux plus hautes températures et forment d'abord des huiles légères puis des gaz (Fig. 6.1).

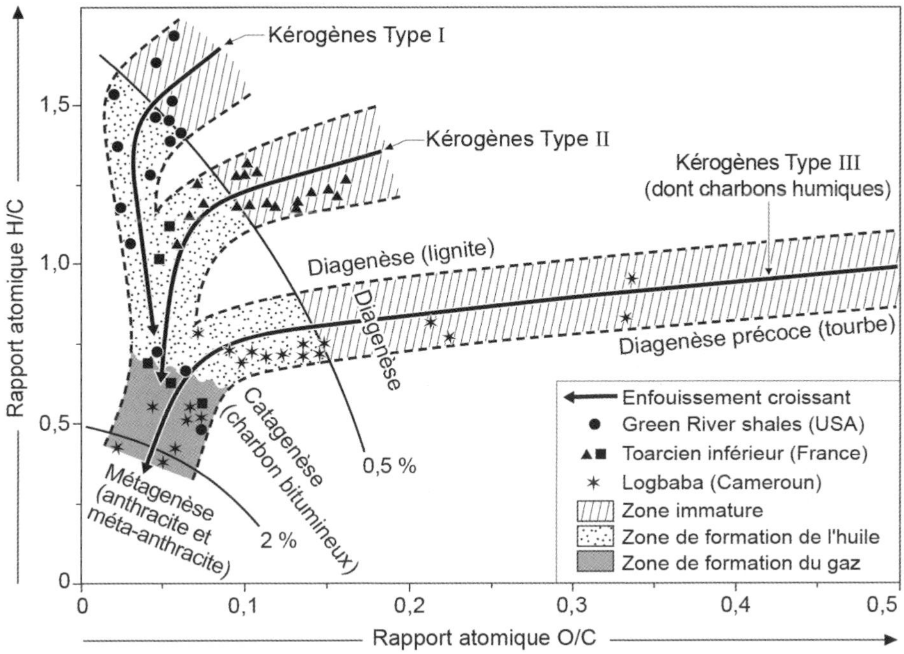

Figure 6.1 *Diagramme de van Krevelen montrant, en fonction de l'évolution thermique, l'évolution des rapports atomiques H/C et O/C des trois types de kérogènes de référence, les zones principales de formation des huiles et des gaz et les termes de la lignée des charbons. Les courbes 0,5 et 2 % correspondent à des courbes d'iso-réflectance du pouvoir réflecteur de la vitrinite (d'après Durand, 1980).*

À la fin de la période de catagenèse, la réserve d'atomes d'oxygène et d'hydrogène est quasiment épuisée alors que demeurent, dans un kérogène méritant de moins en moins ce nom (car manquant d'hydrogène pour générer des hydrocarbures), des quantités notables d'atomes de carbone. Ce kérogène résiduel produit encore quelques molécules gazeuses, essentiellement du méthane, et ses atomes de carbone s'organisent au sein d'unités pré-graphitiques ; le graphite n'étant atteint, dans la nature, que sous des pressions élevées (2 GPa). Ce dernier stade a été qualifié d'« époque du carbone ».

Le comportement des constituants, atomiques et moléculaires, de la matière organique, au cours de son enfouissement dans les bassins sédimentaires, peut donc être décrit dans ces trois moments de la diagenèse thermique (faisant suite à la diagenèse précoce), de la catagenèse et de la métagenèse.

Les deux sens du mot diagenèse

Le sens le plus anciennement donné au mot diagenèse désigne l'ensemble des processus biologiques, chimiques et physiques intervenant au sein d'un sédiment et conduisant, généralement, à sa transformation en une roche sédimentaire. Ces processus s'expriment dans la colonne sédimentaire jusqu'à l'orée du métamorphisme, c'est-à-dire sur des profondeurs pouvant atteindre plusieurs milliers de mètres (6 000 à 7 000 m) et dans une gamme de températures allant de 10 °C, environ, en surface, à 200 °C, environ, en profondeur. Or, le sens donné au mot diagenèse dans la lecture du diagramme de van Krevelen est beaucoup plus restrictif que celui qui vient d'être rappelé. Il ne désigne que la première partie de la diagenèse des pétrographes sédimentaires, au sens temporel, spatial (0 à 2 000 m environ) et thermique (10 °C à 60 °C). La raison de cette restriction est simple. Il importait, pour les géologues pétroliers, de bien individualiser, dans le vocabulaire, les « époques » de l'oxygène, de l'hydrogène et du carbone, et donc de ne pas les nommer d'un même mot. Le mot de diagenèse a cependant été conservé pour désigner l'époque de l'oxygène, mais aussi l'ensemble des premières étapes de transformation des sédiments sous l'influence des micro-organismes.

6.2 Le comportement des constituants organiques au cours de la maturation thermique

6.2.1 *Le comportement des constituants organiques dans la diagenèse thermique*

Comme on l'a vu au chapitre 2, la diagenèse superficielle de la matière organique procède sous l'influence de l'oxygène atmosphérique mais surtout sous des influences microbiennes, aérobies et anaérobies. Une partie des éléments chimiques constituant les biomasses initiales est alors recyclée sous forme ionique (HCO_3^-, SO_4^{2-}, HPO_4^{2-}, cations) ou moléculaire (NH_3, H_2S, H_2O, CO_2), alors que son complément participe à la genèse d'espèces organiques néoformées (acides fulviques, acides humiques, humine). Ce sont ces composés, « humines » au sens large, qui vont être lentement enfouis et soumis à des températures croissantes au cours de la diagenèse thermique. La température y varie d'une dizaine de degrés à 60 °C, environ, à des profondeurs voisines de 2 000 m.

Au cours de cette étape, la matière organique se défonctionnalise, c'est-à-dire perd l'essentiel de ses hétéroatomes (O, N et S). Mais, entre le domaine de la diagenèse superficielle et celui de la diagenèse thermique, le mécanisme de la perte des hétéroatomes a changé : de microbienne qu'elle était dans la diagenèse superficielle la dissociation des hétéroatomes devient progressivement thermique, c'est-à-dire qu'elle procède par des ruptures et des réorganisations moléculaires induites par la température.

L'oxygène est soustrait essentiellement sous forme de molécules simples (CO_2, H_2O) mais aussi sous forme de composés lourds, appelés résines et asphaltènes, riches en oxygène, azote et soufre et possédant de nombreuses entités hydrophobes qui rend l'ensemble des molécules insolubles dans les eaux mais solubles dans les solvants organiques. À partir de cette étape, la matière organique contient donc une fraction extractible (par les solvants organiques) et une fraction insoluble dans ces solvants qui mérite donc pleinement le nom de kérogène.

La fraction extractible doit sa réactivité à son acidité et à sa polarité. L'acidité est le fait de l'acide carbonique (H_2CO_3), de petits acides organiques dont la teneur commence à croître à la fin de la période de diagenèse et de fonctions dissociables portées par les résines et les asphaltènes (COO^-, O^-, phénols). La conséquence essentielle du développement de cette acidité est la mobilisation de cations, par dissolution, aux dépens de certains minéraux. La polarité (matérialisée par la présence de sites superficiels porteurs d'atomes O, N ou S – appelés ligands – chargés négativement et donc à même de fixer des cations) confère aux constituants qui en sont porteurs une capacité de complexation pour ces cations (Fig. 6.2). La fixation du cation est permise, et favorisée, par la géométrie des sites (polyédriques) que dessinent plusieurs ligands adjacents. Un tel site est, de par sa géométrie, favorable à la fixation préférentielle d'un cation (comme Al^{3+}) ou d'une famille de cations, par exemple des cations métalliques de la première série de transition (Mn^{2+}, Fe^{2+}, Co^{2+}, Ni^{2+}, Cu^{2+}, Zn^{2+}). Les conséquences diagénétiques de ces phénomènes de complexation sont, à nouveau, une dissolution facilitée de certains minéraux, mais aussi un maintien en solution de certains cations et donc une capacité d'insertion dans de nouvelles phases minérales.

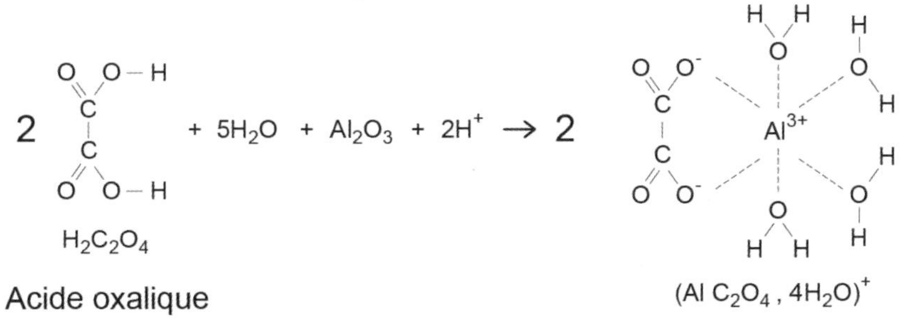

Figure 6.2 *Réaction de complexation. Structure de l'ion complexe formé entre Al^{3+} et l'acide oxalique (d'après Surdam* et al., *1989).*

6.2.2 *Le comportement des constituants organiques au cours de la catagenèse et de la métagenèse*

Les réactions intervenant dans ces deux périodes d'évolution des kérogènes ont en commun d'être activées par des énergies thermiques élevées et croissantes avec la profondeur. Les températures varient de 80 à 120 °C, environ, dans la catagenèse et de 120 à 200 °C, environ, dans la métagenèse. La catagenèse est la période où s'opère un craquage intense du kérogène, produisant encore des composés polaires (petits acides, résines et asphaltènes, épuisant les atomes résiduels d'oxygène et d'azote du kérogène), puis des hydrocarbures, d'abord lourds et liquides (pétroles *sensu stricto*), puis de plus en plus légers et gazeux. La métagenèse est la période où le craquage des derniers atomes résiduels d'hydrogène conduit à la genèse d'hydrocarbures très légers, essentiellement du méthane, aux côtés d'un résidu carboné de plus en plus aromatique à mesure que la température augmente et qui tend donc vers une structure pré-graphitique.

Le comportement des constituants organiques au cours de cette période est indissociable de celui des autres phases sédimentaires. Ces constituants induisent, en effet, une activation géochimique, minéralogique, pétrologique et hydrologique, au sein du bassin, impliquant les fonctions acides et complexantes des composés polaires et des petits acides.

6.3 Origine, nature et propriétés des acides produits au cours de la catagenèse

6.3.1 *Origine et nature*

Les « petits acides » sont des composés symptomatiques de la catagenèse à des températures comprises entre 80 et 120 °C. À côté de l'acide carbonique produit par l'oxydation du carbone du kérogène, les acides organiques apparaissant dans le même temps ont des chaînes courtes (C_1 à C_3, Fig. 6.3). Leur formation résulte (1) du craquage thermique de fonctions oxygénées du kérogène, (2) de réactions redox intervenant entre des espèces carbonées réductrices (kérogène, résines, asphaltènes ou hydrocarbures déjà présents dans le sédiment) et des oxydants inorganiques (SO_4^{2-}, Fe^{3+}, Mn^{4+}, H_2O). Ces réactions ont été décrites dans le chapitre 2 pour des matières organiques sédimentaires superficielles non évoluées thermiquement. Elles s'appliquent également aux matières organiques déjà engagées dans la diagenèse thermique. Elles libèrent ici des espèces organiques oxydées possédant des fonctions acides.

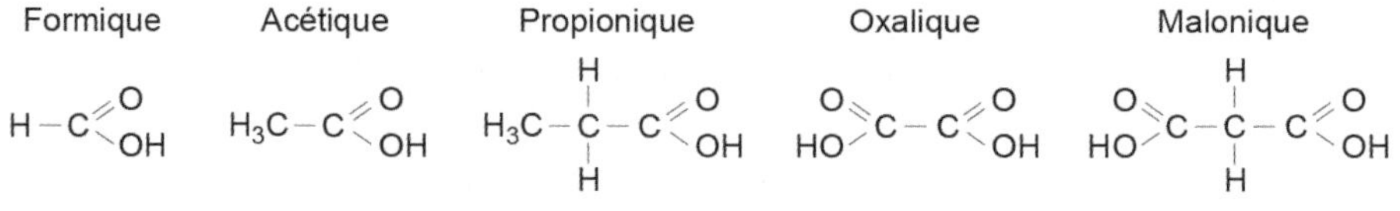

Figure 6.3 *Exemples de « petits » acides organiques rencontrés dans des solutions diagénétiques et catagénétiques associées à des gisements pétroliers.*

La figure 6.4 montre la variation de la quantité d'acides organiques carboxyliques produits en fonction de la température. Cette quantité atteint un maximum entre 80 et 120 °C. Mais, dès ce domaine de températures, certains de ces acides organiques s'avèrent instables et se décomposent en libérant des ions HCO_3^-, selon la réaction : $CH_3\text{-}COO^- + H_2O \rightarrow CH_4 + HCO_3^-$.

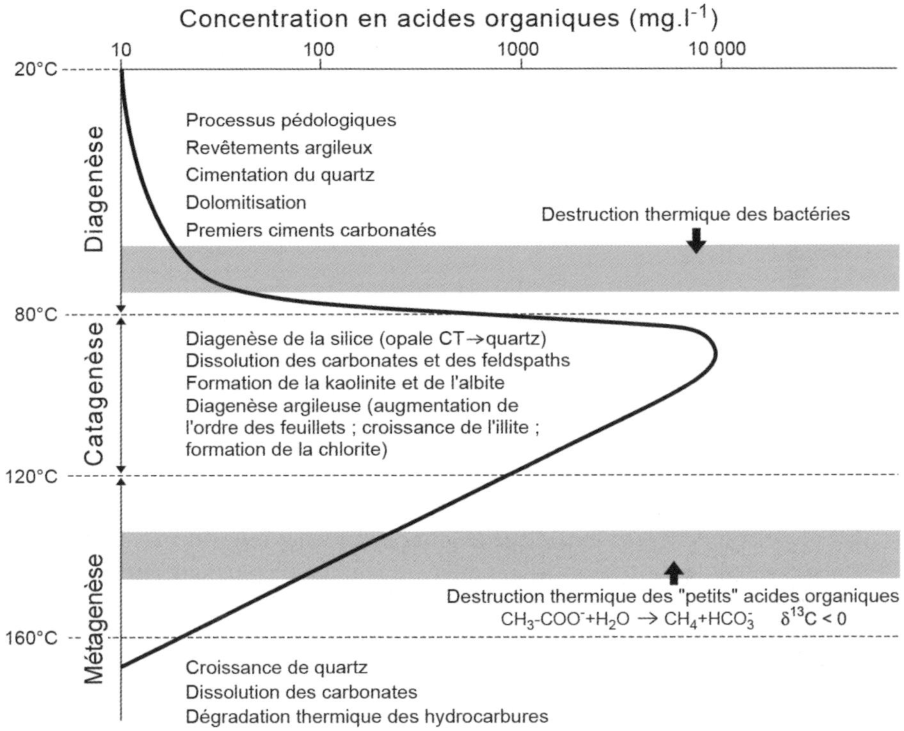

Figure 6.4 *Évolution de la concentration en acides organiques avec la température et principales réactions minéralogiques diagénétiques, au sens large, dans les trois zones rencontrées. Ces réactions sont particulièrement actives pendant la catagenèse (d'après Surdam* et al., *1989).*

La figure 6.4 rappelle également que l'activité des microbes (bactéries et archées) diminue significativement à des températures voisines de 80 °C. La sulfato-réduction qui se poursuit au-delà de ces températures est donc de nature essentiellement thermique, et utilise l'anhydrite ou le gypse selon la réaction : $CaSO_4 + CH_4 \rightarrow CaCO_3 + H_2S + H_2O$.

On parle alors de réduction thermique des sulfates ou TSR (*Thermal Sulfate Reduction* en anglais), phénomène qui peut avoir un impact important sur la dégradation des huiles dans les réservoirs (voir § 6.10).

6.3.2 Propriétés de l'acide carbonique et des acides organiques produits pendant la catagenèse

L'introduction de ces acides, carboniques et organiques, dans les solutions interstitielles sédimentaires a des conséquences majeures sur le déroulement de la diagenèse des espèces minérales présentes dans le sédiment, pour les trois raisons suivantes :

- par leur pouvoir acidolysant, ces espèces ont la capacité de dissocier et de libérer certains éléments constitutifs des minéraux, essentiellement des cations, et de contraindre ces éléments soit à se concentrer dans la solution soit à précipiter au sein de minéraux issus de la néogenèse ;
- ces espèces acides ont, sous leur forme déprotonée, le pouvoir de complexer certains éléments, notamment métalliques (Al, Fe, Mn, Cu, Zn, Pb, U...) et de modifier ainsi (en général d'augmenter) leur solubilité au sein des eaux interstitielles ;
- ces espèces organiques ont, enfin, la capacité, dans les conditions réductrices régnant dans la profondeur des bassins sédimentaires, de réduire certains éléments (Fe^{3+}, Mn^{4+}, UO_2^{2+}, SO_4^{2-}) et d'orienter ainsi leur comportement vis-à-vis de partenaires ou de réactions diagénétiques (maintien en solution, précipitation, complexation).

Trois exemples ont été retenus pour illustrer ces différentes propriétés :

- La figure 6.5 montre de façon synthétique la nature et l'extension en fonction de la température des réactions diagénétiques essentielles intervenant dans un bassin sédimentaire contenant de la matière organique (le plus souvent sous forme dispersée), des carbonates et des silicates. Les espèces organiques impliquées dans les processus diagénétiques sont, de haut en bas, des kérogènes immatures puis des kérogènes associés à des acides organiques. Les produits issus de ces réactions agissent sur les équilibres des carbonates, soit directement (HCO_3^-) soit en contrôlant le pH des solutions interstitielles. Les carbonates connaissent ainsi, dans une telle colonne sédimentaire, deux moments de précipitation alternant avec deux moments de dissolution (Fig. 6.5).
- La réduction de certains éléments (Fe^{3+}, Mn^{4+}, UO_2^{2+}, SO_4^{2-}) par des espèces organiques (kérogènes, hydrocarbures, acides organiques) donne à ces éléments accès à des minéraux en voie de formation. Ainsi des chlorites ferrifères se constituent-elles, dans les domaines de températures de la diagenèse thermique, aux dépens de kaolinite et de Mg^{2+} et de Fe^{2+} réduit au contact de matière organique. La réaction s'avère, au demeurant, très acidifiante :

$$3{,}5\ Fe^{2+} + 3{,}5\ Mg^{2+} + 9\ H_2O + 3\ \underset{\text{kaolinite}}{Al_2Si_2O_5(OH)_4} \rightarrow \underset{\text{chlorite Fe Mg}}{Fe_{3,5}\,Mg_{3,5}\,Al_6Si_6O_{20}(OH)_{16}} + 14\ H^+$$

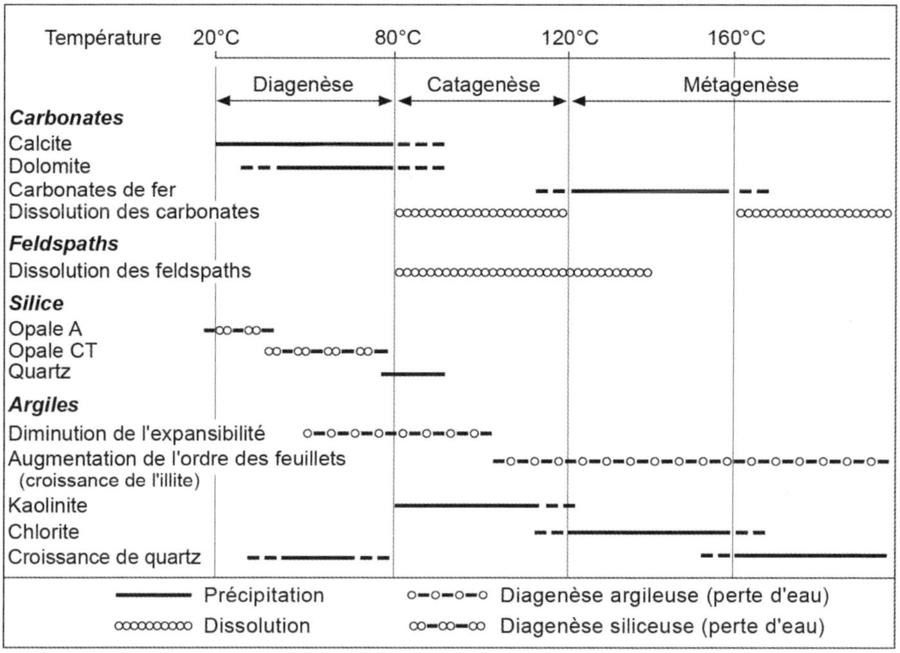

Figure 6.5 *Répartition des domaines de stabilité des principaux minéraux sédimentaires en fonction de la température et en regard des trois zones principales de transformation thermique de la matière organique (d'après Surdam* et al., *1989).*

– Le dernier des exemples montre la synergie susceptible de se développer entre plusieurs des propriétés et des mécanismes précédents et d'aboutir à des concentrations métallifères d'intérêt économique. Ces minéralisations, essentiellement zincifères et plombifères, sont observées dans des séries stratiformes, pour l'essentiel carbonatées (Fig. 6.6), plus rarement détritiques. Les paragenèses (ensemble de minéraux se formant au cours d'un même épisode géochimique) métallifères sont sulfurées (ZnS, PbS, FeS_2) au sein de gangues généralement carbonatées avec lesquelles elles présentent des relations géométriques complexes car conflictuelles. Les carbonates témoignent, en effet, de processus de dissolution (faciès karstique souterrain), de remplacement ou de précipitation de nouvelles phases carbonatées. Ces figures témoignent d'intenses réactions diagénétiques dans l'épaisseur des strates sédimentaires, sous la couverture d'un toit également sédimentaire. Les températures auxquelles se sont développées ces réactions ont été déduites des propriétés physiques et de la composition chimique des inclusions fluides scellées dans des minéraux néoformés. Elles sont variables, au sein d'un large intervalle de températures, le plus souvent comprises entre 120 et 250 °C. Elles entrent donc, pour certaines d'entre elles, dans le domaine de la catagenèse et de la métagenèse thermique. L'analyse a montré que la formation des sulfures métalliques avait requis quatre conditions indispensables : (1) la présence d'ions métalliques ayant de l'affinité pour le soufre réduit. Le zinc, le plomb et le fer possèdent cette propriété. Ces ions sont généralement introduits au sein des futures strates minéralisées par des solutions interstitielles en mouvement. (2) La présence d'ions sulfates, généralement délivrés par des accumulations plus ou moins proches de gypse ou d'anhydrite. C'est le soufre oxydé (S^{6+}) de ces ions sulfates qui subira la réduction nécessaire à la libération d'espèces contenant du soufre réduit. Cette réduction peut être le fait de bactéries sulfato-réductrices, à des températures n'excédant pas une centaine de degrés ou de la température au-delà de ces valeurs. (3) La présence d'espèces organiques contenant du carbone organique, donc réduit, susceptible d'être oxydé et d'être ainsi le partenaire du soufre des ions SO_4^{2-}, qui sera réduit. Ces espèces organiques sont, elles-mêmes, soit déjà présentes dans les strates, sous forme de kérogène, soit introduites au sein de celles-ci, sous forme de fluides pétroliers. (4) Il faut, enfin, de la place afin de permettre aux amas sulfurés de se développer au sein des strates carbonatées. La solution apportée à ce problème est la dissolution des carbonates qui intervient sous l'effet de la libération de protons dans les solutions interstitielles, par exemple à travers la formation d'acides organiques ou de la réaction entre un cation métallique et H_2S :

$$Zn^{2+} \text{ ou } Pb^{2+} + H_2S \rightarrow ZnS \text{ ou } PbS + 2H^+$$

Ainsi se sont constitués de très nombreux gisements de zinc et de plomb, de tailles très diverses : MacArthur River (Australie), Navan et Tynagh (Irlande), Bleiberg (Autriche), Meggen (Allemagne), Les Malines et Trèves (France, Fig. 6.6), Bou Grine (Tunisie) et Missouri-Oklahoma-Kansas-Mississippi (États-Unis).

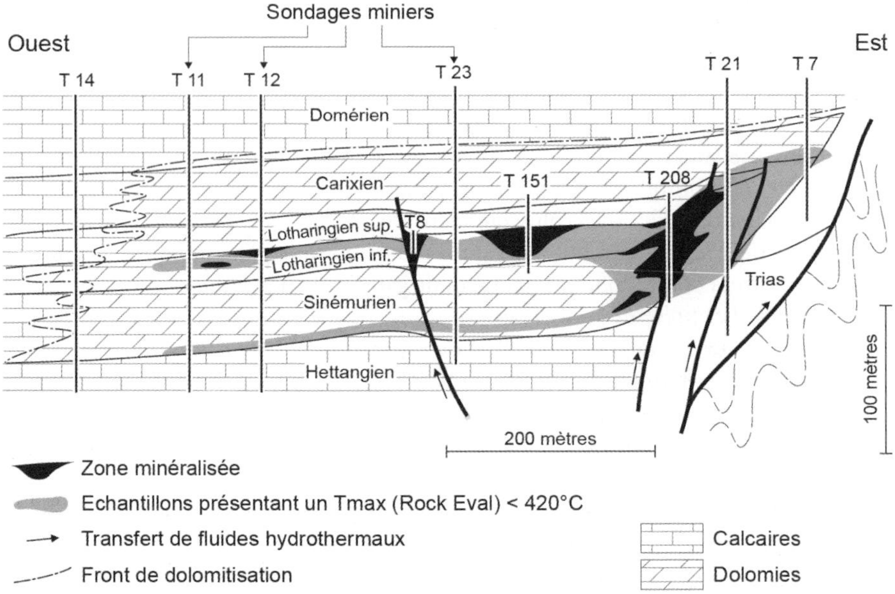

Figure 6.6 *Minéralisations Pb-Zn de Trèves (Gard), situées dans la couverture jurassique du Massif central, au sein d'une zone dolomitisée s'appuyant sur le socle cristallin. Le Lotharingien et le Carixien correspondent à deux anciens étages aujourd'hui rassemblés dans le Pliensbachien.*

6.4 Vue d'ensemble sur la genèse et la nature des huiles, des gaz et des charbons

6.4.1 *La genèse des huiles et des gaz*

La figure 6.7a décrit le partage du carbone organique contenu dans un sédiment entre les différentes fractions organiques présentes dans le sédiment, à chaque profondeur d'enfouissement. La nature de ces fractions est, en effet, fonction de la température régnant à chacune de ces profondeurs. Considérée comme égale à 100 unités (arbitraires) au moment de la sédimentation, la quantité de carbone organique est supposée rester constante, à toute profondeur, jusqu'au fond du bassin sédimentaire.

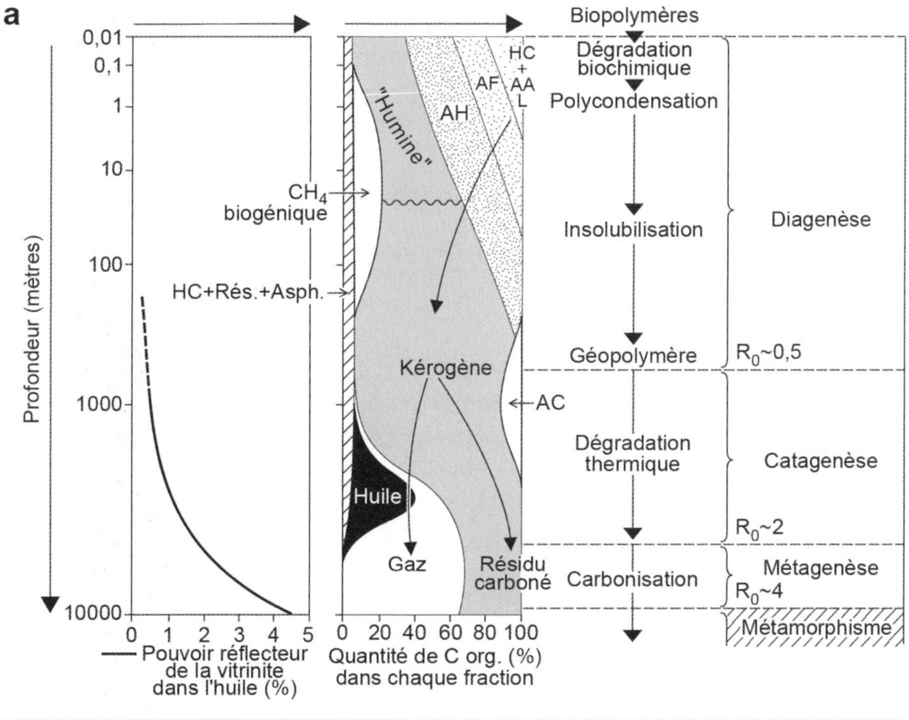

Figure 6.7 *a) Évolution générale des formes de la matière organique en fonction de la profondeur. AA : Acides aminés, AC : Acides carboxyliques, AF : Acides fulviques, AH : Acides humiques, HC : Hydrates de carbone, L : Lipides, Ro : Réflectance de la vitrinite (d'après Tissot & Welte, 1984 et Edman & Surdam, 1986).*

b

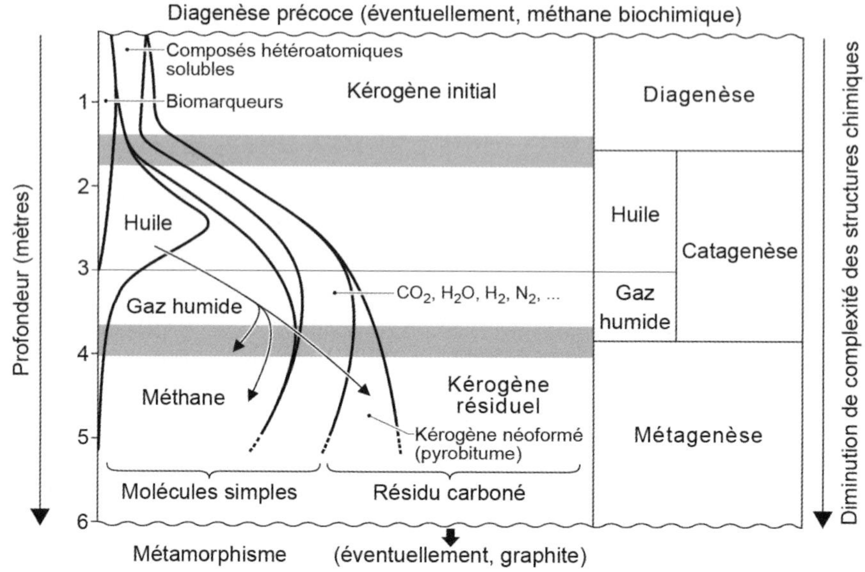

Figure 6.7 *b) Évolution générale des formes de la matière organique en fonction de la profondeur. Les biomarqueurs sont des lipides spécifiques hérités des êtres vivants. Les composés hétéroatomiques solubles (dans les solvants organiques), résines ou asphaltènes, sont riches en O, N et S.*

D'abord constituée de biomolécules (glucides, lipides, acides aminés), puis de composés résultant de la biodégradation de ces molécules (acides fulviques, acides humiques, humines), la matière organique subit des altérations thermiques, d'abord légères, conduisant, notamment, à la libération d'acides organiques diagénétiques et catagénétiques. À des profondeurs et des températures voisines de celles où sont générés ces acides organiques (1 500 à 2 000 m, 40 à 50 °C), des réactions de craquage thermique se généralisent. La première réaction qui se produit lors du craquage thermique est la rupture de liaisons oxygénées de type C-O qui relient entre eux les différents motifs hydrocarbonés au sein de la macromolécule qu'est le kérogène. Au cours de ce craquage sont générés du CO_2 et de l'H_2O ainsi que des molécules de poids moléculaires élevés qui peuvent contenir des hétéro-éléments (N, S et O). Ces édifices structuraux sont appelés des résines et des asphaltènes. Il s'agit de composés très visqueux qui sont cependant solubles dans les solvants organiques. Les résines étant moins lourdes que les asphaltènes, on les en sépare par précipitation dans l'heptane ou l'hexane. Ces premières réactions qui se produisent à des températures comprises entre 40 et 80 °C s'apparentent plutôt à une dépolymérisation et ne génèrent pas d'hydrocarbures *sensu stricto*.

La production des hydrocarbures *sensu stricto* appelée catagenèse a lieu à des températures comprises entre 100 et 140 °C. Les hydrocarbures proviennent à la fois du craquage du kérogène résiduel mais surtout de celui des asphaltènes et résines formés à l'étape précédente. Les premiers hydrocarbures formés sont lourds et liquides (avec des molécules dont le nombre d'atomes de carbone est compris entre 15 et 40) puis deviennent de plus en plus légers au fur et à mesure de l'augmentation température/profondeur. Avec l'augmentation de température, ces hydrocarbures peuvent eux aussi subir des réactions de craquage. En particulier les aromatiques alkylés, c'est-à-dire portant une chaîne hydrocarbonée sur un noyau aromatique, peuvent se casser en libérant alors une molécule aliphatique. À la fin de la catagenèse, le kérogène résiduel a libéré tout son potentiel d'hydrocarbures aliphatiques et il ne reste plus que des structures aromatiques condensées portant des petits groupes méthyls (CH_3).

La troisième étape est la libération de ces petits méthyls sous forme de méthane. Cette réaction appelée métagenèse a lieu à des températures comprises entre 180 et 220 °C. En même temps, les hydrocarbures restés dans la roche-mère peuvent subir un craquage thermique dit secondaire qui les transformera en molécules de plus en plus petites. Le résidu carboné tendra lui vers une structure pré-graphitique.

On appelle fenêtre à huile, l'intervalle de profondeur et de température, variable selon les bassins sédimentaires, où le craquage thermique du kérogène produit la majorité des fractions liquides du pétrole. On appelle fenêtre à gaz, l'intervalle de profondeur et de température où le craquage thermique ultime du kérogène et le craquage secondaire de l'huile produisent la majorité des fractions gazeuses. La transition entre les deux est marquée par la formation du gaz humide ou gaz à condensat.

À chaque étape de cette évolution thermique, l'huile ou les gaz se séparent d'un kérogène résiduel de plus en plus pauvre en hydrogène et de plus en plus riche en carbone. L'hydrogène apparaît ainsi, à partir d'une certaine profondeur, comme l'élément manquant ou limitant pour la formation des hydrocarbures. La figure 6.7b enrichit de deux informations celles de la figure 6.7a. La première information est relative à la perte en oxygène et en hydrogène subie par le kérogène pendant la période diagénétique et, à un moindre degré, catagénétique. La figure montre qu'elle correspond, pour une part importante, à une perte de gaz carbonique et d'eau.

La deuxième information concerne le comportement des huiles lorsqu'elles sont portées à des profondeurs supérieures à celles où elles ont été engendrées. Une telle situation est fréquente pour des huiles n'ayant pu migrer hors de leur roche-mère alors que celle-ci continue à s'approfondir sous l'effet de la subsidence. Les hydrocarbures de ces huiles se révèlent instables thermiquement et ils craquent sous l'effet de la température croissante en une fraction d'hydrocarbures plus légers qu'eux-mêmes (gaz) et une fraction carbonée ayant valeur de kérogène résiduel. Ce phénomène est appelé craquage secondaire. Ces fractions carbonées résiduelles constituent des pyrobitumes. Ces produits passent par un état visqueux à très visqueux rappelant celui des bitumes de faible rang (le terme de bitume désignant ici un pétrole lourd symptomatique de la fin de la diagenèse ou du début de la catagenèse). Mais leurs propriétés les distinguent de ceux-ci sans ambiguïté : ils ne sont pas fusibles, ils sont insolubles dans CS_2, ils sont solides dans leur gisement et ne contiennent que des quantités très faibles d'hétéroatomes.

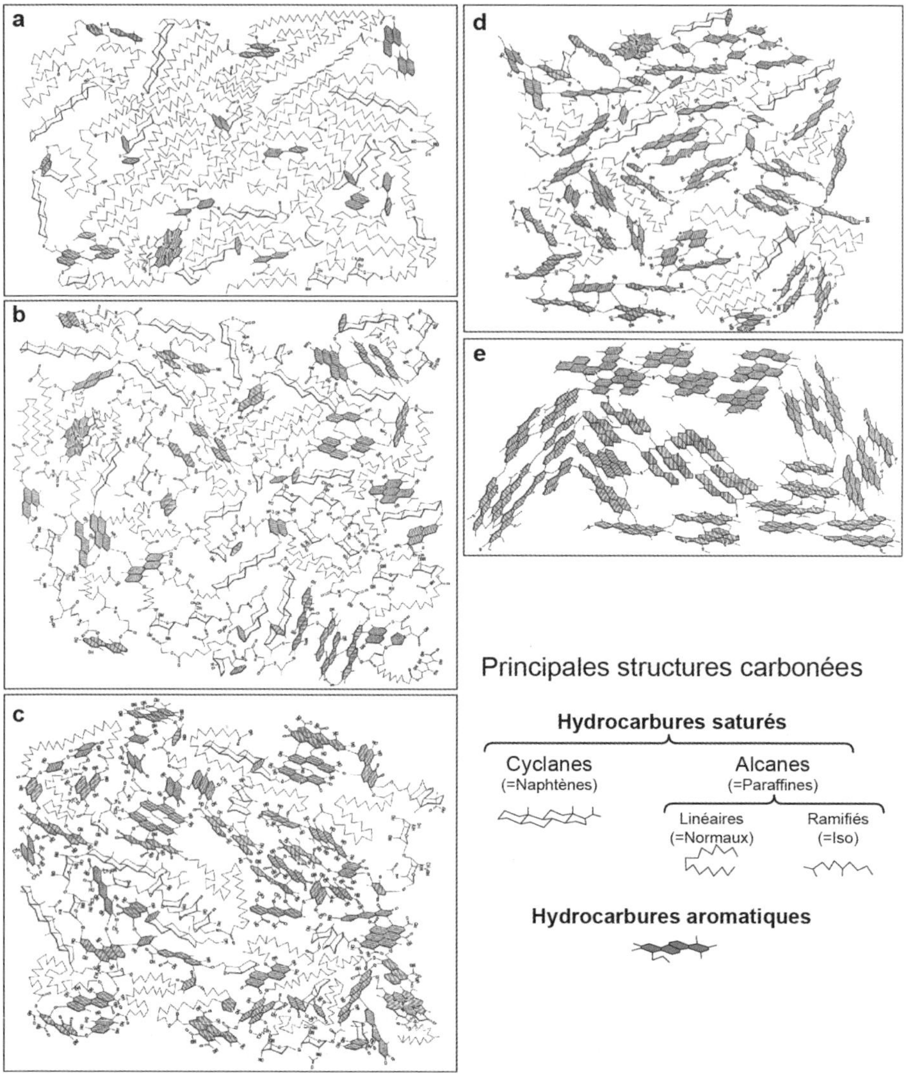

Figure 6.8 *Représentations de la structure des kérogènes en fonction de leur type et à différents stades de leur évolution thermique. Les molécules saturées sont représentées en traits fins (alcanes) ou en blanc (cyclanes) alors que les entités insaturées – notamment aromatiques – sont représentées dans des teintes grises plus ou moins sombres (d'après Behar & Vandenbroucke, 1986). a) kérogène de Type I au stade immature (ou stade de la diagenèse), b) kérogène de Type II au stade immature, c) kérogène de Type III au stade immature, d) kérogène de Type III au stade de la formation des huiles (ou stade de la catagenèse), e) kérogène de Type III au stade de la formation des gaz (ou stade de la métagenèse).*

La figure 6.8 illustre la variation de la composition et de la structure de kérogènes appartenant aux lignées I, II et III, traversant successivement les domaines de la diagenèse, de la catagenèse et de la métagenèse. La différence de composition originelle de la matière organique issue de chacune de ces lignées se lit aisément dans les figures 6.8a, b et c. Ces figures montrent bien également que le potentiel pétrolier d'une matière organique de Type I est plus élevé que celui de kérogènes de Type II et III, moins riches en unités aliphatiques, carbonées et hydrogénées. Les figures 6.8d et e illustrent la perte progressive des molécules hydrogénées et l'augmentation de la densité des entités aromatiques depuis le stade de la catagenèse jusqu'à celui de la métagenèse, pour un kérogène de Type III.

6.4.2 *La genèse des charbons*

La genèse des charbons, roches essentiellement constituées de carbone, rentre également dans le modèle venant d'être décrit pour les pétroles.

Un charbon est une roche contenant, après séchage à 110 °C, au moins 50 % de carbone organique, aux côtés d'autres atomes (H, O, N, S) et de phases minérales constituant les « cendres » à l'issue de la combustion de la roche. Le modèle général de l'évolution de la matière organique en fonction de la température (ou de la profondeur) suggère que les charbons puissent résulter de l'évolution thermique d'une certaine quantité de matière organique – poussée jusqu'à un terme avancé (celui de la catagenèse ou de la métagenèse) –, afin que le kérogène résiduel ne contienne plus, essentiellement, que du carbone. Mais cette nécessité thermique n'est pas suffisante. Il faut également que le sédiment initial soit assez riche en matière organique pour que la teneur en carbone organique finale, dans le charbon, représente au moins 50 %, en poids, de la roche. Des quantités élevées de matières minérales dans le sédiment initial interdiront, en effet, à la teneur en carbone résiduel d'atteindre des valeurs proches de 50 %. En outre certaines de ces phases sont appelées à perdre, au cours de l'enfouissement, soit de l'eau (argiles, oxydes hydratés, constituants silicatés amorphes), soit du CO_2 (carbonates imparfaitement cristallisés) et ces pertes pondérales spécifiques sont donc également à prendre en compte dans le suivi de la croissance progressive de la teneur en carbone au cours de l'enfouissement. Au total, une teneur en carbone organique voisine de 35 % dans le sédiment initial (teneur mesurée dans le sédiment sec) est considérée comme susceptible de croître jusqu'à une cinquantaine de % dans un charbon mature. Il s'agira, dans ce cas, d'un charbon bien médiocre, vu sa teneur en carbone combustible. Les charbons de haute à très haute qualité (houilles, anthracites) contiennent de 85 % à plus de 95 % de carbone combustible. La richesse potentielle en carbone combustible d'un charbon est donc inscrite dans le sédiment destiné à lui donner naissance, dès le moment du dépôt de celui-ci.

Les matières organiques issues des trois Types I, II et III sont à même de conduire à la formation de charbons si leur dépôt obéit aux contraintes précédemment évoquées. Les différences discriminant les matières organiques des trois types du point de vue de leurs capacités carbonigènes sont d'abord leur richesse initiale en carbone. Le rapport C/H dans trois kérogènes précoces, au même stade de maturation, appartenant respectivement aux Types III, II et I est égal à 0,94, 0,74 et 0,61. On conçoit donc que les charbons ligno-cellulosiques soient les plus à même de conduire à une concentration du carbone. L'inventaire des grands gisements économiques de charbons montre que la plupart dérivent de matières organiques ligno-cellulosiques de Type III (voir chapitre 4).

6.5 Les constituants des huiles, des gaz pétroliers et des charbons

Les méthodes analytiques (élémentaires, chromatographiques, spectrométriques) décrites précédemment (voir chapitre 5) permettent une caractérisation fine des espèces, atomiques ou moléculaires, constituant les huiles et les gaz pétroliers, les dérivés des huiles (bitumes) et les charbons. Elles révèlent la présence, en proportions variables, d'hydrocarbures, de composés polaires (contenant C, H, O, N, S), de gaz non hydrocarburés (CO_2, NH_3, H_2O, H_2S, composés soufrés) et, dans les kérogènes, les bitumes et les charbons, d'entités aromatiques polymérisées.

6.5.1 *Les grandes familles chimiques des constituants des huiles et des gaz pétroliers*

Les hydrocarbures

Les hydrocarbures se répartissent en trois familles (Tab. 6.1) : les hydrocarbures saturés, dont les noms se terminent en -ane, les hydrocarbures insaturés non aromatiques, dont les noms se terminent en -ène ou -yne, et les hydrocarbures aromatiques, dont les noms se terminent également en -ène.

Tableau 6.1 *Terminaison des noms des principales familles de composés hydrocarbonés.*

Famille d'hydrocarbures	Terminaison
saturés (linéaires ou cycliques)	-ane
insaturés non aromatiques	- ène ou -yne
aromatiques	-ène

Les hydrocarbures saturés : alcanes et cyclanes

Les alcanes

Le motif fondamental de la structure moléculaire des alcanes normaux (*n*-alcanes) est une chaîne dite linéaire, en réalité en zig-zag, dont les caractères géométriques sont représentés dans la figure 6.9a et dont la formule est C_nH_{2n+2}, n étant le nombre d'atomes de carbone de la chaîne. Dès que celle-ci atteint 4 atomes de carbone, des possibilités de ramification apparaissent en son sein. Le nombre total d'atomes de carbone étant le même dans le *n*-alcane et l'alcane ramifié, ce dernier porte le même nom que le *n*-alcane précédé du préfixe iso- ou antéiso- suivant la position de la ramification par rapport à la chaîne droite la plus longue (Fig. 6.9b). Ces molécules iso- ou antéiso- sont des isomères de la molécule à chaîne droite. Le nombre d'isomères augmente rapidement avec le nombre d'atomes de carbone de la molécule : 9 isomères pour l'heptane (C_7H_{16}), 18 pour l'octane (C_8H_{18}), 75 pour le décane ($C_{10}H_{22}$). Chacun de ces isomères possède des propriétés, physiques et chimiques, bien différentes de celles des autres isomères, notamment du *n*-alcane de référence.

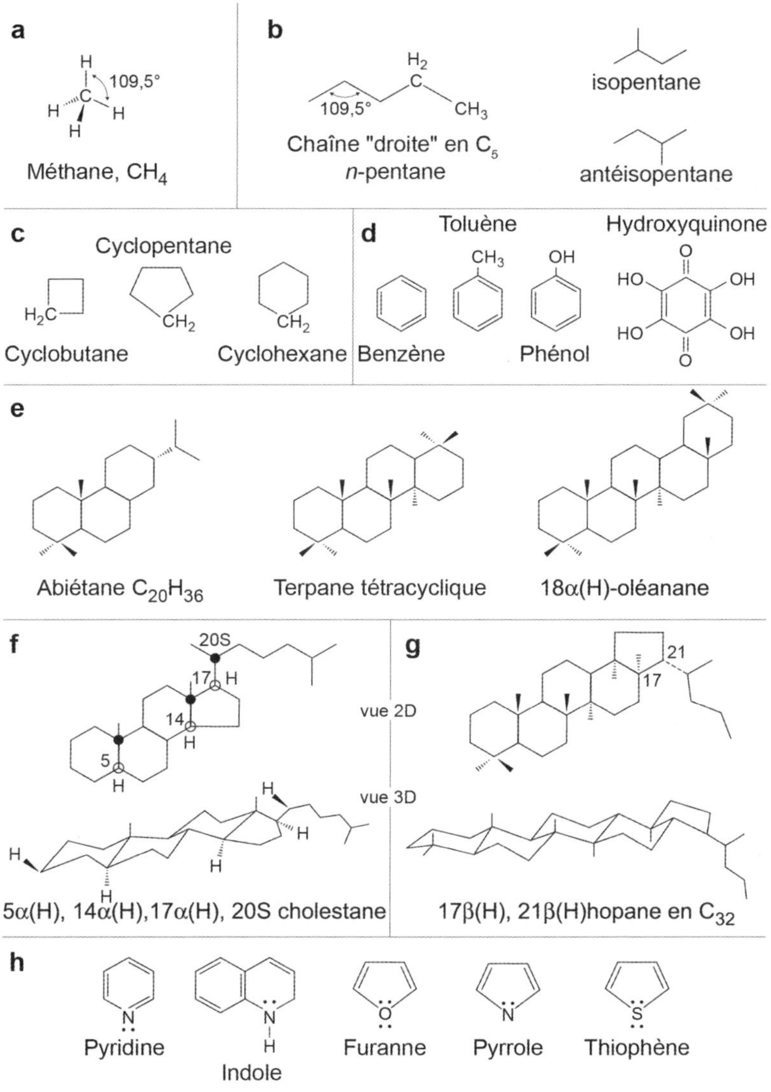

Figure 6.9 *Exemples de quelques représentants des principales molécules hydrocarbonées et non hydrocarbonées, présentes dans les pétroles.*

La grande stabilité des molécules d'alcanes confère à leurs représentants une très faible réactivité vis-à-vis de la plupart des réactifs courants : acides, bases, oxydants, réducteurs. Ce sont des molécules « paraffines » (*parum affinis* = possédant une faible affinité).

Les propriétés des alcanes reflètent étroitement leur structure. Ainsi, le point de fusion des alcanes est faible car les forces d'attraction intermoléculaires entre des molécules voisines sont elles-mêmes faibles. Elles n'atteignent une valeur ayant une incidence sensible sur la température de fusion que pour des alcanes à longues chaînes qui présentent une viscosité élevée. Ne possédant pas de fonction polaire (due à la présence d'un atome O, N ou S), ces hydrocarbures ne sont pas solubles dans l'eau et n'attirent, ni ne retiennent, celle-ci. Ils sont hydrophobes. L'évolution biologique a exploité cette propriété au sein des membranes cellulaires, des revêtements cuticulaires cireux des feuilles et des fruits, ou encore dans la cire d'abeille.

Les cyclanes

Les cyclanes sont des hydrocarbures saturés cycliques. Les deux molécules les plus simples de cette famille sont le cyclopentane (C_5H_{10}) et le cyclohexane (C_6H_{12}) (Fig. 6.9c). La formule générale des hydrocarbures de cette famille est C_nH_{2n}, c'est-à-dire $(CH_2)_n$. Ces représentants sont qualifiés, pour cette raison, d'hydrocarbures méthyléniques[10], du nom du groupement méthylène - CH_2.

Des structures cyclaniques se rencontrent dans des molécules très importantes en géochimie organique car constituant d'excellents biomarqueurs :

- Les stéranes (Fig. 6.9e, f). Ces espèces, tétracycliques, possèdent entre 19 et 30 atomes de carbone (en majorité de 27 à 29). Elles dérivent de précurseurs stéroïdiques dont les plus importants, du point de vue biologique, sont le cholestérol et les stéroïdes hormonaux. Le cholestérol remplit la fonction essentielle de rigidifiant des membranes cellulaires chez les eucaryotes, végétaux et animaux. Une fois enfouis dans les bassins sédimentaires, les précurseurs stéroïdiques fonctionnalisés perdent leur oxygène et conduisent à des stéranes dont la structure peut fournir des informations spécifiques sur l'origine (voir chapitre 5) et sur le degré de maturation thermique du pétrole qui les contient (voir § 6.7).
- Les hopanes (Fig. 6.9g). Ces espèces, pentacycliques, possèdent entre 27 et 40 atomes de carbone. Elles dérivent essentiellement du même précurseur fonctionnalisé, le bactériohopanetétrol. Cette molécule est, à quelques exceptions près (lichens, certaines fougères), spécifique des procaryotes où elle joue le rôle imparti au cholestérol dans les membranes des eucaryotes, c'est-à-dire de rigidifiant des membranes cellulaires. Les hopanoïdes sont, pour cette raison, des biomarqueurs spécifiques de procaryotes et, comme les stéranes, des marqueurs du degré de maturation thermique atteint par le kérogène.

10. Peut-être est-ce la raison pour laquelle une fâcheuse tradition les désigne aussi sous le nom de naphtènes, et non de naphtanes.

Les hydrocarbures insaturés non aromatiques : alcènes et alcynes

Les alcènes[11] possèdent au moins une (-ène) ou plusieurs (-diène, -triène) doubles liaisons, les alcynes possèdent au moins une triple liaison (-yne).

Les propriétés des doubles ou triples liaisons marquent fortement celles des molécules qui en possèdent et leur confère une réactivité supérieure à celle des alcanes. Ainsi peut-on ajouter à des alcènes des halogènes, de l'eau, des protons ou les oxyder. L'addition d'hydrogène à un alcène permet d'obtenir un alcane. De même peut-on polymériser des alcènes. Des quantités considérables d'éthylène sont ainsi utilisées, dans le monde, pour fabriquer des polymères vinyliques. Le caoutchouc, naturel et artificiel, résulte également de la polymérisation d'un iso-alcène : l'isoprène, produit par l'hévéa.

Les hydrocarbures aromatiques

Les hydrocarbures aromatiques, ou benzéniques, sont des hydrocarbures cycliques possédant trois doubles liaisons par cycle hexagonal, dans une situation de résonance, c'est-à-dire délocalisées en permanence face aux six liaisons stables -C-C- constituant le cycle hexagonal, plan (Fig. 6.9d). Cette structure confère à la molécule aromatique sa stabilité dans les composés et les environnements naturels. Mais la molécule aromatique est aussi réactive, comme en témoignent les nombreuses réactions de substitution intervenant sur le cycle du benzène (Fig. 6.9d). Les phénols et les quinones sont les produits d'oxydation des molécules aromatiques les plus importants et les plus réactifs dans la nature.

Le benzène est l'un des trois produits industriels les plus utilisés dans le monde. Il est, en effet, à la base de la fabrication du nylon, du styrène et des polymères de ce dernier. Il est aussi utilisé pour améliorer l'indice d'octane d'essences de petite qualité et a été substitué au plomb dans les essences.

La classe des hydrocarbures aromatiques renferme les termes supérieurs du benzène ainsi que l'abondante famille des hydrocarbures aromatiques polycycliques (HAP en français, *PAH* en anglais) (Fig. 6.10). Les produits de cette dernière famille contiennent des molécules ayant évolué à des températures élevées et dont les atomes de carbone ont été incorporés dans des structures aromatiques (kérogènes évolués, charbons). Il suffit alors que ces structures soient divisées sous l'action d'altérations, chimiques ou physiques, ou de la chaleur (pyrolyse, distillation), pour que des particules aromatiques très fines se répandent dans l'environnement et entrent en contact avec des tissus d'êtres vivants (voir chapitre 7).

11. Les alcènes étaient – et sont encore – désignés sous le nom d'oléfines, c'est-à-dire de composés générateurs d'huiles (du latin, *oleum* = huile, *finis* = but, objectif).

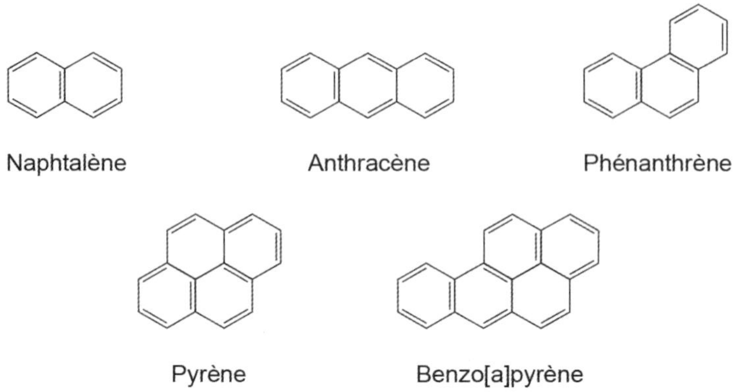

Figure 6.10 *Exemples de quelques molécules d'hydrocarbures aromatiques polycycliques (ou HAP).*

On peut rapprocher des hydrocarbures aromatiques – mais au prix d'un petit abus de langage – les composés aromatiques hétérocycliques caractérisés par le fait qu'un atome autre que du carbone (O, N, S) occupe l'un des sommets du cycle aromatique (Fig. 6.9h). On rencontre, dans le pétrole, des espèces simples (comme la pyridine, où l'atome d'azote apporte un électron au cycle aromatique) ou des espèces plus complexes, notamment polycycliques (noyaux pyrroles des porphyrines, thiophènes, où les atomes d'oxygène et de soufre apportent, respectivement, deux électrons au cycle aromatique.

Les composés polaires des huiles et des bitumes

Aux côtés d'hydrocarbures, les huiles et les bitumes contiennent, en quantités variables, des composés polaires, désignés sous les noms de résines et d'asphaltènes. Ce sont des composés lourds. Les résines (terme usurpé, à ne pas confondre avec celui désignant des produits de sécrétion végétale) ont une masse molaire comprise entre 300 et 2 000 alors que les asphaltènes ont des masses molaires comprises entre 2 000 et 200 000.

L'analyse de ces composés y révèle la présence d'hétéroatomes (O, N, S d'où leur appellation de composés NSO en langage pétrolier) aux côtés d'entités hydrocarbonées voisines de celles que contient le kérogène précurseur de ces huiles. Cette propriété suggère que la production des composés polaires se place au moment du craquage thermique précoce (fin de la diagenèse) d'un kérogène encore riche en hétéroatomes. Leur structure a été, pour cette raison, considérée comme proche de celle des composés humiques extractibles des kérogènes très immatures.

Les gaz pétroliers

Les gaz pétroliers contiennent majoritairement des hydrocarbures saturés légers (C_1 à C_4) qui sont gazeux dans les conditions normales de pression et de température ; le méthane (CH_4) étant le plus abondant en quantité. Ce dernier peut provenir de processus microbiologiques (le $\delta^{13}C$ de son carbone varie entre – 60 ‰ et – 110 ‰) ou de processus thermiques (son $\delta^{13}C$ variant alors entre – 30 ‰ à – 50 ‰, voire – 15 ‰ dans la catagenèse, Fig. 6.11).

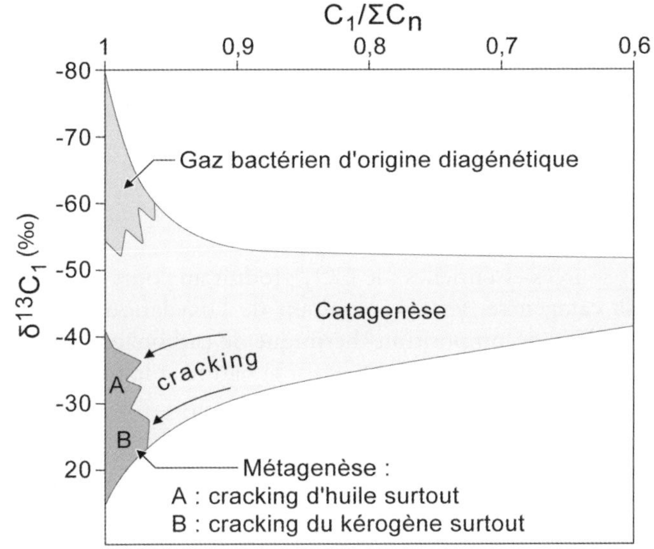

Figure 6.11 *Évolution du $\delta^{13}C$ du méthane en fonction du rapport CH_4/somme des gaz (C_n avec n = 1 à 4). On constate que le méthane bactérien est nettement plus appauvri en ^{13}C que le méthane thermogénique.*

Les gaz pétroliers peuvent contenir en solution, dans leur gisement, des hydrocarbures plus lourds que ceux qui s'y trouvent normalement à l'état gazeux. Ces hydrocarbures se condensent dès que le gaz est porté à la pression et la température atmosphériques ou que la pression diminue dans un gisement de gaz au cours de son exploitation. Ils sont désignés sous le terme de gaz humide (*wet gas*) si la phase liquide se forme lors de la production dans les conditions de surface, ou de gaz à condensat (*condensate gas*) lorsque la phase liquide se forme dans le réservoir en cours de production. Aux côtés d'hydrocarbures légers, on peut trouver dans les gaz pétroliers du CO_2, de l'hydrogène sulfuré (H_2S), de l'azote (N_2), de l'argon (Ar), de l'hélium (He) et des composés hétérocycliques azotés ou soufrés (Tab. 6.2).

Tableau 6.2 *Composition des gaz (% pondéraux) et température de quelques gisements de gaz pétroliers.*

Température du gisement	St Marcet (France)	Hassi R'Mel (Algérie)	Lacq inf. (France)	Cortemaggiore (Italie)
	160°C	180 °C	330 °C	280 °C
CH_4	88,87	75,6	69,22	} 94,3
C_2H_6	4,45	9,3	3,26	
C_3H_8	1,64	3,6	0,97	
C_4H_{10}	0,91	2,1	0,62	
C_5H_{12}, ...	1,13	4,1	0,43	
N_2	2,9	-	-	
CO_2	0,1	0,2	9,65	
H_2S	-	-	15,3	

Le CO_2 a trois sources essentielles : le CO_2 produit au cours de la diagenèse thermique et de la catagenèse, le CO_2 résultant de l'oxydation d'hydrocarbures, le CO_2 provenant de la décomposition thermique de carbonates. La valeur du $\delta^{13}C$ du CO_2 permet d'avancer des hypothèses sur la nature et la part de chacune de ces sources.

La présence de H_2S témoigne de l'activité de la réaction d'oxydo-réduction entre le soufre d'ions SO_4^{2-} et le carbone de la matière organique (en premier lieu d'hydrocarbures), ou de la dissociation de composés organo-soufrés (thiols R-SH, encore appelés mercaptans) formés au cours de la diagenèse thermique ou de la catagenèse. Une abondance exceptionnelle de H_2S dans un pétrole fait de ce gaz un sous-produit commercialisable (Tab. 6.2). Tel fut le cas du gisement de Lacq (Pyrénées atlantiques) où la quantité d'H_2S atteignait 17 % en poids à la sortie du puits.

L'azote résulte de l'ouverture de composés hétérocycliques azotés dans des conditions thermiques élevées ou de l'oxydation d'ions NH_4^+, très liés aux argiles.

La présence d'argon et d'hélium signale la proximité d'éléments radioactifs. L'hélium, lorsqu'il est concentré dans des gaz pétroliers (jusqu'à 7 à 8 % dans un gisement particulièrement riche, contre 5.10^{-6} dans l'atmosphère), est très recherché pour le gonflement des ballons et des bouteilles de plongée ou le traitement de maladies respiratoires.

La pyridine, la quinoléine, l'indole et certains thiophènes (Fig. 6.9h) comptent parmi les hétérocycles légers les plus représentés dans les gaz pétroliers.

6.5.2 *Les constituants organiques et inorganiques des charbons et leur comportement au cours de la maturation thermique*

La figure 6.12 situe, dans un diagramme de van Krevelen, les deux variétés fondamentales de charbons : charbons humiques dont la biomasse originelle appartient essentiellement au Type III, charbons sapropéliques dont la biomasse initiale appartient aux Types I et II. Une telle distinction permet une classification simple des charbons humiques, selon un rang de maturation thermique croissant, du stade tourbe jusqu'au stade anthracite en passant par les stades des lignites (*brown coals*) et des houilles (*bituminous coals*).

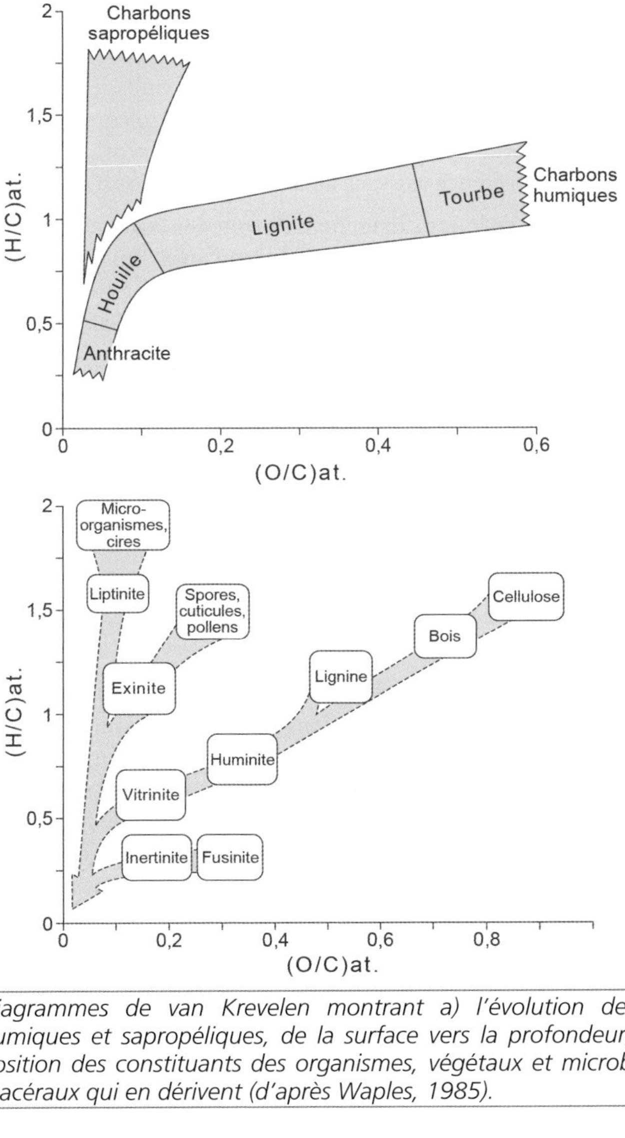

Figure 6.12 *Diagrammes de van Krevelen montrant a) l'évolution des charbons, humiques et sapropéliques, de la surface vers la profondeur, b) la composition des constituants des organismes, végétaux et microbiens, et des macéraux qui en dérivent (d'après Waples, 1985).*

L'hydrogène étant l'élément faisant le plus vite défaut, la figure 6.12 montre que les charbons sapropéliques possèdent un bien meilleur potentiel pétrolier que les charbons humiques. Hélas, ils ne représentent qu'à peine 10 % des réserves mondiales de charbons. Toutefois, la teneur en hydrogène des charbons humiques encore peu évolués, même si elle n'est voisine que de 5 %, n'est en rien négligeable. En conséquence, des huiles peuvent être attendues de la maturation thermique de charbons. Or, l'observation montre que si les charbons engendrent d'importantes quantités de gaz, ils semblent ne pas générer des quantités significatives d'huiles. Alors que l'on attribuait cette propriété à la pauvreté du kérogène en hydrogène, on sait maintenant que des hydrocarbures pétroliers sont bien engendrés au sein de charbons, mais qu'ils ne peuvent en être expulsés. Le charbon est, en effet, un matériau si finement poreux que des molécules de quelques nanomètres de dimension moyenne ne peuvent s'y déplacer. La seule méthode permettant un certain transfert de ces composés au sein, et hors, de la roche est la fracturation de celle-ci. C'est ce que permettent l'enfouissement, les plissements, les écaillages de la série houillère. Néanmoins, dans le même temps et sous l'effet de la croissance de la température, les hydrocarbures liquides ont généralement disparu au profit de gaz, généralement du méthane, dont la présence associée au charbon était connue depuis longtemps.

Ces gaz sont exploités de longue date, mais ils sont généralement difficiles à extraire. L'aspiration du méthane ne devient possible qu'après un pompage soigneux de l'eau du gisement, afin de libérer l'essentiel des pores du charbon. La collecte du gaz est alors une affaire de patience et de puissants moyens de dépressurisation et d'aspiration.

Les exploitants distinguent le « *coalbed methane* » (CBM) – quantité totale de CH_4 présent dans le charbon – du « *coal mine methane* » (CMM) et du « *ventilation air methane* » (VAM) – quantité de gaz réellement extraite de la mine. Le grisou représente une fraction du CBM (voir chapitre 7). Les émissions « sauvages » accompagnant ce type d'exploitations représentent environ 7 % des émissions de CH_4 vers l'atmosphère.

Charbon actif

Les propriétés d'adsorption des charbons de haut rang, notamment du charbon de bois, sont utilisées depuis les Égyptiens qui en faisaient un usage en médecine et pour la purification de l'eau. Le charbon actif, ou charbon activé, est constitué essentiellement de carbone à structure poreuse qui possède la propriété de fixer et de retenir par adsorption des molécules amenées à son contact. Il est utilisé pour ses propriétés adsorbantes et réductrices dans de nombreux domaines comme la filtration d'air, la décontamination de l'eau (captation de pesticides) mais aussi en médecine (épuration digestive). On peut produire du charbon actif à partir de matériaux très différents (noix de coco, bois, tourbe, houille...). Le produit est activé par un traitement thermique ou chimique pour accroître sa porosité et ses capacités d'adsorption. Les industriels le fournissent en poudre ou en grain. Certains charbons actifs sont régénérables, d'autres pas...

Aux côtés des constituants organiques, les charbons contiennent des éléments minéraux, soit sous forme de minéraux sédimentaires (argiles, carbonates, quartz, phosphates), soit d'éléments fixés, à l'état ionique, sur les minéraux précédents et sur les constituants organiques. Dans ce dernier cas, la modalité de la fixation est la complexation. On recense dans les charbons un nombre tout à fait considérable d'éléments chimiques ; une étude statistique sur des charbons nord-américains ayant permis d'y reconnaître 79 éléments chimiques. Les teneurs pondérales de ces éléments sont, elles-mêmes, très variables, allant d'une cinquantaine de % à quelques ppb. La signification de cette variété est claire : le bassin a reçu, pendant des durées de temps longues, des éléments majeurs, mineurs et en traces associés à des constituants inorganiques et organiques. Dans les constituants inorganiques, les argiles et les oxydes fixent une très grande variété d'éléments chimiques, et les constituants organiques ont fixé, de leur vivant, des cations mineurs ou en traces nécessaires à la constitution de leurs enzymes, de leurs pigments, de leurs squelettes. Aux éléments associés à ces deux sources, s'ajoutent les éléments des eaux, marines ou lacustres et les éléments transportés par les vents.

Parmi ces éléments, les cations métalliques sont très réactifs pendant la diagenèse, en présence de ligands (O, N, S, P) eux-mêmes très actifs. Ainsi se forment des paragenèses sulfurées (FeS_2, ZnS, PbS), carbonatées ($CaCO_3$, $FeCO_3$) ou argileuses (kaolinite, en particulier). Mais l'une des formes d'immobilisation de l'ensemble des éléments reste leur complexation par les ligands de la matière organique elle-même.

Leur présence dans les charbons peut ainsi présenter un intérêt économique : du vanadium (V) est exploité dans des lignites d'Argentine, de l'argent (Ag) et de l'antimoine (Sb) le sont dans des charbons du Pérou. Cependant leur présence est plutôt fâcheuse dans les traitements de purification des charbons (lavage) et très regrettée dans la combustion de ceux-ci, les poussières et les fumées dispersant des quantités considérables de soufre et de métaux particulièrement indésirables (Pb, As, Be, Cd, Cr, Co, Pb, Mn, Hg, Ni, Se)[12].

Il reste que la pratique consistant à répandre des cendres de foyer aux pieds de végétaux en croissance est justifiée, puisqu'elle conduit à restituer au végétal en croissance des éléments fixés par un végétal antérieur. Une distinction s'impose entre des cendres de bois et des cendres de charbon. Les premières ne contiennent que les éléments, mineurs et en traces, prélevés par ce végétal, alors que les cendres de charbon contiennent, outre ces éléments, ceux qui se sont ajoutés à la matière organique au long de son évolution (argiles, oxydes, éléments organophiles complexés, ainsi que les minéraux diagénétiques qui se sont formés à son contact (sulfures, carbonates, phosphates). C'est de cette manière que des quantités importantes de soufre, incorporées dans le charbon au cours de sa diagenèse, se retrouvent dans ses cendres, auxquelles elles confèrent une acidité parfois néfaste pour les sols. Une analyse élémentaire des cendres pressenties pour l'amélioration des végétaux est donc très recommandée, en tout état de cause celle du soufre et des cations polluants.

12. 1 470 t de mercure (Hg) sont annuellement introduites dans l'atmosphère par la combustion des charbons.

6.6 La variété des pétroles : origine et composition

6.6.1 *Composition de l'huile formée en fonction du type de kérogène*

Si tous les pétroles ont en commun d'avoir été générés aux dépens de matières organiques, sous l'influence d'une énergie thermique appliquée au kérogène pendant une certaine durée de temps, la combinaison de ces paramètres d'origine de la matière organique et de modalité du chauffage subi par celle-ci permet de prévoir une certaine variété de pétroles, en termes de composition et de maturité.

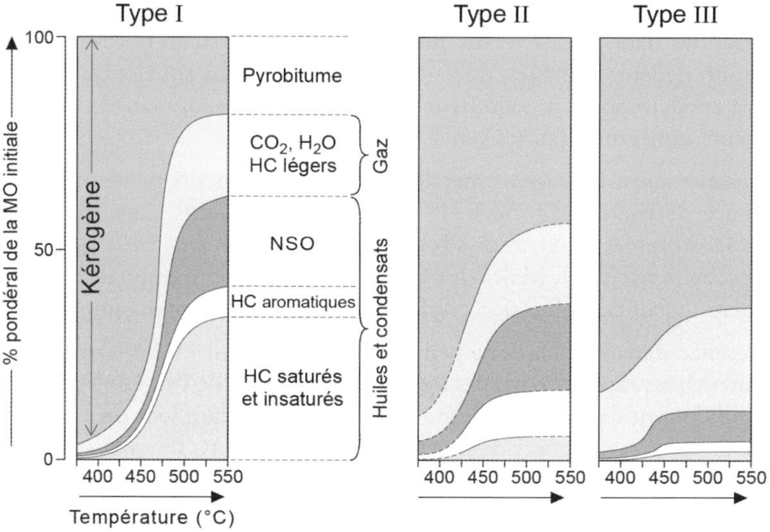

Figure 6.13 *Comparaison des proportions des produits formés au cours de la maturation thermique des trois types de kérogènes de références (d'après Bordenave, 1993). La température indiquée ici est celle du T_{max} du Rock-Eval et non la température dans le bassin sédimentaire.*

La composition de la matière organique des roches-mères se rattache à celle de l'un des trois types fondamentaux, (I, II ou III) définis dans le diagramme de van Krevelen, ou à celle d'un mélange d'entre eux. Or la composition des kérogènes issus de chacune de ces lignées diffère par la proportion des entités appelées à être libérées au sein d'huiles ou de gaz sous forme de composés polaires (résines et asphaltènes), de *n*- et iso-alcanes, de cyclanes, d'alcènes et de composés aromatiques (Fig. 6.13). De même, la composition du kérogène est-elle révélatrice de la proportion entre ces espèces extractibles (aux dépens du kérogène, par un solvant organique) et celle des espèces destinées à être intégrées dans le résidu carboné (noyaux et espèces polycycliques aromatiques, notamment) : cette proportion est supérieure dans les kérogènes de Type I à ce qu'elle est dans les kérogènes de Type II puis de Type III. La figure 6.14 montre la quantité croissante de composés extractibles produite respectivement aux dépens de 1 g de carbone organique de kérogènes de Types I, II et III. Ces quantités sont constituées d'hydrocarbures de différentes classes en proportion variable en fonction du type de kérogène.

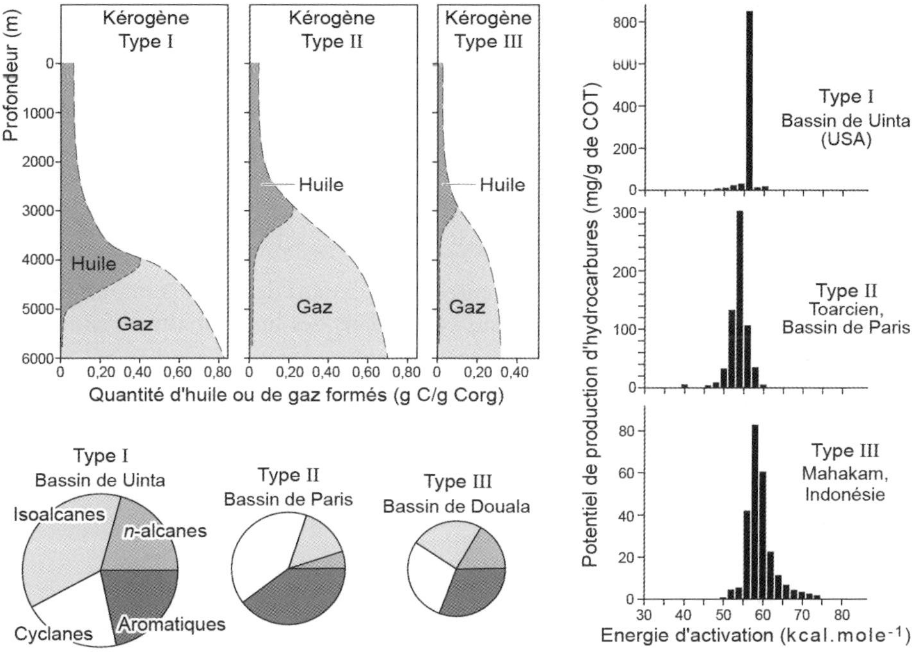

Figure 6.14 *Craquage des kérogènes des trois grandes lignées. Évolution thermique subie au cours d'une subsidence régulière de 6000 m en 100 Ma, sous un gradient géothermique de 35 °C.km*$^{-1}$. *Le début du craquage intervient d'abord dans le kérogène de lignée III puis II puis I. Les quantités totales d'huile et de gaz produits croissent du Type III au Type II puis au Type I et présentent un spectre moléculaire différent dans chaque type de kérogène (d'après Tissot & Espitalié, 1975). Les énergies d'activation nécessaires au craquage sont plus étroites et plus élevées pour le Type I que pour le Type II. Le craquage total des kérogènes de Type III nécessite le plus d'énergie.*

Des différences existent, en outre, entre les trois grandes lignées de matière organique, dans les compositions de telle ou telle des quatre fractions moléculaires extraites (*n*-alcanes, iso-alcanes, cyclanes, aromatiques). La figure 6.15 montre les chromatogrammes des hydrocarbures saturés totaux (*n*-alcanes, iso-alcanes, cyclanes) à deux stades de l'évolution thermique de la matière organique, le début de la diagenèse (a) et le milieu de la catagenèse (b). Les pics les mieux résolus étant ceux des *n*-alcanes, c'est eux que nous considérerons. Ces pics sont spécifiques des divers types de matière organique au stade de la diagenèse et peuvent donc être considérés comme des biomarqueurs d'origine et de faible maturité. Les hydrocarbures décelés sont caractéristiques du métabolisme lipidique des organismes qui les ont engendrés. Les biomasses de Type I (procaryotes, micro-algues) produisent des hydrocarbures dont le mode est centré entre n-C_{16} et n-C_{21}, sans prédominance d'une longueur de chaîne par rapport à une autre. Les hydrocarbures produits par les biomasses de Type II présentent des modes centrés sur des longueurs de chaînes en n-C_{15} et n-C_{17}. Le spectre des hydrocarbures immatures de Type III est tout à fait caractéristique : ceux-ci sont plus lourds que les précédents (n-C_{25} à n-C_{31}) et présentent une forte dominance des termes impairs. Comme on le voit dans les chromatogrammes d'huiles matures, cette imparité disparaît à mesure que la température augmente. L'index CPI (*Carbon Preference Index*) mesure cette évolution du profil de composition de l'extrait.

$$CPI = \frac{1\ (C_{25} + C_{27} + C_{29} + C_{31} + C_{33})}{2\ (C_{24} + C_{26} + C_{28} + C_{30} + C_{32})} + \frac{1\ (C_{25} + C_{27} + C_{29} + C_{31} + C_{33})}{2\ (C_{26} + C_{28} + C_{30} + C_{32} + C_{34})}$$

Le CPI possède des valeurs comprises entre 2 et 5,5 dans des extraits immatures de matières organiques de Type III. Il tend vers 1 dans des huiles matures, issues des trois lignées.

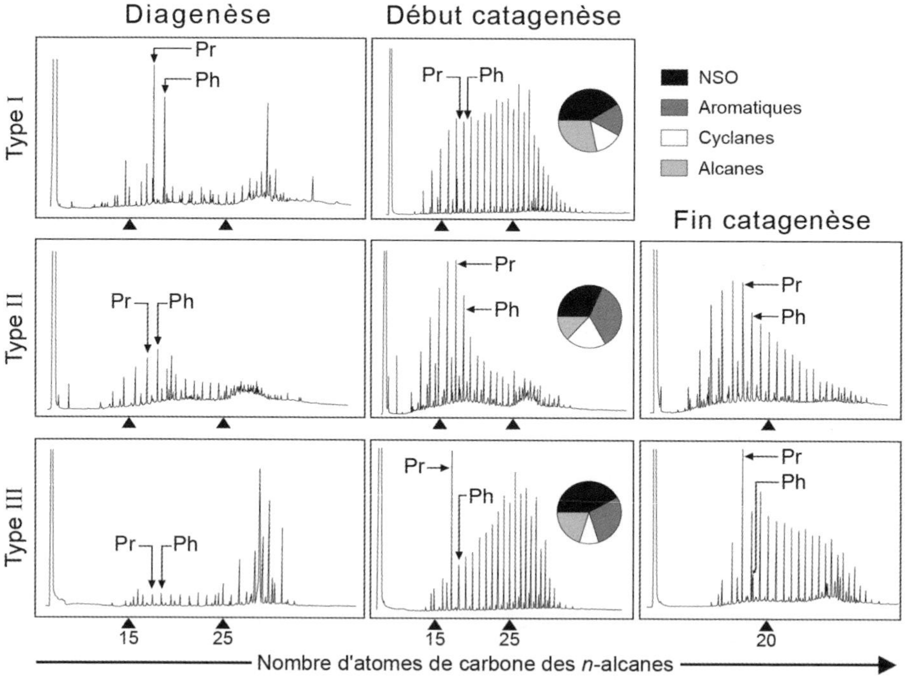

Figure 6.15 *Chromatogrammes des extraits de matière organique des Types I, II et III et évolution de la distribution des* n-alcanes *depuis la zone de diagenèse jusqu'à la fin de la catagenèse. On note, dans les trois cas, la spécificité des* n-alcanes *hérités des biomasses initiales et la non-préférence pour une longueur de chaîne particulière. Le mode du massif d'hydrocarbures catagénétiques se dresse d'abord au droit de celui des chaînes héritées puis se déplace vers la gauche du chromatogramme (chaînes toujours plus courtes) à mesure qu'augmente la maturation (d'après Bordenave, 1993). Pr : Pristane, Ph : Phytane, NSO : composés lourds contenant de l'azote, du soufre et de l'oxygène.*

C'est l'effet homogénéisateur, nivelant, de la température qui a fait disparaître la prédominance de telle ou telle longueur de chaîne spécifique de matières organiques immatures. La composition des *n*-alcanes ou le profil de leur chromatogramme sont-ils toujours des indicateurs de maturité ou d'évolution thermique du kérogène ? Oui, jusqu'au début de la catagenèse. Le craquage thermique engendre alors, en effet, autant de chaînes paires que de chaînes impaires et les chaînes longues (n-C_{25} à n-C_{33}), ou paires (avec un mode en n-C_{22} ou en n-C_{24}, produites au cours de la diagenèse précoce par des micro-organismes), se révèlent instables et craquent au profit de chaînes plus courtes. Le mode du massif de pics qui se forme alors culmine encore là où culminaient les chaînes d'origine biologique les plus longues (Fig. 6.15). Puis ce pic « lissé » se déplace vers des longueurs de chaînes toujours plus courtes à mesure que croît la température de catagenèse. À ce stade, les mélanges d'hydrocarbures produits par des matières organiques de lignées différentes ne peuvent être distingués d'après le profil de leur chromatogramme.

6.6.2 Énergie d'activation nécessaire au craquage thermique des kérogènes

Les résultats représentés à droite dans la figure 6.14 signifient que l'énergie thermique nécessaire pour induire le craquage des molécules extractibles (composés polaires et hydrocarbures) est supérieure au sein de kérogènes de Type I à ce qu'elle est au sein de kérogènes de Types II et III.

Cette propriété résulte de la nature différente des espèces moléculaires présentes dans ces kérogènes et de leurs liaisons. Cette énergie d'activation a été déterminée en soumettant des kérogènes de différentes lignées à des expériences de maturation expérimentale. Sa détermination repose sur l'utilisation de la formule d'Arrhénius, qui décrit la cinétique de la production d'une certaine quantité d'huile (dx/dt) aux dépens d'une quantité de kérogène (x) :

$$dx/dt = -kx^n \text{ avec } k = A\,e^{(-E/RT)} \text{ et } n = 1$$

A = facteur pré-exponentiel (s^{-1}), E = énergie d'activation apparente ($kJ.mole^{-1}$)
R = constante des gaz parfaits (0,001987 $kJ.mole^{-1}$), T = température (K)

Il apparaît aussi que les spectres des énergies nécessaires au craquage des chaînes et des liaisons dans chacun des types de kérogène sont plus ou moins étalés. Ceci signifie que les liaisons et les chaînes qui craquent, au sein de ces kérogènes, lors de la catagenèse sont variées. Des valeurs aussi basses que 10 $kcal.mole^{-1}$ ont été mesurées pour certaines énergies d'activation. Elles correspondent à la rupture de liaisons faibles, d'adsorption ou de van der Waals. Les énergies de l'ordre de 60 ou 70 $kcal.mole^{-1}$ correspondent à la rupture de liaisons C-C.

Dans cette équation apparaissent deux paramètres, la température et le temps (T et t), qui agissent de façon très différente : la température agissant de manière exponentielle et le temps de manière linéaire.

6.6.3 *Composition de la roche-mère et composition de l'huile formée*

Au-delà les relations existant entre la composition des pétroles et celle de la matière organique de leur kérogène, la composition des pétroles peut être fonction de la lithologie de la roche-mère dans son ensemble. Le cas le mieux établi est celui des roches-mères carbonatées déposées dans des environnements plus ou moins évaporitiques et confinés. La richesse de ces séries en sulfates est à l'origine de la formation et de l'accumulation de quantités importantes de H_2S dans les solutions interstitielles. Le kérogène présent dans la roche incorpore du soufre en réagissant avec H_2S (voir chapitre 2) et engendrera, à son tour, des huiles soufrées symptomatiques de la richesse en soufre du kérogène (dit alors de Type -S). Les huiles formées dans de telles conditions sont lourdes, riches en composés polaires et en soufre (entre 1 et 10 %). La sulfuration du kérogène et son craquage en huiles soufrées interviennent précocement, au cours de l'enfouissement du bassin, à des températures aussi basses que 50 à 60 °C. Ceci suppose que les kérogènes soufrés réagissent à des énergies d'activation basses, de l'ordre de 10 kcal.mole^{-1}. Cette propriété repose simplement sur le fait que l'énergie de la liaison C-S est beaucoup plus faible que celle de la liaison C-C. Les gisements de gaz associés à ce type de roches-mères sont, bien entendu, très riches en H_2S (Lacq inférieur, 17 % ; Irkutsk, 42 % ; gisement de l'État du Mississippi, 78 % ; gisement du sud de l'État du Texas, 98 %).

6.7 La reconstitution de l'histoire thermique de la matière organique

Le recueil de données intéressant l'histoire thermique du bassin et de ses constituants, tant inorganiques qu'organiques, est l'un des objectifs majeurs du géologue pétrolier. Il met en œuvre de nombreuses méthodes, géochimiques, pétrographiques, géophysiques. Nous considérerons ici essentiellement les méthodes concernant les constituants organiques (Tab. 6.3).

Tableau 6.3 *Tableau de différents marqueurs d'évolution de la matière organique sédimentaire. COT : carbone organique total, PR : pouvoir réflecteur de la vitrinite, MV : matières volatiles.*

Profond. habituelles en km	Terme retenu	Principaux phénomènes			% COT	PR (%)	MV (%)	Classification des charbons	Pouvoir calorifique en kcal/kg
		Pétroliers	Physico-chimiques	Optiques					
	Diagenèse précoce	Méthane biogénique	Disparition des biopolymères		50	0,1 0,2	70 60	Tourbe	
1 2	Diagenèse thermique	Méthane biogénique (?) Début de formation de l'huile	Disparition des acides humiques et de l'hydrolysabilité	Apparition de vitrinite sensu stricto	70 75	0,3 0,4 0,5	50 45	Lignite *Brown coal*	4000 5500
3 4	Catagenèse	Phase principale de formation de l'huile et de gaz "humide"	Génération massive d'hydrocarbures	Disparition de la fluorescence des spores	80 85	0,6 0,7 0,8 0,9 1,0 2,0	33 12 9	Houille *Hard coal*	7000
5 10	Métagenèse	Méthane thermogénique Destruction des gisements	Réorganisation du squelette carboné	Apparition de l'anisotropie de réflectance de la vitrinite	90 95 >95	3,0 4,0 5,0 6,0 7,0 8,0	4 2	Anthracite Méta-anthracite	8500

6.7.1 *Les données de la pétrographie organique*

La réflectance de la vitrinite

La méthode la plus fréquemment employée pour estimer la température maximum atteinte par un échantillon organique est la mesure de la réflectance de la vitrinite qu'il contient. La courbe de variation de la valeur de la réflectance (PR ou Ro[13]) est monotone en regard de celle de la température (Fig. 6.16). Elle marque une nette variation dans sa pente au moment du craquage des composés pétroliers, dont la formation confère un caractère fluide au milieu duquel les entités aromatiques peuvent commencer à se paralléliser. La nette augmentation de la réflectance à ce

13. Le « o » dans Ro signifie *oil* car la mesure de la réflexion se pratique en plaçant de l'huile à immersion – dont l'indice de réflexion est connu – entre l'objectif et l'objet.

moment et sa poursuite ultérieure reflètent l'organisation des plans pré-graphitiques au sein des résidus carbonés. Les courbes des figures 6.7 et 6.16 sont, à ces titres, des courbes fondamentales mais seulement applicables à des séries sédimentaires ayant connu une subsidence régulière.

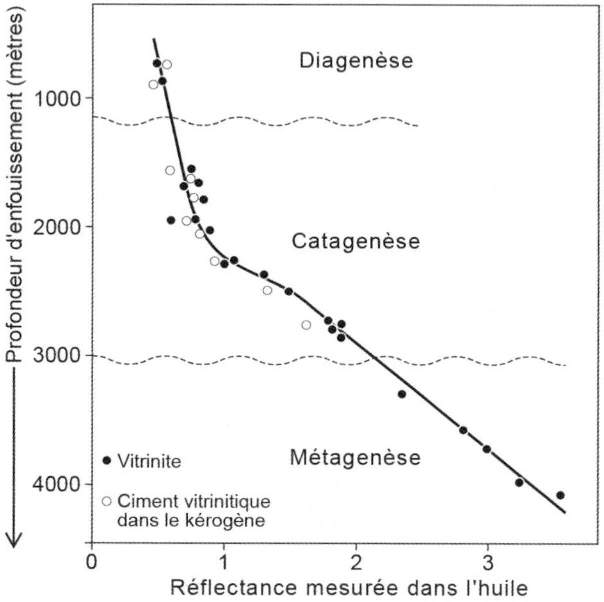

Figure 6.16 *Évolution du pouvoir réflecteur de la vitrinite (PR ou Ro) en fonction de la profondeur d'enfouissement pour un kérogène de Type III. L'augmentation du taux de la réflectance vers 2 000 m de profondeur marque le début de la production d'huile (d'après Tissot & Welte, 1984).*

La fluorescence

La fluorescence est une propriété des molécules comportant des doubles liaisons C = C conjuguées, c'est-à-dire séparées par une liaison C-C simple (oléfines, composés aromatiques, chlorophylles, carotènes). L'on peut donc prévoir qu'elle s'exprimera dans des composés lipidiques insaturés (constituants des exines, par exemple) et dans des huiles peu matures contenant encore des espèces insaturées, soit des huiles contenant des hydrocarbures aromatiques. L'une des propriétés de l'émission de lumière fluorescente est que la lumière émise – en réponse à une excitation par un rayonnement de basse longueur d'onde, ultra-violet (365 nm) – l'est dans des longueurs d'onde supérieures à celles du faisceau excitateur, dans le spectre violet à bleu. Ce spectre d'émission va se déplacer, vers de plus grandes longueurs d'ondes (rouge), à mesure que les huiles, les macéraux ou les kérogènes vont perdre des espèces insaturées. En outre, l'intensité de la lumière émise diminue au long de la même séquence d'évolution. Les deux fonctions mesurées pour déterminer l'état de maturation de macéraux (exinite) ou d'un kérogène sont donc la valeur de la longueur d'onde du maximum de la lumière émise et son intensité.

L'observation et la mesure de l'intensité de la lumière « fluorescée » permettent donc de placer l'échantillon étudié dans l'échelle de la diagenèse et d'une partie de la catagenèse (Tab. 6.3). L'émission de lumière dans le rouge-sombre s'arrête, en effet, pour un état de maturation correspondant à un PR (Ro) = 1,3 %.

6.7.2 *Les données de la géochimie organique*

La température maximale de pyrolyse (Tmax)

Les diagrammes de van Krevelen et IH/IO du Rock-Eval ont une signification très voisine et le report d'un point représentatif de la matière organique d'un kérogène donné, dans l'un ou l'autre de ces diagrammes, renseigne directement sur la situation de ce kérogène dans l'échelle de la maturation thermique. Si le champ des températures est commun aux matières organiques de toutes origines, l'index d'hydrogène, porté en ordonnées, les distingue les unes des autres, comme le rapport H/C dans le diagramme de van Krevelen. On voit, pour cette raison, se dessiner les trois courbes représentant les lignées reconnues dans le diagramme de van Krevelen, orientées dans le sens d'une maturation croissante en suivant la diminution du paramètre IH.

La relation entre l'intensité de la maturation thermique et la température au sommet du pic S_2 est simple : plus la matière organique a déjà subi une maturation thermique avancée, plus la température à laquelle craqueront des hydrocarbures nouveaux sera elle-même élevée (Fig. 6.17). L'un (IH) et l'autre (Tmax) de ces paramètres sont donc représentatifs de la maturation subie. Les courbes d'isoréflectance marquant respectivement le passage du domaine de la diagenèse à celui de la catagenèse (PR = 0,5 %), de la catagenèse à la métagenèse (PR = 2 %) et, au sein de la catagenèse, du domaine de production des huiles à celui des gaz (PR = 1,3 %) recoupent les courbes d'origine, comme elles le font dans le diagramme de van Krevelen (Fig. 6.18).

On remarquera notamment que les courbes d'isoréflectance PR = 0,5 % et PR = 1,3 % ne sont pas strictement parallèles à l'axe des ordonnées. Ceci signifie que les températures auxquelles ont lieu ces transformations physiques de la matière organique sont propres à chaque type de matière organique, au sein d'un domaine de températures relativement étroit, il est vrai. Il reste que des températures Tmax comprises entre 435 et 440 °C sont considérées comme symptomatiques du passage de stades d'immaturité à des stades de maturité (au sens pétrolier du terme).

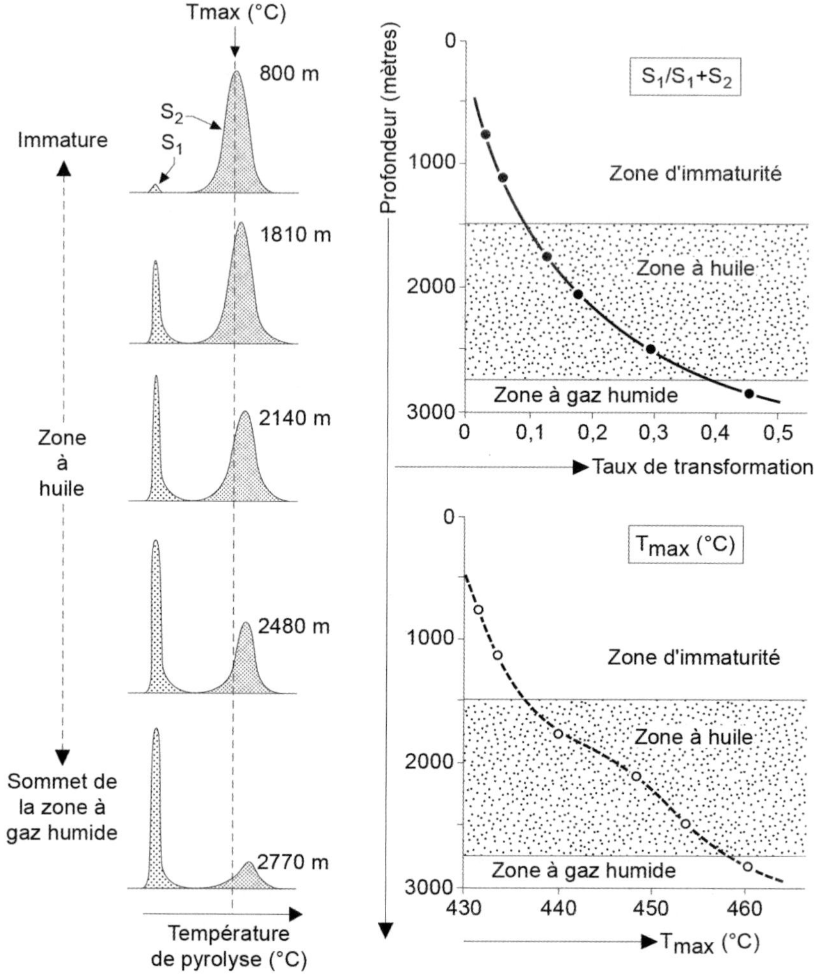

Figure 6.17 *Évolution de la hauteur relative des pics S_1 et S_2 de la pyrolyse Rock-Eval au cours de la maturation thermique d'un kérogène. Le déplacement vers la droite du pic S_2 montre que la température du maximum de production des hydrocarbures (Tmax) est de plus en plus élevée (d'après Espitalié* et al., *1985).*

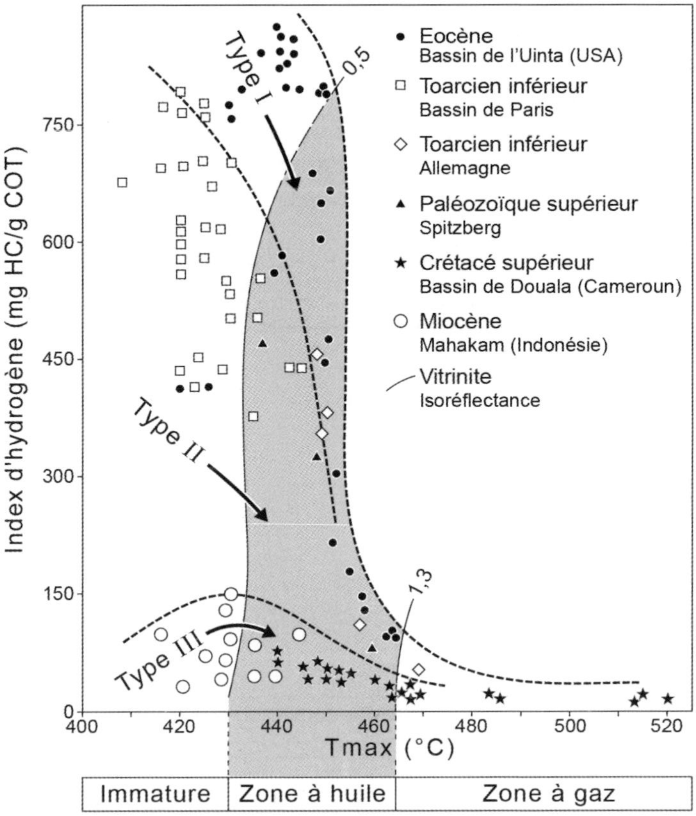

Figure 6.18 *Diagramme IH-Tmax montrant la relation entre la valeur de l'index d'hydrogène et la température Tmax pour les trois types de kérogènes de référence. Les courbes 0,5 et 1,3 % correspondent à des courbes d'iso-réflectance du pouvoir réflecteur de la vitrinite (d'après Espitalié* et al.*, 1985).*

La stéréochimie des biomarqueurs

Les principales familles de biomarqueurs utilisées dans la reconstitution de la maturité thermique d'un kérogène ou d'une huile sont celles des stéroïdes, des hopanoïdes et, à un moindre degré, des porphyrines. Les stéroïdes – nous considérerons ici essentiellement les stéranes – ont une riche stéréochimie. Ils possèdent, en effet, quatre atomes de carbone portant des substituants (H, CH_3 ou R) dont la position, par rapport au plan de la molécule, dépend de la température (Fig. 6.19). Ces atomes portent les numéros 5, 14, 17 et 20. La forme 5α(H) (l'atome H est situé en dessous du plan moyen des cycles de la molécule) est nettement prédominante par rapport à la forme 5β(H) (l'atome H est situé en dessus du plan moyen des cycles de la molécule). En revanche, les atomes H portés par les carbones 14 et 17 sont en position α ou β et la chaîne portée par le carbone 20 est en position R ou S.

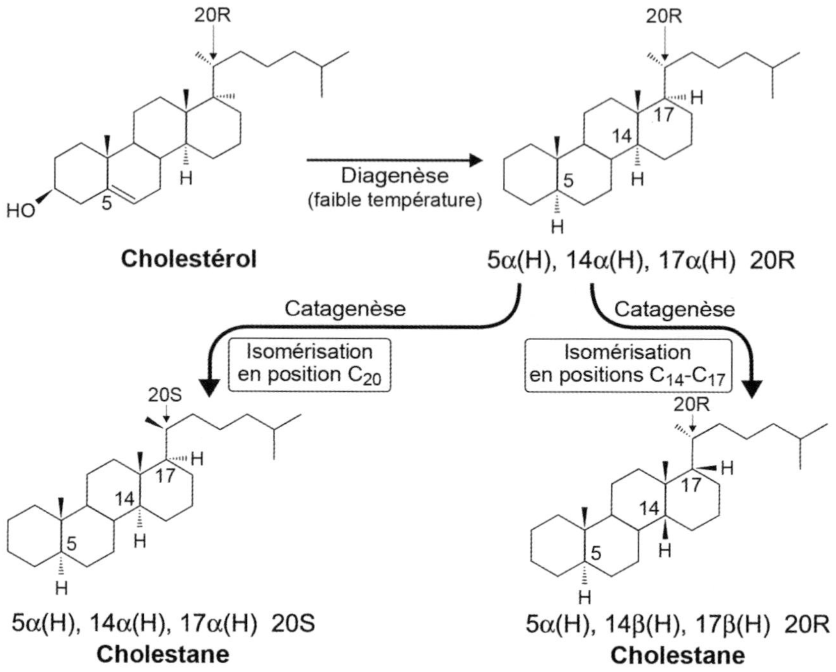

Figure 6.19 *Évolution de la stéréochimie des dérivés du cholestérol au cours de la diagenèse organique (d'après Connan, 1987).*

Au total, les stéroïdes ont une configuration 5α, 14α, 17α, 20S dans leurs précurseurs (cholestérol, par exemple, Fig. 6.19), pendant la diagenèse et le début de la catagenèse. Ils sont ensuite en mélange avec des stéranes de configuration 5α, 14β, 17β.

Les hopanoïdes – nous ne considérerons que les hopanes – possèdent, eux aussi une riche stéréochimie. Les atomes de carbone concernés par les réactions d'isomérisation portent les numéros 17, 21 et 22. La forme biologique a la configuration 17β, 21β. Cette forme est moins stable, thermiquement, que les formes 17β, 21α et 17α, 21β, qui la remplacent au cours de la diagenèse. La forme 17β, 21α, à son tour, disparaît au profit de la forme 17α, 21β qui reste seule présente dans la catagenèse (Fig. 6.20).

Les formes isomères des stéranes et des hopanes apparaissent ainsi comme des marqueurs tout à la fois d'origine de la matière organique du kérogène (phytoplancton et micro-algues *vs* procaryotes) mais aussi de la maturité de celui-ci (Fig. 6.20).

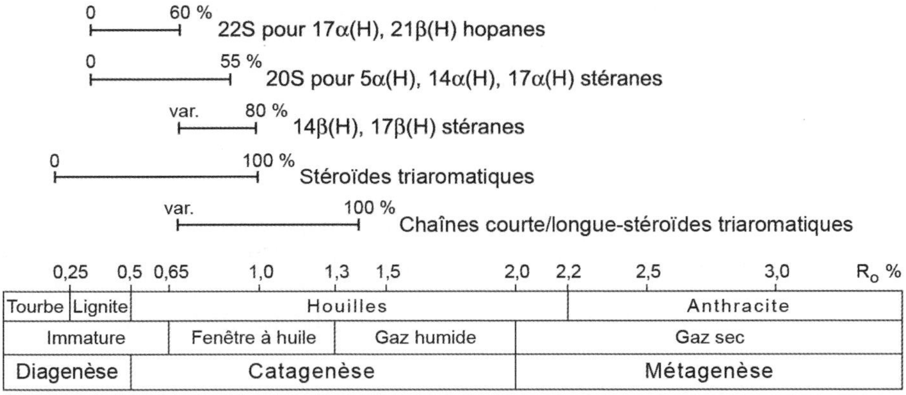

Figure 6.20 *Corrélation approximative des paramètres de maturité fondés sur la stéréochimie de biomarqueurs avec les étapes de formation des charbons et des pétroles (d'après Waples, 1985). Par exemple, la configuration 14β, 17β des stéranes est variable (var.) au début de la fenêtre à huile et représente 80 % des cas vers la fin de cette fenêtre.*

L'aromatisation de composés de l'extrait et du kérogène

L'aromatisation confère aux composés carbonés qui l'acquièrent une stabilité d'autant plus grande qu'elle engendre des composés polycycliques. Elle débute dès la diagenèse précoce, sous l'effet de processus microbiens et se poursuit dans la diagenèse sous l'effet de réactions thermiques. La figure 6.21 illustre l'aromatisation du cycle C d'un stéroïde. Cette réaction est précoce (dans la zone de diagenèse) et se poursuit par l'aromatisation des deux autres cycles hexagonaux du stéroïde. Celle-ci est accomplie dans les premiers temps de la catagenèse.

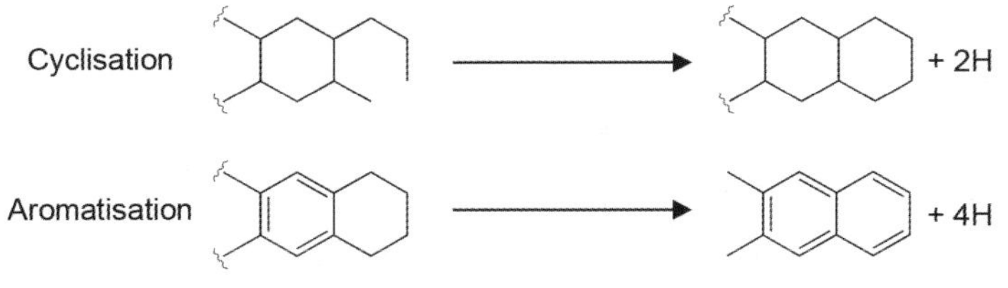

Figure 6.21 *Aromatisation des cycles des stéroïdes comme marqueur de maturation. Ici les deux réactions libèrent de l'hydrogène (d'après Waples, 1985).*

Dans le même temps qu'elle affecte des espèces moléculaires libres, par exemple des composés stéroïdiques, l'aromatisation gagne le kérogène à mesure qu'augmente la température d'enfouissement. Le taux d'aromatisation peut y être mesuré par les méthodes répondant à la présence de noyaux aromatiques, monocycliques ou polycycliques : spectroscopie infra-rouge, diffraction des RX, microdiffraction électronique, mais surtout la résonance magnétique nucléaire du proton et du ^{13}C.

Rappelons que le développement des entités cycliques, notamment aromatiques polycycliques, au sein du kérogène est à l'origine de la libération des quantités d'hydrogène nécessaire à la formation des hydrocarbures. C'est, en cela, une réaction cardinale de la formation des huiles (Fig. 6.21).

6.8 Le rôle du couple temps/température dans la formation des pétroles et la simulation de la maturation thermique de la matière organique

La genèse des huiles et des gaz, ainsi que la formation d'un résidu carboné, se développant sous l'effet de la température, l'énergie nécessaire à la progression de ces réactions est fournie à la matière organique tout à la fois par l'énergie thermique disponible à une profondeur donnée dans un bassin et par la durée pendant laquelle cette énergie s'exprime. Si certaines températures, élevées, sont à même de conduire la matière organique jusqu'aux stades avancés de la catagenèse ou de la métagenèse en des temps brefs, au sens géologique du terme, d'autres températures ne le sont pas et la genèse des huiles sous leur influence prend des durées de temps beaucoup plus importantes, pouvant excéder 100 Ma (Fig. 6.22).

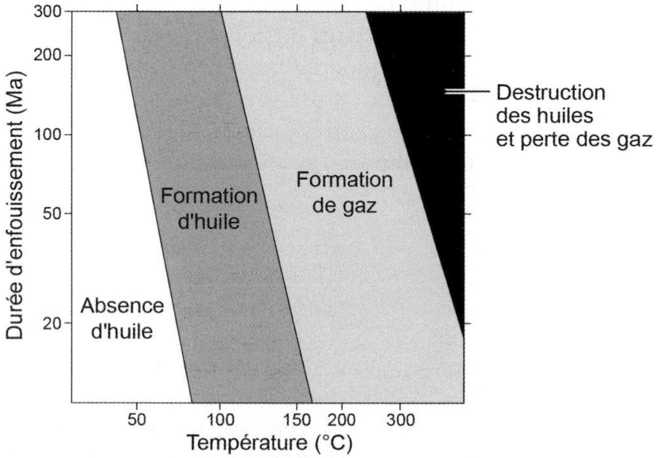

Figure 6.22 *Relation temps/température dans la formation des gisements pétroliers.*

La figure 6.23 illustre les rôles convergents du temps et de la température dans la maturation de diverses huiles. Ce résultat est une illustration du rapprochement que fait la Physique entre les rôles du temps et de la température dans le déroulement des réactions. Mais, pour déplacer celles-ci dans le même sens (celui du craquage d'entités moléculaires complexes en entités de plus petite taille), ces deux paramètres n'agissent pas quantitativement de la même manière : la vitesse de transformation est une fonction linéaire du temps alors qu'elle progresse de façon exponentielle avec la température. Une température minimum est donc nécessaire à l'initiation, et à l'entretien, des réactions pétroligènes.

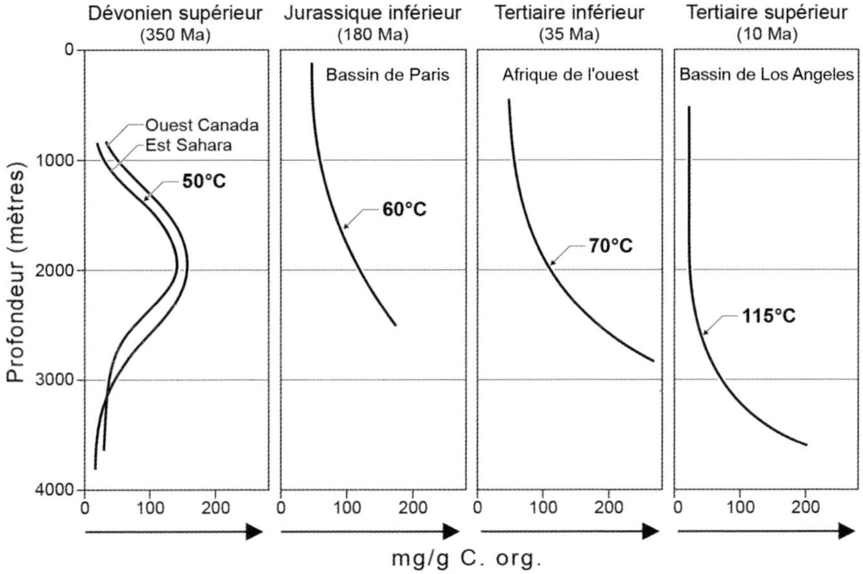

Figure 6.23 *Profondeurs et températures comparées du début des principales zones de formation des huiles dans des roches-mères d'âges différents (d'après Tissot & Welte, 1984).*

Elle est de l'ordre de 50-60 °C pour des roches-mères paléozoïques du Sahara ou du Canada et de l'ordre de 100-110 °C pour des roches-mères mio-pliocènes de Californie. Il n'en demeure pas moins que dans les bassins au gradient géothermique « normal » (autour de 30-35 °C/km), la plupart des huiles sont générées entre 110 et 140 °C et la plupart des gaz entre 150 et 230 °C.

La genèse du pétrole doit donc s'envisager sur des temps longs, allant de quelques millions d'années (Ma) dans les bassins très subsidents et chauds (jusque 80 °C/km) à plus d'une centaine de Ma (et parfois plusieurs centaines) dans les provinces pétrolières cratoniques froides (25 °C/km). Cela a évidemment une conséquence directe sur la profondeur des fenêtres à huile et à gaz dans les bassins sédimentaires. Selon les bassins, l'histoire de la genèse du pétrole passe par des phases d'accélération et de stase en fonction des rythmes de la subsidence et des changements du régime thermique. Celle-ci dépend aussi de l'évolution temporelle du gradient géothermique dans le bassin et des effets que peuvent induire son remplissage sédimentaire. Par exemple, la présence de sel sur quelques centaines de mètres d'épaisseur peut modifier significativement le transfert de chaleur à travers la colonne sédimentaire conduisant à une anomalie thermique plus chaude au-dessus du sel et à un effet inverse (*blanketing effect*) au-dessous.

La prédiction (ou modélisation) de la maturité d'une roche-mère au sein d'un bassin sédimentaire constitue l'un des objectifs majeurs des géologues pétroliers. Cet objectif peut être atteint en conjuguant des connaissances géologiques sur la position d'une partie de la couche considérée à une certaine profondeur, sur la variation de cette position au cours du temps, sur le temps passé par telle partie de la couche dans cette position, sur l'histoire du gradient géothermique au cours du temps.

Une approche assez simple pour effectuer cette reconstitution consiste à reporter la position de la couche en question dans le bassin puis à tracer, dans celui-ci, des tranches de profondeurs correspondant à une augmentation régulière de 10 °C. Une augmentation de 10 °C est souvent considérée comme correspondant à une multiplication de la vitesse de craquage par un facteur d'environ 2. L'effet thermique de la température dans la tranche n est donc égal à 2^n. Cette formulation reflète bien une augmentation exponentielle de la vitesse de craquage sous l'effet de la température. Quant à l'effet du temps sur la maturation, il est proportionnel à la durée passée par les échantillons dans une tranche de profondeur donnée. Cette valeur se lit au long des courbes temps-profondeur, par la longueur de la partie de la couche restée à la température correspondant à la tranche donnée (fig. 6.24). Le produit de cette longueur avec 2^n donne un index (temps × température ; TTI = *Time Temperature Index*) qui, comparé à des abaques de référence obtenues sur des modèles reconnus, permet de situer la maturité de la couche par rapport aux valeurs du TTI correspondant respectivement au début ou à la fin de la catagenèse.

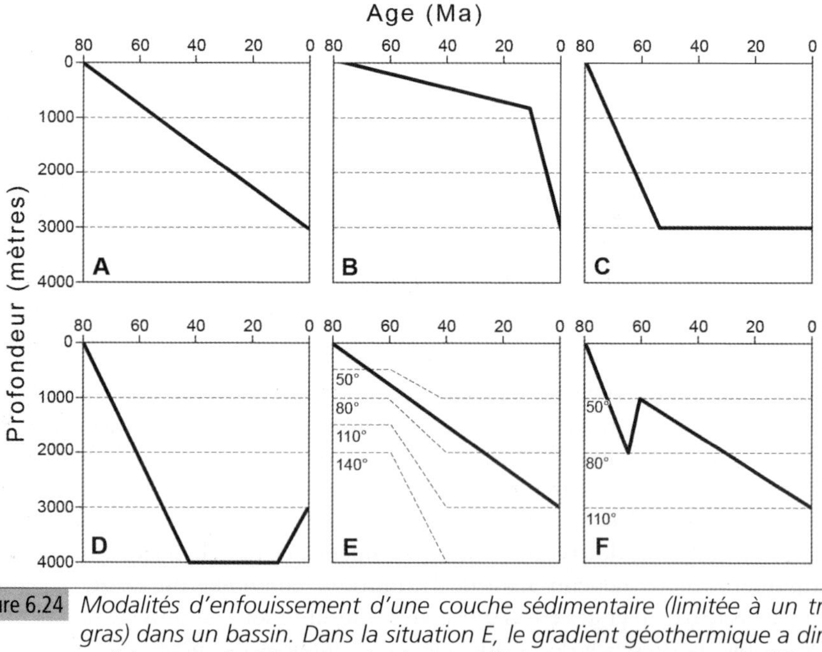

Figure 6.24 *Modalités d'enfouissement d'une couche sédimentaire (limitée à un trait gras) dans un bassin. Dans la situation E, le gradient géothermique a diminué à partir de 60 Ma, puis s'est stabilisé. Les courbes en pointillé sont des isothermes du type de celles utilisées pour le calcul du TTI. Le calcul de celui-ci montre que l'énergie thermique reçue par un échantillon appartenant à la couche concernée se range dans l'ordre A < B < C < D.*

Ce mode d'évaluation de la maturité d'un élément de roche s'est heurté au fait que le facteur multiplicatif 2, appliqué à la vitesse de craquage pour une augmentation de température de 10 °C, s'est révélé inapplicable à des constituants dont l'énergie d'activation est variable, entre 40 et 80 kcal.mole^{-1}. Il n'est, en vérité, applicable qu'à des matériaux dont l'énergie d'activation est voisine de 10 à 20 kcal.mole^{-1}. La connaissance du spectre des énergies d'activation des constituants d'un kérogène donné (Fig. 6.14) devient alors un outil précieux pour un calcul précis de la maturation d'un kérogène, car elle permet d'attribuer à chaque classe de constituants (en général des macéraux), et non plus au kérogène dans son ensemble, une énergie d'activation spécifique. Cette énergie est alors prise en compte et ajoutée aux informations recueillies sur les propriétés physiques des roches associées au sein du bassin (porosité, pression, conductivité), pour conclure sur le potentiel pétrolier de ces différentes roches. L'ensemble des données, devenues nombreuses, sont traitées par ordinateur, à l'aide de logiciels spécialisés. L'Institut français du pétrole a ainsi mis au point des logiciels permettant de reproduire ou de simuler telle ou telle propriété des gisements pétroliers.

À titre d'exemple, la figure 6.25 montre la variation de la profondeur à laquelle a été soumise la roche-mère kimméridgienne dans le graben central de la Mer du Nord et la simulation, dans le temps, de la production des huiles et des gaz dont la génération a débuté il y a environ 100 Ma, au passage entre le Crétacé inférieur et le Crétacé supérieur.

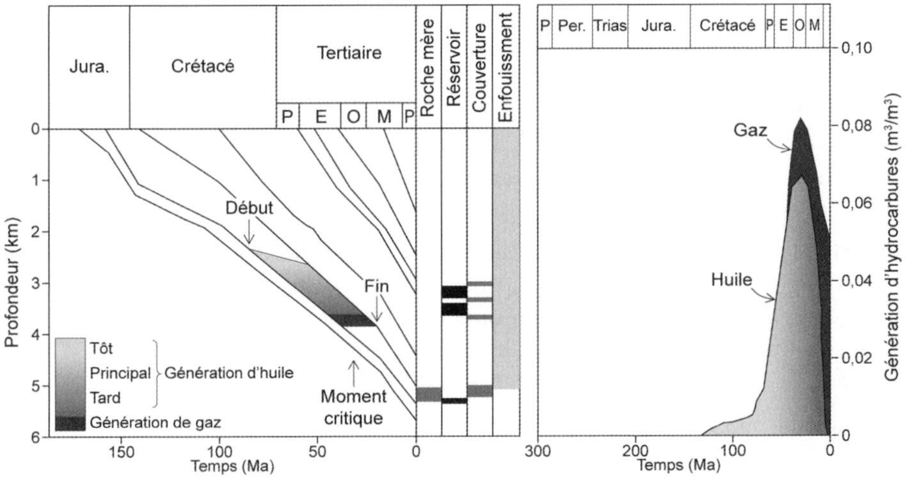

Figure 6.25 *Histoire de l'enfouissement de la roche-mère de Kimmeridge Clay dans le graben central de la mer du Nord et simulation de la production d'huiles et de gaz (d'après Cornford, 1994).*

Environ 90 % des gisements de pétroles et de gaz mondiaux ont été engendrés durant les 100 derniers millions d'années, ce qui tient à deux raisons principales. Tout d'abord, cette proportion considérable reflète tant la productivité des biomasses, continentales et marines, ayant produit les matières organiques des roches-mères concernées que l'activité géodynamique ayant conduit à la structuration des bassins (orogenèse alpine au sens large), quel que soit l'âge des roches-mères ayant subi la diagenèse thermique nécessaire à la génération de ces huiles ou de ces gaz. Une autre raison tient au fait que les gisements plus anciens (formés durant les cycles calédonien et hercynien) ont largement disparu du fait de la réactivation de bon nombre de bassins durant le cycle alpin et/ou parce qu'ils n'étaient pas assez « étanches » sur le long terme.

6.9 Migration des hydrocarbures et constitution des gisements pétroliers conventionnels

Les gisements commerciaux d'hydrocarbures se trouvent en général dans des roches poreuses, ou fracturées, appelées roches-réservoirs ou roches-magasins, dont la perméabilité est suffisante pour qu'il soit possible d'en extraire les hydrocarbures (Fig. 6.26). Or ces roches, de nature généralement sableuse (gréseuse si elles sont partiellement cimentées) ou carbonatée, contiennent initialement trop peu de kérogène pour que le pétrole qu'elles recèlent ait été généré sur place. Les roches où le pétrole se forme par craquage du kérogène, appelées roches-mères pétrolières, sont des roches argileuses ou carbonatées, à grain fin donc très peu perméables. Il faut donc, pour que des accumulations commerciales se créent, qu'un processus de drainage naturel assure le transfert de la roche-mère dans la roche-réservoir. Ce processus, appelé migration, se fait en deux étapes : (1) l'expulsion hors de la roche-mère dans des drains de petite section est appelée migration primaire, (2) le déplacement dans des drains de sections plus importantes (grès poreux, calcaires grossiers, roches faillées ou fissurées), jusqu'au réservoir, est appelé migration secondaire.

Les mécanismes de la migration secondaire sont compris depuis longtemps et mettent en jeu des forces de gravité. Les hydrocarbures sont moins denses que l'eau et essentiellement immiscibles dans celle-ci, mais ces deux phases subissent simultanément la poussée d'Archimède et se déplacent donc vers le haut à travers la colonne sédimentaire. Au final, se constituera, dans le réservoir, une ségrégation des fluides d'après leur densité : le gaz se trouvant au-dessus de l'huile et l'huile au-dessus de l'eau.

Les mécanismes de la migration primaire n'ont vraiment été compris que vers le milieu des années quatre-vingt. La contrainte opposée à cette migration tient à l'extrême petitesse des pores de la roche-mère qui constitue un obstacle au déplacement des fluides du fait des forces capillaires au sein du réseau poreux et de la tension interfaciale entre huile et eau[14]. La somme de ces deux forces est supérieure à la poussée d'Archimède et à la pression lithostatique (c'est-à-dire aux forces engendrées par la charge des sédiments surmontant la roche-mère).

14. Ces propriétés physiques expliquent aussi que l'on ne récupère naturellement (c'est-à-dire sans récupération assistée) qu'environ un tiers des huiles d'un gisement.

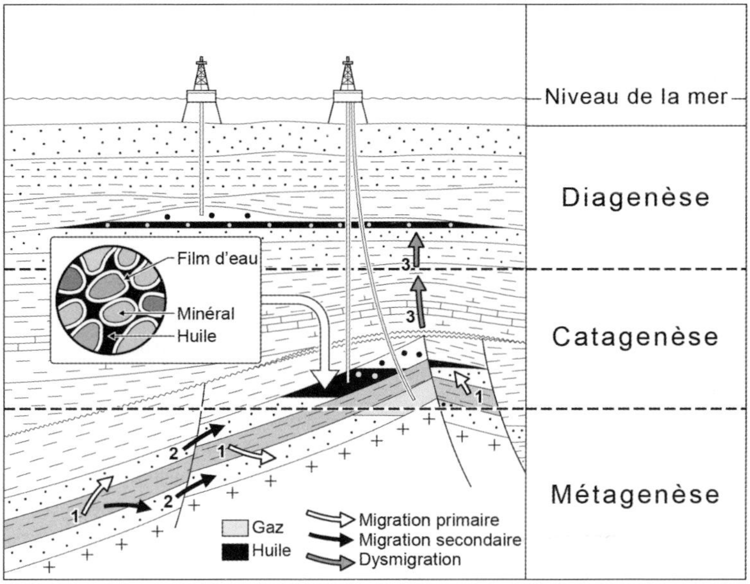

Figure 6.26 *Schéma d'un système pétrolier et des trois principaux types de migration (d'après Ungerer & Durand, 1987).*

L'expulsion de l'eau et de l'huile a lieu sous forme de phase séparée, de manière décalée dans le temps, sous l'effet de la compaction (Fig. 6.27). Au début de l'enfouissement, la future roche-mère contient du kérogène qui est une substance solide. Sa porosité est remplie par de l'eau qui est expulsée au fur et à mesure que la charge sédimentaire s'accroît mais surtout parce que la pression des fluides (pression hydrostatique) est supérieure à celle de son encaissant minéral (pression lithostatique). Cette surpression est la cause de l'expulsion des fluides, d'abord de l'eau, dans la zone de diagenèse, puis de l'huile. Au début de la catagenèse, l'huile commence à se former aux dépens de kérogène qui diminue donc de volume, créant ainsi un supplément de porosité. Huile et eau étant pratiquement insolubles l'une dans l'autre, deux phases se forment et les forces interfaciales qui en résultent s'opposent à l'expulsion. L'eau, encore majoritaire à ce stade, continue quand même à être expulsée et, avec elle, la très petite fraction des hydrocarbures qui s'y trouve dissoute (méthane et benzène principalement). L'essentiel des hydrocarbures reste donc dans les pores. La formation des hydrocarbures se poursuivant, il arrive un moment où ceux-ci deviennent dominants dans la porosité résiduelle. Par endroits, ils occupent suffisamment celle-ci pour constituer des films continus. Les forces interfaciales étant alors minimisées, l'huile est expulsée à son tour. Il semble qu'un seuil de 20 % de saturation de la porosité par l'huile soit nécessaire pour que la migration primaire puisse avoir lieu. Par endroits, la pression de l'huile pourrait vaincre celle de confinement en ouvrant des microfissures dans le kérogène ou les sédiments à grain fin de la roche-mère. Il s'agit là d'une fracturation hydraulique naturelle qui est plus fréquente et efficace dans les roches-mères carbonatées, siliceuses ou silteuses que dans celles argileuses.

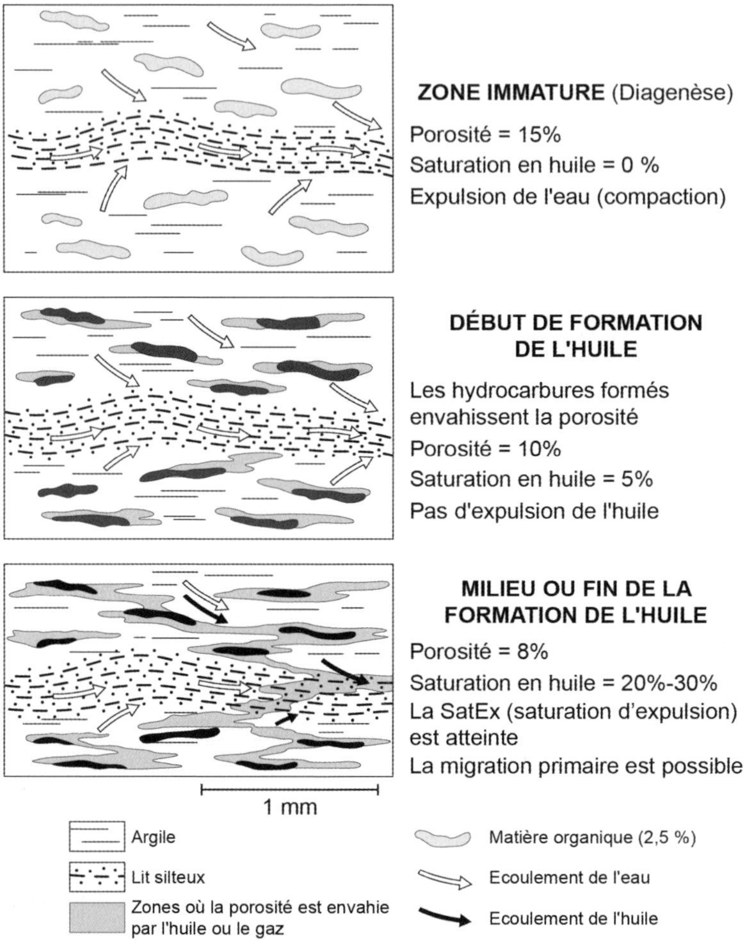

Figure 6.27 *Schéma explicatif de l'expulsion des hydrocarbures hors des roches-mères (migration primaire d'après Ungerer & Durand, 1987).*

On conçoit aisément que la migration primaire a lieu à un stade d'autant plus précoce que la génération des hydrocarbures formés sera précoce, ce qui dépend de la richesse initiale de la roche-mère en kérogène mais aussi de son type. En revanche, dans une roche-mère pauvre en kérogène, les quantités d'hydrocarbures formées seront faibles et le resteront longtemps, par rapport aux quantités d'eau. L'expulsion sera retardée et l'enfouissement se poursuivant, le craquage secondaire entrera en jeu et le rapport gaz/huile augmentera. Les hydrocarbures finiront par être expulsés mais plutôt sous forme de gaz. Au fur et à mesure que du gaz se forme, la viscosité des hydrocarbures diminue, ce qui facilite leur expulsion, d'autant plus que la formation du gaz provoque une surpression dans la roche. Parfois la pression dépasse la résistance mécanique de la roche-mère qui se fissure alors (fracturation hydraulique naturelle), ce qui facilite d'autant l'expulsion.

Les températures et les pressions régnant dans les roches-mères sont telles qu'huile et gaz n'y constituent souvent qu'une seule phase. La remontée vers la surface provoque une diminution de pression (et de température) qui peut conduire à la séparation des deux phases occupant, à la pression atmosphérique, des volumes bien différents (grands volumes de gaz, petits volumes d'huile). En général, on trouve toujours un peu de gaz dissous dans l'huile et un peu d'huile dissoute dans le gaz. On parle, dans ce cas, de gaz à condensat.

Les meilleures roches-réservoirs sont des grès et des sables mais aussi des carbonates poreux (calcaires oolithiques peu cimentés, calcaires récifaux partiellement dissous). Les premiers représentent 62 % des réservoirs et les seconds 32 %. La roche couverture la plus imperméable est le sel, mais le gypse et les argiles constituent également de bonnes barrières de perméabilité.

Pour qu'un réservoir reste en charge, il faut nécessairement qu'une barrière imperméable (roche couverture, fermeture par une faille) assure son étanchéité et arrête les hydrocarbures dans leur migration. Si tel n'est pas le cas, les hydrocarbures parviennent jusqu'à la surface (au fond de la mer ou à terre), s'altèrent et laissent des résidus qui constituent des indices de surface.

Un piège pétrolier est une structure qui assure l'accumulation des hydrocarbures (Fig. 6.28). Ce peut être un piège d'origine tectonique (anticlinal, faille), d'origine stratigraphique (discordance, biseau, récif...) ou d'origine mixte, tectono-sédimentaire (diapir de sel ou de boue). À l'échelle mondiale, les pièges anticlinaux sont parmi les plus importants en termes d'abondance (plus de la moitié des champs pétroliers) et de quantité totale des réserves pétrolières reconnues.

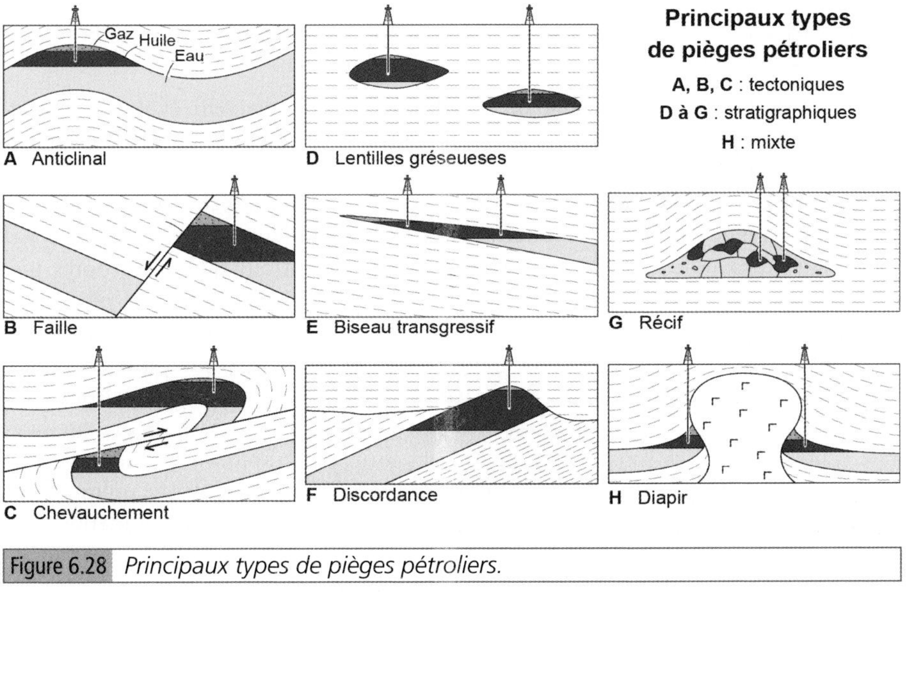

Figure 6.28 *Principaux types de pièges pétroliers.*

À l'échelle des temps géologiques, il est rare que l'imperméabilité d'une couverture soit parfaite. Il se produit donc des fuites, constituant la « migration tertiaire » ou, plus généralement, une dysmigration. Ces fuites peuvent également être à l'origine d'indices de surface mais les hydrocarbures qui « dysmigrent » peuvent aussi rencontrer un autre piège situé plus haut, dans la colonne sédimentaire, que celui d'où ils proviennent. Si, comme cela est indiqué dans la figure 6.26, du gaz à condensat s'échappe d'un réservoir profond pour former un nouveau gisement à une moindre profondeur, il se formera dans ce second réservoir une nouvelle phase gazeuse et une nouvelle phase huileuse. Ce processus est appelé « condensation rétrograde ». S'il est généralisé à l'échelle d'un bassin, la répartition des gisements pétroliers n'a plus grand-chose à voir avec la logique de maturation des kérogènes. En particulier on trouvera des gisements de gaz thermogénique dans la zone de diagenèse, largement au-dessus de gisements d'huile.

Au total, il faut réunir cinq conditions pour que se développe un système pétrolier conventionnel dans un bassin sédimentaire : (1) l'existence d'une roche-mère arrivée à maturité, (2) la présence d'une roche-réservoir, (3) l'existence d'une roche-couverture, (4) un piège pétrolier et (5) le remplissage du piège pendant ce que les pétroliers ont coutume d'appeler le « moment critique ». Il est, en effet, capital que le piège pétrolier soit formé antérieurement ou de manière synchrone de la maturation des roches-mères et de la migration des hydrocarbures, sous peine que tout le pétrole généré ne puisse s'accumuler et soit altéré lors de son arrivée en surface. Lors de l'exploration d'un nouveau bassin sédimentaire, les compagnies pétrolières établissent un diagramme résumant la chronologie des événements (ou charte des événements pétroliers) en replaçant dans le temps la mise en place des différents éléments du système pétrolier (Fig. 6.29). Ainsi il est possible de voir si un des éléments fait défaut, à quelle période de l'histoire du bassin se positionne le moment critique et le temps écoulé depuis le chargement des réservoirs, ce qui peut influer sur la préservation des hydrocarbures qu'ils contiennent.

Au cours de la migration secondaire, les hydrocarbures peuvent évoluer en fonction des conditions de pression et de température. Au-delà de 450 bar, l'huile et le gaz forment un fluide critique. Si les conditions de pression et de température décroissent au cours de la migration, une démixtion a lieu et l'écoulement de l'huile et du gaz s'opère en régime diphasique. Au cours de leur déplacement, des gaz peuvent se dissoudre dans les aquifères, et les compositions d'hydrocarbures piégés ou migrés peuvent évoluer vers des produits plus lourds ou parfois plus légers par effet de chromatographie naturelle. Les vitesses de migration sont nettement plus rapides (d'un ordre de grandeur supérieur) pour les gaz que pour les huiles. Elles sont variables suivant le milieu traversé (sable, silt, marnes...) et selon que le type de migration à l'échelle du bassin se fait de manière plutôt verticale que latérale (Fig. 6.30). Elles sont évidemment beaucoup plus rapides verticalement que latéralement du fait même de la poussée d'Archimède. Ainsi on estime qu'une huile migrant verticalement dans des silts parcourt 1,7 km/Ma alors que la même huile migrant latéralement dans le même milieu avec un pendage de 2° parcourt seulement une distance de 60 m/Ma.

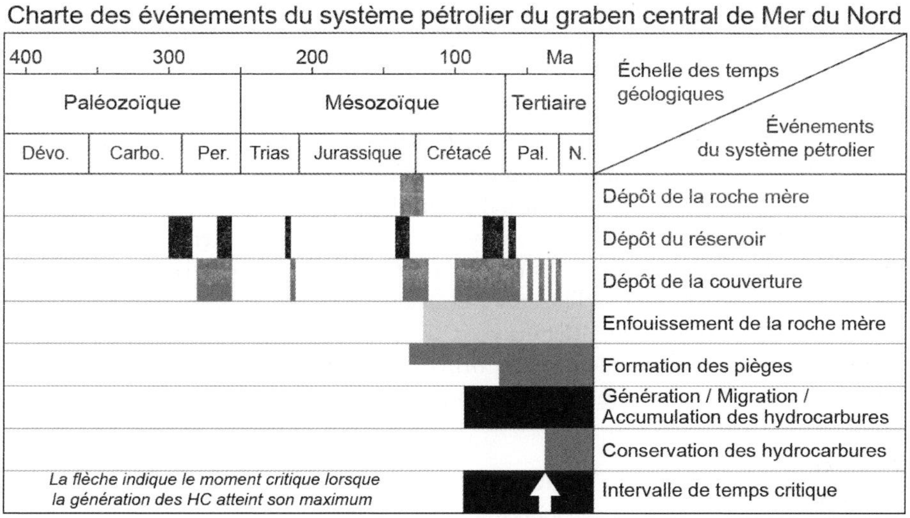

Figure 6.29 *Charte des événements du système pétrolier dans le graben central de la mer du Nord. La roche-mère est la Formation de Kimmeridge Clay. Le moment critique correspond à l'intervalle de temps où ont lieu l'expulsion des hydrocarbures de la roche-mère et le remplissage des pièges (d'après Cornford, 1994).*

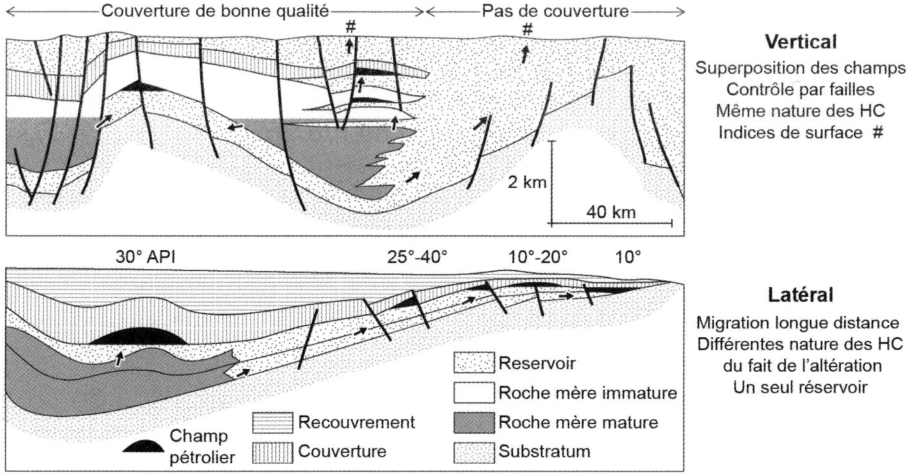

Figure 6.30 *Modes de drainage, vertical ou latéral, à l'intérieur des bassins pétroliers (d'après Demaison & Huizinga, 1991).*

Les rendements de la migration primaire et secondaire étant très faibles, les hydrocarbures accumulés dans les gisements pétroliers ne représentent qu'une très petite proportion (1/1 000 à 1/100 000e) de ceux qui ont été générés par leur roche-mère. La migration primaire et secondaire sont également sélectives. En effet, les composés lourds ayant tendance à migrer moins facilement que les composés hydrocarbonés plus légers, une ségrégation chimique a lieu entre la source et le réservoir. Cela conduit à des compositions et natures des pétroles bruts très variées, y compris pour des roches-mères de même type. Comme à cela s'ajoute une différenciation dans la nature de la matière organique des roches-mères (Types I, II ou III), dans l'histoire thermique des bassins voire à l'intérieur d'un même bassin, on comprend aisément la diversité de pétroles bruts, depuis ceux liquides et incolores à ceux visqueux et noirs. On distingue donc les pétroles bruts sur la base des proportions des différentes classes des hydrocarbures qui les constituent (Fig. 6.31).

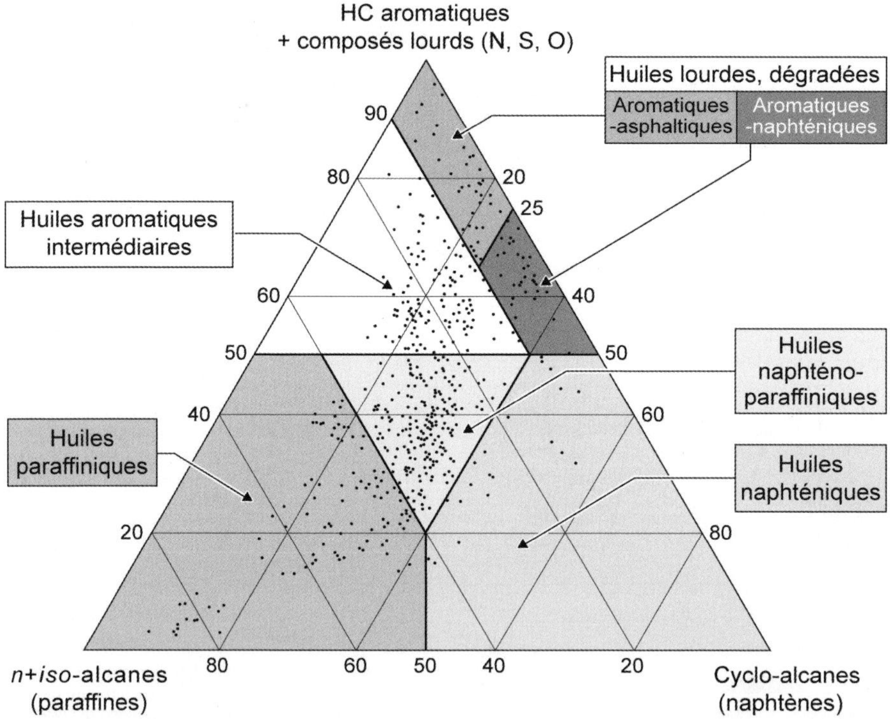

Figure 6.31 *Diagramme ternaire montrant la composition des pétroles bruts (d'après Tissot & Welte, 1984).*

Pétrole et civilisations antiques...

En certaines régions du monde, les hydrocarbures naturels se manifestent spectaculairement à l'affleurement sous la forme de feux éternels, de sources de pétrole ou de bitumes flottant à la surface des eaux.

Les hommes préhistoriques ne peuvent pas avoir ignoré ces produits et il est facile de supposer que leur imagination a été frappée par ces manifestations insolites et que leur sens pratique a été sollicité par les propriétés des produits hydrocarbonés. On a récemment découvert une hache en pierre polie partiellement enduite d'asphalte servant peut-être de colle au niveau du manche.

C'est dans le *Livre des Morts* (Ire dynastie égyptienne, vers 2800 av. J.-C.) qu'il est fait mention pour la première fois de lacs de feu. On trouve également dans les textes égyptiens de nombreuses citations de l'« huile de la pierre noire » ou « huile phénicienne » utilisée pour la momification des défunts.

Autre berceau de florissantes civilisations, la Mésopotamie est riche en gisements pétroliers qui suintent en surface. Naphte et asphalte sont cités dans les textes babyloniens et sumériens et leur emploi a été observé tant à Suse, qu'à Babylone ou Ur. À Suse, dès le IVe siècle avant J.-C., on utilisait le bitume pour calfater les embarcations, pour cimenter les briques mais aussi pour aider au scellement des outils dans leur manche comme au sertissage des pierres précieuses. Les Babyloniens ont ajouté à ces usages l'éclairage, l'étanchéité des systèmes d'adduction d'eau et le revêtement des chaussées de leur mégapole. Les exploitations des produits pétroliers devaient largement se faire à l'affleurement mais une exploitation d'asphalte par plus de 100 m de profondeur est connue à Wadi Maghara, en Basse Mésopotamie. Les Hittites connaissaient également l'usage de l'asphalte dont ils faisaient des statuettes, mais aussi des récipients pour le vin et la bière !

En Perse, les zones de feux naturels étaient considérées comme des lieux sacrés. Les « Adorateurs du feu » construisirent des temples – dont on a retrouvé les ruines à Bakou et dans le nord de l'Iran – autour de ces émissions permanentes de gaz enflammé.

Les Grecs et les Romains n'ont pas accordé aux produits pétroliers le même intérêt que les peuples du Moyen-Orient. Pourtant, de nombreux auteurs (Hérodote, Aristote, Plutarque...) mentionnent la présence de feux éternels et une drachme (pièce grecque) du Ier siècle avant J.-C. présente même trois nymphes dansant autour de ce qui est supposé être une source de pétrole enflammée. L'emploi des produits pétroliers dans le monde grec et romain est resté confiné à la pharmacopée et à la magie, même si on utilisait l'asphalte pour réparer les bateaux.

Les Coptes (Ier siècle après J.-C.) apportèrent une attention particulière aux fractions légères des pétroles et apprirent à distiller l'huile brute. Les Arabes, héritiers probables de cette expérience, firent des progrès considérables au point de commercialiser la « gazoline ». Dès le XIe siècle, il existait à Damas une véritable industrie de distillation. Des textes mentionnent des stocks de 200 tonnes de « naphta » dans le palais du sultan du Caire !

...

...

Un peu plus tard, Byzantins, Arabes et Francs qui s'affrontèrent dans des combats navals en Méditerranée orientale utilisèrent abondamment le « feu grégeois » ; arme incendiaire redoutable, faite de salpêtre et de bitume, capable de brûler dans l'eau.

En Extrême-Orient, les Japonais exploitaient gaz et pétrole dès le VIIe siècle. Quant aux Chinois, il semble qu'ils aient été d'excellents foreurs puisqu'ils captaient les émanations gazeuses à plusieurs centaines de mètres sous la surface par des tubes de bambous juxtaposés.

6.10 Transformations des huiles dans les gisements

Au cours de leur long séjour dans les réservoirs, les huiles peuvent subir différents types d'altération par des processus physico-chimiques ou microbiologiques (Fig. 6.32).

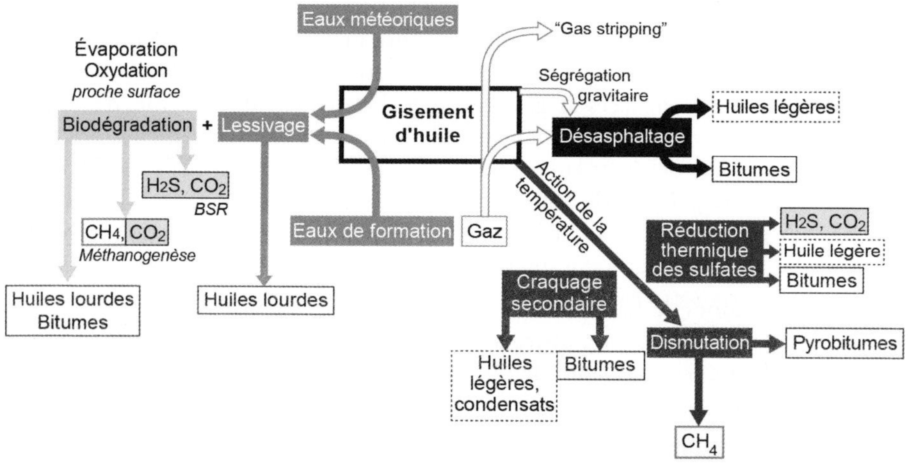

Figure 6.32 *Processus de dégradation des hydrocarbures dans les gisements (d'après Connan, 1984 et autres sources).*

Le craquage thermique naturel des huiles – appelé craquage secondaire par opposition au craquage primaire qui correspond à celui du kérogène – se produit à partir de 140-150 °C, par exemple lorsqu'un bassin sédimentaire poursuit sa subsidence après le remplissage des réservoirs ou que le flux thermique auquel il est soumis augmente significativement. Il se produit alors une séparation de l'huile entre une fraction légère et une fraction très lourde. La conséquence est la formation d'un résidu carboné solide appelé pyrobitume puisque le craquage « laisse » dans l'huile de plus en plus d'atomes de carbone et de moins en moins d'atomes d'hydrogène. En effet, si, par exemple, de l'octane (C_8H_{18}) subit le craquage et donne une molécule de pentane (C_5H_{12}) et une molécule d'éthane (C_2H_6), tous les atomes d'hydrogène ont été mobilisés alors qu'il reste un atome de carbone. Celui-ci va alors s'associer aux structures aromatiques présentes dans l'huile et former des composés poly-aromatiques de très haut poids moléculaire. Si la quantité de pyrobitume est très importante, elle peut modifier les propriétés pétrophysiques du réservoir en obstruant une partie de la porosité (formant alors des tapis de goudron ou *tar mat*) et en diminuant la perméabilité, empêchant parfois la production du champ pétrolier.

En présence de sulfates et à haute température (120-140 °C), les hydrocarbures subissent des réactions d'oxydo-réduction qui conduisent à leur altération et génèrent de l'hydrogène sulfuré, du soufre, du dioxyde de carbone et de la calcite secondaire. Ces réactions appelées réduction thermique des sulfates (ou TSR pour *Thermal Sulfate Reduction*) sont complexes, se produisent en plusieurs étapes et sont catalysées par les différentes formes réduites du soufre présentes dans le milieu.

L'injection naturelle d'hydrocarbures gazeux dans une huile peut provoquer la précipitation des asphaltènes dans le réservoir. Ce processus, appelé désasphaltage, produit une huile avec des hydrocarbures de poids moléculaire faible à moyen, ce qui peut conférer au pétrole des propriétés parfois plus intéressantes que celles dont il disposait initialement. Ces phénomènes peuvent être locaux, comme dans des champs pétroliers où la proximité d'une faille amenant du gaz profond conduit à un désasphaltage localisé autour de la faille, ou régionaux, comme sur certaines marges africaines où les roches-mères qui ont atteint la fenêtre à gaz expulsent du méthane qui parvient dans les réservoirs à huile situés plus haut dans la colonne sédimentaire, provoquant ainsi la précipitation des asphaltènes.

Lorsque des eaux météoriques parviennent à un réservoir, elles solubilisent une fraction des hydrocarbures. Même si ces derniers sont très peu solubles dans l'eau (solubilité inférieure au $mg.l^{-1}$ pour l'octane), de l'ordre de 1 à 10 grammes de méthane, d'éthane et de benzène peuvent être solubilisés dans un litre d'eau. Ainsi, avec le temps le lessivage s'avère efficace et l'huile perd une grande partie de ses fractions légères et s'enrichit relativement en composés de haut poids moléculaire.

Les pétroles peuvent servir de source d'énergie à divers types de bactéries et ainsi être dégradés, voire disparaître totalement. Cette biodégradation se produit aussi bien en conditions aérobies qu'anaérobies, à des températures généralement inférieures à 80 °C, c'est-à-dire à des profondeurs relativement modestes (< 2 500 m). Une circulation d'eau météorique est souvent associée à ces processus de biodégradation qui affectent préférentiellement les fractions de plus faible poids moléculaire et les molécules aux structures les plus simples. Les hydrocarbures linéaires sont dégradés en premier puis les ramifiés et enfin les cycliques. Ce processus enrichit relativement l'huile en ses fractions les plus aromatiques et les plus lourdes (25 à 70 % de résines et asphaltènes contre 15 % dans une huile « normale »). Les huiles biodégradées deviennent de plus en plus visqueuses et denses, ce qui se marque par une diminution de leur degré API (voir glossaire pour la définition). C'est l'origine de la plupart des huiles lourdes et extra-lourdes contenues dans les calcaires et les sables bitumineux, comme ceux qui affleurent dans le bassin de l'Athabasca au Canada ou dans celui de l'Orénoque à l'Est du Venezuela. Dans le cas de l'Orénoque, des accumulations considérables d'huiles lourdes sont présentes à l'affleurement et à faible profondeur sur la bordure du bassin (Fig. 6.30 cas du drainage latéral), à l'extrémité d'un chemin de migration latérale à longue distance dans un bassin d'avant-pays. Un schéma semblable s'applique aux sables bitumineux de l'Athabasca. Les réserves de pétrole contenues dans ces deux bassins sont considérables puisqu'elles atteindraient 500.10^9 m^3, soit autant que tout le pétrole du Moyen-Orient. Leur exploitation est assez onéreuse et polluante, compte tenu de la richesse en soufre et en métaux de ces huiles extra-lourdes, mais elle est déjà effective et on peut les considérer dès lors comme des huiles sub-conventionnelles.

La biodégradation des huiles fait intervenir peu ou prou les mêmes consortiums microbiens que ceux à l'œuvre lors de la diagenèse précoce et génèrent les mêmes sous-produits : CH_4, CO_2, H_2S (voir § 2.2). Le méthane produit lors de l'altération d'un champ d'huile est dit biogénique secondaire par opposition à celui formé dans les premières centaines de mètres des séries sédimentaires. Parce que la source de la matière organique est différente dans les deux cas (biomolécule *vs* huile), il s'ensuit une signature isotopique différente du CH_4 et du CO_2 qui permet de distinguer le méthane formé par ces deux mécanismes. Bien souvent ce méthane secondaire est lessivé ou s'échappe jusqu'en surface mais il peut parfois s'accumuler dans des réservoirs superficiels, comme c'est le cas dans le bassin ouest-sibérien.

Altération météorique des charbons et des schistes bitumineux

Les affleurements de charbons et de schistes bitumineux non rafraîchis présentent un aspect très différent de celui de roches saines. La surface des charbons est terne et pulvérulente, grise ou blanchâtre au lieu d'être noire et brillante, massive et cohérente. Les schistes bitumineux sont également blanchis ou prennent une couleur rouille au lieu d'être brun foncé à noirs. En outre l'épaisseur apparente des bancs est sensiblement réduite, l'altération étant plus marquée à la base et au toit des strates.

Des échantillons qui seraient prélevés sur de tels affleurements ne sont ni physiquement, ni chimiquement représentatifs des roches existant en profondeur. Du point de vue physique, l'oxydation et l'altération des charbons se traduisent par la formation de nombreuses fissures, expliquant l'apparition du faciès terne pulvérulent (Fig. 6.33). Les schistes bitumineux présentent en tranche un aspect papyracé (de feuillets de papyrus) ou cartonné car leur altération sépare les fines lamines inframillimétriques qui souvent les composent (Fig. 6.34). Sur le plan chimique, l'altération météorique se traduit par une variation très sensible de la composition élémentaire : la proportion d'hydrogène diminue alors que la proportion d'oxygène augmente dans le kérogène (Fig. 6.35).

...

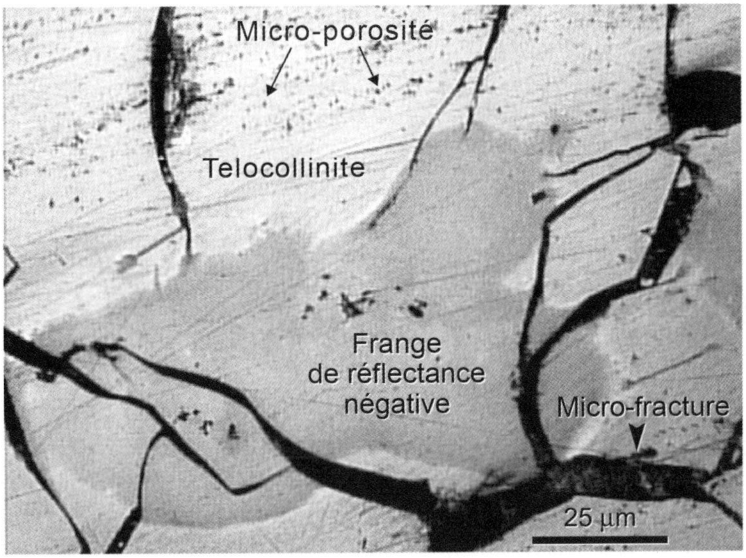

Figure 6.33 *Aspect microscopique d'une particule de vitrinite oxydée montrant une microfissuration (Photo Y. Copard).*

Figure 6.34 *Aspect à l'affleurement d'un dysodile du Crétacé inférieur du Liban (Photo D. Azar).*

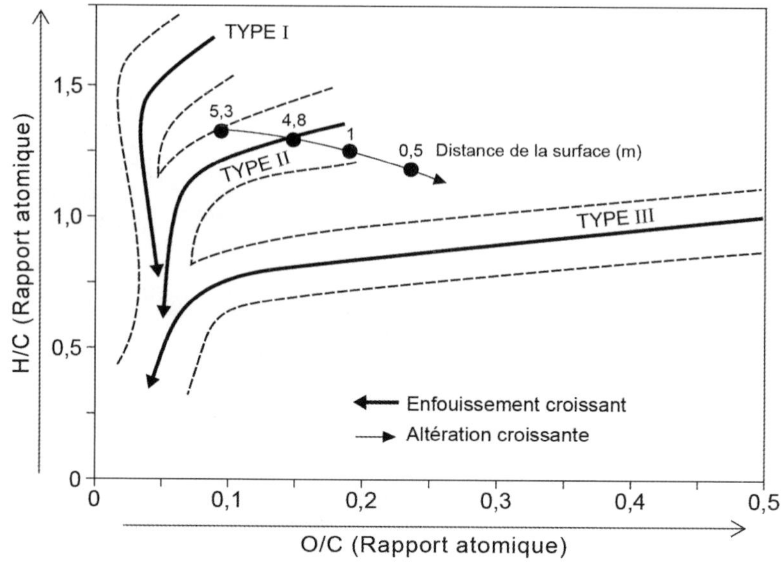

Figure 6.35 *Évolution de la composition élémentaire du kérogène des Schistes Cartons du Toarcien inférieur du bassin de Paris en fonction de leur profondeur par rapport au sol. Plus la formation est près de la surface, et donc soumise à l'altération par les eaux météoriques, plus la teneur en hydrogène diminue au profit de celle en oxygène (d'après Durand, 1980).*

Avant de prélever des échantillons à l'affleurement en vue de l'étude de leur contenu organique, il convient donc d'en rafraîchir significativement la surface. Les carrières et les talus routiers récemment taillés doivent être privilégiés.

6.11 Les hydrocarbures dans des réservoirs non conventionnels

6.11.1 *Les gaz et huile dans les réservoirs compacts*

Lorsqu'une roche réservoir présente une médiocre perméabilité (< 0,1 milliDarcy) et une faible porosité (< 10 %), elle est considérée de mauvaise qualité par l'industrie pétrolière. En effet, les hydrocarbures (gaz ou huile) qu'elle contient ne peuvent être mis en production par un simple puits vertical comme sur un champ conventionnel. Il est nécessaire pour en extraire le pétrole et pour assurer une production rentable de pratiquer des puits horizontaux ou une fracturation hydraulique. Les réservoirs compacts sont généralement des grès, plus rarement des calcaires, dont les piètres propriétés pétrophysiques sont liées à un sédiment initialement mal classé (argiles et silts mélangés au sable par exemple) ou qui se sont dégradées lors de processus diagénétiques (compaction, cimentation). Le gaz de réservoir compact (*tight gas*) ou l'huile de réservoir compact (*tight oil*) ont migré, depuis une roche-mère jusqu'au réservoir qui les contient, de la même manière que les hydrocarbures que l'on trouve dans les champs conventionnels. C'est leur mise en production qui est non conventionnelle puisqu'elle nécessite le forage de nombreux puits, voire l'utilisation de techniques de récupération assistée ou EOR en anglais (*Enhanced Oil Recovery*).

Parfois du gaz peut s'accumuler sur de très grandes surfaces dans les parties profondes des bassins sédimentaires pour peu que les conditions géologiques soient favorables. On parle alors de gaz de fond de bassin (*basin centered gas*) lorsque le gaz expulsé de la roche-mère migre très difficilement dans la roche magasin, trop compacte pour permettre une migration secondaire efficace vers des pièges conventionnels (Fig. 6.36). Ce type d'accumulation se rencontre dans les parties axiales des rifts, dans des bassins d'avant-pays et les synclinaux des domaines plissés.

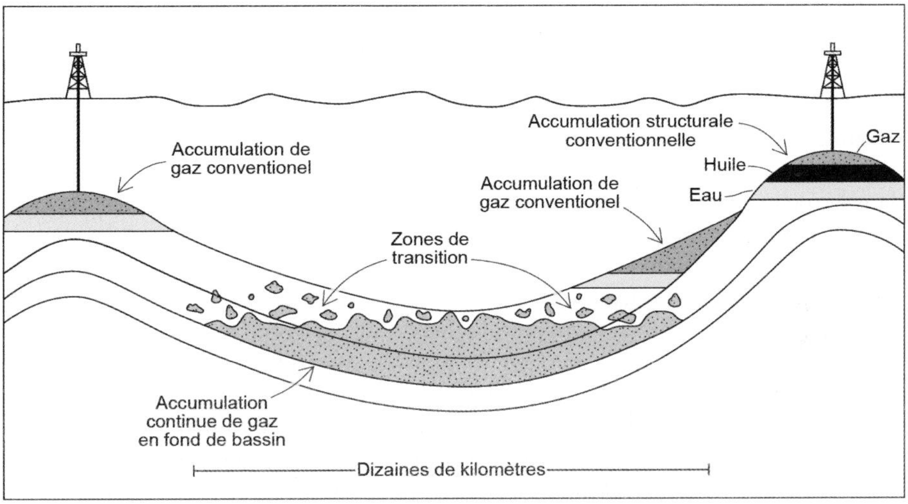

Figure 6.36 *Schéma d'un bassin pétrolier riche en gaz dans sa partie profonde, synclinale. En profondeur, les propriétés pétrophysiques du réservoir sont médiocres, le gaz s'en échappe mal, ce qui forme un réservoir compact non conventionnel.*

6.11.2 *Les gaz et huiles de roche-mère*

On a vu que pour initier la migration primaire des huiles, il était nécessaire qu'au moins 20 à 30 % de la porosité de la roche-mère soit saturée par les hydrocarbures (voir § 6.9). Autrement dit, une quantité minimale d'hydrocarbures correspondant à ce seuil est retenue par toute roche-mère ayant atteint le milieu ou la fin de la fenêtre à huile. Par ailleurs, une roche-mère mature mais de mauvaise qualité générera des huiles mais en quantité trop limitée pour atteindre le seuil minimal d'expulsion.

Si les conditions géologiques le permettent (poursuite de la subsidence, augmentation du gradient thermique...), les huiles piégées dans la roche-mère peuvent craquer secondairement et une partie du gaz formé sera expulsée – les forces interfaciales entre matrice minérale et gaz étant moindres qu'entre matrice minérale et huile – alors qu'une autre partie restera toujours piégée dans la roche-mère. Ce gaz peut être présent sous forme de gaz libre dans les pores et micro-fractures de la roche-mère, être adsorbé sur les argiles et dans le kérogène résiduel (notamment dans des nanopores formés lors de la génération du gaz à l'intérieur même du kérogène) ou être dissous dans l'eau résiduelle de la formation. On privilégiera l'appellation de gaz de roche-mère, plutôt que celle de « gaz de schistes » pour ces hydrocarbures, car la roche-mère a rarement atteint le stade du métamorphisme où se développe la schistosité. De même on emploiera huile de roche-mère plutôt qu'« huile de schistes » s'il s'agit d'hydrocarbures liquides exploités directement dans leur roche-mère. On notera que lorsque le gaz de roche-mère se trouve dans la zone à gaz humide, une certaine quantité de condensat peut être produite en même temps que le gaz, ce qui peut avoir un grand intérêt économique.

Comme pour le gaz de réservoir compact, ces hydrocarbures liquides ou gazeux sont considérés comme non conventionnels car ils doivent être exploités directement dans la roche-mère en utilisant la fracturation hydraulique (ou *fracking* en anglais). Cette technique consiste à provoquer un grand nombre de micro-fractures dans la roche contenant l'huile ou le gaz avant la mise en production du puits. La fracturation est obtenue par l'injection d'eau à haute pression (environ 300 bars) dans un puits horizontal foré directement dans la roche-mère (Fig. 6.37). Les micro-fractures se propagent préférentiellement dans le plan de stratification et sont maintenues ouvertes par des grains de sables injectés en même temps que l'eau. La présence de micro-fractures permet alors aux hydrocarbures se trouvant à proximité de s'échapper de la roche-mère et de se déplacer jusqu'au puits d'exploitation. La fracturation est plus efficace si la roche-mère contient une petite proportion de carbonate ou de silice, ce qui la rend plus cassante que si elle est faite uniquement d'argile aux propriétés plus plastiques que fragiles. Il faut donc une certaine quantité d'argile dans la roche-mère pour adsorber les gaz mais pas trop pour que la roche soit quand même fracturable. La désorption du gaz se faisant sur une distance limitée autour des micro-fractures, le rayon de drainage d'un puits, même après une fracturation hydraulique, reste faible : quelques dizaines à quelques centaines de mètres. Afin de produire des quantités importantes de gaz, il est donc nécessaire de réaliser un grand nombre de puits horizontaux (un tous les 500 m dans certains cas) et d'opérations de fracturations hydrauliques, ce qui peut générer des problèmes environnementaux (voir au § 7.2.2).

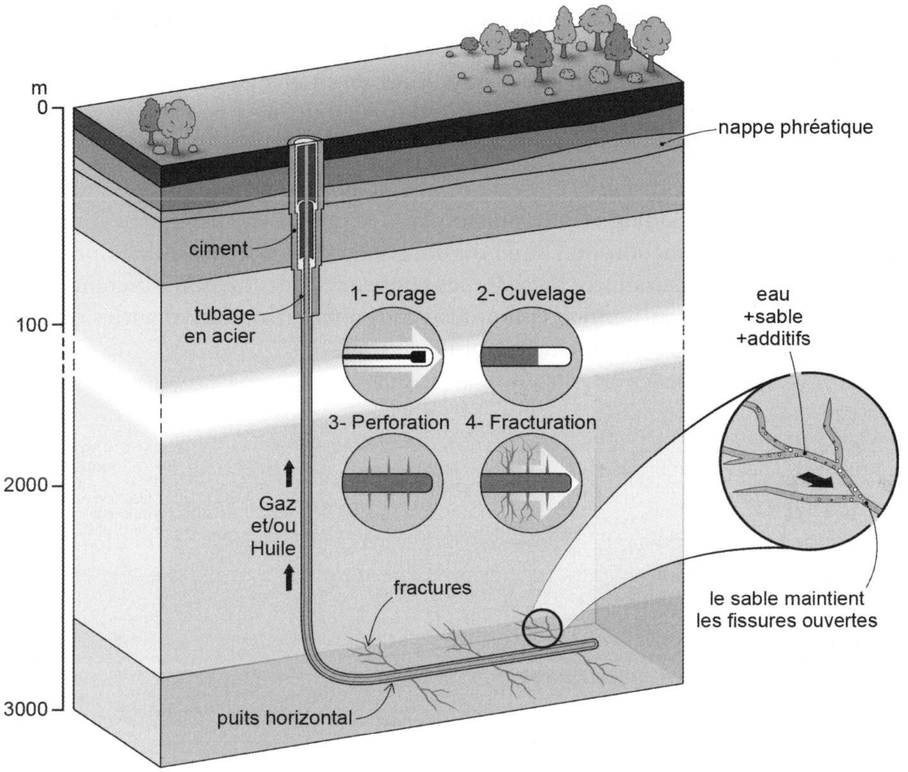

Figure 6.37 *Exemple de forage horizontal dans une roche-mère et fracturation hydraulique.*

6.11.3 *Le gaz de houille*

On pourrait considérer le méthane adsorbé dans un charbon, ou encore gaz de houille ou *coalbed methane* (CBM) en anglais, comme une forme particulière de gaz de roche-mère puisque les mêmes phénomènes sont en jeu.

En effet, les charbons sont des roches organiques de très faible perméabilité qui présentent des réseaux de micro-fractures ou limets (*cleats* en anglais) dans lesquelles le gaz est adsorbé ou inclus dans la nanoporosité. La quantité de méthane adsorbé dépend du rang du charbon (c'est-à-dire son degré de maturité thermique), de sa nature (des macéraux dont il est constitué) et des conditions de pression et température où se trouvent les veines de charbon. Pour récupérer ce méthane, il convient de diminuer les conditions de pression du milieu en pompant l'eau interstitielle contenue dans les charbons, ce qui peut prendre des semaines voire des mois avant que du gaz ne soit récupérable. Ce méthane est généralement produit dans des couches de charbons trop profondes ou de trop mauvaise qualité pour être exploitées en mine. On le récupère soit à partir de puits verticaux quand la fracturation naturelle est suffisante pour obtenir un débit significatif de méthane, soit par fracturation hydraulique dans un puits vertical. Les puits horizontaux sont peu utilisés du fait de la faible épaisseur des veines de charbon.

Pour conclure, hydrocarbures conventionnels et non conventionnels ne sont que des étapes différentes d'un même phénomène, et ce qui les distingue est uniquement le mode d'extraction de l'huile ou du gaz qu'ils ont le potentiel à produire. La figure 6.38, très simpliste, présente les contextes dans lesquels différents types d'hydrocarbures conventionnels et non conventionnels, mais aussi d'autres types de combustibles fossiles, sont généralement rencontrés.

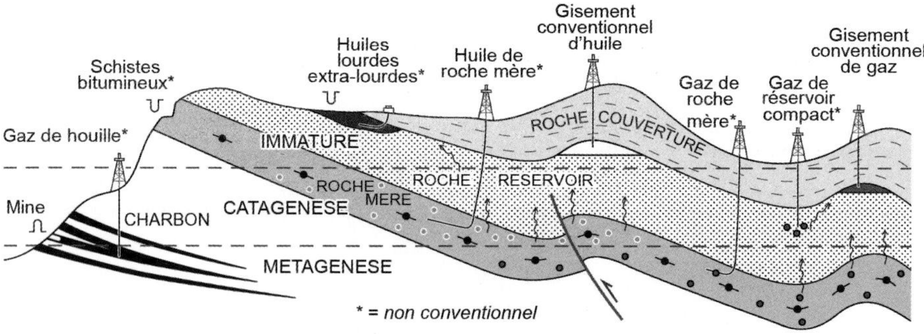

Figure 6.38 *Schéma très simplifié des différents combustibles carbonés en fonction de leur degré de maturité et du contexte géologique.*

7

Problèmes environnementaux et sociétaux liés à l'exploitation des combustibles fossiles

7.1 Les dommages causés par l'exploitation charbonnière

7.1.1 *Coups de grisou*

Le grisou est un gaz naturel, inodore et incolore, qui se dégage des couches de charbon et des terrains encaissants. Composé majoritairement de méthane (CH_4 avec des teneurs variant de 93 à 99,5 %), secondairement d'éthane (C_2H_6, jusque 3 %) et de quelques traces d'hydrogène, d'azote et de gaz carbonique, il est hautement inflammable et explosif dès que sa concentration avoisine 10 %. L'inflammation dans les mines d'un volume gazeux constitué d'un mélange d'air et de grisou, appelé coup de grisou, entraîne :

– la production d'une flamme dont l'expansion est assez limitée ;

- la formation d'une onde de pression élevée qui se propage à des vitesses de l'ordre de 250 $m.s^{-1}$, pouvant provoquer un effondrement des galeries ;
- le dégagement de gaz brûlés (CO_2 et CO) ;
- la mise à feu, par la combustion du méthane, des matières aisément inflammables, en particulier des poussières de charbon soulevées par le souffle de l'explosion (coup de poussier).

Les coups de grisou, généralement mortels, sont des événements très redoutés des mineurs. Le plus important coup de grisou en France, dit catastrophe de Courrières, a fait 1 099 morts en mars 1906 dans les mines du Nord-Pas-de-Calais. L'émotion qui s'ensuivit est à l'origine d'un vaste mouvement de grève qui déboucha sur l'instauration du repos hebdomadaire et le bannissement des lampes à flamme nue.

La protection contre les coups de grisou consiste à installer des détecteurs de CH_4 appelés « grisoumètres » mais surtout à éviter toute source d'ignition en isolant les moteurs électriques et autres générateurs d'étincelles. Les débits d'air dans les galeries doivent être importants pour maintenir les teneurs en grisou au-dessous du seuil d'explosivité. Les poussières sont neutralisées par arrosage ou par un ajout de calcaire pour les rendre ininflammables.

Malheureusement, ces précautions ne sont pas toujours respectées de par le monde et on déplore encore de nos jours de nombreux accidents mortels dans les pays où l'exploitation charbonnière se fait dans des conditions proches de celles en vigueur au XIXe siècle en Europe. En dépit de l'amélioration des technologies de production, le nombre de décès aux États-Unis oscille annuellement entre 30 et 50 personnes lors de la dernière décennie. En Chine, selon les statistiques officielles, 2 433 personnes sont mortes en 2011 dans les mines de charbon, mais d'après des sources non gouvernementales le bilan humain serait en réalité beaucoup plus lourd du fait des « exploitations sauvages ». Il en va probablement de même en Inde pour les mêmes raisons. Ainsi chaque année, entre 10 000 et 15 000 décès seraient directement imputables à l'exploitation mondiale du charbon. Par ailleurs, des millions de mineurs développent des affections respiratoires très handicapantes voire mortelles à long terme. Un ordre de grandeur de 400 000 morts différées par an paraît assez probable à l'échelle mondiale.

7.1.2 *Affaissements de terrain*

L'exploitation charbonnière conduit à l'extraction de volumes de roche parfois très importants. Ainsi, estime-t-on que $2,3.10^9$ tonnes ont été extraites du bassin du Nord-Pas-de-Calais en 270 ans. Cela correspond à un volume de 1,4 km^3, réparti sur 2 000 km^2. En moyenne, moins d'un mètre a été extrait autour des couches les plus minces, mais on compte des zones où plus de 20 veines ont été exploitées entre 400 et 1 100 m de profondeur. Lorsqu'une couche de charbon est extraite en totalité sur une grande surface, aucun support ne peut empêcher la propagation de l'éboulement vers la surface à plus ou moins long terme. Ce tassement atteint généralement la surface quelques années après l'abandon de l'exploitation et se manifeste à l'affleurement par l'apparition de cuvettes, dont la formation est généralement lente et progressive. Toutefois, si l'exploitation est peu profonde (moins de 100 m) et surtout si la couche de charbon était surmontée de couches rigides, les affaissements peuvent être plus rapides. La profondeur de la cuvette est inférieure à l'épaisseur de la couche enlevée mais elle est plus étendue que la couche exploitée. Dans la région du Nord-Pas-de-Calais, des affaissements de 30 m ont été enregistrés. À Saint-Étienne, un lotissement a dû être évacué en 1980 et les immeubles détruits peu de temps après leur construction suite à la formation d'une cuvette de près de 3,5 m de profondeur (Fig. 7.1).

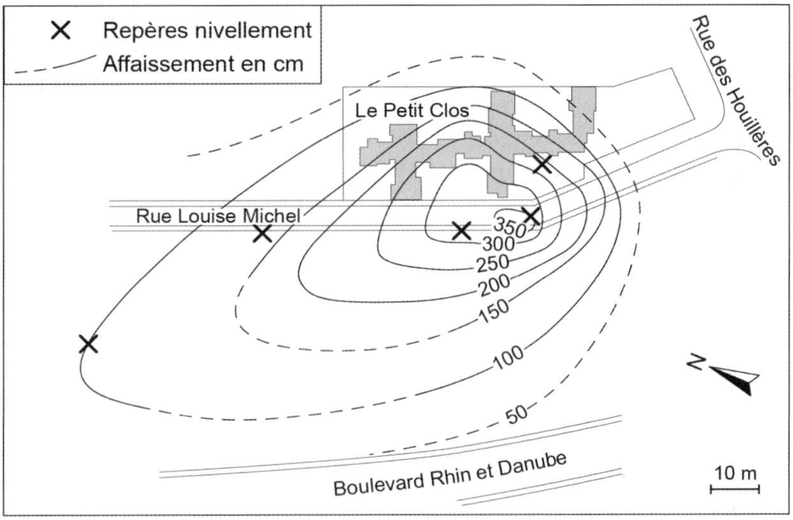

Figure 7.1 *Cuvette d'affaissement apparue en 1980 dans un lotissement à Saint-Étienne à la suite de l'effondrement de galeries des mines de charbons sous-jacentes (d'après Bardot* et al., *1997).*

Les affaissements peuvent parfois être bénéfiques s'ils sont contrôlés. Ainsi le port de Duisburg sur le Rhin, débouché naturel du charbon exploité alentour dans la Ruhr, s'est trouvé dans l'incapacité d'accueillir des bateaux dans les années cinquante, à la suite de l'abaissement du niveau d'eau consécutif à des travaux d'aménagement fluviaux (rectification et coupure de méandres). Bien entendu, l'installation de mines sous la ville et le port était interdite depuis l'origine pour éviter tout désordre en surface. Or, à la même époque, l'exploitation des couches rentables du gisement de Duisburg touchait à sa fin et la fermeture de la mine se rapprochait. Réalistes et audacieux, les responsables locaux ont autorisé l'exploitation successive de trois couches les plus épaisses sous le port et la ville. Une masse de 12.10^6 tonnes de charbon a été extraite, ce qui permit de prolonger de 16 ans l'activité minière de la ville. En quelques années, la zone portuaire s'est affaissée sur 3 km^2 (sans grands dommages pour les quais, les grues ou les bâtiments) permettant de gagner jusqu'à 2 m de tirant d'eau, et la reprise de l'activité portuaire.

7.1.3 Évolution des terrils

L'exploitation du charbon engendre également le dépôt d'importantes quantités de résidus miniers sous forme de terrils, essentiellement constitués de schistes houillers qualifiés de stériles car trop pauvres en carbone pour être utilisés comme combustible (les terrils sont cependant exploités comme source de granulats pour la construction des chaussées). Le lessivage des terrils par les eaux météoriques et l'oxydation des sulfures métalliques (pyrite principalement) contribuent à l'enrichissement des aquifères locaux en sulfates et en métaux associés (Fig. 7.2). Si les nappes ainsi polluées sont libres, les sulfates peuvent rester en solution mais les métaux sont généralement oxydés et précipités. Si l'aquifère est captif, c'est-à-dire si des conditions réductrices peuvent s'y développer, les sulfates sont rapidement réduits à nouveau en sulfures qui précipitent, immobilisant ainsi également la charge métallique. En outre, la matière organique contenue dans les terrils peut être la source d'une contamination des aquifères en molécules organiques, éventuellement toxiques comme les hydrocarbures aromatiques polycycliques (HAP).

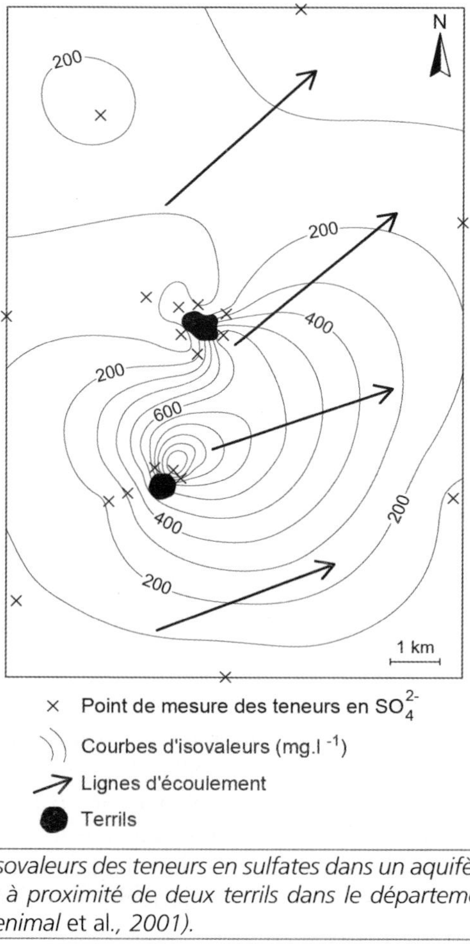

Figure 7.2 *Carte des isovaleurs des teneurs en sulfates dans un aquifère captif de la nappe de la craie à proximité de deux terrils dans le département du Pas-de-Calais (d'après Denimal* et al., *2001).*

L'oxydation à l'air des matières organiques est parfois à l'origine de feux de terril. La formation de produits peroxydés étant exothermique, la température interne augmente et, à partir de 80 °C, l'inflammation est inéluctable si la chaleur n'est pas évacuée. Parfois, les fractions bitumineuses des schistes accélèrent et entretiennent le processus. Ces combustions sont généralement lentes conduisant à une diminution du volume du terril avec le temps et à la formation de « schistes » rouges. Une fois le terril éteint, ces schistes, très réfractaires et résistants, sont utilisés comme matériau de remblai, enrobés, destinés à la voirie (trottoirs rouges ou cours de tennis). Tant que la combustion d'un terril n'a pas cessé, il est nécessaire de le surveiller pour éviter toute explosion et son effondrement. L'eau, loin d'éteindre le feu, active les réactions d'oxydation, notamment celle des sulfures qui est très fortement exothermique :

$$2\ FeS_2 + 7\ O_2 + 2\ H_2O \rightarrow 2\ FeSO_4 + 2\ H_2SO_4 + 671\ \text{kcal}$$

La longue durée nécessaire au refroidissement des terrils en feu (plusieurs mois) entraîne des rallumages spontanés, notamment après de fortes précipitations.

Du fait de la température qu'ils dégagent, certains terrils voient se développer une flore exceptionnelle par rapport à celle autochtone et peuvent ainsi devenir des zones botaniques protégées.

7.2 Les dommages causés par l'exploitation pétrolière

7.2.1 *La pollution pétrolière en milieu marin*

On estime qu'environ 6.10^6 tonnes d'hydrocarbures sont annuellement déversées dans le milieu océanique du fait de l'activité humaine. S'y ajoutent les hydrocarbures produits par les organismes marins, ainsi que ceux provenant des suintements naturels qui représentent jusqu'à 15 % des rejets (Fig. 7.3). Ces fuites naturelles émanent aussi bien de gisements exploités que de gisements ne l'étant pas, et une forte corrélation existe entre les zones de suintements et l'activité tectonique des régions considérées.

Les sources des pollutions anthropiques sont variées. Leur plus grande partie est introduite en mer de manière relativement discrète, notamment par les fleuves qui constituent le premier vecteur de pollution (41 %) et par les retombées atmosphériques (4 %). Viennent ensuite les dégazages et déballastages de cuves des tankers[15] en mer (15 %), suivis de près par les rejets urbains et industriels en zones litto-

15. Le transport par bateau du pétrole et du gaz représente 40 % du trafic maritime mondial. 90 % des transports maritimes de l'Union européenne concernent ces produits, dont 75 % empruntent la Manche ; ce qui explique que les côtes alentour soient les premières touchées par les marées noires.

rales (14 %). Les activités pétrolières (production offshore, rejets des raffineries littorales) génèrent une pollution qui demeure limitée (6,5 %) et les marées noires, bien que frappantes pour l'opinion publique, ne sont responsables que de 5 % de toutes les pollutions pétrolières (ce qui ne doit certainement pas entraîner une diminution de l'effort pour les éradiquer).

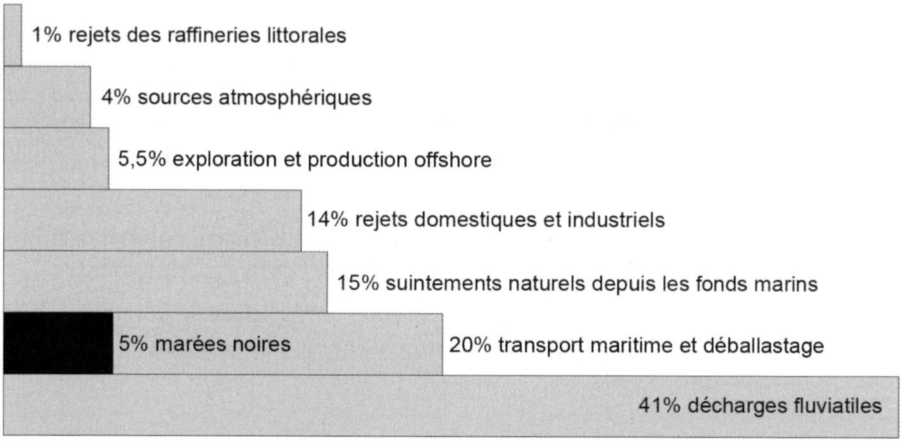

Figure 7.3 *Proportion des diverses sources de pollution marine par les hydrocarbures (d'après Chamley, 2002).*

Une fois déversé, le pétrole a immédiatement tendance à s'étaler à la surface de l'eau. Les modalités de cet étalement dépendent des caractéristiques physico-chimiques du pétrole (densité, viscosité, principalement) et des paramètres physiques de la mer (température, agitation, notamment) au moment où la marée noire survient.

Par mer calme, une nappe forme un cercle régulier dont le diamètre augmente huit fois dans l'heure qui suit l'accident puis cinq fois, avant la fin de la semaine. Cependant, le vent, les vagues et la force de Coriolis contribuent généralement à l'étirement, au déplacement et à la fragmentation de la nappe. Après l'étalement, divers processus entrent en jeu : évaporation, dissolution, émulsification (eau dans pétrole ou pétrole dans eau), sédimentation, oxydation et biodégradation, qui toutes contribuent à la dispersion ou la dégradation du pétrole (Fig. 7.4). L'évaporation et la dissolution intéressent les fractions les plus légères et sont les processus les plus rapides (Fig. 7.5). La sédimentation – par le biais de l'adsorption sur des minéraux – touche principalement les fractions les plus lourdes. La biodégradation est incontestablement le processus le plus actif mais aussi le plus lent. Si presque tous les constituants du pétrole sont biodégradables, leur vitesse de biodégradation décroît ainsi : *n*-alcanes > iso-alcanes > cyclo-alcanes > aromatiques.

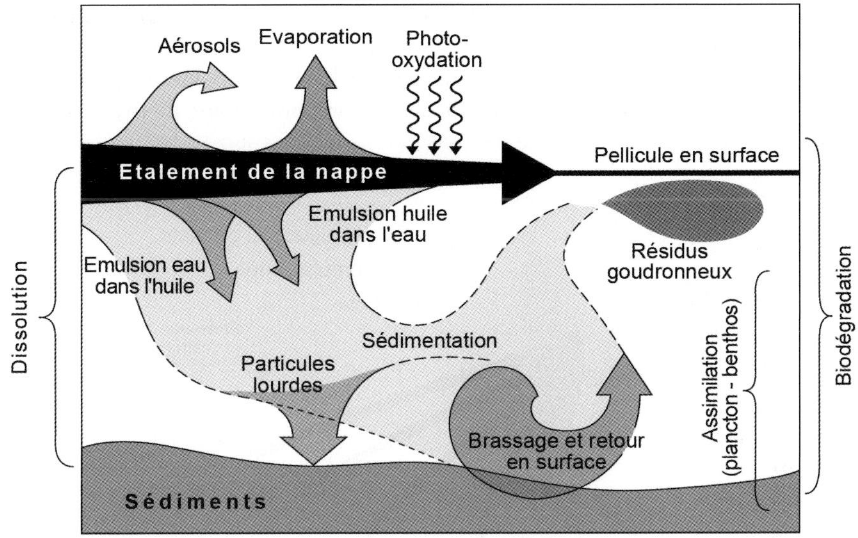

Figure 7.4 *Devenir d'une nappe de pétrole en mer (d'après Lacaze, 1980).*

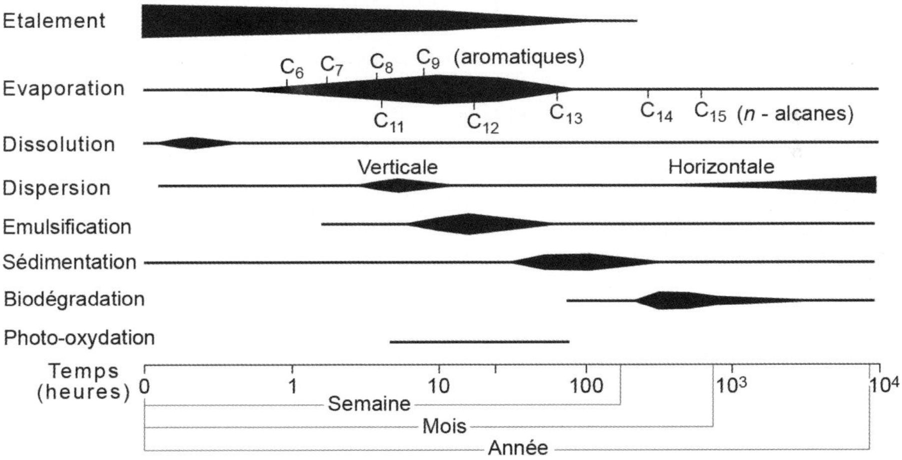

Figure 7.5 *Processus conditionnant l'évolution d'une pollution marine et vitesse des phénomènes (d'après Clark, 1989).*

Lorsqu'une marée noire atteint les côtes, la production de matières souillées est près de quatre fois et demie supérieure à la quantité de pétrole déversé. Ainsi 400 t de pétrole arrivant à la côte produisent 900 t d'eau émulsionnée et 900 t de sables, algues et autres déchets imprégnés (Fig. 7.6), qu'il faut pelleter et mettre en décharge quand on ne peut les brûler. Et malgré les efforts humains déployés lors de ces catastrophes pour en limiter les effets, il demeure sur les littoraux victimes des marées noires des galettes de goudron ou des rochers imprégnés, même de longues années après l'accident.

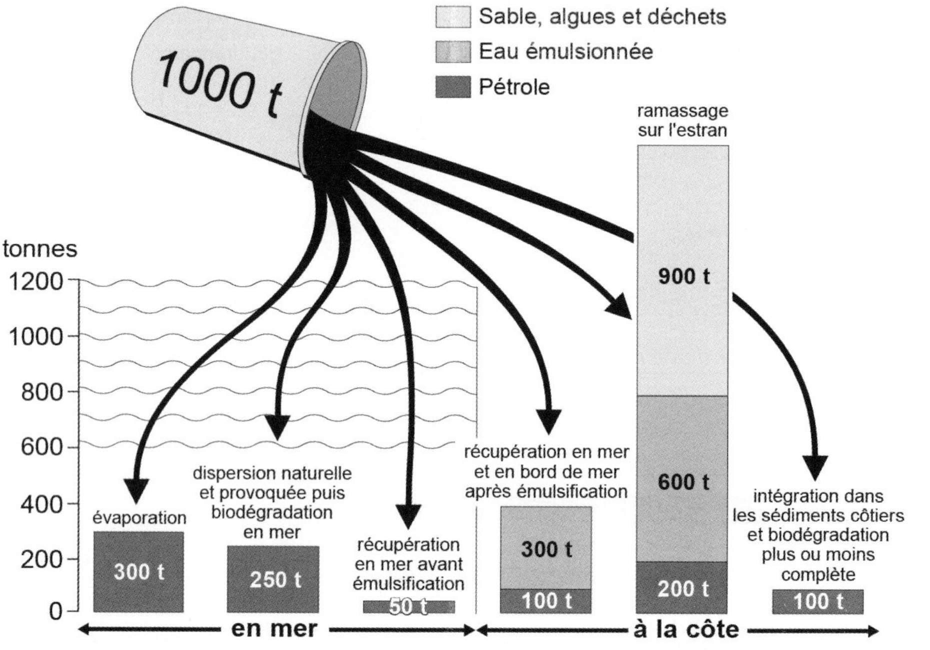

Figure 7.6 *Quantités de déchets produits par 1 000 t de pétrole lors d'une marée noire survenant à proximité de côtes et devenir de ces différents types de résidus (d'après Bastien-Ventura* et al., *2005).*

Les auteurs de ces catastrophes sont souvent identifiés lorsque celles-ci sont de grande ampleur, mais ce n'est pas toujours le cas, notamment lors du déballastage sauvage des tankers en mer. Il est alors possible de pister les pollueurs car certains hydrocarbures (le plus souvent des biomarqueurs) et certaines distributions des composés hydrocarbonés des pétroles sont suffisamment spécifiques pour servir d'indicateurs de la source de ces huiles (Fig. 7.7).

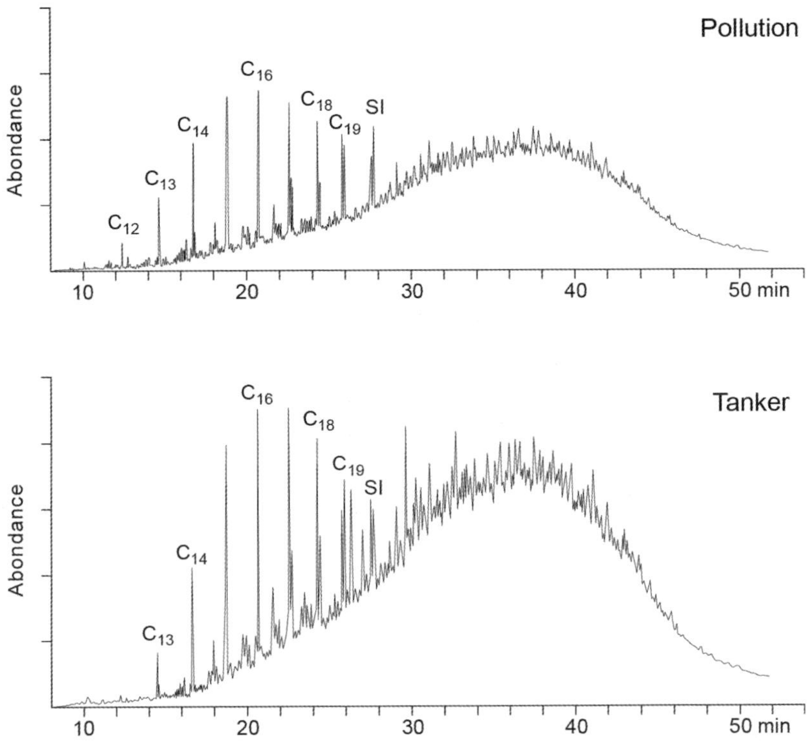

Figure 7.7 *Chromatogrammes d'un pétrole provenant d'une pollution « anonyme » et d'un résidu de cuve de tanker. La similitude des distributions des* n*-alcanes (C_{12} à C_{19}) et la présence de la bosse comprise entre 30 et 45 minutes sont autant d'éléments de corrélation (d'après Wang* et al.*, 2004). SI : standard interne.*

7.2.2 Exploitation pétrolière et usages de l'eau

Production conventionnelle d'hydrocarbures et gestion de l'eau sont rarement associées dans l'opinion publique alors qu'en réalité ces deux aspects sont liés à plus d'un titre. De l'eau est évidemment utilisée pour les besoins du forage et de la mise en production des puits. Elle est aussi naturellement présente dans les réservoirs (on parle alors d'eau de formation ou conée). Pour un champ donné, les premières années de production exclusive de brut une fois passées, l'eau devient le fluide dominant qui en est extrait du fait de sa non-miscibilité avec l'huile et de sa plus grande mobilité (Fig. 7.8). En moyenne, au niveau mondial et sur la durée d'exploitation d'un champ, la production de chaque baril d'huile s'accompagne de la production de 3 à 5 barils d'eau, rapport pouvant dépasser 10 dans certains puits. Cette eau est le plus généralement réinjectée dans le réservoir par des puits spécifiques afin de compenser la diminution de pression du réservoir consécutive à sa mise en production. On en injecte également, seule ou avec des additifs (alcalins, tensioactifs, polymères, etc.), pour améliorer l'efficacité de déplacement et d'extraction de l'huile. On parle alors de récupération secondaire de l'huile ou EOR (*Enhanced Oil Recovery*).

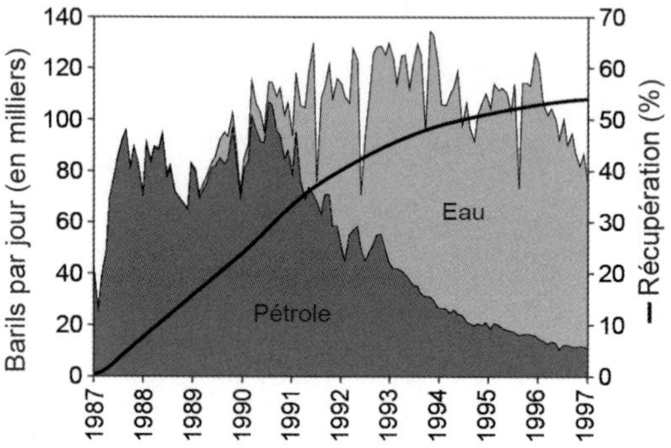

Figure 7.8 *Historique de production, de l'huile et de l'eau, d'un champ dans un réservoir détritique de mer du Nord (*in *Biteau & Baudin, 2017).*

L'utilisation de l'eau pour la fracturation hydraulique et l'exploitation des hydrocarbures non conventionnels est certainement le sujet le plus connu du grand public et qui a fait couler beaucoup d'encre ! En effet, de grands volumes d'eau sont nécessaires pour réaliser un forage horizontal et la fracturation hydraulique qui y est associée. Ils varient entre 10 000 et 15 000 m^3 (soit le volume de 7 piscines olympiques) pour les formations exploitées aux États-Unis (Tab. 7.1), ce qui ne représente somme toute que quelques litres d'eau par baril équivalent pétrole extraits *in fine*. Si l'eau représente près de 95 % du fluide injecté, elle est également chargée en sable (environ 5 %) qui sert de matériau de soutènement pour garder les fractures ouvertes (voir Fig. 6.37), et d'additifs chimiques (environ 0,2 %). Ces derniers, dont la composition peut varier selon les conditions géologiques, rendent la fracturation hydraulique plus efficace. Il s'agit le plus souvent de biocides qui réduisent la prolifération bactérienne, d'acides (HCl) pour dissoudre les minéraux dans les fractures, d'inhibiteurs de dépôt (éthylène glycol), de produits (polyacrilamides) qui favorisent la pénétration du sable dans les fractures. Une partie seulement de l'eau qui a été injectée pour réaliser la fracturation hydraulique est récupérée par pompage lors de la mise en production du puits. Le bilan est donc clairement déficitaire et cette technologie est fortement consommatrice d'eau douce. Par ailleurs, en plus des traces des additifs chimiques, l'eau qui a circulé sous forte pression dans les couches sédimentaires contient des sels dissous et des particules en suspension. Elle doit être traitée avant toute ré-utilisation pour un autre forage ou de retourner dans le cycle de l'eau. Enfin, le développement très rapide de l'exploitation des gaz et huiles de roche-mère aux États-Unis à partir du milieu des années 2000 a donné lieu à quelques cas de contamination des aquifères superficiels (par du gaz et ou de l'eau souillée) lorsque l'étanchéité du puits était défectueuse.

Tableau 7.1 *Estimation du volume d'eau utilisé lors d'un forage horizontal et d'une fracturation hydraulique dans divers bassins des États-Unis exploités pour leur gaz de roche-mère (d'après Vially, 2011).*

Consommation d'eau (en m^3)	**Barnett Shale**	**Fayetteville Shale**	**Haynesville Shale**	**Marcellus Shale**
Forage	1 500	225	3 780	300
Fracturation	8 600	11 000	10 200	14 300
Total	10 100	11 225	13 980	14 600

7.3 Les dommages causés par la combustion du charbon et du pétrole

7.3.1 *Les pluies acides*

Vers le milieu des années quatre-vingt, les forêts d'Europe centrale et orientale ont présenté des signes de dépérissement rapide, les conifères étant tout particulièrement affectés par rapport aux feuillus. Ce phénomène a été relié aux pluies acides (dont le pH peut descendre jusqu'à 1,5 contre 5,6 pour les pluies « normales ») qui tombaient sur ces régions. L'acidité des précipitations a été attribuée pour l'essentiel à la combustion du charbon, et secondairement à celle des hydrocarbures. Les oxydes de soufre (SO_2) et d'azote (NO_x) émis dans l'atmosphère à cette occasion sont transformés par oxydation en sulfate (SO_4^{2-}) et nitrate (NO_3^-) puis solubilisés dans l'eau des nuages pour être finalement transformés en acide sulfurique (H_2SO_4) et nitrique (HNO_3). Les vents assurent ensuite une large dispersion de ces polluants, y compris vers des pays non pollueurs mais situés sous le vent des pays largement équipés de centrales thermiques. Le panache peut porter loin puisque l'Amérique du Nord reçoit des pluies acides nées en Chine, pays fortement consommateur de charbon riche en soufre.

Les pluies acides perturbent la photosynthèse et contrarient l'assimilation du calcium et des nutriments par les plantes. Par ailleurs, les acides pénétrant dans le sol solubilisent des métaux toxiques pour les végétaux. La concentration des eaux acides par ruissellement dans les rivières et les lacs affecte tout particulièrement la flore et la faune aquatique qui disparaît presque complètement, alors que la faune terrestre semble moins vulnérable.

À l'échelle mondiale, les pluies acides affectent l'Europe centrale, le nord des États-Unis et les régions adjacentes du Canada, l'Asie orientale et l'Afrique du Sud (Fig. 7.9). La sensibilité aux pluies acides est fortement dépendante de la nature des substrats géologiques. En effet, l'acidité des pluies est aisément neutralisée dans les régions calcaires par l'alcalinité des carbonates, alors qu'elle est exacerbée dans les régions non calcaires.

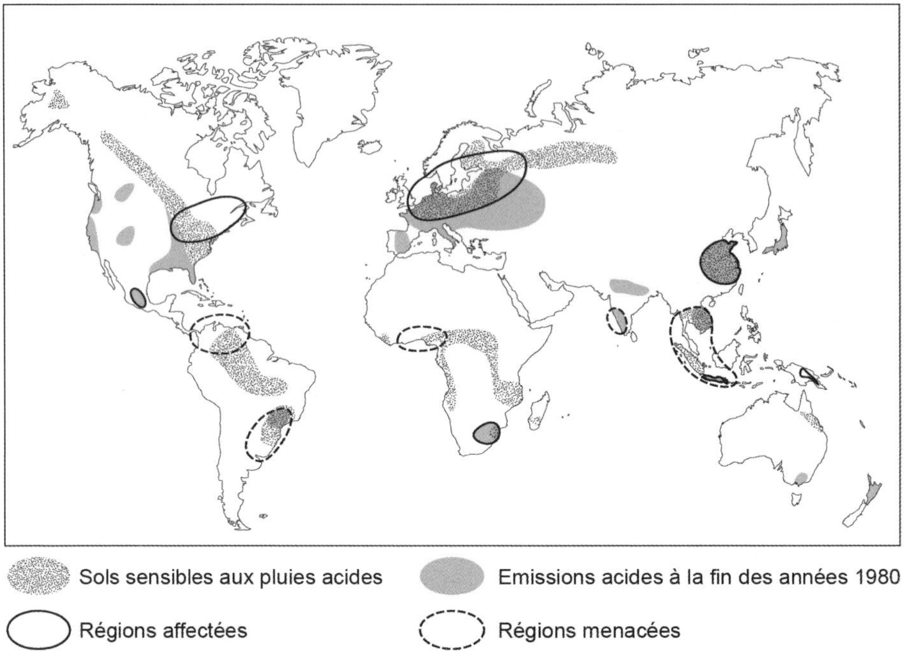

Figure 7.9 *Distribution mondiale des sols (siliceux) sensibles aux pluies acides, et répartition des zones affectées et menacées par les précipitations acides au cours des années quatre-vingt (d'après Chamley, 2002).*

La réduction des émissions de ces oxydes passe par la sélection de combustibles fossiles pauvres en composés soufrés et azotés, mais aussi par la rétention des polluants à la source : installation de filtres en sortie des centrales thermiques ou développement de pots catalytiques sur les véhicules automobiles. De telles démarches sont possibles à l'échelle locale et pour certains pays, mais sont pour ainsi dire impraticables à l'échelle mondiale car leur coût est élevé et beaucoup de pays émergents ont une économie largement basée sur l'utilisation de charbons et de lignites riches en soufre. La consommation énergétique de la Chine, de l'Inde et, dans une moindre mesure, de l'Afrique, au cours des deux décennies écoulées a généré une nette augmentation des émissions atmosphériques annuelles (> 150.10^6 t de soufre et 50.10^6 t d'azote) qui pourrait conduire à un accroissement considérable des dommages causés par les pluies acides.

7.3.2 *Les hydrocarbures aromatiques polycycliques (HAP)*

Les hydrocarbures aromatiques polycycliques (HAP) sont des composés qui comprennent au moins deux cycles aromatiques fusionnés, chacun composé de 5 à 6 atomes de carbone (voir chapitre 6). Cette famille compte environ une centaine de molécules qui diffèrent entre elles par le nombre de cycles et leurs positions respectives. On connaît environ une vingtaine de HAP présents dans l'environnement en quantité plus ou moins importante.

Il s'en forme naturellement lors de la diagenèse thermique des kérogènes, mais la plupart des HAP proviennent de la combustion incomplète des matières organiques vivantes ou fossiles. Outre ces deux modes de genèse, certains auteurs ont mis en évidence leur biosynthèse par des bactéries.

Les sources de pollution par les HAP sont essentiellement anthropiques : chauffage urbain, gaz d'échappement des véhicules automobiles, incinération des ordures ménagères, production d'aluminium, liquéfaction et gazéification du charbon ; mais elles peuvent être naturelles (feux de forêt).

Cette multiplicité des sources fait que les HAP sont présents dans l'air, l'eau et les sols. Leur concentration est généralement très faible (de l'ordre de la dizaine de $\mu g.l^{-1}$ d'air et du $ng.l^{-1}$ dans les eaux) et varie fortement dans le temps et dans l'espace. Les HAP ayant une faible masse moléculaire (moins de 4 cycles) sont solubles dans l'eau, alors que ceux ayant une masse plus élevée sont très peu solubles et ont une forte tendance à se fixer à la surface des particules en suspension dans l'air ou dans l'eau.

Le plus répandu des HAP est le fluoranthène et le plus préoccupant est le benzo[a]pyrène (BaP) qui comprend 5 cycles et dont les propriétés cancérigènes sont reconnues. Dans la nature, les HAP se dégradent plus ou moins vite sous l'action conjointe des oxydants chimiques, des rayons UV et des micro-organismes (Fig. 7.10). Très liposolubles, ces micropolluants ont tendance, après ingestion ou inhalation, à gagner les tissus riches en graisses. Les vertébrés sont capables de dégrader les HAP, alors que les organismes inférieurs ne le peuvent pas et bien souvent les concentrent. Ainsi les teneurs en HAP dans les huîtres et les moules soulignent le niveau de contamination des eaux littorales.

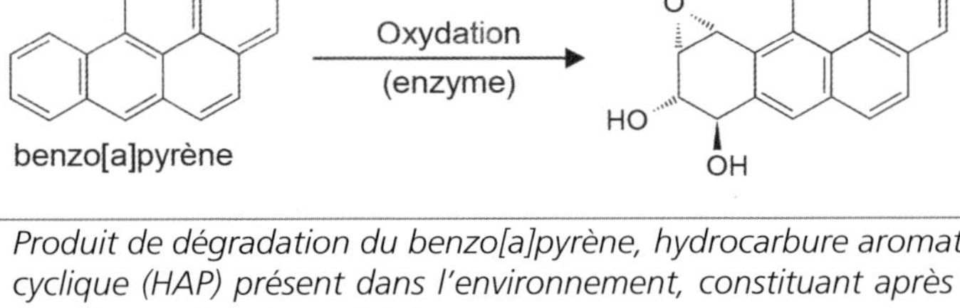

Figure 7.10 *Produit de dégradation du benzo[a]pyrène, hydrocarbure aromatique polycyclique (HAP) présent dans l'environnement, constituant après oxydation un micro-polluant cancérigène.*

L'exposition des hommes vis-à-vis des HAP reste avant tout liée aux pratiques domestiques (chauffage et fumaison) et au tabagisme. La présence des HAP dans l'environnement ne représente qu'une très faible part de cette exposition (4 %).

7.3.3 L'augmentation de la teneur en CO_2 atmosphérique

À l'échelle globale, les rejets de CO_2 dans l'atmosphère ne cessent d'augmenter depuis le milieu du XIXe siècle. La concentration initiale, dite pré-industrielle, est passée de 280 ppmv à 400 ppmv en 2015 (Fig. 7.11). Cet accroissement rapide ne semble pas induit par une variation naturelle du cycle du carbone puisque les paléoconcentrations de CO_2 atmosphériques enregistrées dans les archives glaciaires ne dépassent pas 300 ppmv, et que leur taux d'accroissement n'a jamais été aussi important qu'actuellement au cours des 220 000 dernières années. Plusieurs sources de perturbations d'origine anthropique sont supposées responsables de cette

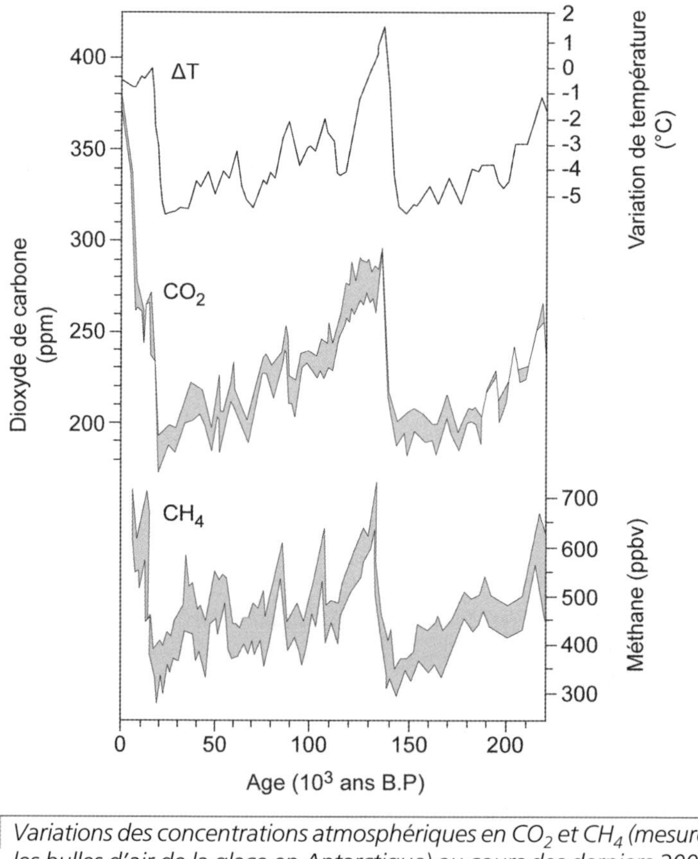

Figure 7.11 *Variations des concentrations atmosphériques en CO_2 et CH_4 (mesurées dans les bulles d'air de la glace en Antarctique) au cours des derniers 200 000 ans et comparaison avec les variations des températures. Le parallélisme entre la succession des cycles glaciaires-interglaciaires et les changements dans la concentration de ces deux gaz à effet de serre est frappant. Depuis 1800, la concentration en CO_2 (trait noir sur la gauche du graphique) a augmenté beaucoup plus rapidement et dans des proportions bien supérieures qu'au cours des millénaires précédents, probablement du fait de l'utilisation des combustibles fossiles, de la production de chaux et de la déforestation.*

augmentation. L'utilisation des combustibles fossiles en serait bien évidemment la cause principale puisque la combustion du charbon puis des hydrocarbures – qui produit du dioxyde de carbone – a accompagné la révolution industrielle et l'évolution économique depuis 150 ans. Une seconde source est la production de chaux par calcination de carbonates pour les besoins des cimenteries. Cette augmentation exponentielle a été légèrement ralentie pendant les deux guerres mondiales, la crise économique des années trente et les crises pétrolières des années soixante-dix où l'on note de légères diminutions. Aujourd'hui les émissions de CO_2 dues à l'utilisation des combustibles fossiles et à la production cimentière atteignent 6,5 Gt de carbone par an, soit 22 Gt de CO_2. Enfin la déforestation, qui est intense dans les zones tropicales et équatoriales, serait également responsable d'un rejet d'environ 1,5 Gt de carbone par an sur le total des émissions anthropiques.

Le CO_2 étant un gaz à effet de serre, les variations de sa concentration dans l'atmosphère ont des conséquences climatiques. En retour, les variables climatiques influencent le cycle du carbone en modifiant les flux d'entrée-sortie du réservoir atmosphérique (voir chapitre 1).

Le CO_2 un gaz à effet de serre trop présent

Le CO_2 à lui seul représente 55 %, en capacité, des gaz à effet de serre aux côtés de la vapeur d'eau, du méthane, du protoxyde d'azote, de l'ozone, des halocarbures et de l'hexafluorure de soufre. Les gaz à effet de serre constituent moins de 1 % de l'atmosphère, mais jouent un rôle fondamental dans l'équilibre thermique de la planète. Grâce à l'effet de serre, la température planétaire moyenne est toujours restée, à l'échelle géologique, propice à la vie. Cependant depuis plus d'un siècle, les activités humaines, en émettant dans l'atmosphère toujours plus de CO_2, ont perturbé l'équilibre entre le rayonnement solaire entrant et sortant. Les sociétés industrialisées ont donc décidé d'agir dans le but de limiter le dégagement de gaz à effet de serre et, au premier chef, de CO_2.

Limiter les émissions de CO_2 peut reposer sur plusieurs approches. Cette action passe d'abord par la maîtrise de la consommation, puis par le développement d'énergies propres (en termes de CO_2) et renouvelables. Malgré l'éventail de mesures alternatives, la consommation des énergies fossiles (pétrole, gaz et charbon, principalement) va être amenée à augmenter encore dans les décennies à venir, notamment du fait du développement des pays émergents. L'idée est ainsi née dans les années quatre-vingt-dix d'avoir recours à la capture et au piégeage du CO_2 pour en limiter l'augmentation de la teneur atmosphérique. Il est tentant d'envisager de valoriser le CO_2 ainsi piégé : la capture du CO_2 est déjà couramment utilisée dans plusieurs secteurs industriels, tels que le traitement du gaz naturel, la fabrication d'engrais, l'industrie agroalimentaire et le secteur de l'énergie (industrie pétrolière et gazière). Malgré cela, cette utilisation revalorisante du CO_2 ne suffit pas et il faut envisager de stocker ce gaz à plus grande échelle et de façon durable. La solution envisagée est le stockage géologique : il s'agit de remettre durablement (pour ne pas dire définitivement) dans le sous-sol, sous forme de CO_2, une partie du carbone extrait sous forme de pétrole, gaz et charbon.

...

...

Ce schéma impose de piéger le CO_2, de le transporter et de l'enfouir. Les sources de CO_2 sont nombreuses et connues. Les émissions liées au chauffage des habitations ou au déplacement des véhicules sont trop diffuses pour que leur capture soit envisageable. En revanche, il est plus aisé de piéger le CO_2 sur les sites industriels comme les usines ou les centrales thermiques. Dans les effluents industriels, le CO_2 se trouve à l'état dilué. Selon l'industrie concernée, la concentration de gaz carbonique dans les fumées peut aller de quelques pour cent à 20 % des effluents. D'autres gaz, tels que l'oxygène, la vapeur d'eau ou l'azote, se retrouvent également à la sortie des cheminées. Des méthodes de séparation sont donc nécessaires pour pouvoir capturer le gaz carbonique. Plusieurs procédés industriels de capture existent sur le marché, chacun ayant un domaine d'application spécifique en fonction de la nature des fumées à traiter (composition, température, pression). Ils relèvent de trois catégories principales :

- la capture postcombustion : elle récupère le CO_2 dilué dans les fumées de combustion ;
- la capture par oxycombustion : elle consiste à réaliser une combustion à l'oxygène pur et non pas à l'air pour obtenir des fumées concentrées en CO_2 ;
- la capture précombustion : elle vise à extraire le CO_2 à la source en transformant le combustible fossile avant usage en un gaz de synthèse.

Une fois capturé, le CO_2 doit être transporté par bateau ou pipeline jusqu'aux sites de stockage. Stocker le CO_2 dans des couches géologiques profondes consiste à l'injecter dans l'espace interstitiel des roches poreuses. Le plus souvent, les pores des roches sont occupés par une eau très salée totalement impropre à la consommation (les aquifères salins). On peut également envisager d'injecter le CO_2 dans des gisements de pétrole ou de gaz naturel, abandonnés ou en fin d'exploitation. L'intérêt est alors double : non seulement on peut piéger du CO_2, mais encore ce processus augmente la fluidité des hydrocarbures, ce qui facilite leur migration dans les roches-réservoirs et améliore la « récupération » des hydrocarbures dans les gisements. Enfin le CO_2 peut être stocké dans des veines de charbon profondes inexploitées, en profitant de la forte affinité du CO_2 pour le charbon. Ce processus a également un intérêt économique, car le CO_2 peut prendre la place du CH_4 adsorbé sur le charbon, et le méthane ainsi libéré peut éventuellement être exploité. On parle alors de récupération assistée de méthane de charbon (*coalbed methane* ou CBM en anglais), dont la commercialisation permet de compenser une partie des coûts d'injection de CO_2. Après des essais en laboratoire dans les années 1990, de nombreuses expériences grandeur nature ont été lancées de par le monde dans les années 2000 afin d'étudier ce procédé. L'une des limitations à ce procédé tient au fait que lorsque le charbon adsorbe le CO_2, il a tendance à gonfler et donc à diminuer en perméabilité, voire à devenir imperméable. On estime que la capacité de stockage s'élèverait à environ 40 Gt de CO_2 à l'échelle mondiale, à comparer aux 6,5 Gt produites annuellement.

Dans tous les cas de figure, que ce soit en aquifère salin, dans des champs pétroliers en fin de vie ou dans des veines de charbons, l'étanchéité du stockage doit être garantie, par exemple par la présence, au-dessus de la roche-réservoir, d'une couche écran imperméable, composée le plus souvent d'argiles ou d'évaporites, empêchant toute remontée intempestive du CO_2 vers la surface.

...

...

Le gaz carbonique doit être injecté à une profondeur suffisante dans le sous-sol pour que soient atteintes les conditions de pression et de température qui déterminent son passage à l'état supercritique (plus de 31 °C à 74 bars de pression). Dans cet état, le CO_2 est plus dense et occupe un volume réduit. La profondeur nécessaire pour atteindre l'état supercritique dépend du gradient géothermique local, elle se situe entre 700 et 900 mètres.

D'autres voies de séquestration du CO_2 sont également à l'étude comme la carbonatation c'est-à-dire la réaction entre le dioxyde de carbone et un oxyde métallique, principalement de magnésium et de calcium, afin de former des carbonates stables et inertes. Les roches basiques (serpentines) sont les meilleures candidates pour permettre cette précipitation de $CaCO_3$.

Lors de la COP21 à Paris fin 2015, il a été suggéré qu'une augmentation annuelle de 4 ‰ du stock de carbone dans les sols permettrait de compenser l'augmentation actuelle du CO_2 dans l'atmosphère. Ce taux de croissance n'est pas une cible normative, mais vise à illustrer qu'une augmentation, même infime, du stock de carbone des sols agricoles et forestiers peut participer au respect de l'objectif de limiter la hausse des températures à +2 °C. Il reste cependant à prouver que ce carbone est suffisamment réfractaire sur le moyen et long terme.

7.4 L'avenir des combustibles fossiles conventionnels : pétroles et charbons

Les différentes formes de combustibles fossiles carbonés représentent aujourd'hui plus de 85 % des ressources énergétiques consommées à l'échelle mondiale (Fig. 7.12). En 2015, la consommation énergétique de l'humanité a atteint $12{,}5.10^9$ tonnes équivalent pétrole[16]. Le charbon et dans une moindre mesure le lignite assurent 28 % des besoins en énergie, le gaz un peu plus de 23 % et le pétrole dépasse 36 % ; le nucléaire, l'hydraulique et les énergies renouvelables assurant les 13 % restant. Les principaux domaines consommateurs sont l'industrie (37 %), le chauffage et la production d'électricité (36 %) et les transports (27 %) dans lesquels le pétrole assure bien entendu la plus grande part sous forme de différents carburants. À l'échelle mondiale, 50 % du pétrole extrait sert donc au déplacement des véhicules sur terre, sur mer et dans les airs. Le charbon quant à lui est essentiellement utilisé pour la production d'électricité, le chauffage collectif ou individuel, mais également, sous forme de coke, pour l'industrie sidérurgique.

Les prévisionnistes tablent généralement sur une augmentation de la demande énergétique voisine de 1,5 % par an. C'est pourquoi l'estimation des réserves, c'est-à-dire de la quantité de combustibles carbonés fossiles que l'on peut produire techniquement et économiquement, est importante et fait l'objet de nombreuses méthodes d'évaluation.

16. On convertit toutes les énergies dans une même unité qui est généralement la tonne équivalent pétrole (tep). Par exemple, 1 t de charbon = 0,619 tep et 1 t d'uranium = 22 500 tep.

De nombreux paramètres doivent être pris en compte, dont certains échappent évidemment à la sphère géologique, comme la demande énergétique des pays émergents, l'évolution des cours et l'amélioration des techniques d'extraction, paramètres interdépendants faisant varier les réserves. Par exemple la raréfaction d'une source d'énergie ou sa plus grande demande font augmenter son prix, conduisant donc à élargir son exploitation à des zones jusqu'alors économiquement non rentables et incitant éventuellement à un effort technologique. La conséquence est une augmentation des réserves.

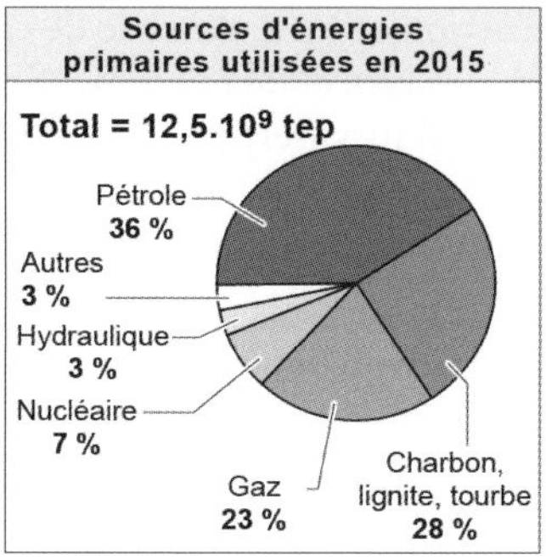

Figure 7.12 *Proportion des différentes sources d'énergie utilisées en 2015 à l'échelle mondiale (données Shell, AIE).*

Finalement ce sont probablement les paramètres géologiques qui sont les mieux contraints dans les modèles des prévisionnistes. En effet, les ressources en combustibles fossiles, c'est-à-dire les quantités totales existant dans les couches géologiques – qu'elles soient ou non économiquement exploitables –, constituent des stocks finis qu'on estime avec une plus ou moins grande précision.

Pour les formes liquides et gazeuses piégées dans des réservoirs conventionnels, les estimations sont assez fiables. Les ressources totales prouvées en huile conventionnelles sont d'environ 880.10^9 t dont 130.10^9 t ont déjà été extraites ; celles restant à découvrir sont estimées à 345.10^9 t. Les ressources en gaz sont estimées à 165.10^{12} m^3. En ce qui concerne le passage des ressources aux réserves, il faut garder présente à l'esprit la différence qui existe entre pétrole et gaz. Les taux de récupération primaires d'une huile sont de l'ordre de 34 % en moyenne. Ils peuvent être améliorés par les technologies de la récupération assistée du pétrole (ou *Enhanced Oil Recovery*, EOR). Elle se fait, entre autres, par l'injection de fluides (eau, solvants, gaz) ou par l'augmentation de la perméabilité des réservoirs par la création d'une fracturation artificielle (fracturation hydraulique). Il ne fait pas de doute que la technologie évoluera en fonction du prix du baril et que la récupération augmentera à l'avenir, mais il est probable qu'elle ne dépassera jamais les 40 %. Ainsi sur les $1\,225.10^9$ t d'huile qui constituent les ressources probables totales (c'est-à-dire celles dont on estime à 90 % la probabilité d'existence), seules 400.10^9 t pourraient être extraites au final. Il n'en est pas de même pour le gaz dont les taux de récupération sont élevés, de l'ordre de 70 à 80 %, sauf cas marginaux de réservoirs de qualité médiocre (très faibles porosités et perméabilités).

Pour les solides que sont les charbons et les lignites, les estimations des réserves varient entre 820 et 980.10^9 t, soit l'équivalent de 507 et 606.10^9 tep.

La répartition mondiale de ces réserves conventionnelles est très inégale (Fig. 7.13). Les réserves pétrolières sont majoritairement concentrées au Moyen-Orient avec près de 62 % des gisements, le reste étant à peu près équitablement réparti entre les autres régions du globe : Europe et Eurasie (8,5 %), Afrique (8,5 %), Amérique du Sud (8,5 %) Amérique du Nord (5,1 %) et Asie-Pacifique (3,5 %). Pour les réserves charbonneuses, l'Amérique du Nord, la Russie et l'Asie (Inde comprise) renferment près de 70 % des réserves (Fig. 7.13), l'Europe comptant pour 11,5 % et l'Océanie pour 9,5 %. Les raisons de ces disparités dans la distribution spatiale des combustibles fossiles sont inscrites dans l'histoire paléogéographique et géodynamique de ces régions du globe (voir chapitre 4).

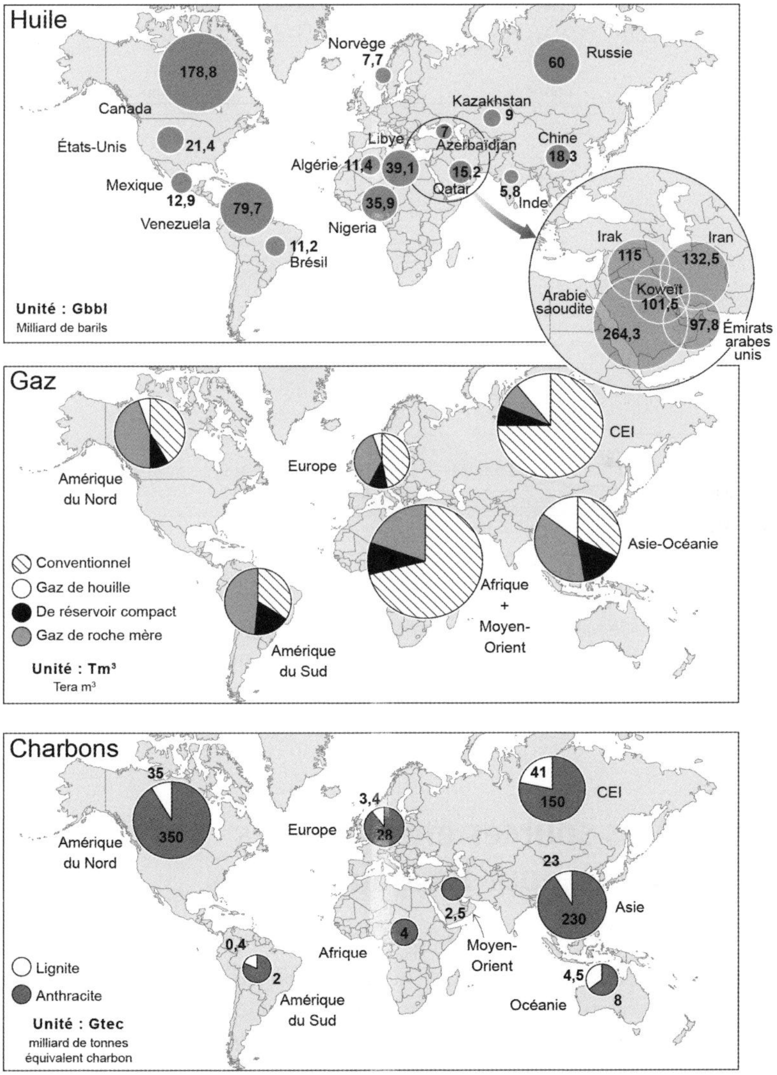

Figure 7.13 *Cartes de la répartition des réserves des principaux combustibles fossiles carbonés : huile (en Gbbl), gaz (en Tm^3) et charbons (en Gtec) à l'échelle mondiale.*

Sur la base des estimations de ces réserves et selon les modèles de la demande énergétique dans les années à venir, la place des combustibles fossiles carbonés devrait rester prépondérante au moins jusque vers le milieu du XXIe siècle (Fig. 7.14). La place du pétrole devrait diminuer rapidement compte tenu de l'épuisement des ressources, puisqu'au rythme de la consommation actuelle, cette échéance est à l'horizon de 2040-2050. Le gaz devrait devenir la première source énergétique au moins jusqu'à épuisement des réserves, annoncées aujourd'hui pour 2060-2070. La lente érosion de l'usage du charbon qui a débuté avec le début du XXe siècle s'est stabilisée au début du XXIe siècle avec les très fortes consommations de la Chine et de l'Inde. La consommation de cette ressource énergétique pourrait même continuer à augmenter si les problèmes liés à sa combustion sont résolus par la filtration et le stockage des effluents (CO_2, SO_2).

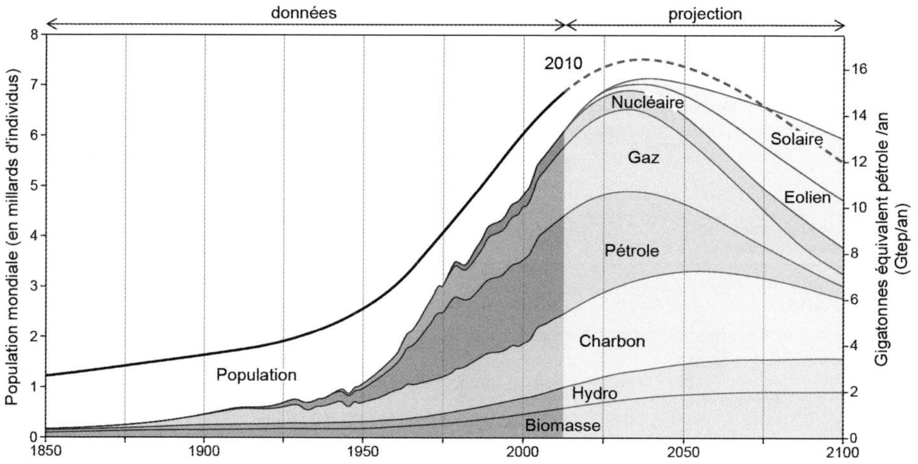

Figure 7.14 *Évolution comparée de la population mondiale (en milliard d'individus) et de la part des différentes sources d'énergies primaires utilisées dans le monde depuis 1850. L'évolution des courbes à partir de 2010 et jusqu'en 2100 repose sur une modélisation se basant sur une plus grande utilisation des énergies renouvelables.*

7.5 D'autres sources énergétiques carbonées pour l'avenir ?

En se plaçant dans une optique à long terme, c'est-à-dire à l'horizon de 2100, la distinction des ressources selon leurs catégories physiques (solides, liquides, gaz) n'a qu'un intérêt relatif puisqu'il existe des ponts technologiques permettant de transformer des ressources d'une catégorie en une autre catégorie. Ainsi, on sait depuis longtemps gazéifier du charbon ou des résidus pétroliers. On sait produire des hydrocarbures liquides à partir de gaz par les procédés de Fischer-Tropsch

($CO + 2\ H_2 \rightarrow CH_2 + H_2O$ où les maillons CH_2 s'assemblent pour former des hydrocarbures) ou la production d'oléfines à partir de méthanol. On dispose donc d'un continuum de ressources à base de carbone fossile adaptées à diverses utilisations. Mais le déclin des réserves étant inexorable, il sera probablement nécessaire de faire appel à des ressources moins conventionnelles de combustibles carbonés fossiles, à moins que d'ici là les progrès technologiques n'aient permis l'avènement de l'ère de l'hydrogène ou la maîtrise de la fusion, sonnant ainsi la fin de celle du pétrole.

Il existe encore deux grands stocks énergétiques carbonés : les schistes bitumineux et les clathrates qui sont pour de nombreux auteurs les réserves de demain.

7.5.1 *Les schistes bitumineux*

Ce terme est en réalité inadéquat puisque ces roches ne sont ni schisteuses ni bitumineuses, mais seulement laminées et suffisamment enrichies en kérogène (généralement plus de 20 %) pour produire du pétrole et du gaz par distillation à l'abri de l'air. Les schistes bitumineux, appelés *oil shales* par les auteurs anglo-saxons, sont constitués d'une succession de lits inframillimétriques de nature alternativement organique et minérale, voire presque exclusivement de lamines organiques. Leur altération à l'air les rend fissiles d'où leur appellation de schistes (voir Fig. 6.34). On range dans cette catégorie la plupart des charbons d'algues (*boghead*) et les sapropélites (voir chapitre 4).

La matière organique des schistes bitumineux dérive donc principalement de microalgues plus ou moins transformées par des bactéries. Ainsi dans un diagramme de van Krevelen les schistes bitumineux se placent-ils dans le champ des Types I et II à la fin de la zone de diagenèse et au début de la catagenèse (Fig. 7.15).

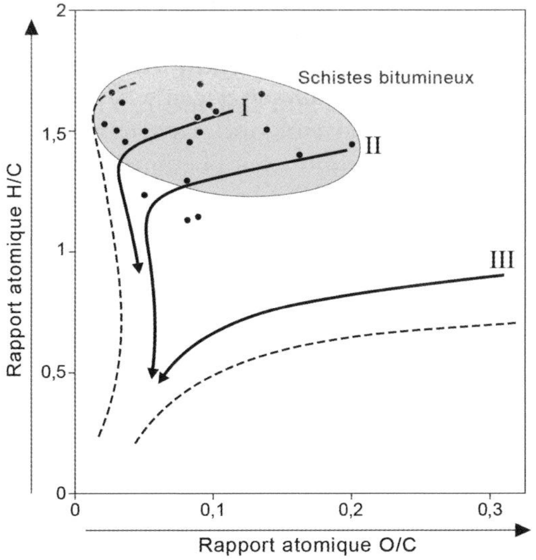

Figure 7.15 *Position des schistes bitumineux dans un diagramme de van Krevelen (d'après Durand, 1980).*

L'extraction du pétrole se fait par une distillation sous vide vers 500 °C dans des installations de surface ou en subsurface par une combustion contrôlée *in situ*, voire par un procédé mixte : foudroyage des galeries de mines et combustion *in situ* en utilisant les éboulis. Pour qu'un schiste bitumineux soit économiquement rentable, il faut que la production de pétrole dépasse 30 l par tonne de roche ; les records étant de 150 $l.t^{-1}$ pour la kukersite du Dévonien d'Estonie et de 140 $l.t^{-1}$ dans des schistes du Permien du Brésil.

Les principaux gisements se trouvent aux États-Unis (Utah et Colorado) et au Canada dans la Formation des *Green River Shales* qui a d'ailleurs servi de référence pour définir les kérogènes de Type I (voir chapitre 5). La superficie qu'occupent ces schistes bitumineux nord-américains est de 65 000 km^2 et leur production varie entre 60 et 120 $l.t^{-1}$. Les volumes d'huile potentiellement extractibles, avec un rendement de 15 %, sont de 270.10^6 m^3, soit 250.10^9 t, c'est-à-dire presque autant que ce qu'il reste de pétrole conventionnel à extraire dans le monde. Viennent ensuite les schistes d'Irati au Brésil qui pourraient produire 125.10^6 m^3 d'huile, soit 120.10^9 t. L'Estonie, la Russie, la Chine, l'Australie et quelques pays d'Afrique (Maroc, République démocratique du Congo, Afrique du Sud, Madagascar) renferment également des gisements de moindre importance qui pourraient générer un total de 100.10^6 m^3 d'huile.

La production est effective depuis le milieu des années quatre-vingt au Brésil (1 000 bbl et 36 500 m^3 de gaz par jour) et aux États-Unis ($2{,}4.10^6$ t par an). En France, les schistes et le boghead du Permien du bassin d'Autun ont été exploités entre 1837 et 1945 pour produire du pétrole[17]. Après le premier choc pétrolier en 1973, il avait également été envisagé d'exploiter les schistes cartons du Toarcien inférieur qui affleurent en Lorraine.

Toutefois, l'exploitation des schistes bitumineux ne va pas sans poser de problèmes. Leur extraction en carrière ou en mine a évidemment un impact environnemental. Il faut également apporter de l'énergie (craquage entre 350 et 1 000 °C) pour produire les hydrocarbures liquides, ce qui implique que la rentabilité du procédé dépende du prix du baril de pétrole brut conventionnel. La combustion des schistes bitumineux entraîne aussi une forte pollution atmosphérique soufrée, car bien souvent les milieux de dépôt de ces combustibles fossiles ont été très favorables à la sulfuration de la matière organique (voir chapitres 2 et 6). Enfin, les procédés d'extraction de l'huile nécessitent 2 barils d'eau pour en produire 1 de pétrole, ce qui donne au final de grandes quantités de résidus solides et d'eau impropre à toute autre utilisation. C'est pourquoi un certain nombre de prévisionnistes estiment que ces combustibles fossiles, malgré leur intérêt évident, resteront une réserve largement inexploitée, la pression liée à la préservation de notre environnement jouant en leur défaveur.

17. La distillation des schistes bitumineux a longtemps été la source principale de production du pétrole avant le développement des moyens de forage vers le milieu du XIXe siècle.

Biocarburants

Le terme biocarburants est avant tout un raccourci commode pour ce qui devrait s'appeler « carburants d'origine végétale » puisqu'ils sont produits à partir de déchets végétaux ou de plantes cultivées.

Il existe classiquement trois familles de biocarburants (Fig. 7.16).

- Les carburants obtenus à partir de cultures d'espèces oléagineuses (colza et tournesol, principalement). Dans cette catégorie on trouve :
  - l'huile pure, c'est-à-dire le produit direct du pressurage des graines, qui, après filtration, peut s'utiliser directement comme carburant dans un moteur diesel, sans modification de ce dernier ;
  - les esters méthyliques d'huiles végétales (EMHV) obtenus par estérification d'huile avec de l'alcool méthylique. Mélangé à du gazole (entre 5 % et 30 %), ce biocarburant est appelé Biodiesel ou Diester, et est souvent utilisé dans les transports urbains (bus, véhicules utilitaires...).
- Les carburants obtenus à partir d'alcools (méthanol, éthanol) produits par fermentation. Toutes les cultures sucrières sont donc éligibles (betterave, canne...) mais aussi celles qui donnent de l'amidon (blé), lequel, par hydrolyse, donne ensuite du sucre. Dans cette catégorie, on trouve :
  - les alcools utilisés purs (comme au Brésil), mais cela nécessite de modifier le moteur des voitures ;
  - l'éthyl-tertio-butyl-éther (ETBE) qui est obtenu en faisant réagir les alcools avec un produit pétrolier obtenu en raffinerie : l'isobutène (encore appelé isobutylène), qui est un hydrocarbure de formule C_4H_8. Utilisé en additif dans l'essence (5 % environ), l'ETBE apporte de l'octane et diminue sensiblement les émissions de CO_2.
- Les carburants dérivant de biogaz produit par la fermentation de déchets organiques (alimentaires, bois, paille...). En pratique, on extrait le méthane (qui représente de 50 % à 90 % du gaz dégagé par la fermentation) que l'on peut utiliser pur ou pour la fabrication de combustibles liquides grâce au procédé Fischer-Tropsch.

Les biocarburants sont connus depuis les débuts de l'industrie automobile. En effet, Nikolaus Otto, l'inventeur du moteur à explosion, avait conçu son invention pour utiliser de l'éthanol ; tandis que Rudolf Diesel, l'inventeur du moteur à combustion, faisait tourner ses machines à l'huile d'arachide. Puis l'essence dérivant des pétroles a éclipsé les biocarburants. Avec les chocs pétroliers (1973 et 1979), les autorités publiques s'intéressèrent davantage aux biocarburants. Mais ce n'est vraiment qu'au début et au milieu des années 2000, avec la nouvelle hausse du prix du baril, la prise de conscience de la « fin du pétrole » et la volonté de lutter contre l'effet de serre que les gouvernements multiplièrent les discours et aides pour le secteur des biocarburants.

...

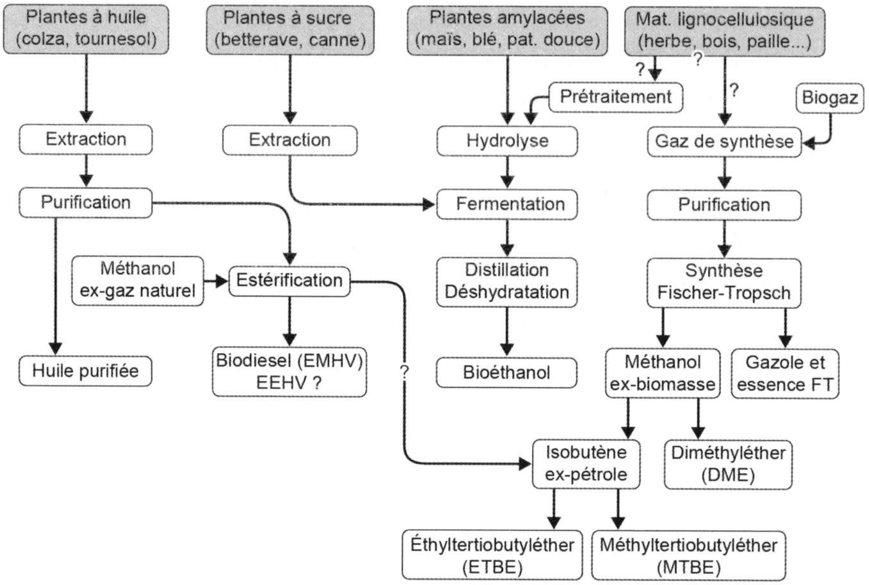

Figure 7.16 *Voies de fabrication des divers biocarburants. Celles marquées d'un point d'interrogation ne sont pas encore praticables à l'échelle industrielle (d'après Durand, 2007).*

Les surfaces agricoles nécessaires à la production de biocarburants ne manquent pas sur le territoire national, ni ailleurs dans le monde. Mais encore faut-il que l'écart de compétitivité avec le prix du baril de pétrole ne soit pas un frein à leur développement et que l'environnement soit respecté pour les produire (rotation des cultures permettant de préserver les sols, usage raisonné des fertilisants...) ; pour ne pas substituer une nuisance par une autre.

7.5.2 *Les clathrates*

Les clathrates (du latin *clatratus* « en cage »), appelés également hydrates de gaz, sont connus depuis le début du XIXe siècle à la suite à l'obtention involontaire, à une température de moins de 10 °C, de flocons neigeux dans une ampoule contenant de l'eau et du chlore. Ces solides ayant l'aspect de la glace sont constitués d'une association de molécules d'eau formant des cages cristallines dans le système cubique (alors que la glace cristallise dans le système hexagonal) et piégeant des gaz dont le diamètre moléculaire n'excède pas à 0,69 nm (6,9 Å). Un nombre assez varié de composés gazeux peuvent se retrouver ainsi naturellement encapsulés individuellement ou en association (Fig. 7.17), le méthane étant le plus fréquent du fait de son abondance naturelle dans les milieux de formation des clathrates.

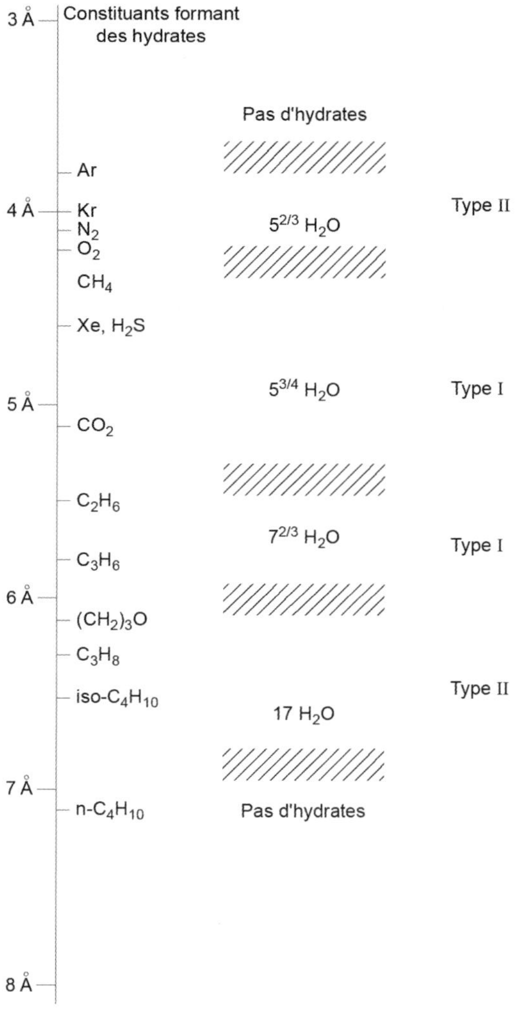

Figure 7.17 *Échelle de taille des composés pouvant former des clathrates (d'après Rojey & Durand, 1994).*

La dissociation des hydrates de méthane présente l'étonnante particularité de voir celui-ci s'enflammer au contact d'une source de chaleur, prenant l'aspect spectaculaire d'un échantillon de glace qui flambe ! Considérés pendant longtemps comme des curiosités de laboratoire, ce n'est qu'avec la mise en place dans les années trente de gazoducs dans les régions froides et leur obstruction par ces composés que l'étude des clathrates a vraiment commencé. Puis dans les années quatre-vingt, la découverte d'importants gisements d'hydrates de méthane à la surface du globe a conduit à les envisager comme une éventuelle source énergétique d'avenir et à évaluer l'influence et l'importance de ce réservoir dans le cycle du carbone.

Dès les années cinquante, la spectroscopie X a permis de mettre en évidence différents types de clathrates qui se distinguent par la disposition et le nombre de molécules d'eau constitutives du réseau. Ainsi, trois types de structure sont actuellement reconnus (Fig. 7.18) :

- les clathrates de Type I correspondent à un arrangement de 46 molécules d'eau formant 2 petites et 6 grandes cavités. À l'intérieur des petites cavités, qui ont la forme de dodécaèdres pentagonaux, ne peuvent se trouver que des molécules gazeuses dont le diamètre n'excède pas 0,52 nm comme Xe, CO_2, CH_4, H_2S. Les grandes cavités, tétradécaédriques, peuvent en revanche contenir des molécules de taille plus importante, mais dont le diamètre n'excède pas 0,59 nm ;
- les clathrates de Type II accueillent des molécules gazeuses de diamètre compris entre 0,59 et 0,69 nm qui ne peuvent pas former de clathrates de Type I. La maille, constituée de 136 molécules d'eau, comprend 16 petites cavités semblables à celles des clathrates de Type I et 8 grandes cavités hexadécaédriques. Ils contiennent le plus souvent des gaz comme N_2, O_2, C_3H_8 ;
- un troisième type de structure, appelé H, a été décrit dans les années quatre-vingt-dix. Il se distingue des précédents, entre autres, par de très grandes cages pouvant contenir des molécules gazeuses aux masses molaires très élevées comme des cyclohexanes ou des méthylcyclohexanes.

	Type I	Type II
Nombre de H_2O	46	136
Nombre de cages	12-èdres x 2 12-èdres x 6	12-èdres x 16 12-èdres x 8
Gaz hôte	CH_4, CO_2	N_2, O_2, (C_3H_8)

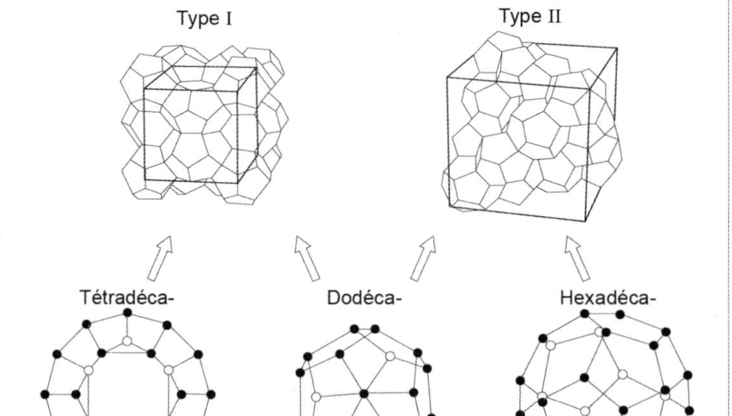

Figure 7.18 *Structure des clathrates de Type I et II (d'après Rojey & Durand, 1994).*

Quel que soit le type de clathrate, les différentes cavités peuvent être indifférem-ment occupées ou vides. Toutefois un réseau totalement vide est toujours instable car la cohésion de tels édifices est assurée par les molécules gazeuses encapsulées et retenues par des forces de van der Waals au sein des cavités. Les clathrates de type H sont rarissimes car leur stabilité nécessite l'encapsulation de deux gaz différents.

La formation des clathrates requiert des conditions physico-chimiques bien précises. Ceux-ci sont stables dans des domaines de température et de pression limités. Ils sont présents naturellement sur Terre dans les environnements où ces conditions particulières sont réunies, à savoir : en profondeur dans les sédiments océaniques (où la température des eaux du fond est l'ordre de 2 °C) et dans le permafrost (sous-sol gelé des zones polaires), tant à terre qu'en mer (Fig. 7.19). Les diagrammes de la figure 7.20 présentent les domaines de stabilité d'hydrates de méthane obtenus dans des conditions de laboratoire. Dans la nature, la présence en faible quantité d'autres éléments – notamment de sels – modifie légèrement les domaines thermodynamiques illustrés sur ces diagrammes. De même, des domaines de stabilité un peu différents caractérisent des clathrates composés d'autres gaz.

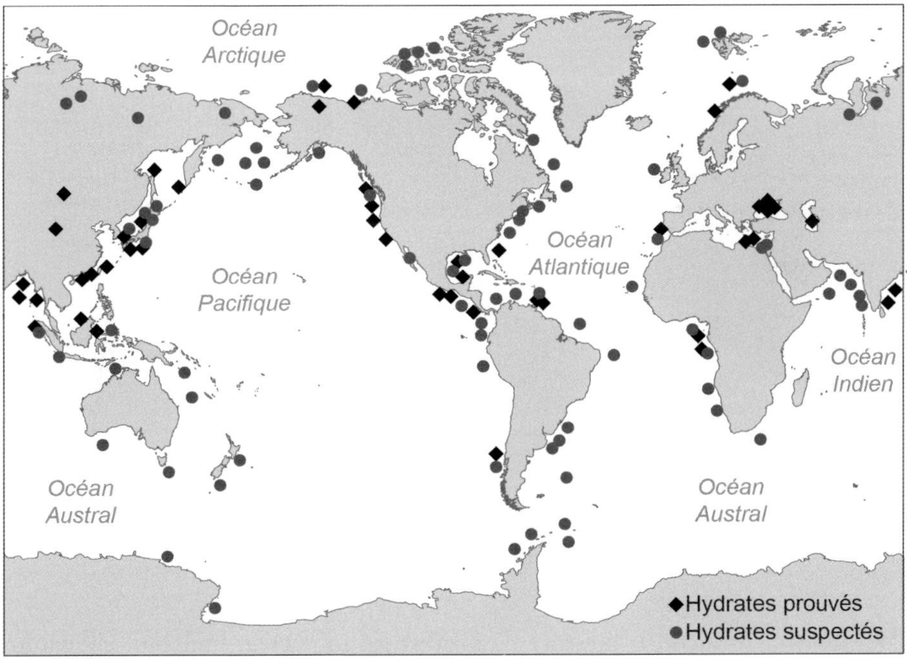

Figure 7.19 *Distribution des sites marins et terrestres où des hydrates de gaz ont été reconnus (losanges noirs) ou sont suspectés (disques gris ; d'après USGS, 2014).*

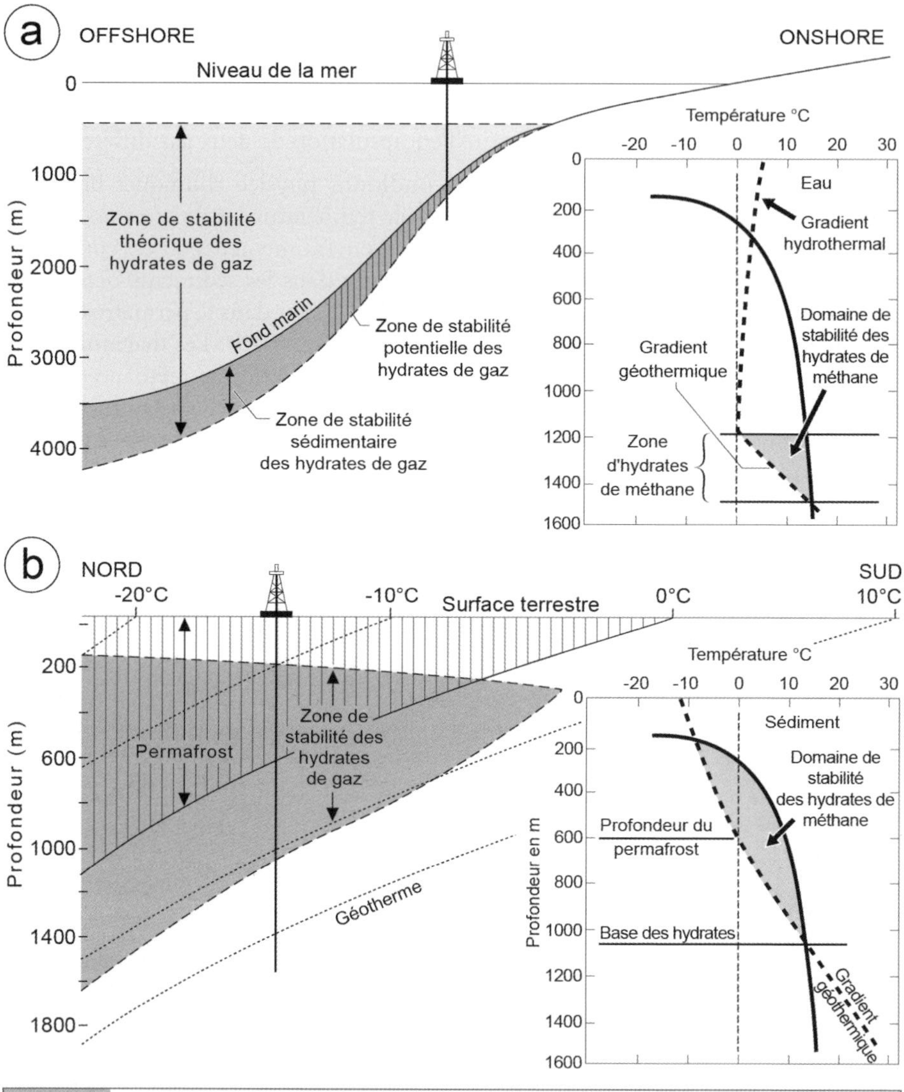

Figure 7.20 *Diagramme de stabilité des hydrates de méthane dans le domaine océanique et dans le permafrost (d'après Beauchamp, 2004).*

Pour qu'ils se forment, la présence d'eau n'est pas un facteur limitant : elle sature généralement la majorité des sédiments. Le gaz, quant à lui, peut être d'origine biogénique ou thermogénique. Le gaz d'origine biogénique se forme sur les talus continentaux, notamment dans les zones à forte productivité (upwelling) et/ou à fort apport organique terrigène, au cours de la dégradation anaérobique de la matière organique (voir chapitre 2). Dans les zones arctiques, du gaz biogénique est également formé à faible profondeur dans les sols, les marais et les tourbières et peut être piégé dans et sous le permafrost. Le gaz thermogénique a une origine plus profonde (voir chapitre 6). Il diffuse à travers la colonne sédimentaire et atteint les profondeurs dans lesquelles les conditions de formation des hydrates sont remplies, tant à terre qu'en mer. Toutefois, les rapports isotopiques très négatifs du carbone du CO_2 ($\delta^{13}C$ compris entre – 4 à – 25 ‰) et du CH_4 (– 66 à – 94 ‰) contenus dans la majorité des hydrates de méthane permettent de reconnaître une origine biogénique majoritaire pour ces gaz. En effet, le méthane d'origine thermique présente un $\delta^{13}C$ moins négatif, voisin de – 25 à – 35 ‰.

On peut identifier les couches de clathrates par des moyens directs (dragage, carottage ou forage) ou indirects (diagraphie ou sismique) qui furent largement développés dans le cadre de campagnes de forages océaniques profonds spécifiquement consacrées à l'étude des clathrates. Parmi les méthodes indirectes, l'identification du *Bottom Simulating Reflector* (BSR) est la plus connue. Il s'agit d'un réflecteur sismique, en général parallèle au fond marin et situé entre 200 et 600 m sous celui-ci, localisé à la base du niveau de clathrates. Ce réflecteur, longtemps confondu avec une discordance, correspond à une modification de la vitesse des ondes acoustiques liée au changement de l'état (solide/gazeux) des composés des hydrates. De nombreux forages traversant un BSR n'ont pas toujours prouvé la présence de clathrates continus mais plutôt le caractère dispersé de ceux-ci (nodules à hydrates). Il semble qu'il n'y ait pas de relation univoque entre BSR et clathrates : on trouve des zones à BSR sans hydrates et des zones à hydrates sans BSR. Ainsi dans le cas des sites ODP 997A et 997B, distants de seulement 20 m, l'un a recoupé une zone à hydrates de méthane, l'autre non.

L'abondance des clathrates à la surface du globe les fait considérer comme une source non conventionnelle d'hydrocarbures qui pourrait être exploitée à l'avenir. Cependant ces accumulations font l'objet d'estimations qui varient d'un facteur 1 à 2500 (entre 3 et 7500.10^{15} m^3), certains voyant même en eux la première accumulation d'hydrocarbures sur Terre ! Cet écart dans les estimations tient d'abord à des hypothèses hasardeuses qui associent systématiquement un BSR à une zone à hydrates. De plus, si en théorie les hydrates de méthane peuvent séquestrer jusqu'à 170 m^3 de gaz par m^3 d'hydrates, les observations directes ont révélé que ces valeurs étaient rarement atteintes. Enfin, il faut examiner le problème de la récupération du méthane avec un esprit critique. La continuité des accumulations et leur drainage sont des facteurs déterminants de cette récupération, si bien que, dans ces milieux à forte porosité mais faible perméabilité, il semble que l'on ne puisse guère espérer une récupération supérieure à quelques pourcents des hydrates océaniques. On estime que 30 à 50 m^3 de CH_4 par mètre cube de sédiment est une valeur escomptée réaliste. Des études dans douze zones de l'océan mondial (mers du Labrador et de Beaufort, golfe du Mexique, bassins du Panama et de Colombie, fosses du Japon, de l'Amérique centrale et des Aléoutiennes, mer Noire...) estiment les réserves en méthane à 105 Tcf auxquelles s'ajoutent 4000 Tcf de gaz « libre » stocké sous la barrière imperméable (ou front des hydrates).

Le cas des hydrates situés sous le permafrost, où les accumulations sont estimées entre 14 et 34.10^{15} m^3 est un peu plus encourageant, une partie des gisements pouvant constituer des réservoirs continus, poreux et perméables. Le gisement sibérien d'hydrates de Messoyakha, découvert en 1967, aurait produit 5 Tm^3 de gaz naturel pendant une dizaine d'années. Plus récemment, des expériences d'exploitation d'hydrates de gaz ont été menées en mer de Beaufort dans l'Arctique canadien (site expérimental de Mallik où des essais ont été conduits entre 1998 et 2008) et en mer du Japon (en 2013).

Différentes méthodes ont été envisagées pour produire du gaz naturel à partir d'hydrates de méthane (Fig. 7.21). Elles se fondent toutes sur un changement des conditions d'équilibre des clathrates soit par réchauffement, soit par dépressurisation, soit encore par injection d'un inhibiteur (méthanol, CO_2 ou saumures) qui joue alors le rôle d'antigel. La dépressurisation est la méthode la plus simple lorsqu'il y a du gaz libre sous les hydrates. Dans ce cas, l'interface hydrate/gaz remonte au fur et à mesure de la dissociation des hydrates. Pour la stimulation thermique, le chauffage est assuré par l'injection de vapeur, la combustion *in situ*, ou par diffusion de micro-ondes. La chaleur nécessaire pour libérer les hydrates ne représente que 10 % du pouvoir calorifique du gaz produit, ce qui est un rendement largement acceptable. L'injection de saumure chaude a été envisagée pour coupler les effets thermiques avec ceux d'un inhibiteur. Enfin, une autre méthode, testée sur un gisement d'hydrates en Alaska, consiste à substituer le méthane par du CO_2, ce qui a l'avantage de séquestrer ce gaz à effet de serre.

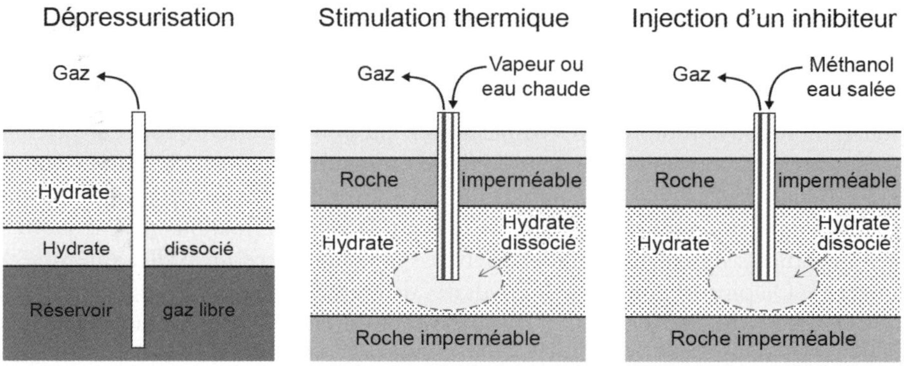

Figure 7.21 *Techniques d'exploitation des hydrates de gaz (Biteau & Baudin, 2017).*

Les clathrates perturbateurs du climat ?

La présence d'abondantes quantités de méthane piégées dans les hydrates a amené à se poser des questions sur leur rôle dans le cycle du carbone et dans les changements climatiques. Le méthane a, rappelons-le, un effet de serre environ vingt fois supérieur à celui du gaz carbonique. Ainsi, le suivi pluri-annuel des concentrations des gaz atmosphériques montre que la concentration en méthane (environ 1745 ppbv soit un total de $4{,}9.10^{15}$ g) augmente annuellement d'environ 1 % depuis une vingtaine d'années. La contribution des hydrates de méthane dans cette augmentation récente n'est toutefois pas considérable, en regard des autres sources, naturelles ou anthropiques (Fig. 7.22).

...

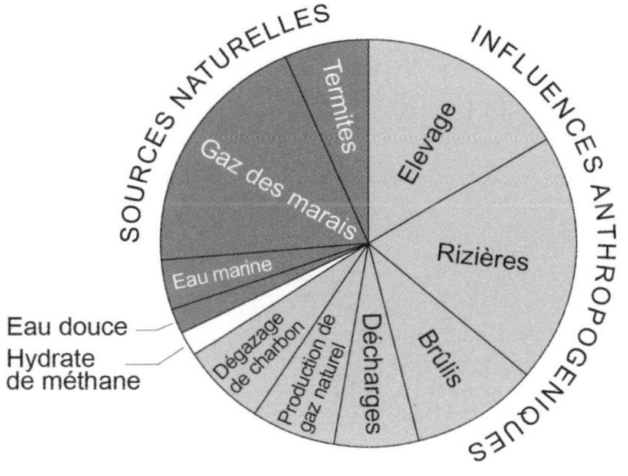

Figure 7.22 *Proportion des rejets atmosphériques annuels de méthane selon les différentes sources (d'après Kvenvolden, 1998). La dissociation des hydrates est une source mineure.*

En revanche, leur rôle est à considérer à l'échelle des cycles glaciaires et interglaciaires du Quaternaire au cours desquels les variations des teneurs en méthane ont suivi fidèlement celles des températures (Fig. 7.11). En particulier, il semble qu'il y ait une corrélation entre l'injection de méthane dans l'atmosphère et les fins (ou « terminaisons ») relativement abruptes des cycles glaciaires.

En période glaciaire, la baisse du niveau marin conduit parfois à une déstabilisation des hydrates océaniques, donc à une injection de gaz à effet de serre dans l'atmosphère – soit directement, soit sous forme de CO_2 si le méthane est oxydé – ce qui a pour conséquence de compenser partiellement la chute des températures. Dans le même temps, les hydrates continentaux sont stabilisés dans le permafrost, ce qui les rend sans effet sur les variations de température. En période de réchauffement, les effets inverses sont susceptibles de se produire : les hydrates du permafrost se dissocieraient, alors qu'avec la remontée du niveau marin, les hydrates océaniques tendraient à se reconstituer, même si l'élévation de température de l'océan global pouvait contribuer à leur déstabilisation. Il semble donc que les hydrates continentaux jouent le rôle essentiel en entretenant la stabilité d'un phénomène climatique alors que les hydrates océaniques le contrarieraient. Un découplage entre hautes latitudes, où sont localisés les hydrates du permafrost, et les basses et moyennes latitudes, où les hydrates océaniques sont les plus abondants, est également évoqué. Ces scénarios restent toutefois spéculatifs vu les incertitudes liées aux accumulations des hydrates à l'échelle globale.

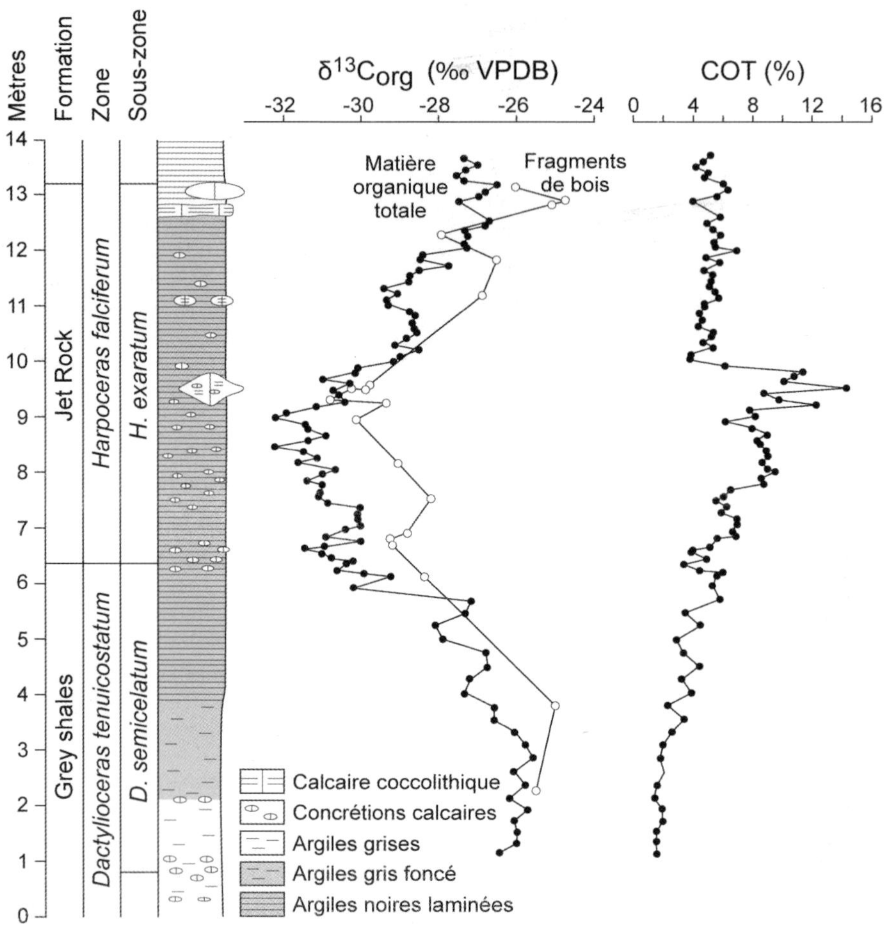

Figure 7.23 *Courbe de l'évolution du $\delta^{13}C$ de la matière organique marine et de la matière organique continentale au Toarcien inférieur (185 Ma) au moment d'un événement anoxique océanique. L'excursion négative très importante (– 6 ‰) qui précède l'événement anoxique proprement dit et l'accumulation de matière organique est interprétée comme le résultat de la déstabilisation de clathrates ayant injecté du CH_4 isotopiquement très allégé (– 60 ‰) dans le cycle du carbone de l'époque (d'après Hesselbo* et al.*, 2000).*

Le rôle des hydrates de méthane a également été évoqué pour expliquer des excursions négatives de forte amplitude et de courte durée enregistrées par les isotopes du carbone dans des périodes non glaciaires. C'est le cas notamment à la limite Paléocène-Éocène (55 Ma) et pendant les événements anoxiques (voir § 4.8) de l'Aptien inférieur (110 Ma) et du Toarcien inférieur (185 Ma, Fig. 7.23).

...

La diminution de 6 ‰ du rapport isotopique du carbone des carbonates ainsi que de celui de la matière organique marine et terrestre qui est enregistrée au cours du Toarcien traduirait un déstockage massif de méthane biogénique (au $\delta^{13}C$ très négatif, de l'ordre de – 60 à – 100 ‰) qui affecterait aussi bien le réservoir atmosphérique qu'océanique (Fig. 7.24). Les travaux les plus récents suggèrent même que les hydrates se seraient dissociés par étapes en relation avec les changements climatiques régulés par les variations des paramètres orbitaux. Si ce scénario est séduisant pour expliquer l'initiation des OAE du Toarcien inférieur et de l'Aptien inférieur, curieusement celui du Cénomanien ne montre pas d'excursion négative du $\delta^{13}C$ précédant l'événement.

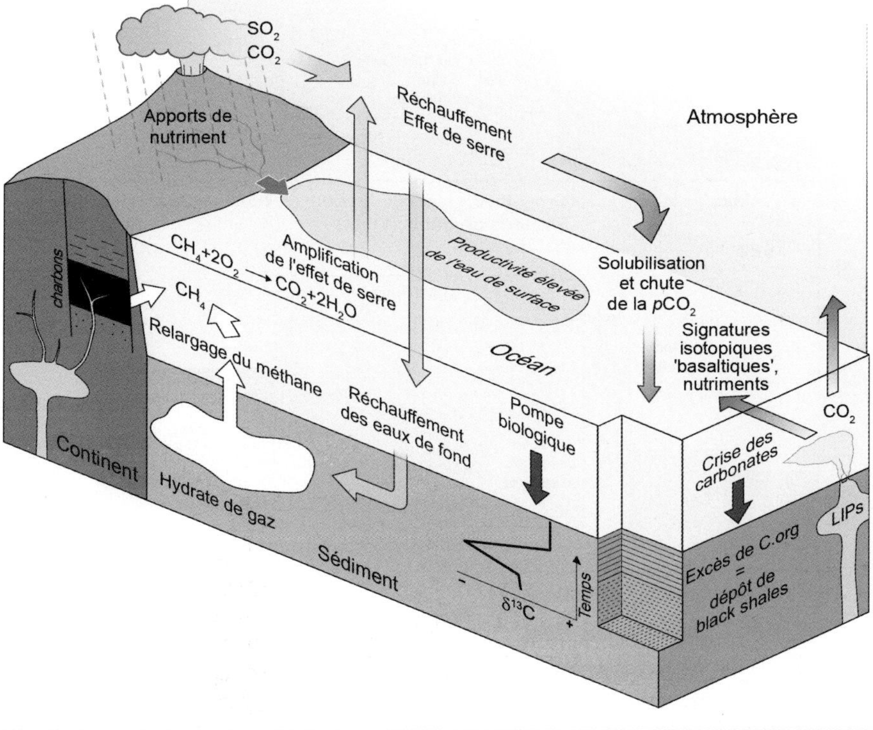

Figure 7.24 *Modèle conceptuel illustrant la variété des processus géochimiques caractéristiques des événements anoxiques océaniques ou OAEs (d'après Weissert, 2000 et Jenkyns, 2010). Les LIP (*Large Igneous Provinces*) sont des provinces volcaniques géantes aériennes ou sous-marines.*

Pour conclure, il existe sur Terre de grandes réserves pétrolières (huile et gaz), conventionnelles et non conventionnelles, et des procédés industriels bien maîtrisés permettant de passer d'une forme solide à une forme liquide, et réciproquement. Les prévisionnistes dans les compagnies pétrolières et l'Agence internationale de l'énergie essayent de déterminer ces réserves compte tenu des contraintes économiques (le coût du baril ou du m^3 de gaz) et de la technologie prospective et extractive à un temps donné. Cela donne lieu à différentes évaluations dont deux exemples sont présentés dans les figures 7.25 et 7.26.

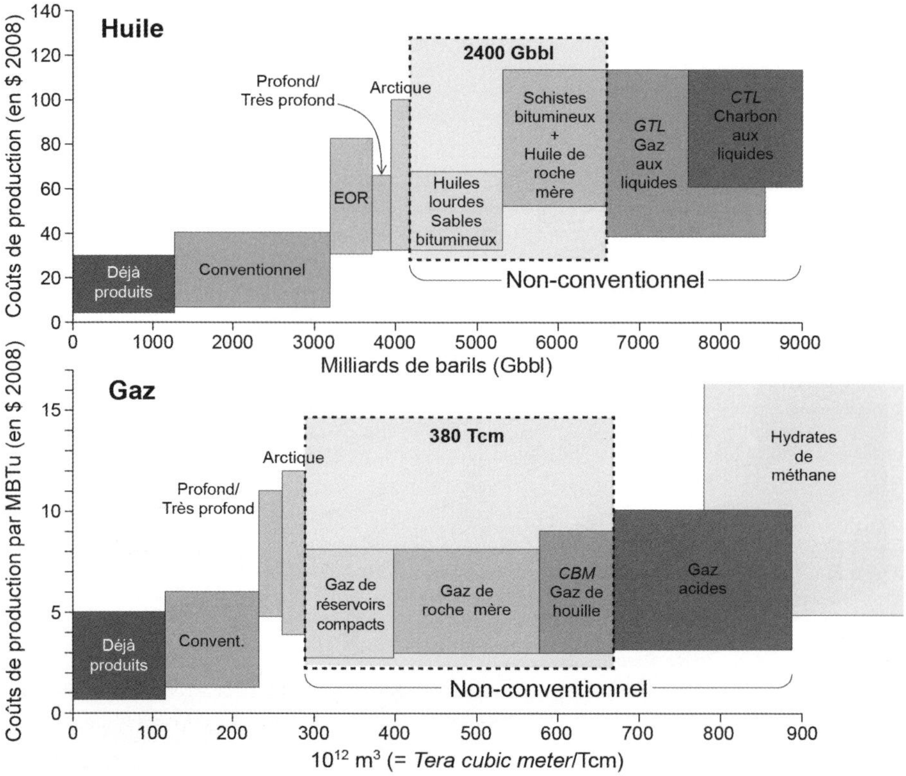

Figure 7.25 *Estimation des réserves ultimes d'huile (en milliards de barils) et de gaz (en Tera m^3) conventionnels et non conventionnels sur la base d'un coût de production en $ de 2008.*

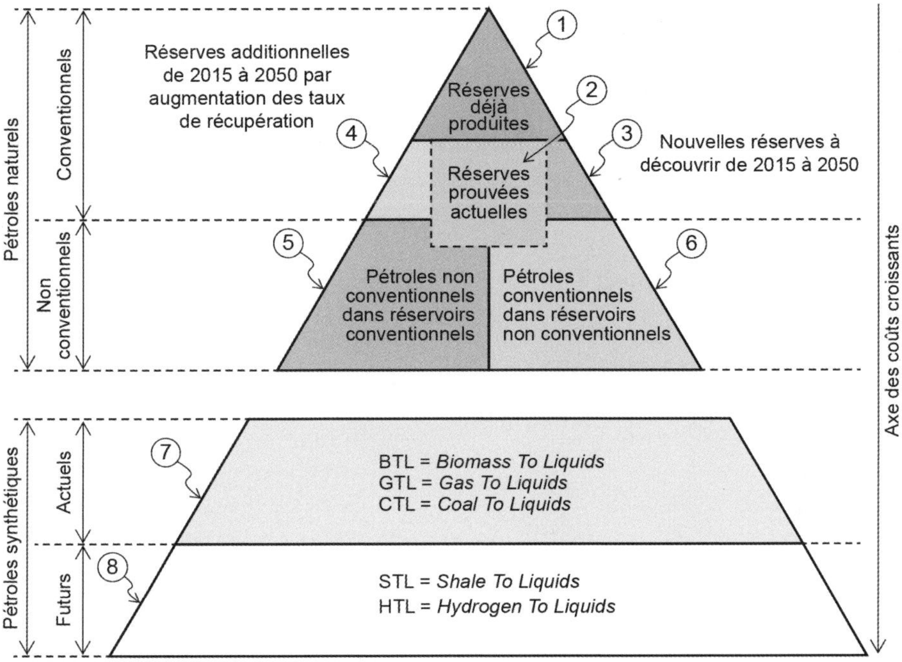

Pétroles naturels

1. 1200 Gbbl
2. 1600 Gbbl (publié) dont 1200 prouvés *stricto sensu* de 400 « contingents »
3. 300 Gbbl (réserve *growth* inclus)
4. 400 Gbbl (taux récupération moyen mondial en 2050 estimé à 45 %)
5. 600 Gbbl d'ultra lourds et bitumes devenus des réserves d'ici 2050
6. 200 à 500 Gbbl de « Pétroles de roches mères » devenus des réserves d'ici 2050

Synthétiques et substituts

7. Ces trois familles de synthétiques sont actuellement produites de façon industrielle
8. Les STL ont été produits par des centaines d'exploitations à la fin du 19e siècle
Les HTL (carbonisation d'hydrogène produit à partir de sources non carbonées)

Nota : Il ne peut pas y avoir des chiffres de « réserves » pour les synthétiques

Figure 7.26 *Pyramide des réserves pétrolières naturelles (huiles conventionnelles et non conventionnelles) et domaine des pétroles synthétiques (d'après Perrodon & Bauquis, 2012).*

8

Épilogue

La matière organique, au sens large de celui qui lui a été donné dans cet ouvrage, est un constituant normal de l'Univers, même s'il n'est présent qu'en infimes quantités par rapport aux minéraux. Ce qui fait l'originalité de l'essentiel d'entre elle est bien évidemment son passage à travers le cycle de la Vie. Toutefois, à l'échelle des temps géologiques, cet épisode est bref mais répété, et la matière organique une fois sédimentée garde pour peu de temps la mémoire de cette étape. Pendant la diagenèse précoce, les protéines disparaissent, et avec elles la majeure partie de l'azote. Les fragments lipidiques et glucidiques de carbone qui survivent aux dégradations aérobies et anaérobies se recombinent et polymérisent pour constituer le kérogène, forme relativement stable de la matière organique sédimentaire. Pour autant, l'augmentation de température ne laisse pas ce dernier indifférent. Au cours de la diagenèse tardive, les groupements fonctionnels hérités des biomolécules sont éliminés, restituant ainsi de l'oxygène. Pendant la catagenèse, la production des hydrocarbures efface largement les structures moléculaires originelles et arrache au kérogène la presque totalité de son hydrogène. Quelques géomolécules, cependant, gardent encore à ce stade une structure suffisamment proche de celle des biomolécules dont elles dérivent pour attester de leur origine. Enfin au stade de la métagenèse, les derniers hétéroatomes sont éliminés pour ne laisser qu'un résidu carboné presque pur qui pourra éventuellement rentrer dans le domaine du métamorphisme, se réorganiser structuralement sous l'effet de la pression et passer à l'état minéral sous forme de graphite.

Cependant, cette destinée n'est pas inéluctable. À chaque étape, le kérogène et les produits de son évolution peuvent être ramenés vers la surface et retourner au cycle biologique. La réutilisation des géomolécules carbonées sera d'autant plus facile que le kérogène est moins évolué. Ainsi se dessine une multitude de cycles du carbone organique qui participent finalement à deux boucles, l'une biologique et l'autre sédimentaire, au sein du cycle global du carbone (Fig. 8.1).

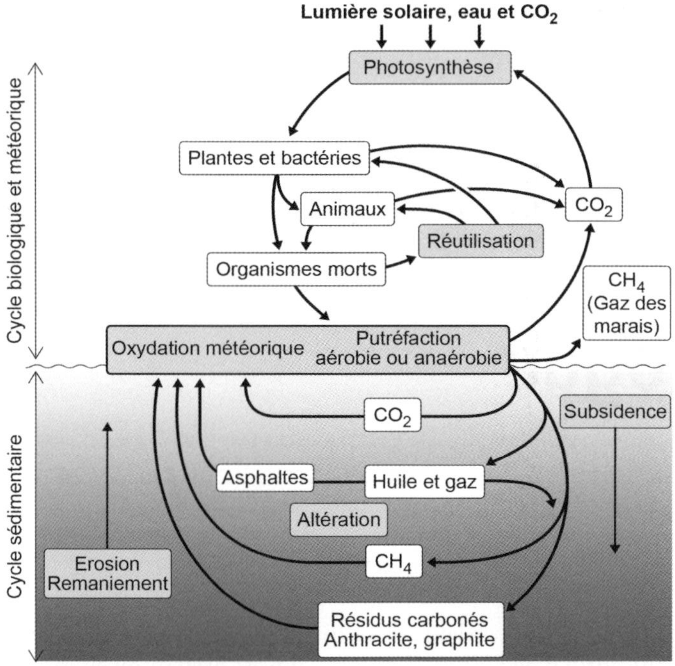

Figure 8.1 *Cycle du carbone organique (d'après Durand, 1987).*

La part des biomolécules qui échappe au recyclage et va alimenter le cycle sédimentaire de la matière organique est infime. Selon les environnements, entre 0,1 % à 1 % de la productivité primaire est finalement fossilisée. Pour aussi faible qu'elle soit, cette légère fuite est continue depuis des millions d'années. C'est pourquoi la quantité de matières organiques sédimentaires est 10 000 fois plus importante que celle de la matière organique vivante. On estime que cette dernière contient 10^{12} t de carbone alors que la masse totale des kérogènes en renferme 10^{16} t (Fig. 8.2).

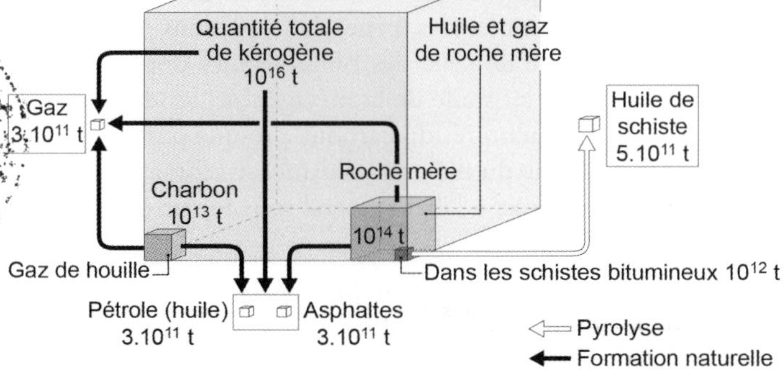

Figure 8.2 *Proportion des différentes formes de kérogène et des diverses sources de combustibles carbonés fossiles (modifié d'après Durand, 1987).*

Si cette fraction organique sédimentaire est très diluée dans les sédiments, certaines roches sédimentaires en renferment des quantités anomaliques (plusieurs dizaines de pourcents). Il s'agit des roches carbonées (charbons humiques et sapropéliques, schistes bitumineux) et des roches-mères du pétrole. Les charbons renferment environ 10^{13} t de carbone, soit le millième de la totalité des kérogènes, alors que les schistes bitumineux et les roches-mères pétrolières en contiennent un centième (10^{14} t). Cependant, toutes ces roches-mères n'ont pas généré d'hydrocarbures et ceux qui se sont *in fine* accumulés dans les réservoirs ne représentent qu'une très faible portion du carbone sédimentaire (10^{11} t), répartie à parts égales entre hydrocarbures liquides, gazeux et solides (asphaltes).

Depuis près de deux siècles, l'humanité a largement puisé dans les ressources énergétiques fossiles que sont les charbons et les pétroles, à une cadence toujours plus importante. Aujourd'hui, c'est près de 6.10^9 t de carbone qui sont ainsi extraites annuellement du sous-sol. À ce rythme, l'épuisement des combustibles fossiles est inéluctable à court terme puisque leur vitesse de renouvellement est extrêmement lente en comparaison de la vitesse de leur exploitation. Des procédés industriels permettent de fabriquer artificiellement du pétrole à partir des schistes bitumineux ou d'en extraire des asphaltes, mais ces solutions ne feront que reculer l'échéance de quelques dizaines d'années.

Tout ceci plaide en faveur d'un usage rationnel – à défaut d'être durable – des combustibles fossiles et invite à chercher activement de nouvelles sources d'énergie pour notre avenir. De plus, l'utilisation des combustibles fossiles fait peser sur l'humanité un certain nombre de problèmes environnementaux, au premier rang desquels l'augmentation de la teneur du CO_2 dans l'atmosphère et ses conséquences climatiques.

Autant de raisons de nous rappeler que « *Nous n'héritons pas de la Terre de nos ancêtres, nous l'empruntons à nos enfants* » (Antoine de Saint-Exupéry[18]).

18. Cet aphorisme est généralement attribué à Saint-Exupéry. Toutefois, la paternité en a été souvent prêtée à d'autres auteurs.

Références bibliographiques

Albrecht P., Ourisson G., Rohmer M. (1984). – L'origine microbienne des combustibles fossiles. – *Pour la Sciences*, 84.

Bardot F., Duffaut P., Sanglerat G. (1997). – Affaissements miniers tardifs et feux de vieux travaux à Saint-Étienne. – Revue française *Géotechnique*, 78, 63-77.

Bastien Ventura C., Girin C. & Raoul-Duval J. (2005). – *Marées noires et environnement.* Institut Océanographique, 410 p.

Batjes N.H. (1996). – Total carbon and nitrogen in the soils of the world. – *European Journal of Soil Science*, 47, 151-163.

Baudin F., Riquier L. (2014). – The late Hauterivian Faraoni 'Oceanic Anoxic Event': an update. – *Bull. Soc. Géol. Fr.*, 185, 6, 359-377.

Bauquis P.R. (2014). – *Parlons gaz de schistes en 30 questions.* La documentation française.

Beauchamp B. (2004). – Natural gas hydrates: myths, facts and issues. – *C. R. Geoscience,* 336, 751-765.

Behar F., Beaumont V., De Penteado B.H.L. (2001). Rock-Eval 6 Technology: Performances and Developments. Oil & Gas Science and Technology – Rev. *IFP*, 56, 2, 111-134.

Behar F. & Vandenbroucke M. (1987). – Chemical modelling of kerogens. – *Org. Geochem.,* 11, 15-24.

Biteau J.J. & Baudin F. (2017). – *Géologie du pétrole. Historique, genèse, exploration, ressources* – Dunod, 364 p.

Bordenave M.L. (1993). – *Applied Petroleum Geochemistry*. Technip, 524 p.

Brassell S.C. (1993). – Applications of Biomarkers for Delineating Marine Paleoclimatic Fluctuations during the Pleistocene. *In :* M. Engel & S.A. Macko (Eds.) : *Organic Geochemistry*. Plenum Press, New York, 699-738.

Brumsack H.J. (2006). – The trace metal content of recent organic carbon-rich sediments: Implications for Cretaceous black shale formation. – *Palaeogeography, Palaeoclimatology, Palaeoecology*, 232, 344-361.

Bruneau B., Chauveau B., Duarte L.V., Desaubliaux G., Moretti I., Baudin F. (2016). – 3D Numerical Modelling of Marine Organic Matter Distribution: example of the Early Jurassic sequences of the Lusitanian Basin (Portugal). – *Basin Research*, 1-23.

Buseck P.R. (2002). – Geological fullerenes: review and analysis. *Earth and Planetary Science Letters*, 203, 781-792.

Campy M. & Macaire J.-J. (2003). – *Géologie de la surface. Érosion, transfert et stockage dans les environnements continentaux*. (2e ed.). Dunod, 440 p.

Carpentier B., Gély J.P., Huc A.Y., Blanc-Valleron M.M. (1992). – Simulation of sedimentation in an evaporitic basin at water level under eustatic influence - Application to the Paleogene Mulhouse basin (Alsace, France). – *Rev. Inst. Fr. Pétrole*, 47, 5, 559-585.

Chamley H. (2002). – *Environnements géologiques et activités humaines*. Vuibert, 512 p.

Clark R.B. (1989). – *Marine pollution*. 2nd ed. Clarendon Press, 220 p.

Combaz A. (1980). – Les kérogènes vus au microscope. *In :* B. Durand (Ed.) : *Kerogen, insoluble organic matter from sedimentary rocks*. Technip, 55-111.

Connan J. (1984). – Biodegradation of Crude Oils in Reservoirs. *In* : J. Brooks & D. Welte (Eds.) : *Advances in Petroleum Geochemistry*, vol., Academic Press, Londres, 299-335.

Connan J. (1987). – Regard sur la géochimie organique pétrolière d'aujourd'hui. *Bull. Cent. Rech. Explor.-Prod. Elf-Aquitaine*, 11, 181-219.

Connan J. & Deschesne O. (1996). – *Le bitume à Suse*. Collection du Musée du Louvre, Ed. de la Réunion des musées nationaux, 444 p.

Cornford C. (1994). – The Mandal-Ekofisk petroleum system in the Central Graben of the North Sea. In Magoon L.B., Dow W.G. (Eds.) The Petroleum System—From Source to Trap. – *AAPG* Memoir, 60, 537–571.

Courel L. (1985). – Charbons et lignites, perspectives actuelles. – *Bull. Soc. Géol. Fr.*, 8, I, 7, 1087-198.

Craig J., Biffi U., Galimberti R.F., Ghori K.A.R., Goster J.D., Hakhoo N., Le Heron D.P., Thurow J. & Vecoli M. (2013). – The palaeobiology and geochemistry of Precambrian hydrocarbon source rocks. – *Marine & Petroleum Source Rock*, 40, 1-47.

Demaison G.J. – The generative basin concept, *AAPG* Memoir 35, 1984.

Demaison G.J., Muris R.J, *et al.* – Petroleum Geochemistry and Basin Evaluation, *AAPG*, Memoir 35, 1984.

Demaison G.J., Huizinga B.J. (1991). – Genetic classification of Petroleum Systems, *AAPG*, Vol. 75.

Denimal S., Barbecot F., Dever L., Tribovillard N., Meilliez F., 2001. Traçage chimique et isotopique des eaux souterraines en relation avec les eaux de lixiviation de terrils, Bassin minier du Nord-Pas-de-Calais (France). – *Bull. Soc. Géol. Fr.*, 172 (1), 111-120.

Diessel C.F.K. (1992). – Coal-Bearing Depositional Systems. – Elsevier, 599 p.

Durand B. (Ed.). (1980). – *Kerogen, insoluble organic matter from sedimentary rocks.* Technip, 519 p.

Durand B. (1987). – Du kérogène au pétrole et au charbon : les voies et les mécanismes des transformations des matières organiques sédimentaires au cours de l'enfouissement. *Mém. Soc. Géol. Fr.,* 151, 77-95.

Durand B. (2007). – *Énergie et environnement. Les risques et les enjeux d'une crise annoncée.* EDP Sciences, 324 p.

Durand B. (2009). – *La crise pétrolière. Analyse des mesures d'urgence.* EDP Sciences, 283 p.

Edman J.D. & Surdam R.C. (1986). – Organic-Inorganic Interaction as a mechanism for porosity enhancement in the Upper Cretaceous Ericson Sandstone, Green River basin, Wyoming. *In :* Don Gauthier (Ed.) : *Roles of Organic Matter in Sediment Diagenesis.* SEPM, Spec. publ. 38, 89-109.

Einsele G., Ricken W. & Seilacher A. (Eds.). (1991). – *Cycles and Events in Stratigraphy.* Springer-Verlag, 955 p.

Espitalié J., Deroo G. & Marquis F. (1985). – La pyrolyse Rock-Eval et ses applications (1re partie). *Rev. Inst. Fr. Pét.,* 40 (5), 563-579.

Fleet A.J., Kelts K. & Talbot M.R. (Eds.). (1988). – *Lacustrine petroleum Source Rocks.* Geol. Soc. Spec. Publ., 40, 391 p.

Freeman K.H., Colarusso L.A. (2001). – Molecular and isotopic records of C-4 grassland expansion in the late Miocene. – *Geochimica et Cosmochimica Acta,* 65, 9, 1439-1454.

Föllmi K.B. (1996). – The phosphorus cycle, phosphogenesis and marine phosphate-rich deposits. – *Earth-Science Reviews,* 40, 55-124.

Herbin J.P., Masure E., Roucaché J. (1986). – Cretaceous formations from the lower continental rise off Cape Hatteras: organic geochemistry, dinoflagellate cysts, and the Cenomanian/Turonian boundary event at Sites 603 (Leg 93) and 105 (Leg 11). *In* van Hinte J.E., Wise S.W.Jr. *et al.* (Eds). Init. Repts. DSDP, 93. – Washington (U.S. Govt. Printing Office), 1139-1162.

Hesselbo S.P., Gröcke D.R., Jenkyns H.C., Bjerrum C.J., Farrimond P., Morgans Bell H.S. & Green O.R. (2000). – Massive dissociation of gas hydrate during a Jurassic oceanic anoxic event. – *Nature*, 406, 392-395.

Huang W.Y., Meinschein W.G. (1979). – Sterols as ecological indicators. – *Geochimica et Cosmochimica Acta*, 43, 739-745.

Huc A.Y. (1990). – *Deposition of organic Facies. AAPG* Studies in Geology, 30, 347 p.

Huc A.Y. (1995). – *Paleogeography, Paleoclimate, and Source Rocks. AAPG* Studies in Geology, 40, 234 p.

Huc A.Y. (2013). – *Geochemistry of fossil fuels.* Technip IFP Énergies Nouvelles, 254 p.

Huc A.Y. *et al.* (2005). – Stratigraphic control on source rock distribution : First and Second Order Scale. *In :* N.H. Harris & B. Pradier (Eds.) : *The deposition of organic rich sediments models, mechanisms and consequences.* SEPM Spec. Publ. 82, 225-242.

Hunt J.M. (1979). – *Petroleum Geochemistry and Geology.* Freeman W.H. (Ed.), 617 p.

Jenkyns H.C. (2010). – Geochemistry of oceanic anoxic events. – *Geochemistry, Geophysics, Geosystems*, 11, Q03004.

Katz B.J. (1995). – *Petroleum Source Rocks.* Springer-Verlag. 327 p.

Katz B. – Lacustrine Basin Exploration, case studies and Modern Analogs. *AAPG*, Memoir 50, 1990.

Killops S.D. & Killops V.J. (2005). – *Introduction to organic geochemistry.* Blackwell.

Kvenvolden K.A. (1998). – A primer on the geological occurrence of gas hydrates. *In :* J.P. Henriet & J. Mienert (Eds.) *: Gas hydrates: relevance to world margin stability and climate changes.* Geol. Soc. Spec. Publ., 127, 10-28.

Lacaze J.C. (1980). – *La pollution pétrolière en milieu marin.* Coll. Écologie appliquée et Sciences de l'environnement, Masson, 118 p.

Lallier-Vergès E., Tribovillard N.-P. & Bertrand P. (1995). – *Organic Matter Accumulation. The Organic Cyclicities of the Kimmeridge Clay Formation (Yorkshire, G.B.) and the Recent Maar Sediments (Lac du Bouchet, France).* Lectures notes in Earth Sciences, Springer, 57, 187 p.

Lambert G., Chappellaz J., Foucher J.-P. & Ramstein G. (2006). – *Le méthane et le destin de la Terre.* EDP Sciences, 153 p.

Larson L.R. (1991). – Geological consequences of superplumes. – *Geology*, 19, 963-966.

Magoon L.B., Dow W.G. – The Petroleum System. *AAPG,* Memoir 60, pp. 3-23. 1994.

Mariotti A. (1991). – Le carbone 13 en abondance naturelle, traceur de la dynamique de la matière organique des sols et de l'évolution des paléoenvironnements continentaux. – *Cahiers de l'ORSTOM, série pédologie,* 25, 299-313.

Martinez P. (1997). – Paléoproductivités du système d'upwellings nord-ouest africain et variations climatiques au cours du Quaternaire terminal. – Thèse doctorat, Université de Bordeaux I, 297 p.

Mascle A. (1994). – *Hydrocarbon and Petroleum Geology of France.* Springer Verlag.

Mauriaud P., Breton P., De Wever P. (2013). – *La Faim du Pétrole : une civilisation de l'énergie vue par des géologues.* EDP Sciences.

Melezhik V.A., Fallick A.E., Filippov M.M. & Larsen O. (1999). – Karelian shungite - an indication of 2.0-Ga-old metamorphosed oil-shale and generation of petroleum: geology, lithology and geochemistry. *Earth-Science Reviews,* 47, 1-40.

Meybeck M. (2005). – Origins and behaviours of carbon species in world rivers. *In :* Roose & Lal (Eds.) *: Erosion and carbon dynamics.* CRC Boca Raton, 209-238.

Meyers P.A. (1997). – Organic geochemical proxies of paleoceanographic, paleolimnologic, and paleoclimatic processes. *Org.Geochem.,* 27 (5/6), 213-250.

Moldowan J.M., Albrecht P. & Philp R.P. (1992). – *Biological Markers in Sediments and Petroleum.* Prentice Hall, 411 p.

Parrish J.T., Curtis T. (1982). – Atmospheric circulations, upwelling and organic-rich rocks in the Mesozoic and Cenozoic eras. – *Palaeogeography, Palaeoclimatology, Palaeoecology,* 40, 31-36.

Pelet R. (1985). – Sédimentation et évolution géologique de la matière organique. – *Bull. Soc. Géol. Fr.,* (8), t. I (7), 1075-1086.

Perrodon A. (1980). – *Géodynamique pétrolière. Genèse et répartition des gisements d'hydrocarbures.* Bull. Cent. Rech. Explor.-Prod. Elf-Aquitaine, Mém., 2, 381 p.

Perrodon A., Bauquis P.R. (2012). – Shale oil, shale gas et autres hydrocarbures non conventionnels dans une perspective géologique. – *Géochronique,* 124, 1 p.

Peters K.E., Walters S.S., Moldowan J.E (2008). – *The Biomarker Guide : Volume 1, Biomarkers and Isotopes in the Environment and Human History,* 2nd ed. Cambridge University Press, pp. 1-471.

Peters K.E, Walters C.C., Moldowan J.E. (2008). – *The Biomarker Guide, Volume 2 : Biomarkers and Isotopes in the Petroleum Exploration and Earth History,* 2nd ed. Cambridge University Press, pp. 472-1151.

Ricken W. (1993). – *Sedimentation as a Three-Component System. Organic Carbon, Carbonate, Noncarbonate.* Lecture Notes in Earth Sciences, Springer-Verlag, 51, 211 p.

Riquier L., Tribovillard N., Averbuch O., Joachimski M.M., Racki G., Devleeschouwer X., El Albani A., Riboulleau A. (2005). – Productivity and bottom water redox conditions at the Frasnian-Famennian boundary on both sides of the Eovariscan Belt: constraints from trace-element geochemistry. *In* Over, D.J., Morrow, J.R., and Wignall, P.B. (Eds.), *Understanding Late Devonian and Permian-Triassic Biotic and Climatic Events: Towards an Integrated Approach.* – Elsevier, Developments in Palaeontology and Stratigraphy, 20, 199-224.

Rojey A. & Durand B. (1994). – *Le gaz naturel : production, traitement, transport.* Technip, 430 p.

Rojey A. (sous la direction de) (2013). – *Le gaz naturel. De la production aux marchés.* Technip, 497 p.

Rotaru M., Gaillardet J., Steinberg M. & Trichet J. (2006). – *Les Climats passés de la Terre.* Enseigner les Sciences de la Terre, Vuibert, Société Géologique de France, 195 p.

Saliot A. (1994). – *Biochimie organique marine.* Oceanis, 20, 1/2, 197 p.

Sanfourche & Baudin (2002). – La genèse des événements anoxiques de la période moyenne du Crétacé. Examen de l'hypothèse du méromictisme océanique. – *Ann. Soc. Géol. Nord,* 8 (2), 107-119.

Savrda C.E., Bottjer D.J., (1989). – Trace-fossil model for reconstructing oxygenation histories of ancient marine bottom waters - application to upper Cretaceous Niobrara Formation, Colorado. – *Palaeogeography, Palaeoclimatology, Palaeoecology,* 74,1-2, 49-74.

Schlanger S.O., Jenkyns H.C. (1976). – Cretaceous anoxic events: causes and consequences. – *Geol. Mijnb.,* 55, 179-184.

Schouten S., Hopmans E.C., Schefuss E., Sinninghe Damsté J.S. (2002). – Distributional variations in marine crenarchaeotal membrane lipids: a new tool for reconstructing ancient sea water temperatures? – *Earth and Planetary Science Letters,* 204, 1–2, 265-274.

Schulz H.D & Zabel M. (2006). – *Marine geochemistry,* 2nd ed. Springer, 574 p.

Seiter, K., Hensen, C., Schroter, E., Zabel, M. (2004). Organic carbon content in surface sediments - defining regional provinces. – *Deep-Sea Res.* Part I, 51, 12, 2001–2026.

Surdam R.C., Crossey L.J., Hagen E.S. & Heasler H.P. (1989). – Organic-inorganic interactions and sandstone diagenesis. *Am. Ass. Petr. Geol.,* 73, 1-23.

Teichmüller R. (1955). – Sedimentation und Setzung im Ruhrkarbon. – Neues Jahrbuch für Geologie und Palaeontologie, 4, 145–168.

Tissot B. & Espitalié J. (1975). – L'évolution thermique de la matière organique des sédiments : applications d'une simulation mathématique. – *Rev. Inst. Fr. Pét., Bull.,* 30, 743-777.

Tissot B., Pelet R., Roucaché J., Combaz A. (1977). – Utilisation des alcanes comme fossiles géochimiques indicateurs des environnements géologiques. *In* Campos R., Goni L. (Eds.) *Advances in Organic Geochemistry* 1975, 117-154.

Tissot B.P. & Welte D.H. (1984). – *Petroleum Formation and Occurrence.* Springer-Verlag, 699 p.

Tribovillard, N., Riboulleau, A., Lyons, T., Baudin, F. (2004). – Enhanced trapping of molybdenum by sulfurized organic matter of marine origin as recorded by various Mesozoic formations. – *Chemical Geology*, 213, 385-401.

Trichet J. (1987). – Géologie de la matière organique. *Séance spécialisée de la Société Géologique de France*, Orléans, 11 et 12 mars 1985, *Mém. Soc. géol. Fr.*, N.S. 151, 162 p.

Tyson R.V. (1995). – *Sedimentary Organic Matter. Organic facies and palynofacies.* Chapman & Hall, 615 p.

Ungerer P. & Durand B. (1987). – La géochimie organique pétrolière. – *Bull. Soc. géol. Fr.,* (8), t. III (7), 1343-1356.

Vandenbroucke M. & Largeau C. (2007). – Kerogen Origin, evolution and structure. *Organic Geochemistry*, 38, 719-833.

Vially (2011). – Les gaz non conventionnels et l'eau. – Panorama 2011 IFPEN, 6 p.

Wang Z.D., Fingas M., Lambert P., Zeng G., Yang C., Hollebone B. (2004). – Characterization and identification of the Detroit River mystery oil spill (2002). *J. Chromatography*, 1038, 1-2, 201-214.

Waples D.W. (1985). – *Geochemistry in Petroleum Exploration.* Kluwer Academic Publishers, 232 p.

Waples D.W. & Machihara T. (1991). – *Biomarkers for Geologists. A practical Guide to the Application of Steranes and Triterpanes in Petroleum Geology.* AAPG methods in Exploration Series, *AAPG*, 9, 91 p.

Weijers J.W.H., Schouten S., Schefuss E., Schneider R.R., Sinninnghe Damsté, J.S. (2009). – Disentangling marine, soil and plant organic carbon contributions to continental margin sediments: A multi-proxy approach in a 20,000 year sediment record from the Congo deep-sea fan. – *Geochimica et Cosmochimica Acta*, 73, 1, 119-132.

Weissert H. (2000). – Global change - Deciphering methane's fingerprint. – Nature, 406, 6794, 356-357.

Wignall P.B. (1994). – *Black shales.* Oxford Monographs on Geology and Geophysics, Clarendon Press, 30, 127 p.

Zachos J.C., Schouten S., Bohaty S., Quattlebaum T., Sluijs A., Brinkhuis H., Gibbs S.J., Bralower T.J. (2006). – Extreme warming of mid-latitude coastal ocean during the Paleocene-Eocene Thermal Maximum: inferences from TEX86 and isotope data. – *Geology*, 34, 9, 737-740.

Glossaire

Acrotelme, n. masc. – Partie superficielle de la tourbe qui se décompose en premier et où les processus sont aérobies. Voir aussi catotelme.

Alcane, n. masc. – Hydrocarbure saturé où chaque atome de carbone n'est lié à ses voisins que par des liaisons simples. Possède une formule brute de type C_nH_{2n+2} où n est un entier.

Alginite, n. fém. – Macéral caractéristique des *bogheads*, dérivant de parois algaires.

Aliphatique (Hydrocarbure), adj. – Hydrocarbure saturé possédant une chaîne simple (*n*-alcanes).

Ambre, n. fém. – Résine fossile de conifères, plus rarement d'angiospermes, translucide, jaune, brune ou rouge clair, en grain ou en nodule et pouvant contenir des fossiles (pollens ou insectes). Synonyme : **Succin** dérivant de l'acide dont on observe la formation en pyrolysant l'ambre : l'acide succinique.

Ampélites, n. fém. – Roche schisteuse noire, riche en matière organique et en pyrite, utilisée jadis comme amendement des sols viticoles. Adj. : **Ampélitique**.

Anaérobie ou **Anaérobique**, adj. – Se dit d'un milieu, d'un processus ou d'un organisme qui se développe en absence d'oxygène.

Anoxie, n. fém. – Absence d'oxygène libre (sous forme O_2, gazeux ou dissous) dans le milieu. Adj. : **Anoxique**.

Anthracite, n. fém. – Variété de charbon, noire et brillante, renfermant 92 à 95 % de carbone, constituant le terme ultime, le plus mature, de la lignée des charbons.

API (degré), symb. – Unité américaine (**A**merican **P**etroleum **I**nstitute) de comparaison des pétroles d'après leur masse volumique. Le degré API est égal à

(141,5/ρ)-131,5 ; ρ étant la masse spécifique à 60 °F. Ainsi, une densité de 1 correspond à un degré API de 10. Les pétroles légers ont des degrés API supérieurs à 40 tandis que les pétroles lourds ont des degrés API de l'ordre de 15 à 20.

Aromatique (Hydrocarbure), adj. – Hydrocarbure de formule C_nH_{2n-6} dont les molécules sont cycliques ou polycycliques et où les atomes de carbone sont liés par des doubles liaisons et des simples liaisons en position de résonance.

Asphalte, n. masc. – Produit naturel dérivant des pétroles, noir, très visqueux ou solide, parfois libre mais souvent en imprégnation des calcaires, des sables ou des grès. Adj. : **Asphaltique**.

Asphaltènes, n. masc. – Mélange de composés hétéroatomiques de masses molaires élevées (2 000 à 20 000 daltons) extractibles dans les solvants organiques, qui forment avec les résines les fractions lourdes des pétroles. On les sépare des résines par précipitation dans l'heptane ou l'hexane.

Asphaltite, n. fém. – Terme général désignant tout type de bitume massif et solide exploité en filons. Syn. **Gilsonite**.

Baril, n. masc. – Unité de volume anglo-saxonne utilisée dans l'industrie pétrolière (abréviation bbl). Le baril américain équivaut à 158,987 litres et se divise en 42 gallons. Le baril britannique vaut 163,33 litres et est divisé en 36 gallons.

Biomarqueur, n. masc. – Molécule dont la structure reflète celle de son précurseur biologique et est suffisamment résistante à l'échelle des temps géologiques pour servir de fossile géochimique. Syn. **Fossile géochimique**.

Biomasse, n. fém. – Masse de matière vivante (bactérienne, végétale ou animale) à la surface terrestre.

Bitume, n. masc. – Pour les géochimistes organiciens, terme regroupant les produits naturels solubles dans les solvants organiques usuels. Dans le langage courant, produit solide ou liquide, naturel ou industriel, utilisé dans les travaux publics et le bâtiment. Adj. : **Bitumeux(se)** ou **Bitumineux(se)**.

Black shales, n. masc. – Terme désignant des dépôts sédimentaires riches en matière organique, sombres et laminés, généralement argileux mais pouvant être siliceux.

Boghead, n. masc. – Roche sédimentaire exceptionnellement riche en kérogène dérivant d'algues lacustres, notamment de *Botryococcus*. Voir également alginite et charbon sapropélique.

Brai, n. masc. – Résidu épais obtenu par évaporation ou distillation de certaines substances organiques : résine de pin, pétroles, etc.

Brut, n. masc. – Synonyme de pétrole liquide.

Cannel-coal, n. masc. – Charbon de spores, qui doit son nom au fait qu'il se consume en produisant une flamme éclairante comme une chandelle (*cannel* est une altération du mot anglais *candle*). Voir charbon sapropélique.

Carbonifère, n. masc. et adj. – Division des temps géologiques s'étendant de 359 à 299 millions d'années avant notre ère, nommée ainsi d'après les vastes couches de charbons, datant de cet âge, présentes notamment en Europe de l'Ouest (Angleterre, France, Allemagne).

Carbonification ou **charbonification**, n. fém. – Processus par lesquels les accumulations de végétaux se transforment en charbons. Syn. **Houillification**.

Catagenèse, n. fém. – Phase au cours de laquelle le craquage thermique s'attaque aux liaisons carbone-carbone du kérogène ce qui se traduit par la formation des hydrocarbures.

Catotelme, n. masc. – Partie profonde de la tourbe se décomposant sous conditions anaérobies. Voir aussi acrotelme.

Cendres (Teneur en), n. fém. – Proportion des substances minérales (silicates, carbonates, sulfures...) associées au charbon, déterminée après une combustion à 825 °C.

Charbon, n. masc. – Terme général désignant une roche sédimentaire contenant au moins 50 % de carbone combustible. Brun foncé à noir, le charbon est essentiellement formé de végétaux plus ou moins transformés. Il s'agit en fait d'une lignée qui comprend les termes suivants, du moins évolué au plus évolué : tourbe, lignite, houille et anthracite. Adj. : **Charbonneux(se)**.

Charbon humique, n. masc. – Charbon stratifié, présentant des bandes parallèles alternativement brillantes et mates, composé de microlithotypes dérivant de différents débris de végétaux supérieurs.

Charbon sapropélique, n. masc. – Charbon pratiquement non lité, peu ou pas fissuré, à la surface mate et à l'éclat légèrement gras, à cassure conchoïdale, formé principalement de l'accumulation d'algues, de spores et grains de pollen. Les *bogheads* et les *cannel-coals* sont les principaux représentants des charbons sapropéliques.

Clarain, n. masc. – Constituant le plus fréquent des charbons, noir en minces bandes brillantes ou mates, riches en débris de feuilles et en spores, dans un ciment amorphe.

Clathrate, n. masc. – Composé formé par des molécules d'eau gelée arrangées en un réseau cristallin dont les cavités sont occupées par des molécules gazeuses, notamment du méthane.

Coal balls, n. masc. – Nodules minéraux (carbonatés, pyriteux ou siliceux) centimétriques à pluridécimétriques contenus dans les veines de charbon ou les couches stériles, et renfermant des restes fossilisés de plantes et, plus rarement, d'animaux.

Coke, n. masc. – Carbone pratiquement pur obtenu par élimination des matières volatiles de la houille dans un four. Utilisé en sidérurgie pour réduire le minerai de fer et le carburer dans un haut-fourneau, ce qui donne de la fonte, précurseur de l'acier.

Condensat, n. masc. – Mélange d'hydrocarbures qui, maintenus à l'état gazeux dans les conditions de pression et de température du gisement, deviennent liquides lorsqu'ils atteignent la surface.

COT, abr. – Carbone organique total.

Craquage, n. masc. – Procédé thermique ou catalytique visant à accroître la proportion relative des composants légers d'une huile par modification de la structure chimique de ses constituants. Syn. ***Cracking***.

Cycles de Milankovitch, n. masc. – Résultent des variations des paramètres orbitaux de la Terre qui sont l'excentricité de son orbite, l'inclinaison de son axe de rotation et la précession des équinoxes. Ces trois paramètres varient de manière cyclique avec des périodes de 97 ka, 123 ka, 412 ka et 2,35 Ma pour le premier ; de 40 à 53 ka pour le second et de 19 à 23 ka pour le troisième. Le cycle d'excentricité est constant au cours du temps tandis que les deux autres ont des périodes qui augmentent au cours de l'histoire de la Terre en raison de l'évolution continue du couple Terre-Lune. Ces cycles agissent sur la quantité d'énergie solaire (appelée insolation) reçue par la Terre et sur sa répartition géographique. Ils sont donc à l'origine de variations climatiques susceptibles d'influencer tous types de dépôts sédimentaires.

Cyclothème, n. masc. – Séquence sédimentaire rythmique des bassins houillers où l'on observe la succession suivante, de bas en haut : conglomérat et grès, charbon, argilite lacustre ou marine.

Dalton, n. masc. – Unité de masse atomique équivalent à $1/12^{e}$ de la masse d'un atome de ^{12}C.

Derrick, n. masc. – De l'anglais (signifiant gibet). Charpente métallique supportant le dispositif de forage d'un puits pétrolier. Syn. : Tour de forage.

Diagenèse, n. fém. – Phase de transformation précoce de la matière organique au cours de laquelle se forme le kérogène.

Diapir, n. masc. – Intrusion de roches évaporitiques (gypse, anhydrite, sel gemme) ou argileuses à travers une colonne sédimentaire, pouvant déterminer des structures favorables à l'accumulation du pétrole. Adj. : **Diapirique**.

Dopplérite, n. fém. – Substance gélifiée noire, à cassure conchoïdale, riche en azote, remplissant parfois les fentes dans la tourbe. Soluble dans KOH, elle est analogue aux acides humiques.

Durain, n. masc. – Constituant des charbons, noir et mat, où les débris végétaux ont perdu par compaction toute structure reconnaissable.

Dysmigration, n. fém. – Fuite des hydrocarbures depuis un gisement jusqu'à un autre ou vers la surface, constituant ainsi des indices superficiels.

Dysodile, n. masc. – Du grec *dusos* : putride. Roche sédimentaire fissile, souvent d'origine lacustre, très riche en matière organique algaire ou bactérienne. Syn. : Schiste bitumineux.

Dysoxie, n. fém. – Environnement contenant entre 2 ml et 0,2 ml d'oxygène par litre. Par extension aux paléoenvironnements, conditions faiblement oxygénées. Syn. : **Dysaérobie**. Adj. : **Dysoxique**.

Éluvial, adj. – Relatif aux éluvions.

Éluvion, n. fém. – Fragments d'un sol restés sur place après le lessivage de celui-ci, à la différence des alluvions qui sont déplacées.

Épilimnion, n. masc. – Partie superficielle des masses d'eaux lacustres.

Eutrophisation, n. fém. – Processus qui, par apport d'éléments nutritifs dans un milieu aquatique, permet une hyper-production organique et finalement une diminution de la quantité d'oxygène dissous, conduisant à des conditions anoxiques.

Euxinique, adj. – Du grec *Pontos Euxenos* (Pont Euxin, ancien nom de la mer Noire). Se dit d'un milieu marin dans lequel l'absence de renouvellement des eaux de fond conduit à l'anoxie et à l'accumulation d'H_2S dans la colonne d'eau.

Exinite, n. fém. – Groupe macéral qui rassemble des éléments riches en hydrogène comme les algues, les spores, les grains de pollen et les cuticules de feuilles auxquelles s'ajoutent les résines et autres sécrétions végétales.

Extrait, n. masc. – Mélange d'hydrocarbures (saturés, insaturés), de résines et d'asphaltènes provenant de la macération d'une roche dans des solvants organiques (chloroforme, dichlorométhane). Syn. : **Bitume**.

Fenêtre à gaz, n. fém. – Intervalle de profondeur et de température, variable selon les bassins sédimentaires, où le craquage thermique du kérogène et le craquage secondaire de l'huile produisent la majorité des fractions gazeuses du pétrole.

Fenêtre à huile, n. fém. – Intervalle de profondeur et de température, variable selon les bassins sédimentaires, où le craquage thermique du kérogène produit la majorité des fractions liquides du pétrole.

Fluorescence, n. fém. – Propriété que possèdent certains matériaux d'absorber la lumière et de la réémettre sous une plus grande longueur d'onde. La fluorescence des pétroles et de certains macéraux (liptinite-exinite) est mise en évidence par une excitation par des rayons ultra-violets. Adj. : **Fluorescent(e)**.

Fluviogène (Tourbière), adj. – Tourbière se développant en relation avec une nappe alluviale.

Forage, n. masc. – Puits d'un petit diamètre creusé mécaniquement pour exploiter un gisement souterrain. Syn. : **Sondage**.

Fractionnement (isotopique), n. masc. – Phénomène de ségrégation des isotopes d'un même élément au cours de réactions chimiques ou physiques. Par exemple la photosynthèse utilise préférentiellement le ^{12}C plutôt que le ^{13}C.

Framboïde, n. masc. – Minuscule amas de minéraux, ordinairement de la pyrite, en forme de framboise (taille allant que quelques microns à dizaines de microns). Adj. : **Framboïdal(e)**.

Fullerène, n. masc. – Molécules carbonées (comprenant plus de 60 atomes) formant une structure tridimensionnelle fermée, permettant le piégeage de gaz rares (He, Ne, Kr, Xe) et leur conférant des propriétés particulières. D'abord produits de synthèse, les fullerènes naturels ont ensuite été découverts dans des météorites, des roches carbonées exotiques et dans certains charbons de bois.

Fulvique (Acide), adj. – Fraction de l'humus des sols produite en abondance par la végétation acidifiante et constituée de composés solubles acides, susceptible d'appauvrir le sol. Les acides fulviques sont séparés des acides humiques dans une solution acide (HCl).

Fusain, n. masc. – Constituant des charbons, noir et fragile, laissant une trace brune. Dérive souvent des particules incomplètement brûlées. Syn. : **Fusinite**.

Gaz sec, n. masc. – Synonyme de méthane (CH_4).

Gélification, n. fém. – Transformation biochimique et thermique des matières humiques produisant des colloïdes. Se manifeste au passage du stade tourbe au stade lignite dans la lignée des charbons.

Gisement, n. masc. – Lieu où l'on rencontre une substance ou des objets déterminés, par exemple gisement de pétrole.

Goudron, n. masc. – Mélange de liquides visqueux provenant de la condensation des vapeurs de distillation sèche de matières organiques. On désigne les goudrons par leur précurseur : bois, lignite, houille. Goudron de pétrole : appellation fausse de l'asphalte.

Graphite, n. masc. – Minéral qui est, avec le diamant, l'une des deux formes cristallisées naturelles du carbone. Adj. : **Graphiteux** ou **graphitique**.

Graphitisation, n. masc. – Processus de formation du graphite par réarrangement structural des unités polyaromatiques des anthracites.

Grisou, n. masc. – Mélange gazeux inflammable, surtout composé de méthane, qui se dégage dans les mines de charbon. Son explosion provoque un coup de grisou.

Gyttja, n. masc. – Du suédois (prononcer « yut-tya »). Tourbe riche en éléments nutritifs, constituée surtout de débris de plancton et de vase. Il se dépose dans l'eau à l'état finement divisé.

Hopane, n. masc. – Famille d'hydrocarbures pentacycliques appartenant au groupe des triterpanes. On leur attribue généralement une origine bactérienne, car ils dérivent de précurseurs fonctionnalisés présents dans les membranes des bactéries.

Horizon O, n. masc. – Partie superficielle des sols, contenant la matière organique (humus).

Houille, n. fém. – Troisième terme de la lignée des charbons, entre les lignites et les anthracites dans l'ordre croissant de maturation. Suivant leur teneur en matières volatiles, on distingue des houilles maigres (< 14 % mat. vol.), demi-grasses

(12 à 24 %), grasses (18 à 34 %) et flambantes (> 30 %). Les houilles maigres et demi-grasses sont brûlées, les grasses servent à la production du coke, les flambantes sont utilisées en carbochimie. Adj. : **Houiller(ère)** ou **houillifère**.

Huile, n. fém. – Autre nom des pétroles bruts liquides.

Humification, n. fém. – Processus de transformation de la matière organique en humus sous l'influence des micro-organismes du sol et de réactions physico-chimiques.

Humine, n. fém. – Substance organique des sols qui constitue le résidu de l'extraction des composés humiques solubles dans des solutions alcalines (acides humiques et fulviques).

Huminite, n. fém. – Macéral, précurseur de la vitrinite, que l'on trouve dans les tourbes et les lignites.

Humique (Acide), adj. – Fraction acide de l'humus des sols qui est séparée des acides fulviques dans une solution alcaline (KOH).

Humus, n. masc. – Matière organique des sols, plus ou moins transformée. Son évolution dépend beaucoup de l'oxygénation du milieu.

Hydrocarbure, n. masc. – Composé formé uniquement de carbone et d'hydrogène.

Hydromorphe (Sol), adj. – Sol caractérisé par des phénomènes de réduction, voire de ségrégations locales du fer, liés à une saturation temporaire ou permanente par l'eau, provoquant un déficit en oxygène.

Hypolimnion, n. masc. – Partie profonde des masses d'eaux lacustres.

Illuvial, adj. – Qui résulte de l'illuviation.

Illuviation, n. fém. – Processus d'accumulation dans un horizon du sol, d'éléments finement particulaires ou colloïdaux provenant d'un autre horizon.

Indice (de surface), n. masc. – Pour une substance donnée, traces observées en un lieu permettant de supposer que cette substance existe à proximité ou en profondeur en plus grande quantité. Dans le domaine pétrolier, on regroupe sous ce terme toutes les manifestations détectables en surface : émanation de gaz, feux éternels, lac de bitume, suintements, etc.

Inertinite, n. fém. – Groupe macéral rassemblant les particules ayant subi une forte altération (pré- ou syn-sédimentaire) ou une combustion.

Insaturé (Hydrocarbure), adj. – Chaîne hydrocarbonée, comportant une ou plusieurs doubles (oléfines), voire triples liaisons. Dans le cas d'un cycle à trois doubles liaisons délocalisées, on parle d'hydrocarbure aromatique.

Isotope, n. masc. – Élément chimique de même numéro atomique (donc de même nom et ayant les mêmes propriétés chimiques que l'élément de référence) mais de masse différente. Ces éléments ont le même nombre d'électrons et ne varient que par leur nombre de neutrons. Adj. : **Isotopique**.

Jais, n. masc. – Variété de lignite, noire et brillante, parfois utilisée en bijouterie. Syn. : **Jayet**.

Kérabitume, n. masc. – Variété de bitume très peu soluble.

Kérogène, n. masc. – Du grec *kêros* (cire). Fraction organique des roches sédimentaires, insoluble dans les solvants organiques, à la différence du bitume, qui par craquage produit des huiles.

Kérosène, n. masc. – Produit pétrolier, obtenu par distillation des pétroles entre 150 et 250 °C, utilisé comme carburant dans l'aviation.

Kukersite, n. fém. – Roche sédimentaire, proche des *bogheads*, datant de l'Ordovicien supérieur (450 millions d'années) dont les gisements sont restreints à l'Estonie.

Lamine ou *lamina*, n. fém. – Couche sédimentaire inframillimétrique, dont la répétition forme des laminites. La lamination est assez fréquente dans les roches riches en matière organique.

Lessivage, n. masc. – Transformations du pétrole attribuables à l'action de l'eau. Il est notamment marqué par la solubilisation des *n*-alcanes légers, du benzène, du toluène et des xylènes (hydrocarbures aromatiques légers).

Lignine, n. fém. – Polymère phénolique, synthétisé par les plantes vascularisées, qui imprègne les membranes cellulosiques des tissus de soutien et de conduction de la sève.

Lignite, n. masc. – Du latin *lignum* (bois). Variété peu évoluée de charbon, contenant environ 75 % de carbone. Les lignites forment le deuxième terme de la lignée des charbons. Adj. : **Ligniteux**.

Limnigène (Tourbière), adj. – Tourbière se développant en relation avec une étendue d'eau douce (marécage ou lac).

Limnique (Bassin), adj. – S'applique à des bassins lacustres ou marécageux, souvent riches en dépôts organiques ; par opposition aux bassins paraliques.

Liptinite, n. fém. – Macéral, précurseur de l'exinite, que l'on trouve dans les tourbes et les lignites.

Macéral (*pl.* **aux**), n. masc. et adj. – Par analogie aux minéraux des roches, les macéraux sont les constituants microscopiques élémentaires des charbons et sont regroupés d'après leurs propriétés pétrographiques. On leur réserve le suffixe « inite ».

Matières volatiles, n. fém. – Proportion massique de produits disparaissant au cours du chauffage d'un charbon à une température de 960 °C à l'abri de l'air. Abr. : MV ou mat. vol.

Mélanoïdine, n. fém. – Molécules formées par l'association d'hydrates de carbone et de protéines selon la réaction de Maillard.

Mésotrophe, adj. – Se dit d'un milieu moyennement riche en nutriments. Il se situe entre les milieux oligotrophe et eutrophe.

Métagenèse, n. fém. – Dernière phase de la transformation thermique de la matière organique, avant le métamorphisme, au cours de laquelle les kérogènes produisent des fractions gazeuses (notamment du méthane) et les pétroles subissent un craquage secondaire. Elle commence à une température supérieure à 120 °C. Ne pas confondre avec méthanogenèse.

Microlithotype, n. masc. – Désigne dans l'examen microscopique des charbons, des associations typiques de macéraux dont l'épaisseur minimum a été fixée à 50 µm. Par exemple, la vitrinertite est une association de vitrinite et d'inertinite.

Migration, n. fém. – Cheminement du pétrole à travers les bassins sédimentaires. On distingue la migration primaire qui correspond à l'expulsion du pétrole de sa roche-mère de la migration secondaire qui est son transit jusqu'au piège pétrolier.

Moder, n. masc. – Type d'humus dont les propriétés sont intermédiaires entre celles du mull et du mor.

Mor, n. masc. – Mot danois désignant un type d'humus formé en milieu biologiquement peu actif, dans lequel les fragments végétaux sont relativement bien conservés.

Mull, n. masc. – Mot allemand désignant un humus grumeleux et brunâtre, formé en milieu biologiquement très actif.

Naphte, n. masc. – Mélange liquide d'hydrocarbures ayant une faible densité.

Naphtènes, n. masc. – Hydrocarbures saturés organisés en cycles à cinq ou six atomes de carbone. Syn. : **Cyclo-alcanes** ou **Cyclanes**.

OAE, abr. – Acronyme de **O**ceanic **A**noxic **E**vent, courtes périodes dans les temps géologiques où se développèrent des conditions dysoxiques dans l'océan global et donc des dépôts de *black shales*.

Oil shales, n. masc. – Synonyme de schistes bitumineux.

Oléfine, n. fém. – Hydrocarbures linéaires ou ramifiés insaturés.

Oligotrophe, adj. – Se dit d'un milieu particulièrement pauvre en éléments nutritifs. Opposé : eutrophe.

Ombrogène ou **ombrotrophique** (Tourbière), adj. – Tourbière bombée alimentée par les eaux de ruissellement uniquement. Syn. : **Tourbière de haut marais**.

Organoclaste, n. masc. – Particule organique.

Palynofaciès, n. masc. – Image microscopique globale des constituants organiques d'une roche, concentrés par l'élimination des minéraux et montés dans des conditions standards de préparation.

Palynologie, n. fém. – Science qui s'intéresse aux pollens actuels et fossiles et par extension à tous les organismes dégagés en même temps qu'eux par les techniques de séparation et que l'on nomme palynomorphes. Adj. : **Palynologique**.

Paraffine, n. fém. – Alcane dont la chaîne carbonée est linéaire (syn. : alcanes normaux ou *n*-alcanes) ou ramifiée (syn. : *iso*-alcanes). Adj. : **Paraffinique**.

Paralique (Bassin), adj. – S'applique à des bassins et à leurs sédiments souvent charbonneux, situés en bordure de littoral, par opposition aux bassins limniques.

Pétrole, n. masc. – Huile, de densité comprise entre 0,8 et 1,02, dont le nom dérive du latin *petra oleum* (huile de pierre). On le trouve principalement dans le sous-sol par forage, mais en certains endroits, il se trouve à même le sol où il affleure (indice de surface). C'est un mélange complexe d'hydrocarbures et de composés polaires. L'on distingue différents types de pétrole selon leur densité, leur fluidité, leur teneur en soufre et en différentes classes d'hydrocarbures. Les pétroles sont paraffiniques, naphténiques ou aromatiques selon la proportion de ces différentes classes de molécules dans leur composition. Adj. : **Pétrolier(ère)** ou **pétrolifère**.

Phénol, n. masc. – Noyau aromatique portant au moins un substituant -OH, par exemple C_6H_5-OH dérivé du benzène. Adj. : **Phénolique**.

Photique ou **euphotique**, adj. – Qualifie la tranche d'eau suffisamment éclairée pour que les processus photosynthétiques puissent avoir lieu.

Piège (pétrolier), n. masc. – Anomalie dans la régularité des couches géologiques d'un bassin sédimentaire, associant en particulier le couple roche-réservoir/roche-couverture, permettant l'accumulation du pétrole en un gisement.

Porphyrines, n. fém. – Famille de molécules dérivant de pigments biologiques, tels que la chlorophylle, très résistantes et constituant ainsi des biomarqueurs.

Potentiel (pétrolier), n. masc. – Quantité d'hydrocarbures liquides et gazeux qu'une roche-mère peut théoriquement produire.

Poussier, n. masc. – Particule charbonneuse d'une taille inférieure à 1 mm, pouvant faire explosion dans les galeries de mine lorsque leur concentration augmente trop fortement dans l'air (coup de poussier).

Pouvoir calorifique, n. masc. – Paramètre de classement des charbons en fonction de la quantité de calories dégagée par la combustion d'un gramme de matière.

ppb, abr. – Terme désignant des parties par billions, soit des milliardièmes (ex. 7 ppb = 0,007 ppm = 0,000000007 = 0,007 ‰).

ppm, abr. – Terme désignant des parties par millions, soit des millionièmes (ex. 3 ppm = 0,000003 = 0,003 %).

ppmv, abr. – Terme désignant des parties par millions en volume.

Productivité, n. fém. – Quantité de biomasse phytoplanctonique produite par unité de temps et de surface dans la zone euphotique de l'océan.

Productivité exportée, n. fém. – Part de la productivité qui échappe au recyclage permanent de la zone euphotique et qui est susceptible de s'enfoncer dans la colonne d'eau.

Province (pétrolière), n. fém. – Domaine géographique riche en gisements pétroliers.

Puits, n. masc. – Forage cylindrique réalisé dans les bassins sédimentaires, généralement jusqu'à plusieurs kilomètres de profondeur, destiné à l'exploration ou l'exploitation d'un gisement pétrolier.

Putréfaction, n. fém. – Transformation en conditions anaérobies et dans des eaux stagnantes d'une matière organique, préservant la lignine et conduisant à la transformation de la cellulose en acides humiques.

Pyrobitume, n. masc. – Fraction résiduelle du kérogène arrivée au stade ultime de la métagenèse.

Pyrolyse, n. fém. – Destruction d'un corps organique par la chaleur. Syn. : **Thermolyse**. Adj. : **Pyrolytique**.

Rang (des charbons), n. masc. – Désigne le degré de carbonification d'un charbon. Il ne s'agit pas d'une grandeur directement mesurable et la détermination du rang se rapporte à une propriété physique ou chimique qui varie de façon significative au cours de la houillification. Le pouvoir réflecteur de la vitrinite est le paramètre de rang le plus en usage.

Réflectance, n. fém. – Pourcentage de lumière réfléchie par un corps.

Réflecteur (Pourvoir... de la vitrinite), adj. – Mesure de la réflectance d'une population de particules de vitrinite d'un charbon pour en déterminer le rang. Noté PR ou PRv ou Ro.

Réserve, n. fém. – Quantité d'un matériau, par exemple de charbon, que l'on peut produire techniquement et économiquement à un moment donné.

Réservoir, n. masc. – Roche suffisamment poreuse et perméable pour pouvoir contenir des fluides (eau, gaz, huile). Syn. : **Roche magasin**.

Résines, n. fém. – Mélange de composés polaires de masses molaires élevées contenu dans les bitumes, qui forment avec les asphaltènes les fractions lourdes des pétroles. Solubles dans l'heptane, à la différence des asphaltènes.

Ressource, n. fém. – Quantité totale d'un matériau naturel existant dans les couches géologiques, qu'il soit ou non économiquement productible.

Roche-mère, n. fém. – Roche, généralement à grain fin, riche en kérogène dans laquelle se sont formés des hydrocarbures ; ceux-ci pouvant ultérieurement être expulsés et aller s'accumuler dans une roche-réservoir.

Rock-Eval (Pyrolyse), nom déposé – Technique pyrolytique mise au point par l'Institut français du pétrole permettant de déterminer la capacité pétroligène d'une roche.

Saprist, n. masc. – Humus provenant de l'altération de la tourbe.

Sapropèle, n. masc. – Sédiments pélagiques riches en matière organique marine, déposés au Plio-Quaternaire dans la Méditerranée. Adj. : **Sapropélique**.

Saturé (Hydrocarbure), adj. – Hydrocarbure dont tous les atomes de carbone n'ont que de simples liaisons avec les atomes voisins. Syn. : **Alcane**.

Schistes bitumineux, n. masc. – Désignent (à tort puisqu'ils ne contiennent aucun bitume) une roche sédimentaire fissile contenant plus de 20 % de kérogène dont la maturation s'est arrêtée avant la formation du pétrole. Produisent du pétrole liquide par distillation à l'abri de l'air. Syn. : ***Oil shales***.

Soligène (Tourbière), adj. – Tourbière se développant en relation avec des suintements aqueux. Syn. : **Tourbière de bas marais**.

Spectromètre (de masse), n. masc. – Appareil de mesure des abondances relatives d'éléments ou d'isotopes dans un échantillon donné.

Stérane, n. masc. – Famille d'hydrocarbures dérivant de précurseurs fonctionnalisés, les stérols, qui sont des éléments importants des membranes des eucaryotes. Les composés les plus courants possèdent 26 à 30 atomes de carbone et constituent une classe de biomarqueurs.

Suboxie, n. fém. – Conditions d'oxygénation dans lesquelles l'environnement contient entre 0,2 ml et 0 ml d'oxygène par litre. Par extension, désigne les conditions paléoenvironnementales pauvres en oxygène dissous. Adj. : **Suboxique**.

tec, symb. – Tonne équivalent charbon. Unité exprimant le pouvoir calorifique d'une forme d'énergie quelconque en prenant le charbon comme référence.

tep, symb. – Tonne équivalent pétrole. Unité exprimant le pouvoir calorifique d'une forme d'énergie quelconque en prenant le pétrole comme référence.

Terril, n. masc. – Colline artificielle constituée des déblais extraits d'une mine.

Thalassogène (Tourbière), adj. – Tourbière, généralement en domaine tropical, se développant sur le littoral et influencée par le biseau d'eau salée.

Tourbe, n. fém. – Roche sédimentaire légère, brunâtre, constituée essentiellement de débris de mousses, formée dans les tourbières. Constitue le premier terme de la lignée des charbons, bien qu'étant un combustible d'assez mauvaise qualité (50 % de carbone). Adj. : **Tourbeux(se)**.

Tourbière, n. fém. – Milieu lacustre ou marécageux où se développent des sols hydromorphes, à accumulation de matière organique incomplètement dégradée, provenant de plantes hygrophiles.

Tourbification ou **turbification**, n. fém. – Processus de formation de la tourbe qui se produit en milieu anoxique, conduisant à la destruction de la cellulose et à la transformation partielle de la lignine en acides humiques.

Type (de kérogène), n. masc. – Classification des kérogènes en trois familles : I, II et III d'après leur rapport atomiques H/C et O/C.

Ultralaminae, n. fém. pl. – Lamines de quelques nanomètres d'épaisseur révélées par microscopie électronique à transmission dans la matière organique amorphe et correspondant à l'accumulation de parois algaires.

van Krevelen (Diagramme de) – Pétrographe hollandais ayant proposé une classification fondée sur les rapports atomiques H/C et O/C des charbons.

Vitrain, n. masc. – Composant des charbons, noir et brillant, correspondant à un gel de matière organique.

Vitrinite, n. fém. – Groupe macéral dérivant de débris ligno-cellulosiques gélifiés, de teinte généralement grise. Son pouvoir réflecteur est utilisé pour déterminer le rang des charbons.

Index

H

I

J

K

L

M

N

O

P

R

S

Dépôt légal : octobre 2017 N° imprimeur : 101759232

Imprimé en France par Présence Graphique - Monts

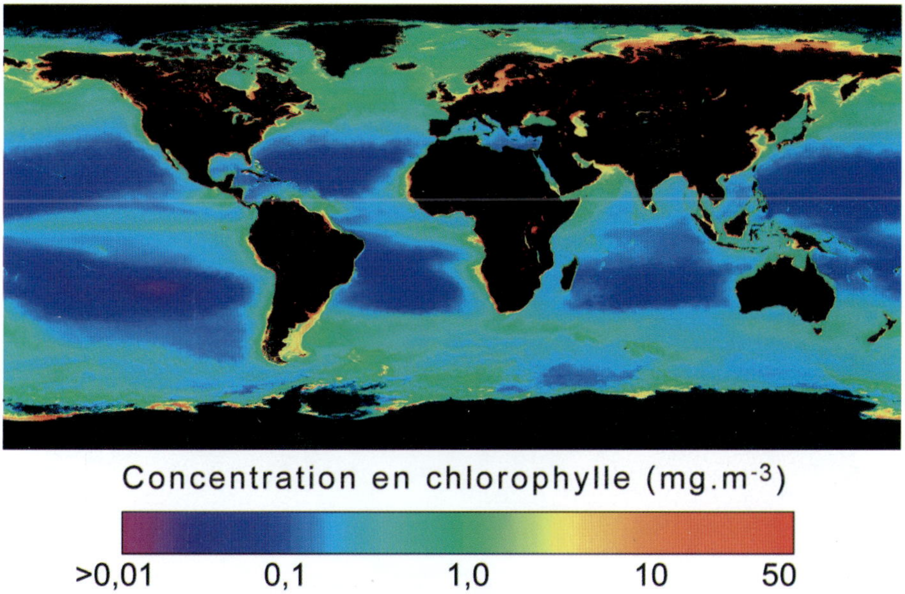

Figure 1 *Carte satellitaire (données NASA) de la concentration moyenne annuelle en chlorophylle (exprimée en mg.m^{-3}) des eaux de surface de l'océan global.*

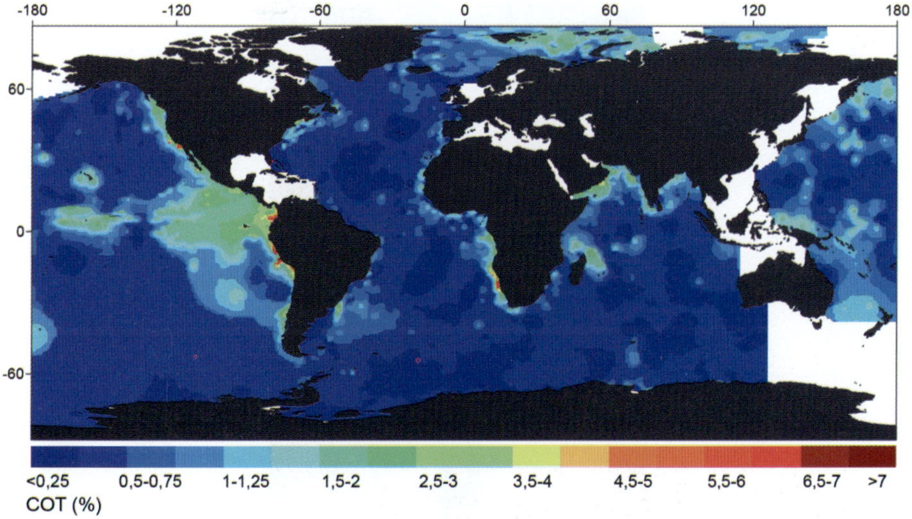

Figure 2 *Carte de la répartition des teneurs en carbone organique (% COT) des sédiments marins superficiels. (Seiter* et al., *2004)*

Figure 3 *Tourbière en exploitation en Irlande. (Photo F. Baudin)*

Figure 4 *Fosse pédologique montrant un podzol humo-durique sur sable des Landes (Gironde), sous une plantation de pins maritimes. (Photo L. Cécillon)*

Figure 5 *Irisation due aux humates (complexes organo-métalliques) à la surface d'une mare en domaine forestier. (Photo F. Baudin)*

Figure 6 *Zone de sulfato-réduction découverte à marée basse dans les sables littoraux de l'île de Noirmoutier. La couleur noire du sédiment et son odeur fétide sont caractéristiques de l'action de dégradation anaérobie de la matière organique. (Photo F. Baudin)*

Figure 7 *Sapropèles S5 (entre 280 et 300 cm) et S6 (entre 405 et 430 cm) dans une carotte prélevée sur la ride méditerranéenne dans la partie ouest du bassin levantin par 2 373 m de fond. (Photo A. Murat)*

Figure 8 *Séries charbonneuses datant du Carbonifère supérieur (300 Ma) dans le bassin de Graissessac (Hérault). L'instabilité du bassin lors de la sédimentation induisait un mouvement gravitaire ayant conduit à la déformation (basculement de la gauche vers la droite) des couches, visible sur l'affleurement. (Photo F. Baudin)*

Figure 9 *La Formation des Kimmeridge Clay, affleurant ici au sud de l'Angleterre, est constituée d'une alternance d'argilites riches en matière organique (5 % Corg. en moyenne) et de niveaux très riches (appelés* oil shales *et contenant jusqu'à 25-30 % Corg.), qui prennent une patine rouille en surface. Chaque doublet argilite-*oil shale *s'est déposé en environ 20 000 ans. L'ensemble de cette formation constitue une excellente roche-mère pétrolière, à l'origine de nombreux gisements d'hydrocarbures de la mer du Nord. (Photo F. Baudin)*

Figure 10 *Panorama de la série pélagique crétacée en Italie centrale. On distingue trois passées nettement plus sombres correspondant à l'enregistrement de trois événements anoxiques : Niveau Faraoni (Hauterivien terminal), Niveau Urbino (OAE 1b, Albien inférieur) et Bonarelli (OAE 2, limite Cénomanien-Turonien). (Photo F. Baudin)*

Figure 11 *Le Niveau Bonarelli est l'expression sédimentaire de l'événement anoxique océanique de la limite Cénomanien-Turonien (OAE 2). Ce niveau d'une épaisseur d'un mètre environ, intercalé dans la succession des calcaires pélagiques blanchâtres du bassin d'Ombrie-Marche en Italie centrale, est constitué d'une alternance centimétrique de lits siliceux (radiolarites) et de* black shales *contenant jusqu'à 20 % de carbone organique. (Photo F. Baudin)*

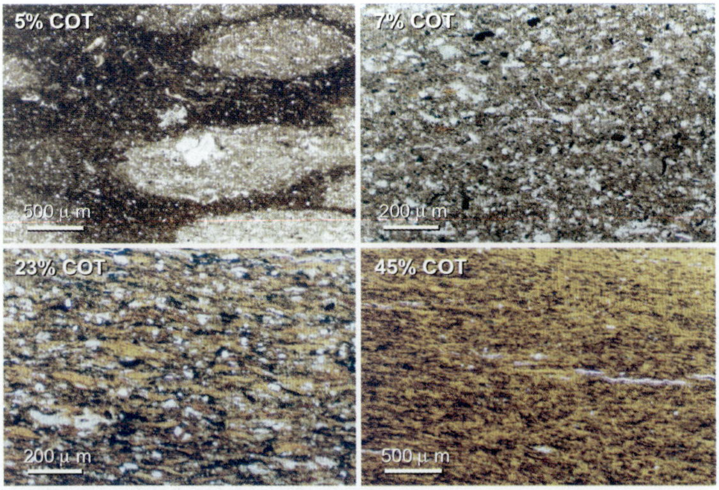

Figure 12 *Photographies de microfaciès d'argilites du Volgien (Jurassique terminal) de Russie, plus ou moins riches en matière organique. Sur la photo en haut à gauche, on distingue des zones claires correspondant à des bioturbations. Sur la photo en bas à droite, les particules organiques représentent la quasi-totalité de la roche et leur forte compaction donne un aspect feuilleté à l'ensemble. (Photos A. Riboulleau)*

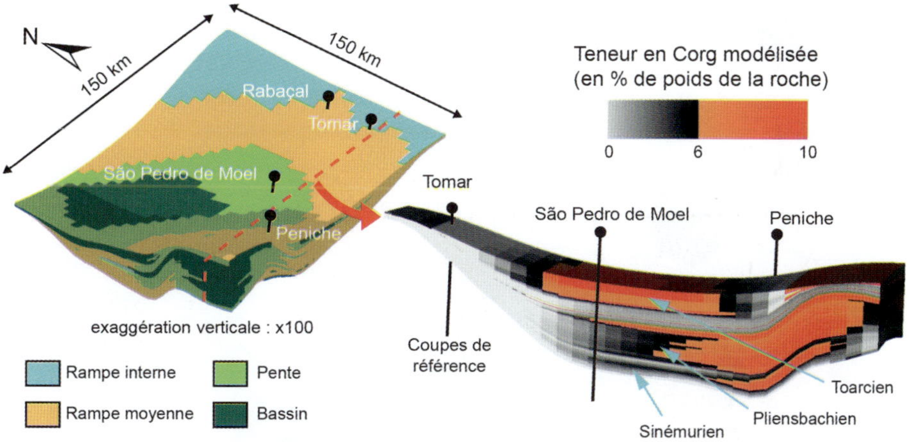

Figure 13 *Modélisation de la géométrie et des faciès des dépôts du Jurassique inférieur du bassin côtier lusitanien et simulation de la concentration en carbone organique dans les différents horizons stratigraphiques. (d'après Bruneau* et al.*, 2016)*

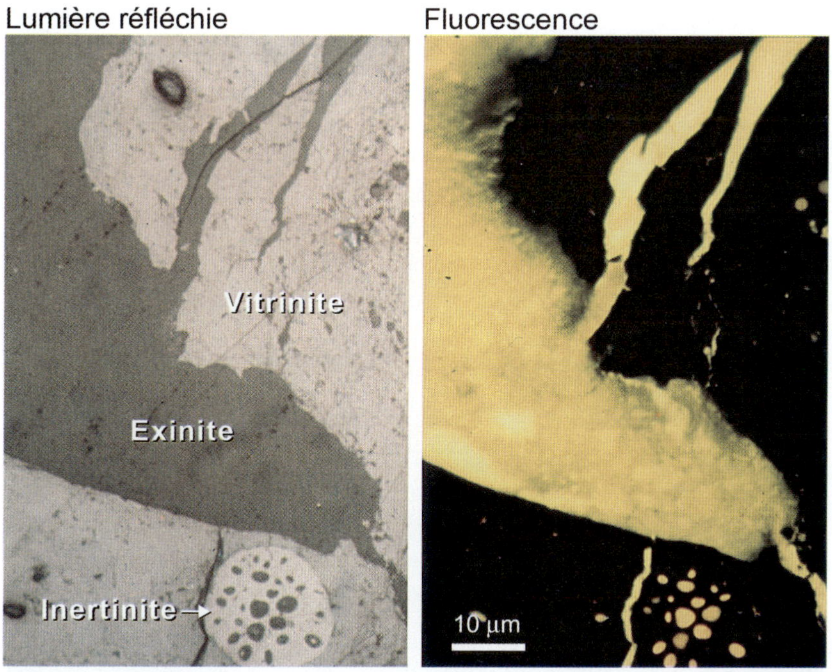

Figure 14 *Observation de macéraux en lumière réfléchie et par fluorescence. (Photo J. Trichet)*

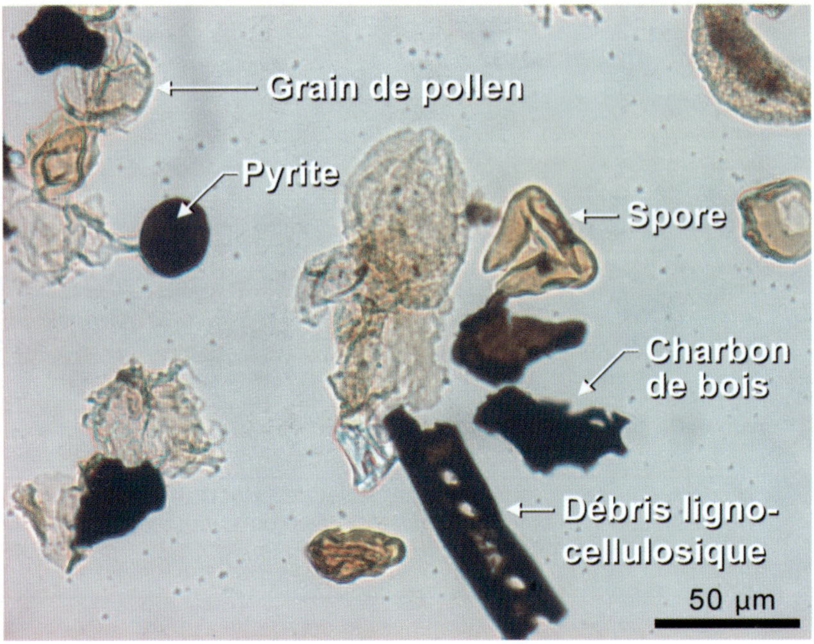

Figure 15 *Image d'un palynofaciès des calcaires du Jurassique supérieur de l'île d'Oléron (France) montrant différents types de particules organiques et des grains de pyrite. (Photo J. Schnyder)*

Figure 16 *Bitume (= pétrole altéré et oxydé, devenu visqueux) coulant du toit d'une mine dans le bassin de la Limagne, au nord de Clermont Ferrand. (Photo A. Wattinne)*